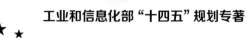

高效毁伤系统丛书

DESIGN FUNDAMENTALS OF
HNIW BASED EXPLOSIVES

HNIW 混合炸药设计基础

焦清介　郭学永　聂建新　闫　石　欧亚鹏●著

北京理工大学出版社
BEIJING INSTITUTE OF TECHNOLOGY PRESS

版权专有　侵权必究

图书在版编目（ＣＩＰ）数据

HNIW 混合炸药设计基础 / 焦清介等著. -- 北京：北京理工大学出版社，2023.1
ISBN 978-7-5763-2075-6

Ⅰ．①H… Ⅱ．①焦… Ⅲ．①混合炸药–研究 Ⅳ．①TQ564.4

中国国家版本馆 CIP 数据核字（2023）第 010875 号

责任编辑：李炳泉　　**文案编辑：李丁一**
责任校对：周瑞红　　**责任印制：李志强**

出版发行 / 北京理工大学出版社有限责任公司
社　　址 / 北京市丰台区四合庄路 6 号
邮　　编 / 100070
电　　话 /（010）68944439（学术售后服务热线）
网　　址 / http://www.bitpress.com.cn

版 印 次 / 2023 年 1 月第 1 版第 1 次印刷
印　　刷 / 三河市华骏印务包装有限公司
开　　本 / 710 mm×1000 mm　1/16
印　　张 / 28.25
彩　　插 / 4
字　　数 / 500 千字
定　　价 / 118.00 元

图书出现印装质量问题，请拨打售后服务热线，负责调换

高效毁伤系统丛书
编 委 会

名誉主编：朵英贤　王泽山　王晓锋
主　　编：陈鹏万
顾　　问：焦清介　黄风雷
副 主 编：刘　彦　黄广炎

编　　委（按姓氏笔画排序）
　　　　　王亚斌　牛少华　冯　跃　任　慧
　　　　　李向东　李国平　吴　成　汪德武
　　　　　张　奇　张锡祥　邵自强　罗运军
　　　　　周遵宁　庞思平　娄文忠　聂建新
　　　　　柴春鹏　徐克虎　徐豫新　郭泽荣
　　　　　隋　丽　谢　侃　薛　琨

丛书序

国防与国家的安全、民族的尊严和社会的发展息息相关。拥有前沿国防科技和尖端武器装备优势，是实现强军梦、强国梦、中国梦的基石。近年来，我国的国防科技和武器装备取得了跨越式发展，一批具有完全自主知识产权的原创性前沿国防科技成果，对我国乃至世界先进武器装备的研发产生了前所未有的战略性影响。

高效毁伤系统是以提高武器弹药对目标毁伤效能为宗旨的多学科综合性技术体系，是实施高效火力打击的关键技术。我国在含能材料、先进战斗部、智能探测、毁伤效应数值模拟与计算、毁伤效能评估技术等高效毁伤领域均取得了突破性进展。但目前国内该领域的理论体系相对薄弱，不利于高效毁伤技术的持续发展。因此，构建完整的理论体系逐渐成为开展国防学科建设、人才培养和武器装备研制与使用的共识。

"高效毁伤系统丛书"是一项服务于国防和军队现代化建设的大型科技出版工程，也是国内首套系统论述高效毁伤技术的学术丛书。本项目瞄准高效毁伤技术领域国家战略需求和学科发展方向，围绕武器系统智能化、高能火炸药、常规战斗部高效毁伤等领域的基础性、共性关键科学与技术问题进行学术成果转化。

丛书共分三辑，其中，第二辑共 26 分册，涉及武器系统设计与应用、高能火炸药与火工烟火、智能感知与控制、毁伤技术与弹药工程、爆炸冲击与安全防护等兵器学科方向。武器系统设计与应用方向主要涉及武器系统设计理论与方法，武器系统总体设计与技术集成，武器系统分析、仿真、试验与评估等；高能火炸药与火工烟火方向主要涉及高能化合物设计方法与合成化学、高能固体推进剂技术、火炸药安全性等；智能感知与控制方向主要涉及环境、目标信息感知与目标识别，武器的精确定位、导引与控制，瞬态信息处理与信息对抗，新原理、新体制探测与控制技术；毁伤技术与弹药工程方向主要涉及毁伤理论与方法，弹道理论与技术，弹药及战斗部技术，灵巧与智能弹药技术，新型毁伤理论与技术，毁伤效应及评估，毁伤威力仿真与试验；爆炸冲击与安全防护方向主要涉及爆轰理论，炸药能量输出结构，武器系统安全性评估与测试技术，安全事故数值模拟与仿真技术等。

  本项目是高效毁伤领域的重要知识载体，代表了我国国防科技自主创新能力的发展水平，对促进我国乃至全世界的国防科技工业应用、提升科技创新能力、"两个强国"建设具有重要意义；愿丛书出版能为我国高效毁伤技术的发展提供有力的理论支撑和技术支持，进一步推动高效毁伤技术领域科技协同创新，为促进高效毁伤技术的探索、推动尖端技术的驱动创新、推进高效毁伤技术的发展起到引领和指导作用。

"高效毁伤系统丛书"
编委会

前　言

自1987年美国海军武器中心的A.T. Nielsen公开报道六硝基六氮杂异伍兹烷（hexanitrohexaazatetracyclododecane，HNIW或CL-20）的合成方法与性能之后，HNIW就因为其优异的能量性能受到各个军事强国的重视。HNIW的晶体密度、爆速、爆压等均高于HMX，标准生成焓是HMX的4.2倍，是目前综合能量水平最高的单质炸药。但HNIW的缺点也非常明显：ε-HNIW的晶体形貌呈纺锤形，且制成300 μm以上大颗粒的难度比较大；HNIW存在固-固晶变问题，即HNIW多晶型之间的固-固转变温度比较低，比如ε-HNIW在约135 ℃会转变为低密度、低能量、高感度的γ-HNIW，而β-HNIW向γ-HNIW的转变温度更低，这对HNIW炸药的配方设计、制药工艺以及高温服役环境适应性均带来了特殊的挑战；ε-HNIW的感度过高，其摩擦感度、撞击感度、热感度、火焰感度都高于传统的硝胺炸药。此外，HNIW晶体的力学强度普遍低于RDX、HMX等硝胺类炸药，在设计高力学强度要求的混合炸药时应特别注意。

美国劳伦斯·利弗莫尔国家实验室于20世纪90年代开始就参照HMX基压装型高爆速炸药LX-14的粘结剂体系，开发了HNIW基压装炸药配方LX-19，其密度超过1.92g/cm^3，爆速超过9200m/s，威力比LX-14提高了14%。此外，美国陆军还先后开发了PAX-11等多型压装型含铝炸药，该类炸药应用含能粘结剂体系，并命名为联合效应炸药。除压装型炸药外，美国陆军还主导了HNIW基浇注炸药配方DLE-C038的研制，法国火炸药公司也推出了自己的高固含量HNIW基浇注炸药，固含量可达到92%。HNIW基浇注炸药是按照美军不敏感弹药要求研发的，在研发之初就解决了HNIW的敏感性问题，美军随后对其冲击波感度、子弹撞击、快/慢速烤燃等进行了测试，其不敏感性接近HMX基浇注炸药PBXN-110。国内HNIW单质炸药以及HNIW基混合炸药的研发滞后于美国，在工程应用中尚有很多问题需要解决。例如，HNIW 单质炸药的晶体形貌不够圆滑、感度不够理想、适用于 HNIW 的新型高分子粘结剂不多、工艺助剂对 ε-HNIW 的溶解度偏高以及对 HNIW 炸药的爆轰物理化学以及能量释放规律研究还不够深入等。

作者团队在国家自然科学基金、爆炸科学与技术国家重点实验室基金、国防预研基金的资助下，较早地开展了 HNIW 基混合炸药研究。"十二五"时期以后，在火炸药领域某重大专项等的支持下取得了一些研究成果，积累了一些研究经验，包括 ε-HNIW 高品质大颗粒重结晶、HNIW 的晶变机理与晶型控制、HNIW 炸药降感、HNIW 炸药能量释放与输出结构调控以及 HNIW 基混合炸药设计等原理和技术。本书重点介绍了作者团队多年来的研究成果，并对部分主流的国内外文献资料公布的相关成果与理论进行了一些评述。

全书系统地论述了 HNIW 基混合炸药的设计原理。前半部分介绍了 HNIW 的基本性能、重结晶原理及大颗粒结晶技术、晶变与晶变抑制、降感途径等；后半部分介绍了 HNIW 基炸药的能量释放、能量输出和多种 HNIW 基混合炸药的设计及性能等。全书共分 10 章，其中第 1、2、3、6 章由焦清介撰写，第 4、5、8 章由郭学永撰写，第 7 章由聂建新撰写，第 9 章由闫石撰写，第 10 章由欧亚鹏撰写，任慧参与了第 3 章的撰写，统稿和校对由焦清介完成。此外，崔超博士、沈忱博士、王江峰博士、吴成成博士、潘启博士等也参与了部分内容的整理工作，在此对他们的辛勤付出表示感谢。

本书是针对 HNIW 基混合炸药设计、制备过程中所涉及的关键问题与解决方案的专著，对从事混合炸药配方设计与性能研究，尤其是 HNIW 基混合炸药研究的工程技术人员具有一定的参考价值。本书还适用于特种能源技术与工程、弹药工程与爆炸技术、爆炸力学、安全工程等专业本科生、研究生的专业知识学习，本书提出的观点也可供含能材料、混合炸药及战斗部专业的科技工作者参考。

随着高价值武器系统对弹药高效毁伤和不敏感性要求的不断提高，HNIW 基混合炸药的研究及应用中仍然存在难题，相较于 RDX、HMX 等传统硝胺炸药的技术积累，HNIW 基混合炸药及其应用中大量的机理性问题还亟待解决。希望本书的出版能起到抛砖引玉的作用，推动 HNIW 基混合炸药的研究继续深入。鉴于作者团队的水平有限，掌握的信息不够全面，疏漏之处希望广大读者批评指正，以利于本书的更新、补充与修正。

作 者

2022 年 9 月

目 录

第 1 章 绪论 ··· 001
  1.1 HNIW 炸药发展历史 ·· 002
    1.1.1 国外 HNIW 炸药的合成与研究进展 ··· 002
    1.1.2 国内 HNIW 的研究进展 ·· 005
    1.1.3 HNIW 的优势与问题 ·· 007
  1.2 HNIW 复合炸药及发展趋势 ··· 008
    1.2.1 典型 HNIW 复合炸药配方及其性能 ··· 009
    1.2.2 HNIW 复合炸药爆轰与能量释放 ··· 009
    1.2.3 HNIW 在应用中的问题与解决方法 ·· 010

第 2 章 HNIW 基本性能 ·· 013
  2.1 基本理化性能 ··· 014
    2.1.1 分子结构 ·· 014
    2.1.2 晶体类型与形貌 ··· 015
    2.1.3 其他理化性能 ·· 017
    2.1.4 感度性能 ·· 018
  2.2 晶型转变及热分解特性 ··· 019
    2.2.1 固-固晶变特性 ·· 019
    2.2.2 热分解特性 ··· 021
  2.3 爆轰性能 ··· 024
    2.3.1 爆轰热 ··· 024

2.3.2 爆速 ………………………………………………………… 029
2.3.3 其他爆轰参数 ………………………………………………… 031
2.3.4 HNIW 爆轰参数小结 …………………………………………… 034
2.4 HNIW 炸药 JWL 状态方程 ………………………………………………… 035
2.4.1 JWL 状态方程 …………………………………………………… 035
2.4.2 单质炸药的 JWL 状态方程 ……………………………………… 036
参考文献 ……………………………………………………………………… 038

第 3 章　ε-HNIW 高品质大颗粒重结晶 …………………………………… 041

3.1 HNIW 结晶热力学 ……………………………………………………… 042
3.1.1 HNIW 多晶型溶解度分析 ……………………………………… 042
3.1.2 热力学实验研究 ………………………………………………… 043
3.1.3 结果与分析 ……………………………………………………… 045
3.2 HNIW 结晶动力学 ……………………………………………………… 050
3.2.1 HNIW 结晶过程分析 …………………………………………… 050
3.2.2 动力学实验研究 ………………………………………………… 051
3.2.3 结果与分析 ……………………………………………………… 054
3.3 高品质大颗粒 ε-HNIW 重结晶工艺 …………………………………… 058
3.3.1 重结晶工艺路线 ………………………………………………… 058
3.3.2 无晶种重结晶工艺 ……………………………………………… 058
3.3.3 加晶种重结晶工艺 ……………………………………………… 064
3.3.4 重结晶工艺放大与稳定 ………………………………………… 067
3.4 高品质大颗粒 ε-HNIW 晶体表征 ……………………………………… 072
3.4.1 ε-HNIW 晶体的性能指标 ……………………………………… 072
3.4.2 晶体纯度 ………………………………………………………… 073
3.4.3 晶体密度与感度 ………………………………………………… 077
3.4.4 晶体形貌与粒度分布 …………………………………………… 082
参考文献 ……………………………………………………………………… 087

第 4 章　HNIW 晶变机理 …………………………………………………… 093

4.1 HNIW 的晶变现象 ……………………………………………………… 094
4.2 HNIW 晶型定量表征方法 ……………………………………………… 096
4.3 HNIW 自晶变及机理 …………………………………………………… 100
4.3.1 ε/β/α 三种晶型 HNIW 基本性能 ……………………………… 100

  4.3.2 ε/β/α 三种晶型 HNIW 热稳定性 …………………………………… 104
  4.3.3 ε/β/α 三种晶型 HNIW 自晶变规律 ………………………………… 105
  4.3.4 ε/β/α 三种晶型 HNIW 晶变动力学研究 …………………………… 106
 4.4 HNIW 复合体系晶变规律 ……………………………………………………… 108
  4.4.1 复合体系的组成和制备 ……………………………………………… 109
  4.4.2 复合体系中 ε-HNIW 的热晶变规律 ………………………………… 109
  4.4.3 DSC 表征不同复合体系 ε-HNIW 的晶变行为 ……………………… 113
  4.4.4 复合体系中 ε-HNIW 的晶变动力学 ………………………………… 114
 4.5 HNIW 固-固 γ 晶变抑制及机理 ……………………………………………… 115
 参考文献 ……………………………………………………………………………… 117

第 5 章   HNIW 炸药降感技术 …………………………………………………… 119

 5.1 炸药感度 ………………………………………………………………………… 120
  5.1.1 影响炸药感度的因素 ………………………………………………… 120
  5.1.2 炸药的降感 …………………………………………………………… 123
 5.2 HNIW 添加剂降感 ……………………………………………………………… 124
  5.2.1 添加剂降感机理 ……………………………………………………… 124
  5.2.2 添加剂的选择原则 …………………………………………………… 125
  5.2.3 添加剂的选择及性能研究 …………………………………………… 126
  5.2.4 HNIW 添加剂降感研究 ……………………………………………… 129
 5.3 HNIW 球形超细化降感研究 …………………………………………………… 139
  5.3.1 机械研磨法制备超细含能材料的基本理论 ………………………… 139
  5.3.2 球形超细 ε-HNIW 的制备工艺 ……………………………………… 140
  5.3.3 球形超细 ε-HNIW 团聚结块的原因及防团聚措施 ………………… 141
  5.3.4 球形超细 ε-HNIW 的性能 …………………………………………… 142
 5.4 HNIW 共晶降感研究 …………………………………………………………… 144
 5.5 HNIW 包覆降感研究 …………………………………………………………… 149
  5.5.1 包覆材料研究 ………………………………………………………… 150
  5.5.2 包覆工艺研究 ………………………………………………………… 157
 参考文献 ……………………………………………………………………………… 164

第 6 章   HNIW 混合炸药爆炸能量释放 …………………………………………… 167

 6.1 HNIW 爆轰能量释放及临界性 ………………………………………………… 168
  6.1.1 HNIW 爆轰能量释放 ………………………………………………… 168

        6.1.2　HNIW 爆轰临界性 ·· 170
        6.1.3　HNIW 爆轰临界稀释度 ·· 184
    6.2　HNIW 与含能物体系的爆轰能量释放 ······························ 189
        6.2.1　HNIW 与单质炸药体系的爆轰能量释放 ·················· 189
        6.2.2　HNIW 与 AP 体系的能量释放 ································· 194
    6.3　HNIW 与燃料体系的能量释放 ··· 200
        6.3.1　铝颗粒在炸药爆轰环境中的响应 ······························ 200
        6.3.2　铝粉在爆轰波作用下的燃烧 ······································ 206
    6.4　HNIW 混合炸药能量释放 ·· 219
        6.4.1　HNIW 混合炸药组成结构与爆炸能量 ······················ 219
        6.4.2　HNIW 混合炸药爆炸能量释放 ·································· 224
    参考文献 ··· 228

第 7 章　HNIW 含铝炸药能量输出 ·· 231

  7.1　HNIW 含铝炸药水中爆炸能量输出 ····································· 232
      7.1.1　水中爆炸能量输出表征参量 ·· 232
      7.1.2　水中爆炸测试方法 ··· 233
      7.1.3　水中爆炸能量输出特性 ·· 237
  7.2　HNIW 含铝炸药密闭空间爆炸能量输出 ···························· 249
      7.2.1　密闭空间爆炸能量输出表征参量 ································ 249
      7.2.2　密闭空间爆炸测试方法 ·· 250
      7.2.3　密闭空间爆炸能量输出特性 ·· 254
  7.3　HNIW 含铝炸药空中爆炸能量输出 ····································· 264
      7.3.1　空中爆炸能量输出表征参量 ·· 264
      7.3.2　空中爆炸仿真计算方法 ·· 266
      7.3.3　空中爆炸能量输出特性 ·· 272
  参考文献 ··· 282

第 8 章　HNIW 基压装炸药 ·· 285

  8.1　HNIW 基压装炸药设计内容及要求 ····································· 286
      8.1.1　能量设计 ··· 286
      8.1.2　安全性设计 ··· 290
      8.1.3　安定性和相容性设计 ·· 291
      8.1.4　防晶变设计 ··· 292

8.1.5 力学性能设计 ⋯⋯⋯⋯⋯⋯⋯⋯⋯⋯⋯⋯⋯⋯⋯⋯⋯⋯⋯⋯⋯⋯⋯⋯⋯⋯⋯ 293
8.1.6 确定配方组成原则 ⋯⋯⋯⋯⋯⋯⋯⋯⋯⋯⋯⋯⋯⋯⋯⋯⋯⋯⋯⋯⋯⋯ 294
8.2 高聚物粘结剂选择与设计要求 ⋯⋯⋯⋯⋯⋯⋯⋯⋯⋯⋯⋯⋯⋯⋯⋯⋯⋯⋯⋯ 297
8.2.1 高聚物粘结剂的作用及对其要求 ⋯⋯⋯⋯⋯⋯⋯⋯⋯⋯⋯⋯⋯⋯⋯ 297
8.2.2 高聚物粘结剂的分类及选择条件 ⋯⋯⋯⋯⋯⋯⋯⋯⋯⋯⋯⋯⋯⋯⋯ 298
8.2.3 高聚物粘结剂的溶解 ⋯⋯⋯⋯⋯⋯⋯⋯⋯⋯⋯⋯⋯⋯⋯⋯⋯⋯⋯⋯ 299
8.2.4 高聚物粘结剂粘结机理 ⋯⋯⋯⋯⋯⋯⋯⋯⋯⋯⋯⋯⋯⋯⋯⋯⋯⋯⋯ 303
8.2.5 基于接触角的理论和测试方法 ⋯⋯⋯⋯⋯⋯⋯⋯⋯⋯⋯⋯⋯⋯⋯ 306
8.2.6 HNIW/高聚物粘结剂分子动力学模拟 ⋯⋯⋯⋯⋯⋯⋯⋯⋯⋯⋯⋯ 308
8.3 HNIW 基压装炸药典型制备工艺 ⋯⋯⋯⋯⋯⋯⋯⋯⋯⋯⋯⋯⋯⋯⋯⋯⋯⋯ 313
8.3.1 直接法制备工艺 ⋯⋯⋯⋯⋯⋯⋯⋯⋯⋯⋯⋯⋯⋯⋯⋯⋯⋯⋯⋯⋯⋯ 314
8.3.2 水悬浮法制备工艺 ⋯⋯⋯⋯⋯⋯⋯⋯⋯⋯⋯⋯⋯⋯⋯⋯⋯⋯⋯⋯⋯ 315
8.3.3 溶液-悬浮沉淀法 ⋯⋯⋯⋯⋯⋯⋯⋯⋯⋯⋯⋯⋯⋯⋯⋯⋯⋯⋯⋯⋯ 316
8.4 HNIW 基压装炸药成型特性分析 ⋯⋯⋯⋯⋯⋯⋯⋯⋯⋯⋯⋯⋯⋯⋯⋯⋯⋯ 317
8.4.1 压药工艺 ⋯⋯⋯⋯⋯⋯⋯⋯⋯⋯⋯⋯⋯⋯⋯⋯⋯⋯⋯⋯⋯⋯⋯⋯⋯ 317
8.4.2 模具设计 ⋯⋯⋯⋯⋯⋯⋯⋯⋯⋯⋯⋯⋯⋯⋯⋯⋯⋯⋯⋯⋯⋯⋯⋯⋯ 318
8.4.3 结构强度表征 ⋯⋯⋯⋯⋯⋯⋯⋯⋯⋯⋯⋯⋯⋯⋯⋯⋯⋯⋯⋯⋯⋯⋯ 319
参考文献 ⋯⋯⋯⋯⋯⋯⋯⋯⋯⋯⋯⋯⋯⋯⋯⋯⋯⋯⋯⋯⋯⋯⋯⋯⋯⋯⋯⋯⋯⋯⋯ 322

第 9 章 HNIW 浇注炸药设计 ⋯⋯⋯⋯⋯⋯⋯⋯⋯⋯⋯⋯⋯⋯⋯⋯⋯⋯⋯⋯⋯⋯ 325
9.1 HNIW 浇注炸药黏合剂体系 ⋯⋯⋯⋯⋯⋯⋯⋯⋯⋯⋯⋯⋯⋯⋯⋯⋯⋯⋯⋯ 326
9.1.1 HNIW 浇注炸药设计要求 ⋯⋯⋯⋯⋯⋯⋯⋯⋯⋯⋯⋯⋯⋯⋯⋯⋯ 326
9.1.2 黏合剂体系的组成 ⋯⋯⋯⋯⋯⋯⋯⋯⋯⋯⋯⋯⋯⋯⋯⋯⋯⋯⋯⋯ 327
9.1.3 HNIW 在黏合剂体系中的溶解 ⋯⋯⋯⋯⋯⋯⋯⋯⋯⋯⋯⋯⋯⋯⋯ 331
9.1.4 黏合剂体系防晶变设计 ⋯⋯⋯⋯⋯⋯⋯⋯⋯⋯⋯⋯⋯⋯⋯⋯⋯⋯ 332
9.1.5 黏合剂体系防迁移设计 ⋯⋯⋯⋯⋯⋯⋯⋯⋯⋯⋯⋯⋯⋯⋯⋯⋯⋯ 334
9.2 典型黏合剂体系 ⋯⋯⋯⋯⋯⋯⋯⋯⋯⋯⋯⋯⋯⋯⋯⋯⋯⋯⋯⋯⋯⋯⋯⋯⋯ 338
9.2.1 HTPB 黏合剂体系 ⋯⋯⋯⋯⋯⋯⋯⋯⋯⋯⋯⋯⋯⋯⋯⋯⋯⋯⋯⋯ 338
9.2.2 GAP 黏合剂体系 ⋯⋯⋯⋯⋯⋯⋯⋯⋯⋯⋯⋯⋯⋯⋯⋯⋯⋯⋯⋯⋯ 340
9.2.3 HTPE 黏合剂体系 ⋯⋯⋯⋯⋯⋯⋯⋯⋯⋯⋯⋯⋯⋯⋯⋯⋯⋯⋯⋯ 343
9.3 HNIW 浇注炸药制备工艺 ⋯⋯⋯⋯⋯⋯⋯⋯⋯⋯⋯⋯⋯⋯⋯⋯⋯⋯⋯⋯⋯ 347
9.3.1 粒度级配设计 ⋯⋯⋯⋯⋯⋯⋯⋯⋯⋯⋯⋯⋯⋯⋯⋯⋯⋯⋯⋯⋯⋯⋯ 347
9.3.2 浇注炸药的制备工艺 ⋯⋯⋯⋯⋯⋯⋯⋯⋯⋯⋯⋯⋯⋯⋯⋯⋯⋯⋯ 349
9.4 几种 HNIW 基浇注炸药设计 ⋯⋯⋯⋯⋯⋯⋯⋯⋯⋯⋯⋯⋯⋯⋯⋯⋯⋯⋯⋯ 351

9.4.1　HNIW 基金属加速炸药设计 ……………………………… 352
　　9.4.2　HNIW 基通用爆破炸药设计 ……………………………… 355
　　9.4.3　HNIW 基水下炸药设计 …………………………………… 357
　　9.4.4　HNIW 基温压炸药设计 …………………………………… 371
参考文献 …………………………………………………………………… 374

第 10 章　HNIW 熔铸炸药 …………………………………………… 377

10.1　HNIW 基熔铸炸药载体 …………………………………………… 378
　　10.1.1　DNTF 载体炸药 …………………………………………… 379
　　10.1.2　DNP 载体炸药 ……………………………………………… 382
　　10.1.3　含氟熔铸炸药载体 ………………………………………… 383
　　10.1.4　其他新型熔铸炸药载体 …………………………………… 385
10.2　HNIW 颗粒预处理方法 …………………………………………… 387
　　10.2.1　多巴胺原位包覆及其对 ε-HNIW 晶变抑制作用 ………… 388
　　10.2.2　多巴胺含量对 ε-HNIW 晶变抑制作用的影响 …………… 396
　　10.2.3　多巴胺聚合物对 HNIW 晶变抑制机理 …………………… 400
10.3　HNIW 基熔铸炸药性能预测与理论计算 ………………………… 406
　　10.3.1　HNIW 基高爆速熔铸炸药设计与性能计算 ……………… 407
　　10.3.2　HNIW 基高爆热熔铸炸药设计与性能计算 ……………… 411
参考文献 …………………………………………………………………… 420

索引 ………………………………………………………………………… 421

第1章
绪 论

1.1 HNIW 炸药发展历史

1.1.1 国外 HNIW 炸药的合成与研究进展

HNIW 炸药六硝基六氮杂异伍兹烷（hexanitrohexaazatetracyclododecane），由美国海军武器中心的 A.T. Nielsen 于 20 世纪 80 年代末首先合成获得，是该中心位于 China Lake 实验室合成出来的第 20 号炸药，也称 CL-20。

HNIW 的分子式为 $C_6H_6N_{12}O_{12}$，其中包含两个五元环和一个六元环，母体环上的 6 个氮原子均处于桥中间，其笼型分子结构使其具有密度大（2.04 g/cm³）、生成焓高（429 kJ/mol）等特点。HNIW 的氧平衡为 -10.95%，最大爆速和爆压分别可以达到 9 600 m/s 和 43 GPa，能量输出比 HMX 高 10%~15%，自首次合成便引起了广泛关注。它在常温常压下有四种晶型：α、β、γ 及 ε 晶型，其中以 ε-HNIW 晶型的结晶密度最大，最稳定，也最有应用价值。

Nielsen 最初用于合成 HNIW 是四步法，如图 1.1（a）所示。第一步是缩合，由苄胺与乙二醛缩合成六苄基六氮杂异伍兹烷（HBIW）；第二步是脱苄，即将 HBIW 上的 6 个苄基部分或全部转变为乙酰基或其他取代基以生成硝解前体；第三步是硝解，即将硝解前体硝解成 α-HNIW 或 γ-HNIW；第四步是转晶，即将 α-HNIW 或 γ-HNIW 转晶为 ε-HNIW。时至今日，工业化生产 HNIW 仍然是沿用 Nielsen 的基本路线，但对于每一步工艺都进行了改进和革新，相继出现了几种新的制备工艺。2004 年，实验室合成 HNIW 取得了一个新的突破，即将苄胺以其他多种伯胺（如α-氨甲基呋喃等）取代，使第一步合成的六取代六氮杂异伍兹烷可直接硝解为 HNIW，省去了氢解，即合成 HNIW 由四步减少为三步，如图 1.1（b）所示。

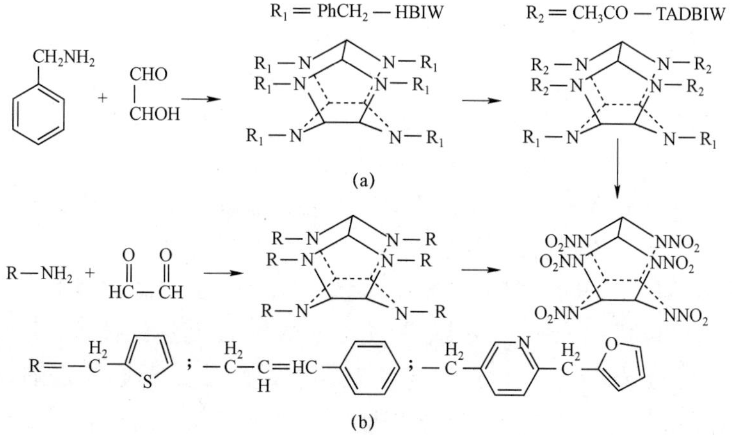

图 1.1　HNIW 的典型合成路线
（a）路线一；（b）路线二

2004 年，美国报道一种制备 HNIW 的新方法，该方法先以伯胺与α、β-二羰基衍生物反应生成六取代的六氮杂异伍兹烷衍生物，然后将后者直接硝解为 HNIW。即将制备 HNIW 的反应简化成三步，省去了脱苄，工艺简单，产品成本可望大幅下降。这是近 20 年来 HNIW 制备工艺的一大进展。但此方法尚处于研究阶段，离工业化甚远。

由于 HNIW 的转晶问题直接影响其安全性、能量水平及其他关键性能，近年来 HNIW 合成过程中的晶型转变、各晶型的特性以及工程应用中晶变抑制等方向也集中了大量研究。首先，对四种常温下稳定的晶型的研究表明，这四种晶型的密度、感度、爆轰性能和热力学稳定性均有较大差异。其中，密度按从大到小的顺序为ε-HNIW（2.044 g/cm³）＞β-HNIW（1.985 g/cm³）＞α-HNIW（1.981 g/cm³）＞γ-HNIW（1.916 g/cm³）；撞击感度按 H_{50} 大小衡量的顺序为ε-HNIW（26.8 cm）＜γ-HNIW（24.9 cm）＜β-HNIW（24.2 cm）＜α-HNIW（20.7 cm）；热力学稳定性为ε-HNIW＞α-HNIW＞β-HNIW＞γ-HNIW。由于四种晶型之间的转变活化能很小，较易发生晶型转变现象。在非极性溶液中可观察到β→ε型的转变，在重结晶过程中由于溶剂中含少量水容易出现α相，

HNIW 混合炸药设计基础

固相α、β和ε晶型升高温度至一定温度时可观察到向γ型转变的过程。HNIW 的最优使用晶型为ε型，因此提高晶型纯度和保持ε型稳定是研究晶型转变的一个重要目的。

目前，国外较前沿的 HNIW 晶型控制手段包括晶型控制剂技术、超声辅助结晶控制技术、共晶技术和溶剂化物形成技术等。通过晶型抑制剂抑制转晶过程是一种简单且普适的技术，也是一种较为经济实用的技术。利用这种方法可得到聚集程度低、晶体粒度分布均匀且晶体缺陷少的ε–HNIW，较常用的晶型抑制剂为乙酸、聚乙二醇、F2314、糊精、Span、PVP 等表面活性剂。随着科学技术的进步，通过理论筛选和实验验证的方法有望找到合适的晶型控制剂，可大幅提高ε晶型产率。超声主要影响成核过程，同时可控制结晶过程以有序的方式进行。但其存在的问题在于超声辅助结晶只能用于生成纳米级和亚微米级 HNIW，而不能制备几十微米级以上的 HNIW 结晶，超声作用会在晶体表面形成凹蚀作用，同时可能在制备过程中瞬时大量空洞破裂形成热点，导致隐患产生。共晶是一种能够有效解决 HNIW 转晶问题的技术，可以在分子水平上使两种分子以一定计量比结合在同一晶格中，形成稳定的超分子状态，从而制备出可以调控物理化学性能的共晶化合物。目前，部分已解析共晶结构中 HNIW 为γ构型，说明在共晶制备过程中可能出现了 HNIW 的转晶现象，这是目前共晶技术中需要研究人员重视的问题。研究 HNIW 在溶液中行为的过程中发现，HNIW 与溶剂可形成多种多样的溶剂化物，而溶剂化物有一些特殊性质值得关注。鉴于 HNIW 在溶液中形成溶剂化物，从而在溶液中可以稳定存在，脱离了溶液环境后，一些溶剂化物很快将会再变成 HNIW，这个过程将可以对于 HNIW 的保存和运输过程中晶型转变问题提供启发性的思路。

安全性是 HNIW 另一个需要解决的问题，HNIW 的撞击感度、摩擦感度与静电火花感度甚至均高于 HMX，使之成为现役最敏感的猛炸药之一。因此，对于 HNIW 的降感研究就显得非常重要，国内外的许多研究机构在这方面做了大量的工作，取得了一些结果和进展，HNIW 的降感措施主要包括重结晶、超细化和高分子包覆。原料 HNIW 的形貌复杂，晶面多，棱角非常明显；重结晶后的 HNIW 晶形得到明显改善，棱角逐渐消失；通过重结晶工艺的优化，得到的 HNIW 晶形呈类球形，表面圆滑，无明显棱角。

超细 HNIW，尤其是亚微米级、纳米级 HNIW，除保留普通颗粒 HNIW 高能量密度的优异性能外，还具有冲击波感度和撞击感度更低、更安全的特性，这对拓宽 HNIW 的应用范围、提高武器系统的性能具有重要意义。目前，超细 HNIW 的制备方法主要有机械研磨法、重结晶法、超临界流体技术、微乳液或乳液合成法、气流粉碎法等。

高分子包覆是通过在炸药表面包覆一层聚合物膜，选用适当的材料对 HNIW 进行包覆处理后可有效降低 HNIW 的感度。氟树脂、聚甲基丙烯酸甲酯（PMMA）和乙烯-乙酸乙酯共聚物（EVA）等已成为 HNIW 基 PBX 配方中优良的包覆材料。此外，还有报道指出，某些配位键合剂可与 HNIW 分子内的 NO_2 基团形成诱导效应，并在 HNIW 颗粒表面形成一层黏附层，对 HNIW 起到包覆作用。该包覆层具有能量缓冲、吸热、表面修饰的作用，使 HNIW 的撞击感度随之下降。HNIW 的钝感剂会根据混合炸药配方的设计而选定，最常使用的材料还包括石蜡、石墨等具有物理润滑作用的物质。

1.1.2 国内 HNIW 的研究进展

北京理工大学于 1990 年成功合成 HNIW，在此之前，中科院兰州化学物理所的于永忠在 1979 年就提出并合成了类似 HNIW 的笼型结构含能分子（单质炸药 797 号），验证了笼型高密度材料理论的可行性。鉴于国内外合成的 HNIW 成本很高，影响其广泛应用，北京理工大学欧育湘、赵信岐等专家开发了多条具备实用价值的 HNIW 合成工艺路线，其中 TADEIW 基等合成路线属国际首创，并实现了 HNIW 的千克级合成能力。随着 HNIW 合成技术的成熟及其应用需求的日趋增长，目前关于 HNIW 制备的关注点基本已从研发新合成路线转为其生产规模的放大。美国、法国、日本等国家均具备 HNIW 的工业化生产能力，批产量为 50~200 kg/批，年产量达 1 t 左右。我国的 HNIW 生产能力也在逐步提高，以满足混合炸药、推进剂等领域的应用需要。

国内在 HNIW 的晶变抑制技术领域投入了大量的研究精力，意图解决 HNIW 应用过程中的晶变问题。HNIW 的晶变受温度、压力、溶剂等诸多因素的影响，过程十分复杂，国内针对几种在应用中常见的环境刺激导致的晶变过程研究了相关机理。

首先是 ε-HNIW 在受热过程中的自晶变，本质上是向更高稳定性和更低 Gibbs 自由能晶型过渡的过程。HNIW 的 ε 与 γ 晶型之间存在一个临界转变温度，低于该温度时 ε 晶型较稳定，不足以克服活化能垒而转变为 γ 晶型；而高于该温度时 γ 则为稳定晶型。其次是固液溶解体系的晶变，在应用中所涉及的情况大部分都属于这种，空气中水分的存在，造成 HNIW 表面存在微溶层。部分溶解的 ε-HNIW，首先析出少量 β-HNIW，在热刺激作用下迅速转变为 γ-HNIW，作为晶种诱导其余 ε-HNIW 晶变，溶解后的 ε-HNIW 进行晶变所需越过的能垒远远低于直接自晶变，宏观表现为晶变温度降低。最新的研究表明晶变总是从 HNIW 表面的缺陷处开始，缺陷与溶解同时作用下，溶解依然起主导作用。

■ HNIW 混合炸药设计基础

该机理同样适用于其他溶解度更大的体系，如熔铸炸药载体、浇注炸药液态粘结剂。固不溶体系的晶变没有溶剂作为媒介，只能在固态母相中进行成核和晶体生长，需要克服更高的晶变活化能垒。因此，分子极性较小或无极性的不溶组分对 HNIW 的 ε 到 γ 晶变有一定的抑制作用，可以提高晶变的初始温度和晶变过程的活化能。

在此基础上有针对性地对 HNIW 的晶变进行抑制。目前，主要的手段包括外部缺陷填充与内部"主-客晶体"炸药。现有的外部缺陷填充技术可在不同程度对 HNIW 表面进行包覆，如采用儿茶酚胺类生物活性材料的自聚合反应，将 HNIW 的晶变温度提高了约 35 ℃。此外，包覆层也隔绝了 HNIW 与外部环境的接触，营造出"绝缘体"效果，减少在炸药制备工艺过程中 HNIW 被水分、增塑剂、熔铸载体等的溶解，同时也缓冲了该过程的热冲击。事实上，采用不同的材料进行类似研究的工作层出不穷，从原理上均是通过防止 HNIW 的溶解以及提高晶变的活化能，实现抑制缺陷处晶变的发生以及晶变在 HNIW 表面的蔓延。由于 HNIW 自身在热刺激下也极易发生晶变，消除晶体缺陷因素后，也必须解决晶体内部的稳定性。目前可行的策略是基于 HNIW 的分子间隙嵌入小分子组分，以稳定晶体结构。相关理论计算与实验均处于起步阶段。目前，得到的以 H_2O_2 和 N_2O 等强氧化性小分子作为内嵌物的"主-客晶体"炸药，不仅晶变的起始温度有所提高，且晶变过程中除最后阶段外，晶变的速率也明显低于 ε-HNIW。

国内在 HNIW 安全性方面的工作主要是系统性地集中在高品质 HNIW 重结晶技术（图 1.2）和包覆降感两方面。虽然我国已有中等规模的 HNIW 合成生产线，但自然结晶的 HNIW 存在晶体形貌差、表面缺陷多、粒度分布不理想等问题，难以获得直接应用。国内建立了 HNIW 在大量溶剂-非溶剂体系中的溶解度模型与结晶动力学方程，掌握了 400 L/批的稳定重结晶工艺（晶种诱导法、

图 1.2　不同重结晶工艺得到的 HNIW 晶体形状
（a）原料；（b）重结晶；（c）工艺优化

反溶剂快速稀释法、溶剂–反溶剂交替快加法等），并获得了 100 μm、100～300 μm、300 μm 以上几种规格的大颗粒高品质 HNIW。产品圆度值高，形貌由纺锤形优化为近似椭圆形，机械感度低，撞击感度较原料降低 64%，摩擦感度降低 68%。

虽然包覆降感在含能材料领域似乎是"老生常谈"般的处理方法，但既要使炸药敏感性降低，又不能使性能大幅下降却并不容易实现。尤其是 HNIW 这类敏感性较高的单质炸药，包覆物的量小起不到理想的作用，量大则使能量干脆下探到 HMX 的水平。国内最新的研究采用了"核–壳–壳"双层结构，"外软内硬"的材料使 HNIW 在受机械冲击时具有较低的模量和较高的强度，起到力缓冲作用，以维持颗粒的完整性；同时，低熔点的内层材料在其受到热冲击时发生相变，起到热缓冲作用。经过包覆的颗粒机械感度可下降至 ε–HNIW 的一半，热分解温度也提高了约 5 ℃。

1.1.3　HNIW 的优势与问题

HNIW 的笼型结构使它具有一些优异性能，理论研究表明，与能量较高的 β–HMX 相比，ε–HNIW 的晶体密度高 7%，爆速高 3%，爆压高 7%，标准生成焓是 β–HMX 的 4.2 倍。在某些以 HMX 为基的塑料粘结炸药（PBX）中，用 HNIW 代替 HMX，经圆筒试验和钽板加热试验测得的炸药输出能量可提高 14% 以上。

然而，高能量密度带来的敏感性是 HNIW 需要引起重视的问题之一，其机械感度均高于 HMX，因此难以直接应用于混合炸药等领域。事实上，目前的研究中也多将 HNIW 与其他较钝感的单质炸药复配使用或将 HNIW 通过包覆等技术手段进行钝感化后才能使用。另一个问题是 HNIW 的转晶，由于 HNIW 存在多种晶型，如表 1.1 所示，其性能存在较大差异，且不同晶型间的转化活化能相对较低，多在 1.20～4.03 kcal/mol，因此在受热刺激或在溶解等环境因素的影响下很容易发生转晶，导致能量水平与安全性的不稳定。此外，无论何种晶型的 HNIW，其晶体力学强度均低于常用的硝胺类炸药，虽然目前没有其在应用过程中容易破碎的证据，但可以预料低力学强度的晶体可能会影响炸药成型后的结构完整性与机械强度。目前，HNIW 虽然生产工艺成熟，但结晶为理想的形貌和尺寸比较困难，大颗粒球形化的 HNIW 制备技术目前仍在技术攻关中。最后，成本高也一直是影响 HNIW 应用的一个主要因素。经过几次工艺改进后，HNIW 的合成成本虽有所下降，但目前的报价依然很高。

表 1.1　HNIW 各晶型基本性能与 HMX 的对比

炸药性能	密度/ (g·cm^{-3})	燃烧热/ (MJ·mol^{-1})	生成热/ (kJ·mol^{-1})	爆速/ (m·s^{-1})	爆压/ GPa	撞击感度 (H_{50})/cm	氧平衡/ %
ε–HNIW	2.044	3.596	377.4	9 660	45.6	26.8	−10.95
β–HNIW	1.985	3.649	431	9 380	42.8	24.2	
α–HNIW	1.981					20.7	
γ–HNIW	1.916					24.9	
β–HMX	1.903	2.767	74.05	9 100	39.5	29	−21.61

1.2　HNIW 复合炸药及发展趋势

HNIW 复合炸药是指以 HNIW 为主体炸药,以氧化剂和燃料实现能量倍增,通过微观化学修饰、细观物理组装和宏观力学建构的混合炸药。

自 HNIW 成功合成以来,国外就开展了大量 HNIW 的应用研究,HNIW 已经用于制备浇注和压装 PBX 炸药等。美国研制成功的 HNIW 基炸药有 LX–19、PAX–12、PAX–11、PAX–29、DLE–C038 和 PBXW–16 等,而且还正不断地探索性能更优的新配方,其中最典型的是美国劳伦斯·利弗莫尔国家实验室研制的 HNIW 基压装 PBX 炸药 LX–19,配方包含 95.8%的 ε–HNIW 和 4.2%的 Estane 5703–P,密度可达 1.920 g/cm³,爆压为 41.5 GPa,爆速为 9 104 m/s。在用喇叭形聚能装药进行的射流侵彻试验中,LX–19 的侵彻深度超过了 LX–14 和 Octol;在用 EFP 装药进行的试验中,LX–19 的 EFP 速度比 LX–14 的 EFP 速度提高了 7%,能量提高了 14%。

法国 SNPE 研制的 GAP/HNIW 推进剂配方由 60% HNIW、黏合剂 GAP、增塑剂 TMETN/BTTN 和 4%弹道改良剂组成,比冲为 2 524(N·s)/kg,密度 1.73 g/cm³,燃速 13.4 mm/s。该推进剂配方具有低特征、低毒性、高燃速、低压力指数和低温度系数的特点,可以满足大多数火箭发动机的要求。此外,还有将 HNIW 用于高比能(1 400~2 000 J/g)发射药的尝试,在配方中用 HNIW 代替常规氧化剂可使发射药的性能提高 10%~15%。

由于 HNIW 的密度高、化学和热安定性好、能够与大多数黏合剂和增塑剂相容,因此,用它作高能组分确实是目前提高炸药性能的一种有效途径。从理论计算上而言,在炸药配方中用 HNIW 取代 HMX,性能可提高 10%~15%。

但 HNIW 的发展尚未成熟，因此其应用过程中还存在诸多问题亟待解决。

1.2.1 典型 HNIW 复合炸药配方及其性能

除上述高爆速型的 LX-19 外，美国目前发展较成熟的 HNIW 基压装炸药配方还有含铝炸药 PAX 系列中的 PAX-11 和 PAX-29。两型炸药是由美国陆军坦克机动车辆、武器局武器研究发展与工程中心（TACOM-ARDEC）和聚硫橡胶推进公司的研究人员最近研制成功的新型含铝 HNIW 炸药，这些炸药可用于多用途反装甲战斗部和高爆战斗部中。PAX-11 炸药的配方为：79%（质量分数，下同）HNIW、15%铝粉、3.6%BDNPA/F、2.4%CAB，其总固体质量分数为 94%；PAX-29 炸药的配方为：77%HNIW、15%铝粉、4.8%BDNPA/F、3.2%CAB，其总固体质量分数为 92%。此外，PAX-29 具有很好的感度性能。与 LX-14 相比，其总能量比提高了 42%，在 v/v_0 为 6.5 时，测得的膨胀能也增加了 28%。

此外，HNIW 也在浇注炸药中成功得到了应用，其中研究较为深入的有 DLE-C038。它是美国 ATK 公司最新研制的一种含 90%HNIW 的高性能浇注/固化 HTPB 炸药，其配方为 90%HNIW、10%HTPB/PL1（一种增塑剂），密度为 1.821 g/cm³，爆压为 33.0 GPa，实测爆速为 8.73 km/s，在 v/v_0 为 6.5 时，其膨胀能为 8.41 kJ/cm³，总机械能为 10.24 kJ/cm³，其能量与 LX-14 相同。与 PBXN-110 相比，DLE-C038 的 C-J 压力增加了 32%，在 v/v_0 为 6.5 时，其膨胀能提高 22%。试验结果表明，DLE-C038 炸药的感度极好，符合 IM 性能要求；该炸药具有优良的力学性能和加工性能，非常适合高价值、高性能的爆炸/破片杀伤战斗部使用。目前，美国 ATK 公司研究人员正在对 DLE-C038 炸药进行高效加工工艺的开发和各种鉴定试验。

其他国家，例如瑞士、日本等，也都在积极开发 HNIW 基高能炸药。2006年，法国火炸药公司还报道了一种含 92%HNIW 的浇注塑料黏结炸药，爆速达到 9 052 m/s，具有极好的加工性能和安全性能。我国 HNIW 基高能炸药的研制起步较晚，但随着国家科研力量的持续投入，我国也相继研制成功了多型浇注、压装 HNIW 基高能炸药，在性能上与欧美军事强国的配方基本一致。

1.2.2 HNIW 复合炸药爆轰与能量释放

HNIW 复合炸药可通过添加氧化剂和金属燃料实现爆炸能量的倍增，是一种典型的非理想炸药。长久以来，金属燃料是否在爆轰波阵面上发生反应一直是争论的热点问题，主要的爆轰反应机理包括以下三种理论：二次反应理论、惰性热稀释理论和化学热稀释理论。这些理论对于爆轰反应区内金属燃料是否反应、具体反应过程和方式有着不同观点；但相同的是，这些理论均认为复合炸药的爆轰行为呈现显著的非理想特性，在爆轰反应区内金属燃料无法完全反应。

HNIW 复合炸药能量释放的构效关系也是近些年的研究热点，即研究建立炸药的物理/化学组成结构参数和能量释放特性参数之间的关联关系。研究表明，HNIW 复合炸药的能量释放不仅与其组成结构相关，还与爆炸条件尤其是周围介质环境密切相关。这是由于金属燃料呈现出爆轰后燃反应行为，HNIW 复合炸药爆炸时间可达微秒量级,炸药能量释放与周围介质环境之间的耦合作用使得 HNIW 复合炸药能量释放过程极为复杂。探索不同爆炸环境中 HNIW 复合炸药爆炸能量释放特性有助于全面了解其反应机制和能量输出特性。

相比 RDX 基和 HMX 基等传统复合炸药，HNIW 复合炸药的能量释放特性尚缺乏系统的研究。在理论研究方面，研究者建立了 HNIW 含铝炸药爆炸反应理论模型，获得了不同爆炸环境中 HNIW 复合炸药组分对其能量释放特性的影响规律，但仍存在机理认识不清、模型参数获取困难、无法指导炸药设计等不足；在工程应用方面，对于 HNIW 复合炸药能量释放特征参量预估缺乏高精度的工程计算方法，现有的经验或半经验公式依然来源于传统炸药的试验结果，具有很大的局限性。因此，深入研究 HNIW 复合炸药爆炸反应机理和能量释放特性，对于指导 HNIW 复合炸药配方设计，提高 HNIW 复合炸药爆炸能量释放效率具有重要意义。

1.2.3　HNIW 在应用中的问题与解决方法

HNIW 在应用中存在的问题如上所述可总结为机械感度高、容易晶变为性能较差的其他晶型，因此在应用于复合炸药配方前会对其进行预处理或选择不容易导致 HNIW 发生晶变的复合体系。例如，上述美国 DLE-C038 炸药配方中应用了一种全新的增塑剂 PL1，浇注炸药常用的酯类增塑剂如 DOA 等对 HNIW 有一定的溶解性，极易在工艺过程中引起 HNIW 的诱导转晶，而 PL1 不溶解 HNIW，因此不会导致 HNIW 晶变温度的提前。

出于同样的原因，目前国际上一直没有成熟的 HNIW 基熔铸炸药配方见诸报道，熔铸炸药工艺过程中必须将硝基或硝胺类载体炸药高温熔融，而液态的炸药大多与 HNIW 具有类似的结构或官能团，引起相似相溶。事实上，采用传统熔铸载体 TNT、DNP 等炸药制备 HNIW 基高能炸药的尝试从未停止过，但由于 HNIW 在载体中较高的溶解度（$4.2 \sim 4.99$ g/100 g TNT，约 7.03 g/100 g DNP）和较差的化学相容性，制备出的 HNIW 基熔铸炸药中存在大量 β 晶型，并且由于溶解导致的流变性问题，最终固含量也很难达到设计预期的配方比例。

目前能有效解决上述问题的方法是对 HNIW 进行表面改性，阻隔 HNIW 与溶剂的接触，该方法的技术途径包括传统的高聚物包覆（造型粉）、膜技术以及当下较流行的核壳微结构颗粒，还有多巴胺自聚合表面功能化等新的研究热点，特别是聚多巴胺可使 ε – HNIW 的受热自晶变提高 15 ℃以上，是值得关注的研究方向之一。

第 2 章
HNIW 基本性能

作为 HNIW 混合炸药中的主体炸药，HNIW 的基本性能对混合炸药具有基础性的影响。了解和掌握 HNIW 的基本性能对设计 HNIW 混合炸药至关重要。本章在介绍部分文献报道数据的基础上，对 HNIW 的基本理化性能、晶变特性、感度特性等做了简要介绍；对 HNIW 的能量特性做了较为详细的分析，并对传统的理论计算和爆轰热力学程序计算的结果进行了分析对比，可为从事 HNIW 应用研究和工程设计的工作者提供一个关于 HNIW 的轮廓。

2.1 基本理化性能

2.1.1 分子结构

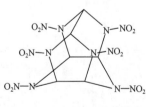

图 2.1 HNIW 的分子结构图

HNIW（六硝基六氮杂异伍兹烷，又称 CL-20）的分子结构是一个由两个五元环及一个六元环组成的笼形硝胺。六个桥氮原子上各带有一个硝基，学名为 2,4,6,8,10,12-六硝基-2,4,6,8,10,12-六氮杂四环[5.5.0.0^{5,9}0^{3,11}]十二烷，分子式为 $C_6H_6N_{12}O_{12}$。HNIW 的分子结构见图 2.1，其相对分子质量为 438.28，元素组成为 C16.44%、H1.36%、N38.35%，氧平衡-10.95%，高于 HMX 的氧平衡（-21.60%）。

由于与单环含能硝铵在结构上的某些相似性，HNIW 被认为可作为 HMX 和 RDX 的换代品。HNIW 分子的笼型结构赋予其很高的生成焓和密度。因此，在复合含能材料配方中使用 HNIW，可较大幅度提高能量水平，例如，提高固体火箭推进剂的比冲和燃速，提高混合炸药的爆速和爆压等。

2.1.2 晶体类型与形貌

HNIW 是白色的多晶型化合物，常温常压下已发现有 4 种晶型（α、β、γ 及 ε），见图 2.2。不同的晶型可通过红外光谱或 X 射线衍射（XRD）鉴别，图 2.3 为 4 种晶型的 XRD 图谱。

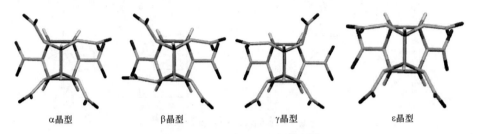

图 2.2 HNIW 的 4 种空间构型[1]

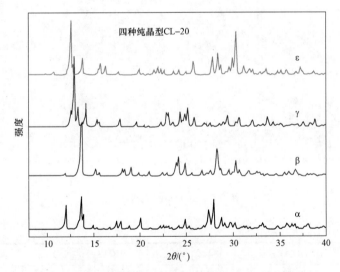

图 2.3 重结晶制备的 HNIW 4 种纯晶型的 XRD 谱图[2]

4 种晶型中，ε-HNIW 晶型的密度最高，其次是 β-HNIW 晶型，而 γ-HNIW 晶型的密度最低，接近 β-HMX 的密度，α-HNIW 是有水存在下的水合物结晶。采用重结晶方法，可以获得高纯度 ε-HNIW，结晶密度可达 2.04 g/cm³ 以上，是已知有机物中密度最高者。

HNIW 4 种晶型在结构上的差别是由于结晶中具有不同的空间群所导致的，α 和 β 的结晶为正交晶系，形貌类似片状结晶，而 ε 和 γ 是单斜对称晶系（见图 2.4），带有或多或少的尖锐边缘。其中，ε-HNIW 晶体呈纺锤形（见图 2.5）。表 2.1 为 4 种晶型 HNIW 的晶体学参数，其中，ε-HNIW 的晶体密度最大，

γ-HNIW 的晶体密度最小。

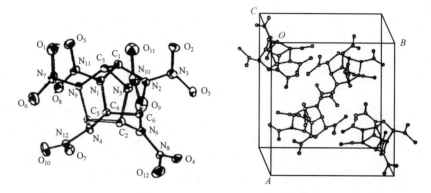

图 2.4 ε-HNIW 的晶体堆积结构[3]

图 2.5 ε-HNIW 电镜图[4]

表 2.1 HNIW 的晶体学参数[3]

参数	ε-HNIW	β-HNIW	α-HNIW（1/2H$_2$O）	γ-HNIW
分子式	C$_6$H$_6$N$_{12}$O$_{12}$	C$_6$H$_6$N$_{12}$O$_{12}$	C$_6$H$_7$N$_{12}$O$_{12.5}$	C$_6$H$_6$N$_{12}$O$_{12}$
晶系	单斜	正交	正交	单斜
空间群	P2$_1$/n	Pca2$_1$	Pbca	P2$_1$/nm
晶胞参数	$a=0.8848(2)$ nm $b=1.2567(3)$ nm $c=1.3387(3)$ nm $\beta=106.90(3)°$	$a=0.9670(2)$ nm $b=1.616(3)$ nm $c=1.3303(3)$ nm	$a=0.95297(2)$ nm $b=1.32379(13)$ nm $c=2.3640(3)$ nm	$a=1.32136(11)$ nm $b=0.81614(6)$ nm $c=1.4898(4)$ nm $\beta=106.168(4)°$
晶胞体积	1.4242(0)	1.4638(5)	2.9823(5)	1.5175(4)
晶胞内分子数（z）	4	4	8	4

续表

相对分子质量	438.23	438.23	447.24	438.23
计算密度/(g·cm^{-3})	2.035	1.989	1.970	1.918

2.1.3 其他理化性能

HNIW 易溶于丙酮、酯类和醚类，不溶于脂肪烃、氯代烃及水。HNIW 与大多数含能物颗粒，如 RDX、HMX、AP、PETN 等相容性很好，与 GAP、HTPB 液态粘结剂相容性较好，但与液态脂类、醚类等增塑剂相容性较差，与碱、胺及碱金属氰化物（如 NaCN）不相容[5]。HNIW 的部分理化性能见表 2.2。

表 2.2 HNIW 的基本理化性能表

性能	ε–HNIW	β–HNIW	α–HNIW	γ–HNIW
分子式	$C_6H_6N_{12}O_{12}$			
相对分子质量	438.28			
元素组成/%	C，16.44；H，1.36；N，38.35			
氧平衡/%	−10.95			
外观	白色晶体			
密度[3]/(g·cm^{-3})	2.035	1.983	1.952（含 1/2H_2O）	1.918
标准生成焓[3]/(kJ·kg^{-1})	860		980	
比热容/(J·g^{-1}·K^{-1})	1.372（20 ℃）[3]	0.247 2 + 0.002 705 992 T（283～343 K）[6]		
相变温度[1]/℃	167	163	170	260

1994—1998 年，美国的 Thiokol 公司改进了 Nielsen 发明的最初合成 HNIW 的方法[7-9]，并建立了小规模生产的中试装置，现在以间断法生产 HNIW 的批量超过 100 kg。大颗粒 HNIW 可通过重结晶制得，细颗粒 HNIW 可通过研磨大颗粒得到。法国的 SNPE 公司也能供应不同粒度的 HNIW，但 SNPE 生产 HNIW 的路线与 Thiokol 公司不同，法国 SNPE 公司和美国 Thiokol 公司供应的 HNIW 的纯度分别是 98%和 96%[10]。其中法国 SNPE 公司所提供的 HNIW 的部分性能数据如表 2.3 所示，工业品 HNIW 的杂质包括残留的溶剂和未完全硝解的基质，后者带有苄基、乙酰基或甲酰基。

表 2.3　法国 SNPE 公司 HNIW 数据表[5]

爆燃温度/ ℃	分解温度/ ℃	最大分解温度/ ℃	分解热/ (J·g^{-1})	爆速/ (m·s^{-1})	100 ℃、193 h 真空 安定性/(cm^3·g^{-1})
220～225	213	249	2 300	9 650	0.4

2.1.4　感度性能

HNIW 感度受其化学纯度、晶型纯度、结晶质量以及杂质等综合影响。HNIW 的撞击感度及摩擦感度与粒度及颗粒外形有关，可认为与 HMX 的相仿；静电火花感度似与太安（PETN）或 HMX 的不相上下。在锤重 2.5 kg，药量 25 mg 条件下（12 型撞击感度仪），测得 4 种晶型 HNIW 的特性落高在 15～24 cm；在 3.92 MPa 压力，90°摆角测试条件下，4 种晶型的摩擦感度均为 100%。表 2.4 给出了 ε-HNIW 的撞击感度、摩擦感度和静电火花感度值。

表 2.4　ε-HNIW 感度表[3]

爆发点（5 s）/℃	撞击感度①（H_{50}）/cm	摩擦感度②/%	静电火花感度③/J
283.9	15～20	100	0.68

① 用 12 型仪测定，锤重 2.5 kg，药量 25 mg。感度值与药粒径及外形有关。
② 90°，3.92 MPa。
③ 为 50%发火的能量，未说明测定条件。

减小锤重测量撞击感度，降低压力减小摆角，所测出的 ε-HNIW、β-HNIW 和 α-HNIW 的感度值见表 2.5，其中 ε-HNIW 在 2 kg 落锤的特性落高值增加一倍以上，在 2.45 MPa 压力和 80°摆角的摩擦感度为 28%。3 种晶型中，α-HNIW 的撞击感度和摩擦感度均最高。

表 2.5　3 种晶型 HNIW 的机械感度[11]

晶体颗粒	撞击感度 H_{50}/cm （2 kg 落锤）	摩擦感度/爆炸概率% （80°摆角，2.45 MPa）
ε-HNIW	42	28
β-HNIW	24	48
α-HNIW	20	60

与其他炸药的感度相比较，HNIW 的机械感度与 PETN 相似，因此加工和处理 HNIW 时需要特别注意机械安全。基于这一原因，有关 HNIW 的应用性研

究均需要降低 HNIW 的感度，采取的途径包括改善结晶形貌，降低结晶缺陷，以及采用适当的惰性材料包覆等。

2.2 晶型转变及热分解特性

2.2.1 固-固晶变特性

在外界热作用下 HNIW 会发生晶型转变，这种固体颗粒的晶型转变也称晶变。采用原位加热 X 射线粉末衍射（XRD）方法可以在不破坏样品的条件下，检测出 HNIW 某一晶型的含量，从而研究其晶变行为。原位加热 XRD 通常以 0.1 ℃/s 的升温速率，可将样品从 30 ℃加热到 180 ℃，分别在 30 ℃、70 ℃、100 ℃、110 ℃、120 ℃温度点扫描一次，在 125~180 ℃每 5 ℃扫描一次，每次扫描之前保温 2 min；再以 0.5 ℃/s 的速率降温，分别在 150 ℃、100 ℃、30 ℃时扫描一次，扫描前保温 10 min。

首先将 ε-HNIW 原料进行干燥处理后直接进行原位 XRD 试验。原位升温过程中 HNIW 原料的晶型转变 XRD 谱图如图 2.6 所示。

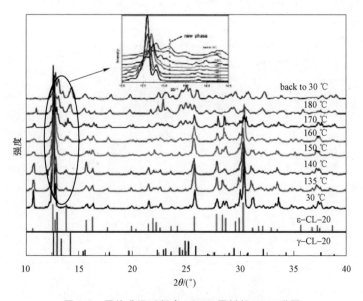

图 2.6　原位升温过程中 HNIW 原料的 XRD 谱图

从图 2.6 可以看出，温度低于 130 ℃时，某测试样品的 XRD 谱图上未出现新的衍射峰，表明此时的 ε-HNIW 未发生晶变。温度达到 135 ℃时，样品的 XRD 谱图中 $2\theta=13.07°$ 处出现了 γ-HNIW 的特征峰，表明此时 ε 晶型开始转变为 γ 晶型，并且随着温度的升高，γ 晶型的特征峰越来越强，而 ε-HNIW 在 $2\theta=10.70°$ 处的特征峰越来越不明显。温度继续升高至 180 ℃时，则 ε 晶型的特征峰已经基本消失，表明 ε-HNIW 已经基本转变为 γ 晶型。另外，当样品温度逐渐降到室温（30 ℃）时，所得的 XRD 谱图基本保持不变，表明高温引起的 ε→γ 的晶变在冷却过程中不可逆。原位 XRD 表征 HNIW 原料的 ε→γ 晶变温度如表 2.6 所示。

表 2.6　原位 XRD 表征 HNIW 原料的转晶温度

组分	起始晶变温度 T_0/℃	转变 50%的温度 $T_{50\%}$/℃	完全转变温度 $T_{100\%}$/℃
HNIW 原料	135	164.2	180（93.14%）

图 2.7 为 ε-HNIW 的 DSC-TG 曲线，显示 ε-HNIW 在 150～160 ℃存在一个明显的吸热峰，该峰为 ε→γ 晶型转变峰，此温度对应的 TG 曲线没有出现质量损失。另一个明显的放热峰为 γ-HNIW 的分解峰，分解峰温在 250 ℃左右，此温度对应的 TG 曲线出现了明显的质量损失。在 HNIW 的 DSC 曲线上，看不到熔化吸热峰，表明 HNIW 在熔化之前就已经开始升华或分解。

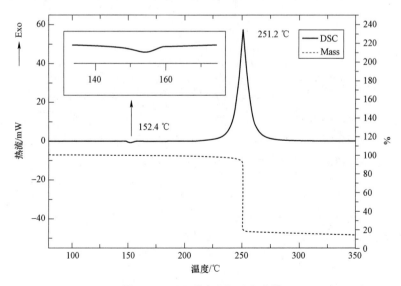

图 2.7　HNIW 的 DSC-TG 曲线

DSC 方法与原位加热 XRD 方法表征 ε–HNIW 晶变过程的升温速率不同，并且利用原位 XRD 进行扫描时有 5 min 左右的恒温时间，因此，两种方法得到的晶型转变温度值会有一定的差别。

DSC 曲线也表明，ε–HNIW 转变为 γ–HNIW 是一个不可逆的过程，且纯度高的 ε–HNIW 转变为 γ–HNIW 的温度也高一些（见图 2.8）。

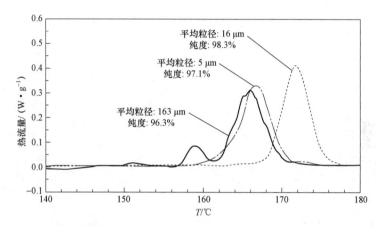

图 2.8　纯度不同及粒度不同的 ε–HNIW 转变为 γ–HNIW 的相变温度（DSC 测定）
（吸热过程以正热流表示）

ε–HNIW 转变为 γ–HNIW 时，体积增加 6%，同时结晶应力加剧，这导致不可控 HNIW 细小碎片的形成。这种"微观破裂"效应可在热显微镜下明显地观察到，DSC、TGA 及 EGA 实验也可研究这种效应，特别对大的 HNIW 结晶，这种碎裂效应更易于产生。HNIW 结晶的微观破裂是值得重视的，某些 HNIW 样品可能发生的不稳定性会增大潜在危害性。

2.2.2　热分解特性

HNIW 起始分解温度为 210～215 ℃。DSC 法测得 4 种晶型 HNIW 的起始分解温度均为 210 ℃；ε–HNIW 和 γ–HNIW 的热分解峰温为 249 ℃，β–HNIW 的热分解峰温为 246 ℃，α–HNIW 的热分解峰温为 253 ℃，见表 2.7。

表 2.7　不同晶型 HNIW 热分解性能表[3]

性能	ε–HNIW	β–HNIW	α–HNIW	γ–HNIW
DSC 起始分解温度[①]/℃	210	210	210	210
DSC 最大分解温度[①]/℃	249	246	253	249
TG 起始分解温度[①]/℃	～200			

续表

TG 质量损失 1%温度[①]/℃	206
真空安定性[②]/(cm^3·g^{-1})	0.1～0.2
分解活化能[③]（kJ·mol^{-1}）	～200
lg$A$[③]/s^{-1}	～20

注：① 升温速度 10 ℃/min，氮气氛。
② 22 h，120 ℃，101 kPa，氦气氛。放出气体量与 HNIW 粒度有关。
③ 为 DCS 法测定。

除此之外，HNIW 经分解后在 300 ℃时形成约 11%～18%的残渣，此残渣为类多吖嗪结构，如图 2.9 所示。

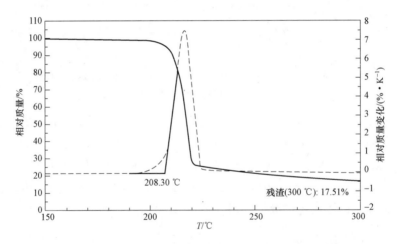

图 2.9　HNIW 的 TGA 及 DTG 曲线
（加热速率 1.0 K·min^{-1}，试样量 0.98 mg，Ar 气氛，铂池）

如图 2.10 所示，FTIR/EGA 测定的 HNIW 热分解结果表明，HNIW 热分解的主要气态产物是 NO_2，N_2O，CO_2 和 HCN，还有微量的 H_2O，CO 及 NO，这也为 TGA/MS 测定所证实。

如图 2.11 所示，HNIW 热分解生成气体的计算 EGA 曲线表明，γ-HNIW 的热分解系由 N—NO_2 硝铵键的均裂所引发，并放出 NO_2 作为初始分解产物。在 HNIW 骨架上形成的自由基中心使多环笼型结构立即解体，并放出热力学稳定产物 N_2O，HCN 及 CO_2。

第 2 章 HNIW 基本性能

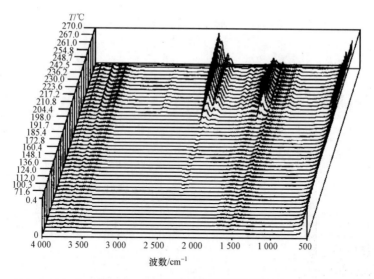

图 2.10 HNIW 热分解的 FTIR/EGA

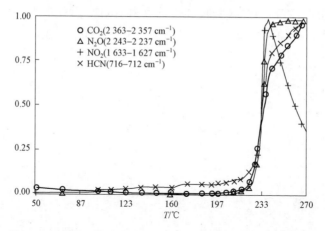

图 2.11 HNIW 分解生成 NO_2、N_2O、CO_2 和 HCN 的 EGA 曲线
（加热速率 $5.0\ K\cdot min^{-1}$，Ar 气氛）（各温度下的相对吸收率）

由于 NO_2 自由基背面的进攻反应，HNIW 碳氢骨架的降解自动加速，同时又放出了一定量的 HCN，CO_2 和 N_2（由质谱证明），这一点可由当 HNIW 进一步裂解时 EGA 曲线上 NO_2 的温度达最大值然后下降和 HCN 及 CO_2 浓度继续增高得以说明。但此时不会进一步放出 NO_2，因为 NO_2 只能由外围硝铵基产生。因此尽管 EGA 曲线上 N_2O 的浓度也达到最大值，但与 NO_2 不同，在 HNIW 进一步热裂解时，N_2O 的浓度并不下降。

HNIW 热分解的自动化催化加速已为等温 TGA 测定所证实，HNIW 除了在 $(200.65\pm0.14)\ ℃$ 处进行定量分解外，甚至在更低的温度下也会发生缓慢分解。

更详细的 TGA 及 MDSC 测定显示，HNIW 转变为 γ 晶型后，其热稳定性明显下降，见表 2.8。

表 2.8 HNIW 的热分解动力学参数

品型	实验方法	T/K	P/MPa	计算方程	动力学参数		参考文献
HNIW	TGA	463～477	0.1	等温动力学	$E/$ (kJ · mol^{-1})	log$A/$s^{-1}	[12]
ε-HNIW	自动电子热天秤	465～484	0.1	等温动力学	151.88 ($n=1$) 159.83 ($n=2$)	13.6 14.1	[13]
ε-HNIW	TG	483～493	0.1	等温动力学	222.17±5.86 (E_1) 189.54±10.88 (E_2)	20.3±0.3 17.6±1.2	[14]
ε-HNIW	DSC	300～573	0.1	Kiss method	173.0	17.11	[15]
HNIW	DSC	—	0.1	Kiss method	182.1	18.03	[16]
HNIW	DSC	—	3	Kiss method	200.4	19.78	[16]

根据 HNIW 的等温 TGA 数据，可计算出 HNIW 热分解的动力学参数（采用一级反应±自动催化模型），其活化能为（183.2±0.5）kJ·mol^{-1}，指前因子为 17.6±0.05[7]。

2.3 爆轰性能

2.3.1 爆轰热

2.3.1.1 爆轰能量构成

爆轰能量是指炸药在爆轰过程中释放的化学能量，也称爆轰热（Detonation Heat），理论上通常采用盖斯定律进行计算。盖斯定律的热力学原理如图 2.12 所示，图中状态 1、2、3 分别代表标准状态下组成炸药的化学元素、炸药、爆轰产物。从状态 1 到状态 3 有两条途径，

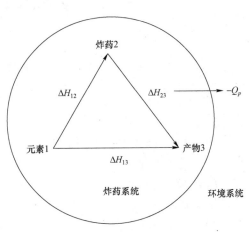

图 2.12 炸药爆轰热效应盖斯三角形

一是由元素得到炸药,同时伴有炸药生成焓 ΔH_{12},然后炸药爆轰生成产物,伴随炸药爆轰反应热 ΔH_{23};另一条是由元素直接生成爆轰产物,伴随产物定压生成焓 ΔH_{13}。这两条途径热效应的代数和是相等的,即:$\Delta H_{13} = \Delta H_{12} + \Delta H_{23}$。

将炸药视为一个热力学系统,定义得热过程的焓变为正值,则失热过程的焓变为负值;而对于炸药爆炸作用的环境而言,按照同样的定义方法,炸药的定压爆轰热 Q_p 的计算式为

$$Q_p = -\Delta H_{23} = \Delta H_{12} - \Delta H_{13} \tag{2.1}$$

炸药的爆轰热定义为定容爆轰热,包括了炸药爆轰释放的气体对环境作功,因此炸药的爆轰热 Q_v 为

$$Q_v = Q_p + \Delta(PV) \tag{2.2}$$

式中,P 为爆轰产物压力;V 为爆轰产物体积,Δ 表示炸药爆轰前后的状态变化。利用式(2.2)计算爆轰热,需要炸药爆轰产物的状态方程,常用爆炸热力学计算程序如 CHEETAH、EXPLO5 等多数采用 BKW 状态方程,如果在不方便使用软件的情况下计算爆轰热,则需要对式(2.2)的作功项进行简化。

假设爆轰产物的气体为理想气体,并将炸药爆轰过程对环境作功视为常压下气体的膨胀作功,则

$$Q_v = Q_p + nRT_0 \tag{2.3}$$

式中,n 为每 kg 炸药爆炸后生成的气态爆炸产物的摩尔量(mol)。

式(2.3)表明,单质炸药的爆轰热由产物生成焓、炸药生成焓和爆轰气体的膨胀能三部分构成。表 2.9 为 HNIW 和几种典型单质炸药的生成焓数据。

表 2.9 HNIW 及典型单质炸药的生成焓数据表

单质炸药	HNIW	DNTF	HATO	HMX	RDX	LLM105	TNT	TATB	NTO	FOX-7
ΔH_e/(kJ·mol^{-1})	416.0	657.3	446.6	87.45	70.70	-12.00	-65.50	-140.0	-100.8	-133.8
ΔH_e/(kJ·kg^{-1})	949.3	2 105.9	1 892.4	295.4	318.5	-55.6	-288.4	-542.6	-774.6	-903.6

从表 2.9 看出,HNIW 及 DNTF、HATO、HMX、RDX 四种炸药的生成焓为正值,表明这五种炸药在合成过程中是吸热的,即这些炸药的成键过程贮存了能量,因炸药在爆轰反应时会释放这一热量,故而生成焓也可以理解为炸药的总键能。可以看到 HNIW 的单位质量断键过程所释放的热是 HMX 的 3.21 倍,RDX 的 2.98 倍。

TATB、TNT、NTO、FOX-7、LLM-105 炸药的生成焓为负值,表明炸药的断链过程总体上是吸热的。

2.3.1.2 爆轰热简单计算

在已知炸药生成焓的条件下,按照指定的爆轰反应规则,计算出炸药爆轰产物的生成焓和产气量,即可得到爆轰热。这种简单算法快捷、方便,但计算精度严重依赖所指定的爆轰化学反应的规则。

1. CO_2 规则计算爆轰热

CO_2 规则假设:N 生成 N_2,O 先与 H 反应生成 H_2O,剩余的 O 与 C 反应生成 CO_2,多余的 C 以固态碳存在。根据 CO_2 规则得出的 HNIW 及四种高能炸药的爆轰反应式分别为:

HNIW: $C_6H_6N_{12}O_{12} \rightarrow 6N_2 + 3H_2O + 4.5CO_2 + 1.5C$ (2.4)

DNTF: $C_6N_8O_8 \rightarrow 4N_2 + 4CO_2 + 2C$ (2.5)

HATO: $C_2H_8N_{10}O_4 \rightarrow 5N_2 + 4H_2O + 2C$ (2.6)

HMX: $C_4H_8N_8O_8 \rightarrow 4N_2 + 4H_2O + 2CO_2 + 2C$ (2.7)

RDX: $C_3H_6N_6O_6 \rightarrow 3N_2 + 3H_2O + 1.5CO_2 + 1.5C$ (2.8)

表 2.10 给出了几种常见爆轰产物的标准摩尔生成焓。

表 2.10 几种常见爆轰产物的标准摩尔生成焓(定压,298 K)

产物	生成焓/(kJ·mol^{-1})	产物	生成焓/(kJ·mol^{-1})
N_2(g)	0	CO_2(g)	-393.5
H_2O(g)	-241.8	CO(g)	-110.5
H_2O(l)	-285.8	C	0

通过式(2.1)计算 CO_2 规则下几种炸药的爆轰热及其构成,结果如表 2.11 所示。

表 2.11 CO_2 规则下 HNIW 及四种高能炸药的爆轰热及构成表

炸药	分子量	炸药生成焓/(kJ·mol^{-1})	产物生成焓/(kJ·mol^{-1})	气体膨胀能 nRT_0/(kJ·mol^{-1})	爆轰热/(kJ·kg^{-1})
HNIW	438	416.0	-2 496.2	33.45	6 682
DNTF	312	657.3	-1 574.0	19.82	7 171
HATO	236	446.5	-967.2	22.30	6 013
HMX	296	87.45	-1 754.2	24.78	6 247
RDX	222	70.70	-1 315.7	18.58	6 264

表中的数据表明，HNIW 等五种炸药爆轰热的主体是产物的生成焓，其次是炸药的生成焓，而释放气体对爆轰热的贡献最小。表明对于 CHNO 体制的炸药，炸药分子解体后的 C、H 氧化反应对能量的贡献最大，炸药分子内部贮存的键能占第二位。从产物生成焓的占比来看，HNIW 为 85.3%，DNTF 为 70.4%，HATO 为 68.2%，HMX 为 94.9%，RDX 为 94.6%。说明五种炸药的爆轰热中，HATO 的键能贡献最大，HMX 的氧化热贡献最大，而 HNIW 介于中间，但总的爆轰热最大，比 HMX 高出约 7%。

2. CO 规则计算爆轰热

CO 规则假设：N 生成 N_2，O 与 H 反应生成 H_2O，剩余的 O 与 C 反应生成 CO，多余的 O 与 CO 反应生成 CO_2。根据 CO 规则得出的 HNIW 及四种高能炸药的爆轰反应式分别为：

HNIW： $C_6H_6N_{12}O_{12} \rightarrow 6N_2 + 3H_2O + 3CO_2 + 3CO$ （2.9）

DNTF： $C_6N_8O_8 \rightarrow 4N_2 + 2CO_2 + 4CO$ （2.10）

HATO： $C_2H_8N_{10}O_4 \rightarrow 5N_2 + 4H_2O + 2C$ （2.11）

HMX： $C_4H_8N_8O_8 \rightarrow 4N_2 + 4H_2O + 4CO$ （2.12）

RDX： $C_3H_6N_6O_6 \rightarrow 3N_2 + 3H_2O + 3CO$ （2.13）

通过式（2.3）计算 CO 规则下 HNIW 及四种高能炸药的爆轰热及其构成，结果如表 2.12 所示。

表 2.12　CO 规则下的 HNIW 及四种高能炸药爆轰热及构成表

炸药	分子量	炸药生成焓/ (kJ·mol^{-1})	产物生成焓/ (kJ·mol^{-1})	气体膨胀热 nRT_0/ (kJ·mol^{-1})	爆轰热/ (kJ·kg^{-1})
HNIW	438	416.0	−2 237.4	37.16	6 095
DNTF	312	657.3	−1 229.0	22.30	6 068
HATO	236	446.6	−967.2	22.30	6 013
HMX	296	87.45	−1 409.2	29.73	5 086
RDX	222	70.70	−1 056.9	22.30	5 102

表中的结果显示，与 CO_2 规则计算的结果相比，除了 HATO 的产物生成焓没有变化，HNIW 及其他三种炸药的产物生成焓降低 20%~30%，导致其爆轰热降低。但是，HNIW 的爆热仍然最大，比 HMX 高出约 20%。

3. 热力学平衡反应程序计算爆轰热

热力学平衡反应程序是在爆轰过程遵循最小自由能或最大熵的原则下，考虑各种可能发生的化学反应，直到炸药爆轰反应达到化学平衡的一种计算方法。采用 EXPLO5 程序计算的 HNIW 的爆轰产物有 20 种以上，其中含量超过 0.02% 的爆轰产物如表 2.13 所示。

表 2.13　EXPLO5 程序计算的 HNIW 爆轰产物

反应物	主要爆轰产物/%			
HNIW	N_2（46.73%）	CH_2O_2（16.84%）	CO（6.31%）	HCN（0.05%）
	CO_2（23.58%）	H_2O（6.41%）	NH_3（0.06%）	H_2（0.02%）

从表 2.13 可以看出，EXPLO5 计算的 HNIW 爆轰产物中 N_2 含量与指定的两种反应规则都比较接近；计算的 CO_2 的含量低于 CO_2 规则（33.3%），但高于 CO 规则（20%）；计算的 CO 的含量低于 CO 规则（20%）；这将导致爆轰热的计算结果低于 CO_2 规则，而高于 CO 规则。最大的差别在于，EXPLO5 程序计算的 HNIW 爆轰产物中含有大量的 CH_2O_2（甲酸），由于气态 CH_2O_2 的生成焓（$-378kJ/mol$）低于 CO_2，拉低了爆轰热的计算值。

表 2.14 给出了 CO_2 规则、CO 规则和 EXPLO5 计算的 HNIW 及四种高能炸药的爆轰热与实验值的对比。表明三种爆轰热计算方法中，CO_2 规则计算值最高，CO 规则计算值最低，EXPLO5 计算值介于前两者之间，但更接近 CO 规则。相比实验值，CO_2 规则计算值偏高较多，CO 规则和 EXPLO5 程序计算值略低，但 EXPLO5 程序计算值虽然低于实验值，但与实验值最为接近。

表 2.14　EXPLO5 程序、CO_2 规则、CO 规则得爆轰热计算值与
实验值对比表（kJ/kg）

炸药	HNIW	DNTF	HATO	HMX	RDX
CO_2 规则	6 682	7 171	6 013	6 247	6 264
CO 规则	6 095	6 068	6 013	5 086	5 102
EXPLO5 程序	6 218	6 581	5 727	5 674	5 711
实验值	6 314[17]	5 798[18]	6 025[19]	5 711[20]	5 530[21]

按照 EXPLO5 程序的计算结果，HNIW 爆轰热比 HMX 高出约 9.6%。

理论计算值比实验值略高是容易解释的，也是常见的对比结果。因此，如果采用 CO_2 规则和 CO 规则加权的方法计算炸药爆轰热，即取 x 质量比的炸药按 CO_2 规则，另外的炸药按 CO 规则计算加权的爆轰热。则对于 HNIW 及四种

高能炸药,平均加权的反应规则的爆轰热为

$$Q_v = xQ_{v,CO_2} + (1-x)Q_{v,CO} \quad (2.14)$$

式中,Q_{v,CO_2} 为 CO_2 规则的理论爆轰热,$Q_{v,CO}$ 为 CO 规则的理论爆轰热。

不同加权值 x 的爆轰热计算结果与实验对比见表 2.15。

表 2.15 CO_2 规则与 CO 规则加权计算的爆轰热与实验值对比表(kJ/kg)

炸药	HNIW	DNTF	HATO	HMX	RDX
$x = 0.75$	6 535	6 895	6 013	5 957	5 974
$x = 0.50$	6 389	6 620	6 013	5 667	5 683
$x = 0.25$	6 242	6 344	6 013	5 376	5 393
实验值	6 314[22]	5 798[18]	6 025[19]	5 711[20]	5 530[21]

从表中的计算结果可知,除了 DNTF 以外,选取平均加权(加权值 0.5)计算出的爆轰热,与实验值最为接近。

2.3.2 爆速

(1) Kamlet 公式

20 世纪 60 年代末,Kamlet 提出了一个 CHNO 类炸药爆速的半经验公式[23]。

$$\begin{cases} D = 1.01(1+1.30\rho_0)\Phi^{1/2} \\ \Phi = 0.488\,9(XNQ_v)^{1/2} \end{cases} \quad (2.15)$$

式中,D 为密度 ρ_0 时的炸药爆速(km/s);Φ 为炸药组成及能量储备的示性值;X 为气体爆轰产物占炸药的质量比;N 为单位质量炸药气体爆轰产物的摩尔量(mol/g);Q_v 为炸药爆轰热(kJ/kg)。

(2) HNIW 爆速计算

采用 CO_2 规则和 CO 规则平均加权的反应规则指定炸药的爆轰反应,则 HNIW 及四种高能炸药的爆轰反应式为:

HNIW: $C_6H_6N_{12}O_{12} \rightarrow 6N_2 + 3H_2O + 3.75CO_2 + 1.5CO + 0.75C$ (2.16)

DNTF: $C_6N_8O_8 \rightarrow 4N_2 + 3CO_2 + 2CO + C$ (2.17)

HATO: $C_2H_8N_{10}O_4 \rightarrow 5N_2 + 4H_2O + 2C$ (2.18)

HMX: $C_4H_8N_8O_8 \rightarrow 4N_2 + 4H_2O + CO_2 + 2CO + C$ (2.19)

RDX: $C_3H_6N_6O_6 \rightarrow 3N_2 + 3H_2O + 0.75CO_2 + 1.5CO + 0.75C$ (2.20)

由式(2.15)计算得到 HNIW 及四种高能炸药理论密度下的爆速及其与 EXPLO5 计算值的对比见表 2.16。

表 2.16　Kamlet 法计算的 HNIW 及四种高能炸药的爆速

炸药	HNIW	DNTF	HATO	HMX	RDX
X	0.98	0.96	0.90	0.96	0.96
N/(mol·g^{-1})	0.033	0.032	0.038	0.037	0.037
Q_v/(kJ·kg^{-1})	6 389	6 620	6 013	5 667	5 683
Φ	6.98	6.62	7.02	6.95	6.96
理论密度/(g·cm^{-3})	2.038	1.937	1.877	1.905	1.800
理论密度 Kamlet 计算值/(m·s^{-1})	9 835	9 146	9 204	9 256	8 899
理论密度 EXPLO5 计算值/(m·s^{-1})	9 759	9 451	9 931	9 178	8 792

经过对比可以看出,采用 Kamlet 公式计算的 HNIW、HMX 和 RDX 爆速均高于 EXPLO5 计算的爆速,而 DNTF、HATO 的爆速计算值则显著低于 EXPLO5 计算的爆速。由于 Kamlet 爆速公式中的特征量是根据 CO_2 规则确定的,而采用 CO_2 规则和 CO 规则平均加权值爆轰热更接近于实际,由于爆轰热计算规则不涉及炸药的密度,为了使计算后的爆速更接近于 EXPLO5 爆速和实测爆速,需要将 Kamlet 公式中的 Φ 进行修正:

$$\Phi = 0.475(XNQ_v)^{1/2} \tag{2.21}$$

由修正的 Kamlet 法计算的 HNIW 及四种高能炸药的爆速见表 2.17。

表 2.17　修正的 Kamlet 法计算的 HNIW 及四种高能炸药的爆速

炸药	HNIW	DNTF	HATO	HMX	RDX
Φ	6.78	6.44	6.82	6.75	6.76
理论密度修正 Kamlet 计算值/(m·s^{-1})	9 596	9 015	9 027	9 124	8 772
实测值/(m·s^{-1})	9 380[20]	8 930[3]	9 050	9 010[3]	8.640[3]
实际密度/(g·cm^{-3})	1.976	1.860	1.860	1.880	1.767
实际密度修正 Kamlet 计算值/(m·s^{-1})	9 384	8 758	9 014	9 039	8 659
实际密度 EXPLO5 计算值/(m·s^{-1})	9 515	9 193	9 831	9 080	8 670

表中的结果显示，对于 HNIW 及四种高能炸药，采用修正的 Kamlet 公式计算实际装药密度下的爆速与实测爆速相比，除了 DNTF 比实测值低 2%，其他四种误差均小于 0.5%。而采用 EXPLO5 计算实际装药密度下的爆速则显著高于实测爆速。

2.3.3 其他爆轰参数

2.3.3.1 爆轰温度

炸药的爆轰温度一般根据爆轰热和爆轰产物的平均热容进行简单理论计算，爆轰热和爆轰温度之间的关系为

$$Q_v = C_v \Delta T = C_v(T_v - T_0) \quad (2.22)$$

式中，C_v 为在温度由初温 T_0 到爆轰温度 T_v 范围内全部爆炸产物的平均热容，$J \cdot mol^{-1} \cdot K^{-1}$；$\Delta T$ 为爆轰产物从初温到爆轰温度的温升；T_v 为爆轰温度，K；T_0 为炸药初温，298K。

假设对于每种爆轰产物，定容热容 C_{vi} 随温度的变化而线性增加，则有

$$C_{vi} = a_i + b_i \Delta T \quad (2.23)$$

式中，a_i、b_i 分别为第 i 种爆轰产物的热容常数和热容温度系数，则爆轰产物总热容为

$$C_v = \sum x_i C_{vi} = \sum x_i a_i + \Delta T \sum x_i b_i \quad (2.24)$$

将（2.22）式与式（2.24）联立，则炸药的爆轰温度计算式为

$$T_v = \Delta T + T_0 = \sqrt{\left(\sum x_i a_i\right)^2 + 4Q_v \sum x_i b_i} \Big/ 2\sum x_i b_i + T_0 \quad (2.25)$$

不同分子的定容热容不同，一般来说：

对于双原子分子（如 N_2、O_2、CO 等）：$C_{vi} = 20.08 + 18.83 \times 10^{-4} \Delta T$（$J \cdot mol^{-1} \cdot K^{-1}$）；

对于水蒸气：$C_{vi} = 16.74 + 89.96 \times 10^{-4} \Delta T$（$J \cdot mol^{-1} \cdot K^{-1}$）；

对于三原子分子（如 CO_2，HCN 等）：$C_{vi} = 37.66 + 24.27 \times 10^{-4} \Delta T$（$J \cdot mol^{-1} \cdot K^{-1}$）；

对于四原子分子（如 NH_3 等）：$C_{vi} = 41.84 + 18.83 \times 10^{-4} \Delta T$（$J \cdot mol^{-1} \cdot K^{-1}$）；

对于五原子分子（如 CH_4 等）：$C_{vi} = 50.21 + 18.83 \times 10^{-4} \Delta T$（$J \cdot mol^{-1} \cdot K^{-1}$）；

对于碳：$C_{vi} = 25.11$。

采用平均加权的反应规则指定爆轰反应，分别计算 HNIW 及四种高能炸药

的爆轰温度，结果见表 2.18。

表 2.18　HNIW 及四种高能炸药的爆轰温度计算值

炸药	HNIW	DNTF	HATO	HMX	RDX
爆轰温度/K	3 909	5 282	3 321	3 537	3 844
EXPLO5 程序计算爆轰温度/K	4 097	5 061	3 516	3 616	3 745

由于瞬态测温精度的限制，理论计算值成为爆轰温度的主要参考。表中数据显示对于 HNIW 及四种高能炸药，爆轰温度的简单理论计算值与 EXPLO5 计算值相差约 5%。其中 HNIW 的爆轰温度高于 HMX 和 RDX，而 RDX 的爆轰温度高于 HMX。

2.3.3.2　爆压

将炸药爆轰产物视为稠密气体，则可采用一种简单形式的 γ 律方程描述爆轰产物的状态。该方程的表达式为

$$e = (p, v, \lambda) = \frac{pv}{\gamma - 1} - \lambda q_v \tag{2.26}$$

式中，γ 为炸药爆轰产物的多方指数，需要依据爆轰产物的组成按下式近似计算：

$$\frac{1}{\gamma} = \sum \frac{x_i}{\gamma_i} \tag{2.27}$$

式中，x_i 为爆轰产物第 i 成分的摩尔数；γ_i 为爆轰产物第 i 成分的等熵指数。

则炸药的爆压可由下式计算：

$$P_j = \rho_0 D^2 / (\gamma + 1) \tag{2.28}$$

表 2.19 给出了几种爆轰产物的等熵指数数值。

表 2.19　凝聚炸药主要爆轰产物的等熵指数[24]

爆轰产物	H_2O	CO_2	CO	N_2	C	O_2
γ	1.90	4.50	2.85	3.70	3.55	2.45

采用平均加权的反应规则指定的爆轰反应式，分别计算 HNIW 及四种高能炸药的爆压见表 2.20。

表 2.20 HNIW 及四种高能炸药的爆压计算值

炸药	HNIW	DNTF	HATO	HMX	RDX
爆轰产物 γ	3.14	3.57	2.74	2.73	2.73
实际密度/(g·cm^{-3})	1.976	1.860	1.877	1.90	1.767
计算爆压/GPa	41.8	32.3	35.6	38.3	32.7
EXPLO5 计算爆压/GPa	42.2	38.4	42.8	37.8	32.5
实验值/GPa	43.0[20]	45.77[3]	—	39.3[3]	33.8[3]

在实际装药密度下，除 DNTF 和 HATO 外，HNIW、HMX 和 RDX 的 γ 律方程计算爆压与 EXPLO5 的计算爆压偏差均在 1% 以下，而且两种方法的计算爆压略低于公开的实验值。

2.3.3.3 爆容

通常根据炸药爆轰反应式，由下式计算爆容：

$$V_0 = 22.4n/m \tag{2.29}$$

式中，V_0 为炸药爆容，l/kg；n 为单位质量炸药爆轰产物中气态产物的摩尔量；m 为炸药的质量，kg。

采用平均加权的反应规则指定的爆轰反应式，分别计算出 HNIW 及四种高能炸药的爆容，见表 2.21。

表 2.21 HNIW 及四种高能炸药的爆容计算值

炸药	HNIW	DNTF	HATO	HMX	RDX
n/(mol·kg^{-1})	32.53	32.05	38.14	37.16	37.16
爆容/(l·kg^{-1})	728.77	717.95	854.24	832.43	832.43
EXPLO 5	377.24	338.40	416.45	401.80	421.11

表中的数据显示，EXPLO5 爆容计算值普遍比指定爆轰反应计算出的爆容低约一倍。主要原因是 EXPLO5 计算的爆轰产物中注入甲酸等物质，在膨胀过程中变为凝聚相。

2.3.4 HNIW 爆轰参数小结

作为高能单质炸药，HNIW 自身的爆轰参数是决定其混合炸药能量性能的基础因素。鉴于几种理论方法计算的结果差异较大，而众多文献给出的实测结果也有差别，因而对 HNIW 爆轰热、爆速、爆温和爆压等主要爆轰参数的认定非常重要。

（1）爆轰热：采用 EXPLO5 计算的爆轰热比实测值低约 1.5%，而采用 CO_2 规则和 CO 规则平均加权反应计算的爆轰热比实测值高约 1.2%

（2）爆速：理论密度下，采用平均加权反应和修正的 Kamlet 公式计算的爆速比 EXPLO5 程序计算的爆速低约 1.7%；而在实际装药密度下，修正的 Kamlet 公式计算的爆速比 EXPLO5 程序计算的爆速低约 1.4%，但与实测爆速最接近。

（3）爆温：理论密度下，采用平均加权的反应规则所计算的爆温比 EXPLO5 计算值低约 4.6%。

（4）爆压：在实际装药密度下，采用平均加权的反应规则和 γ 律状态方程计算的爆压比 EXPLO5 程序的计算值低约 1%，比实测爆压低约 2.8%。

综上所述，在理论密度和实际装药密度下，采用 CO_2 规则和 CO 规则平均加权的计算方法所得到的 HNIW 爆轰参数与 EXPLO5 计算值相当，与实测值接近。因此在不方便使用 EXPLO5 程序的条件下，推荐采用 CO_2 规则和 CO 规则平均加权计算 HNIW 爆轰参数。表 2.22 给出了理论密度下 HNIW 爆轰参数计算值。

表 2.22 平均加权和 EXPLO 5 计算的 HNIW 及四种炸药的爆轰参数

爆轰参数	反应规则	HNIW	DNTF	HATO	HMX	RDX
爆热/($kJ \cdot kg^{-1}$)	平均加权	6 389	6 620	6 013	5 667	5 683
	EXPLO 5	6 218	6 581	5 727	5 674	5 711
爆速/($m \cdot s^{-1}$)	修正 Kamlet	9 596	9 015	9 027	9 124	8 772
	EXPLO 5	9 759	9 451	9 931	9 178	8 792
爆轰温度/K	平均加权	3 909	5 282	3 321	3 537	3 844
	EXPLO 5	4 097	5 061	3 516	3 616	3 745
爆压/GPa	平均加权	41.8	32.3	35.6	38.3	32.7
	EXPLO 5	42.2	38.4	42.8	37.8	32.5

值得注意的是，平均加权的反应规则也适用于 HMX 和 RDX，但不适用于 DNTF 和 HATO。相比之下，EXPLO5 程序计算的 DNTF 和 HATO 爆轰参数与

实测值更接近。

2.4 HNIW 炸药 JWL 状态方程

2.4.1 JWL 状态方程

JWL 状态方程是在 γ 律状态方程基础上的一种新形式的等熵方程，其形式为

$$P_S = A_1 V^{-\gamma} + A_2 V^{-(1+\omega)} \quad (2.30)$$

式中，P_S 为爆轰产物压力，V 为爆轰产物的比容，A_1、A_2、ω 为状态参数。方程的第一项为 γ 律状态方程，第二项是对 γ 律状态方程的修正。为了能够更精确地描述炸药爆轰产物等熵膨胀的规律，Wilkins 等通过半球爆轰驱动试验，对反应气体在不同压力区间的等熵膨胀进行了研究，在方程（2.30）的基础上补充修正为式（2.31）：

$$P_S = A_1 \bar{V}^{-\gamma} + Be^{-R\bar{V}} + C\bar{V}^{-(1+\omega)} \quad (2.31)$$

式中，第三项是 Wilkins 修正项，相对体积 $\bar{V}$ 代替了比容 V。同时增加了第二项用来补充对中压段的描述。

Wilkins 还提出用 Gruneisen 状态方程描述膨胀气体的一般运动：

$$p = p_s(\bar{V}) + \frac{\Gamma}{\bar{V}}(E - E_S) \quad (2.32)$$

$$E_s = -\int_1^{\bar{V}} p_s(\bar{V}) \mathrm{d}\bar{V} \quad (2.33)$$

式中，Γ 为 Gruneisen 系数，E_S 为沿固体 Hugoniot 曲线的内能，E 为受压缩固体材料的内能。

Wilkins 假定 Γ 为常数，则得到了如式（2.34）的状态方程：

$$p = \alpha \bar{V}^{-Q} + B\left(1 - \frac{\omega}{R\bar{V}}\right)e^{-R\bar{V}} + \frac{\omega E}{\bar{V}} \quad (2.34)$$

后来，Lee 等通过圆筒试验发现式（2.29）对于描述爆轰低压产物的物性变化并不精确，便对 Wilkins 的式（2.31）做了进一步的完善，给出了式（2.33）来描述炸药爆轰产物的等熵膨胀；

$$p_s = Ae^{-R_1\bar{V}} + Be^{-R_2\bar{V}} + C\bar{V}^{-(\omega+1)} \quad (2.35)$$

式中，A、B、C 分别代表了爆轰产物冲击波的高压、中压和低压作用。将式（2.35）代入（2.31），可得到内能形式的等熵方程：

$$E_s(\bar{V}) = \int_1^{\bar{V}} p_s(\bar{V})\mathrm{d}\bar{V} = \frac{A}{R_1}e^{-R_1\bar{V}} + \frac{B}{R_2}e^{-R_2\bar{V}} + \frac{C}{\omega}\bar{V}^{-\omega} \quad (2.36)$$

再代入 Gruneisen 状态方程（2.32）后，假设 $\Gamma = \omega$，得

$$p(V,E) = A\left(1-\frac{\omega}{R_1 V}\right)e^{-R_1 V} + B\left(1-\frac{\omega}{R_2 V}\right)e^{-R_2 V} + \frac{\omega E}{V} \quad (2.37)$$

式（2.37）即为 JWL 状态方程。其中 p 为爆轰产物的压力（Pa）；V 为爆轰产物的相对比容（$V = v/v_0$），v 为爆轰产物的比容（cm^3/g），v_0 是爆轰前炸药的初始比容；E 为比内能（J/m^3），A，B，C，R_1，R_2，ω 为状态参数。

应用爆轰 CJ 条件：$-\left(\frac{\partial p}{\partial V}\right)_S = \rho_0 D_J^2$，得到

$$AR_1 e^{-R_1 V_J} + BR_2 e^{-R_2 V_J} + C(1+\omega)V_J^{-(\omega+1)} = \rho_0 D_J^2 \quad (2.38)$$

再由爆轰产物的 Hugoniot 关系式得到

$$\frac{A}{R_1}e^{-R_1 V_J} + \frac{B}{R_2}e^{-R_2 V_J} + \frac{C}{\omega}V_J^{-\omega} = E_0 + \frac{1}{2}p_J(1-V_J) \quad (2.39)$$

因 CJ 等熵线通过 CJ 点，则

$$Ae^{-R_1 V_J} + Be^{-R_2 V_J} + CV_J^{-(\omega+1)} = p_J \quad (2.40)$$

式（2.38）~式（2.40）即为炸药 JWL 状态方程参数间的约束方程。

2.4.2 单质炸药的 JWL 状态方程

圆筒试验作为炸药爆轰产物 JWL 状态方程参数标定的标准方法，在 GJB 772.302—90 中规定了 25 mm、50 mm 及更大口径圆筒试验的试验方法。单质炸药属于晶体颗粒，无法压制成药柱，因此不适合采用铜管试验标定 JWL 状态方程，通常运用爆轰热力学程序，如 EXPLO5 计算获得单质炸药的 JWL 状态方程参数。

基于 BKW 方程及爆轰静态模型的化学平衡，应用 EXPLO 5 软件求解反应产物之间的热力学方程，确定平衡状态下的系统组成，从而计算得到爆速、爆压和爆热等参数，并沿着等熵膨胀曲线计算压力–体积数据，进行拟合得到爆轰产物 JWL 状态方程参数。表 2.23 给出了 HNIW 及四种单质炸药在理论密度下

的 CJ 参数和 JWL 状态方程参数。

由于 DNTF、HATO 的 EXPLO5 计算的 CJ 参数与实测差距较大,理论计算的 JWL 参数只能作为参考。图 2.13 为根据计算的 JLW 状态方程参数给出的 HNIW、HMX、RDX 三种炸药的 P–V 曲线。

表 2.23 HNIW 及四种高能炸药的 C–J 参数及 JWL 状态方程参数(EXPLO5 计算值)

炸药	C–J 参数			A/GPa	B/GPa	C/GPa	R_1	R_2	ω
	ρ_0/(g·cm^{-3})	P/GPa	D/(m·s^{-1})						
HNIW	2.038	44.8	9 759	1 952.57	58.37	2.22	5.57	1.81	0.51
DNTF	1.937	41.4	9 447	1 297.13	38.04	2.15	5.08	1.65	0.5
HATO	1.877	40.4	9 931	3 785.16	80.35	2.01	6.66	2.01	0.54
HMX	1.905	37.8	9 178	1 823.06	60.59	1.99	5.88	1.88	0.51
RDX	1.80	33.8	8 792	1 183.27	45.52	1.97	5.46	1.79	0.49

从图 2.13(a)可以看出,在相同比体积下,HNIW 爆轰产物 P–V 曲线均在 HMX 与 RDX 之上,表明在相同的比体积下 HNIW 的爆轰产物膨胀作功能力明显高于 HMX 和 RDX,而 HMX 高于 RDX。图 2.13(b)显示出,HNIW、DNTF、HATO 的爆轰产物膨胀作功能力排序为 HNIW>HATO>DNTF,但差别较小。

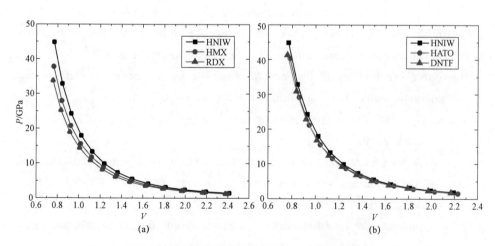

图 2.13 HNIW 与其他高能炸药 P–V 曲线对比图
(a)HNIW、HMX 和 RDX 的 P–V 曲线;(b)HNIW、HATO 和 DNTF 的 P–V 曲线

参考文献

[1] 姜夏冰. 高品质 ε-HNIW 结晶及其降感研究 [D]. 北京：北京理工大学，2013.

[2] 张朴. CL-20 晶变规律及其在浇注混合炸药中的应用研究 [D]. 北京：北京理工大学，2016.

[3] 欧育湘. 炸药学 [M]. 北京：北京理工大学出版社，2013.

[4] 张静元. CL-20 基机械造粒压装混合炸药技术研究 [D]. 北京：北京理工大学，2017.

[5] 欧育湘. 含能材料 [M]. 北京：国防工业出版社. 2010.

[6] 高红旭，赵凤起，胡荣祖，等. 六硝基六氮杂异戊兹烷的热分解反应动力学参数和热安全性评估（英文）[J]. 火炸药学报，2013，36(05)：41-49.

[7] Wardle R B, Hinshaw J C, Brainthwaite P, et al. Development of caged nitramine hexanitrohex-aazaisowurtzitane[C]//American Defense Preparedness Association. 1994.

[8] Wardle R B, Edwards W W. Hydrogenolysis of 2,4,6,8,10,12-hexabenzyl-2,4,6,8,10,12-hexaazateteacyclodo-decane [P]. US Patent 5 739 325. 1998.

[9] Braithwaite P C, Hatch R L, Lee K, et al. Development of high performance CL-20 explosive formulations [J]. Annual Conference of ICT. 1998：4.

[10] Bunte G, Pontius H, Kaiser M. Characterization of impurities in new energetic materials [J]. Annual Conference of ICT, 1998：148.

[11] 张洪垒，HNIW 晶型转变抑制及混合炸药应用研究 [D]. 北京：北京理工大学，2020.

[12] Nivikova T S, Meinikova T M, Kharitonova O V, etal. An effective method for the oxidation of amninofurazans to nitrofurazans [J]. Mendeleev Communication, 1994 (4)：139-140.

[13] Sheremeteev A B. Chemistry of furazan fused to five membered rings. [J]. Heterocyclic Chem, 1995, (32)：371-385.

[14] 火炸药手册. 第一分册. 第五机械工业部 204 研究所. 1981.

[15] 胡焕性,张志忠. 3,4-二硝基呋咱基氧化呋咱炸药[P]. CN:02(101)092.7,2002.

[16] 王亲会. DNTF 基熔铸炸药的性能研究[J]. 火炸药学报,2003,26(3):57-59.

[17] Rudolf M,Josef K,Axel H. Explosives[M]. Fifth Edition[s.L.]:Wiley-VCH Verlag Cmbh &Co. KG a A,2002.

[18] 胡焕性,张志忠,赵凤起,等. 高能量密度材料 3,4-二硝基呋咱基氧化呋咱性能及应用研究[J]. 兵工学报,2004.

[19] Fischer N,Fischer D,Klaptke T M,et al. Pushing the limits of energetic materials—the synthesis and characterization of dihydroxylammonium 5,5′-bistetrazole-1,1′-diolate[J]. The Royal Society of Chemistry,2012(38).

[20] 田德余,赵凤起,刘剑洪. 含能材料及相关物手册[M]. 北京:国防工业出版社,2011.

[21] 胡宏伟,王建灵,徐洪涛,等. RDX 基含铝炸药水中爆炸近场冲击波特性[J]. 火炸药学报,2009,32(2):1-5.

[22] Rudolf M,Josef K,Axel H. Explosives[M]. Fifth Edition[s.L.]:Wiley-VCH Verlag Cmbh &Co. KG a A,2002.

[23] 孙业斌,惠俊明,曹新茂. 军用混合炸药[M]. 北京:兵器工业出版社,1995.

[24] 刘彦,黄风雷,吴艳青,等. 爆炸物理学[M]. 北京:北京理工大学出版社,2019.

第 3 章
ε-HNIW 高品质大颗粒重结晶

> **提**高浇注及熔铸体系中固相含量，是提高混合炸药威力和爆热的有效途径。当晶体颗粒表面粗糙、起伏时，颗粒间碰撞所产生的摩擦将阻碍流动，使体系黏度显著增加，给后续工艺过程带来不必要的麻烦。在相同晶体颗粒含量下，晶体的球形化程度越高，表面越光滑，颗粒间的滑移越容易。同时，球形颗粒有最小比表面积，更容易被液相组分润湿，从而使混合体系获得良好的流变性能，降低了在加工过程中混合体系的黏度。在不提高混合炸药的浇铸或熔铸工艺难度的前提下，混合炸药中单质炸药含量可以更高，从而提升混合炸药的能量密度。因此，基于上述原因，需制备出高密度、低感度、表面光滑、无尖锐棱角、球形高品质、大颗粒 ε-HNIW 晶体，以满足新型高能混合炸药的应用需求。

3.1　HNIW 结晶热力学

3.1.1　HNIW 多晶型溶解度分析

溶解度作为重要的热力学数据，准确的溶解度数据对结晶工艺和所使用溶剂的选择非常重要，同时决定着结晶工艺得率的极限。由于 HNIW 结晶过程中出现 β-HNIW 和 ε-HNIW 两种晶型，因此分别采用静态差重法与动态激光法测量两种晶型在一定温度范围内，纯溶剂以及二元混合溶剂体系中的溶解度数据，并采用不同的溶解度模型对溶解度数据进行回归拟合，获得两种晶型的 HNIW 在纯溶剂和二元溶剂体系中的溶解度方程。

目前，常压下能够获得四种晶型的 HNIW，分别是 α、β、γ 和 ε 型，如图 3.1 所示。四种晶型的热力学稳定性大小为：水合 α-HNIW＞ε-HNIW＞无水 α-HNIW＞β-HNIW＞γ-HNIW。

图 3.1　HNIW 四种晶型的结构式

一般来说，对于具有多种晶型的物质，不同晶型之间的溶解度存在差异。以 HNIW 结晶过程中最常见的 β–HNIW 和 ε–HNIW 两种晶型为例。根据其热力学稳定排序可知，β–HNIW 为亚稳定晶型，ε–HNIW 为稳定晶型。因此，ε–HNIW 具有更低的自由能 G 与化学势：

$$G_\varepsilon < G_\beta \tag{3.1}$$

$$\mu_{\varepsilon,\,solid} < \mu_{\beta,\,solid} \tag{3.2}$$

当两种晶型达到溶解平衡状态时，各晶型的固相与液相的化学势应该相等：

$$\mu_{\beta,\,solid} = \mu_{\beta,\,sloution} = \mu_0 + RT \ln a_{\beta,\,solution} \tag{3.3}$$

$$\mu_{\varepsilon,\,solid} = \mu_{\varepsilon,\,sloution} = \mu_0 + RT \ln a_{\varepsilon,\,solution} \tag{3.4}$$

式中，μ_0 为标准电化学势（J·mol^{-1}）；R 为气体常数（J·mol^{-1}·K^{-1}）；a 为溶液活度。

由式（3.4）可得

$$a_\varepsilon < a_\beta \tag{3.5}$$

式中：$a_i = \gamma_i C_i^*$；γ_i 为活度因子；C_i^* 为摩尔浓度。

由于活度与浓度成比例关系，因此，式（3.1）可写成

$$C_\varepsilon^* < C_\beta^* \tag{3.6}$$

上述推导结果说明，稳定晶型 ε–HNIW 的溶解度要低于亚稳定晶型 β–HNIW 的溶解度。同理，可以根据各晶型在溶剂中的溶解度，反推出不同晶型间的热力学稳定性关系。

3.1.2　热力学实验研究

3.1.2.1　两种晶型的谱图特征

首先采用重结晶方法制备 ε–HNIW 和 β–HNIW 两种晶型。ε–HNIW 是常温常压下的稳定晶型，而 β–HNIW 是亚稳定晶型。根据 Ostwald 定律（Ostwald's rule of stages），在重结晶过程中，β–HNIW 优先析出，随后逐渐向 ε–HNIW 进行晶型转变。β–HNIW 在常温干燥条件下是可以稳定存在的。制备 β–HNIW 的关键在于，溶液中 HNIW 过饱和度迅速增加，使 β–HNIW 快速析出，并在发生转晶前进行过滤、干燥。具体制备方法为：选用乙酸乙酯和三氯甲烷分别作为溶剂和非溶剂，体积比为 1∶3，常温下将含有 HNIW 的乙酸乙酯溶液直接

■ HNIW 混合炸药设计基础

倾倒入非溶剂三氯甲烷中,迅速搅拌均匀,待析出大量晶体后,随后马上对母液进行抽滤、干燥,即可获得 β-HNIW。至于 ε-HNIW 与 β-HNIW 制备步骤类似,区别在于晶体析出后,需要搅拌 1 h 以上,再对母液进行抽滤、干燥,即可获得 ε-HNIW。

利用粉末 X 射线衍射仪(Powder-XRD)和傅里叶红外光谱仪(FT-IR)确认 HNIW 晶体的两种晶型,结果如图 3.2 和图 3.3 所示。通过 XRD 和 FT-IR 谱图对比可以看出,两种晶型谱图特征区别明显,可用于鉴别两种晶型。

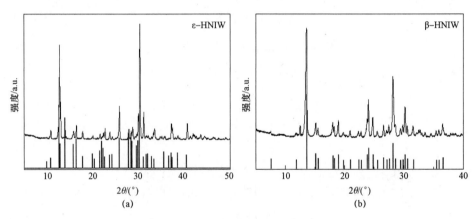

图 3.2 HNIW 两种晶型的 XRD 谱图

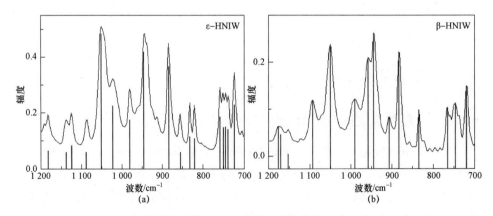

图 3.3 HNIW 两种晶型的 FT-IR 谱图(波数范围 100~1 200 cm^{-1})

另外,通过光学显微镜观察晶体宏观形貌,也可以区分两种晶型,ε-HNIW 为双棱锥块状晶体,而 β-HNIW 为细长针状晶体,如图 3.4 所示。

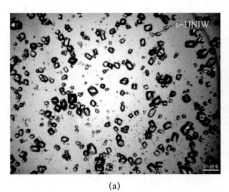 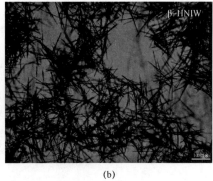

图 3.4　HNIW 两种晶型的光学显微镜照片

3.1.2.2　HNIW 多晶型溶解度测量

由于溶剂介导转晶过程的存在，亚稳定晶型迅速地转变为稳定晶型，难以准确测量亚稳定晶型的溶解度。因此，对于稳定晶型 ε-HNIW 和亚稳定晶型 β-HNIW 的溶解度，分别采用静态差重法和动态激光法进行测量，并建立 ε-HNIW 在纯溶剂和二元溶剂体系中的溶解度方程[1-2]。

为验证本实验所建立的溶解度测量方法的可靠性与准确性，利用 FBRM 动态激光法和静态差重法，分别测量 HMX 在纯 N-甲基吡咯烷酮和丙酮/水二元混合溶剂中的溶解度数据。测量数据分别与 Kim[3]和 Chen[4]的数据进行比对，结果表明，本书所采用的实验方法可行，测量溶解度数据可靠。

3.1.3　结果与分析

3.1.3.1　纯溶剂中溶解度及模型关联

采用 FBRM 动态激光法测量了 283.15～333.15 K 范围内，ε-HNIW 晶体分别在乙酸乙酯、乙腈、环己酮、N-甲基吡咯烷酮以及 N,N-二甲基甲酰胺等纯溶剂中的溶解度。结果如图 3.5 所示，ε-HNIW 在不同溶剂中的溶解度由高到低的顺序为：N 甲基吡咯烷酮＞环己酮＞N,N-二甲基酰胺＞乙酸乙酯＞乙腈，但是在 298.15 K 之前，乙酸乙酯中的溶解度略高于 N,N-二甲基酰胺中的溶解度。总体来看，ε-HNIW 溶解度对温度变化并不敏感，从结晶工艺效率的角度考虑，可以排除采用冷却结晶和蒸发结晶的工艺方法的可能。ε-HNIW 在不同溶剂中的溶解度差异很可能是由溶剂本身性质，以及与溶质分子 ε-HNIW 之间相互作用造成的。

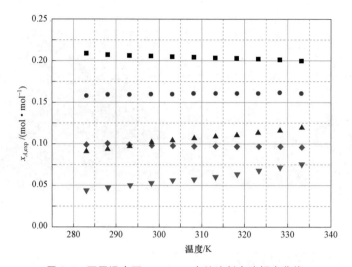

图 3.5　不同温度下 ε–HNIW 在纯溶剂中溶解度曲线

■—N–甲基吡咯烷酮；●—环己酮；▲—N，N—二甲基酰胺；▼—乙腈；◆—乙酸乙酯

采用经验模型 Apelblat 方程[5-6]和 Van't Hoff 方程[7-9]，分别对不同温度下 HNIW 在纯溶剂中的溶解度进行关联。模型的适用性评价采用相关系数的平方 R^2、相对偏差（RD）和均方根偏差（RMSD）来衡量，其定义如下：

$$RD = \frac{x_{exp} - x_{cal}}{x_{exp}} \times 100\% \quad (3.7)$$

$$RMSD = \left[\frac{1}{N} \sum_{i=1}^{N} (x_{exp} - x_{cal})^2 \right]^{1/2} \quad (3.8)$$

式中：x_{exp} 为实验测量的溶解度数值；x_{cal} 为溶解度的计算值。

HNIW 在不同纯溶剂中，Apelbalt 方程和 Van't Hoff 方程回归模型参数以及溶解度测量值与计算值的相对偏差和均方根偏差如表 3.1 和表 3.2 所示。

表 3.1　ε–HNIW 在纯溶剂中 Van't Hoff 方程回归参数

溶　剂	a	b	100RD	100RMSD	R^2
N–甲基吡咯烷酮	78.298	-1.844	0.076	0.018	0.995 5
环己酮	-38.172	-1.706	0.056	0.010	0.990 1
N，N–二甲基甲酰胺	-490.909	-0.652	0.666	0.082	0.990 7
乙腈	-1 019.305	0.470	0.953	0.060	0.996 5
乙酸乙酯	57.799	-2.513	0.062	0.008	0.996 9

表 3.2　ε-HNIW 在纯溶剂中 Apelblat 方程回归参数

溶　剂	A	B	C	100RD	100RMSD	R^2
N-甲基吡咯烷酮	-0.382 5	11.649 8	0.217 2	0.071	0.017	0.995 9
环己酮	-1.265 0	-58.259 8	0.065 5	0.053	0.010	0.996 1
N,N-二甲基甲酰胺	22.285 1	1 537.989 0	3.408 8	0.568	0.073	0.993 0
乙腈	13.465 2	-383.668 3	2.071 4	0.910	0.056	0.996 7
乙酸乙酯	-0.680 8	-25.755 8	0.272 3	0.054	0.007	0.994 9

以乙酸乙酯纯溶剂为例，分别绘制出采用 Apelblat 方程和 Van't Hoff 方程两种溶解度模型预测溶解度，并与实验值进行对比，结果如图 3.6 所示。结果表明，Apelblat 方程和 Van't Hoff 方程均能较好地描述 ε-HNIW 在不同纯溶剂中的溶解度。

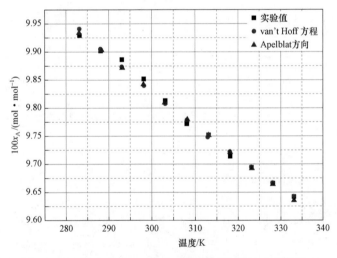

图 3.6　ε-HNIW 在乙酸乙酯中溶解度的实验值及计算值对比

3.1.3.2　二元混合溶剂中溶解度及拟合方程

分别采用 Apelblat 方程、CNIBS/Redlich-Kister 方程[10-11]和 Jouyban-Acree 方程[12-13]对 ε-HNIW 在不同二元混合溶剂中的溶解度进行关联。拟合结果分别以 283.15 K 下三氯甲烷/乙酸乙酯体系、303.15 K 下四氯化碳/乙酸乙酯体系、313.15 K 下正辛烷/乙酸乙酯体系以及 323.15 K 下甲苯/乙酸乙酯体系为例，如图 3.7 所示。

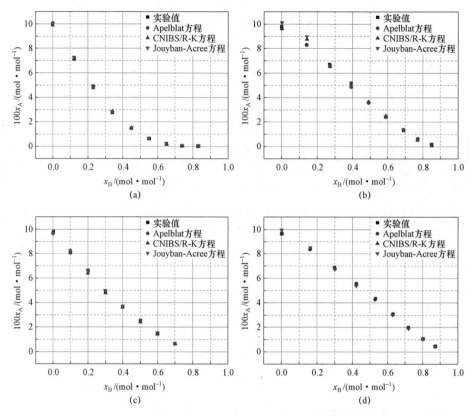

图 3.7 ε–HNIW 在二元混合溶剂中溶解度实验值与拟合值
（a）三氯甲烷–乙酸乙酯溶剂体系；（b）正辛烷–乙酸乙酯溶剂体系；
（c）四氯化碳–乙酸乙酯溶剂体系；（d）甲苯–乙酸乙酯溶剂体系

由于没有对 β–HNIW 在不同温度下的溶解度进行测量，并且 HNIW 溶解度对温度并不敏感，所以采用 CNIBS/Redlich–Kister 方程对 β–HNIW 在不同非溶剂摩尔分数含量的二元混合溶剂中的溶解度进行关联，拟合结果如图 3.8 所示。

虽然 CNIBS/Redlich–Kister 方程仅考虑了混合溶剂中非溶剂含量的影响，没有考虑温度对溶解度的影响，但是 HNIW 对于温度的变化并不敏感；同时，根据 ε–HNIW 在二元混合溶剂中的模型关联结果可知，使用 CNIBS/Redlich–Kister 方程对 β–HNIW 溶解度进行关联，在工业结晶领域是可以接受的。

3.1.3.3　结晶溶剂体系的优化

对于溶剂–非溶剂结晶过程，溶液中溶剂分子与溶质分子的相互作用决定了晶体在溶液中的存在状态，并对晶体生长行为和晶型转变具有重要影响。溶

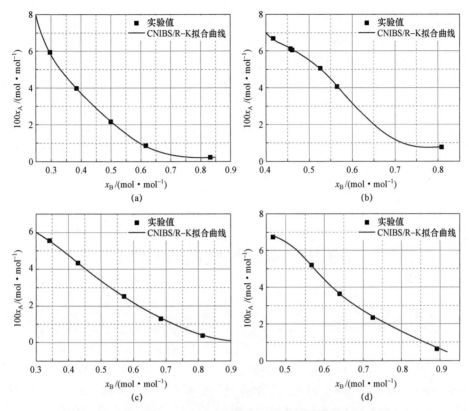

图 3.8　β-HNIW 在二元混合溶剂中溶解度实验值与拟合曲线
（a）三氯甲烷-乙酸乙酯溶剂体系；（b）正辛烷-乙酸乙酯溶剂体系；
（c）四氯化碳-乙酸乙酯溶剂体系；（d）甲苯-乙酸乙酯溶剂体系

解度是选择溶剂的一项重要因素，倘若溶质在该溶剂中的溶解度过低，影响产品结晶效率和产量；反之，则会导致结晶母液黏度过大，不但不利于溶剂-非溶剂的迅速混合，造成局部过饱和度过高，还会在后续过滤、洗涤过程产生较大的阻力，影响工艺操作。因此，在选择溶剂时，溶质在其中的溶解度大多为 5~200 mg/mL[14]。

与烷烃和芳香烃相比，加入相同体积的氯代烷烃，溶液过饱和度最大，操作弹性空间较小，而烷烃和芳香烃产生的过饱和度适宜，利于晶体稳定生长。同时，随着非溶剂的不断加入，HNIW 分子被越来越多的非溶剂分子所包围，此时偶极矩大的非溶剂分子（如氯代烷烃）就会对 HNIW 分子产生极化作用，促使溶液中的 HNIW 分子产生诱导偶极矩，以具有较大偶极矩的分子构象存在，从而得到该构象分子的 HNIW 晶体。非溶剂的偶极矩越大，诱导作用就越强烈。由于 β-HNIW 的偶极矩比 ε-HNIW 的偶极矩大，三氯甲烷等溶剂的偶极矩就会强烈影响 HNIW 分子的稳定化，使得部分 β-HNIW 存在。而烷烃的偶极矩为零，对 HNIW 分子几乎没有极化作用，不会阻碍 HNIW 分子的稳定化，因此结晶时倾向于直接得到最稳定的 ε-HNIW 晶体[15-19]。

另外，从环境保护和回收利用的角度考虑，氯代烷烃多有致癌作用，并且与乙酸乙酯混合后难以分离，回收处理困难，造成二次污染和浪费。然而，在一系列烷烃类溶剂中，正辛烷性质稳定，属于低毒类试剂，其沸点与所用溶剂乙酸乙酯的沸点相差将近 50 ℃，可通过减压蒸馏的方式，分别对 HNIW、乙酸乙酯和正辛烷进行回收再利用，几乎实现零排放。因此，最终选择乙酸乙酯和正辛烷分别作为 HNIW 重结晶的溶剂和非溶剂。

3.2 HNIW 结晶动力学

在分析 HNIW 结晶过程的基础上，针对 HNIW 溶剂介导转晶过程的特点，设计研究其动力学过程的实验方案，测量并计算结晶动力学数据，选择适当的动力学模型，结合 HNIW 结晶热力学数据，依据粒数衡算方程（Population Balance Equation，PBE）对动力学数据进行分析和回归，获得 HNIW 结晶过程的动力学方程，从而为设计、优化 HNIW 结晶工艺路线提供理论指导。

3.2.1 HNIW 结晶过程分析

如前所述，HNIW 是典型的多晶型物质，在结晶过程中最常见的两种晶型是 β-HNIW 和 ε-HNIW。根据 Oswald 定律，热力学亚稳晶型 β-HNIW 晶核的形成和生长速率比热力学稳定晶型 ε-HNIW 快得多。因此在结晶过程中，存在着由亚稳晶型 β-HNIW 转变为稳定晶型 ε-HNIW 的过程。由于溶液作为晶型转变的媒介，所以称为溶剂介导转晶（Solvent-Mediated Phase Transition，SMPT）。

溶剂介导转晶过程如图 3.9 所示。该机理包含三个阶段：① 亚稳定晶型的成核、生长，直到溶液浓度降低到亚稳晶型的饱和浓度；② 亚稳定晶型逐渐溶解，稳定晶型成核；③ 稳定晶型继续生长，直到溶液浓度降低到稳定晶型的饱和浓度。

图 3.9 溶剂介导转晶过程

第3章 ε-HNIW高品质大颗粒重结晶

对于HNIW,在其结晶过程中包含溶剂介导转晶过程。按照一般溶剂介导转晶的机理推断,在热力学上,HNIW结晶时倾向于形成自由能最低、最稳定的ε-晶型;但在动力学上,亚稳定晶型β-HNIW的晶核形成及生长速率比稳定晶型ε-HNIW快得多,因此溶液中首先析出β-HNIW。随着结晶过程的进行,溶液浓度不断降低,ε-HNIW晶核出现并开始生长。在相同条件下,β-HNIW的溶解度要高于ε-HNIW的溶解度,因此当溶液最先降低至β-HNIW的溶解度以下时,β-HNIW开始溶解,而ε-HNIW仍处于过饱和度状态,所以ε-HNIW继续生长,最终得到热力学上最稳定的ε-HNIW。

3.2.2 动力学实验研究

3.2.2.1 实验装置及原理

研究HNIW结晶动力学所搭建实验平台如图3.10所示。HNIW结晶动力学实验,主要是利用聚焦光束反射测量仪(FBRM)、颗粒录像显微镜(PVM)和衰减全反射-傅里叶变换红外光谱仪(ATR-FTIR)分别实时测量和观察结晶过程中的晶体粒数密度 n 和溶液浓度 C 变化,以粒数衡算方程为基础,计算出两种晶型HNIW的成核速率 B、生长速率 G 以及亚稳定晶型β-HNIW溶解速率 D,最后使用最小二乘法回归获得各个过程的动力学方程参数。[20]

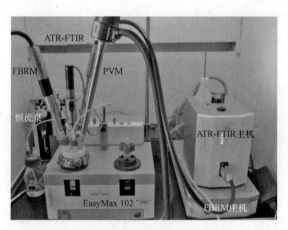

图3.10 HNIW结晶动力学实验平台

3.2.2.2 实验过程设计

为避免在HNIW结晶过程中同时出现两种晶型,导致FBRM混淆不同晶型的粒数密度,根据溶剂介导转晶过程的特点,设计如下三类实验过程:β-HNIW

成核、生长动力学实验，β–HNIW 溶解动力学实验以及 ε–HNIW 成核、生长动力学实验。下面结合溶剂介导转晶过程典型浓度曲线，对每个实验过程进行说明。

典型的溶剂介导转晶过程中的溶液浓度随时间变化规律如图 3.11 所示[21]。该曲线与结晶过程中两种晶型的成核、生长以及溶解过程对应关系作如下：在 A 点，溶液达到过饱和度极限值，亚稳定晶型开始成核，导致溶液浓度开始下降，直到 B 点溶液浓度降低到亚稳定晶型的溶解度 $S_{亚稳定}$ 之前，亚稳定晶型都是不断成核、生长。从 B 点开始，亚稳定晶型停止生长，并且开始溶解，同时稳定晶型开始成核、生长。这两种过程彼此在某一时刻达到平衡，导致溶液浓度出现"平台期"。一般情况下，平台期的浓度与亚稳定晶型溶解度近似相等[22]。直到 D 点平衡被打破，溶液浓度再次下降，直到 E 点溶液浓度降低到稳定晶型的溶解度 $S_{稳定}$ 之前，稳定晶型都是不断成核、生长。到达 E 点后稳定晶型停止生长，开始"熟化"，即小颗粒不断溶解，大颗粒逐渐增大，维持溶液浓度在稳定晶型溶解度。

有学者认为[23-27]，溶剂介导转晶过程中，只要固相中有亚稳定晶型存在，溶液浓度就维持在亚稳定晶型的溶解度，即溶液浓度"平台期"的浓度值就等于亚稳定晶型的溶解度。然而，笔者认为"平台期"的出现，归因于稳定晶型的成核、生长与亚稳定晶型的溶解的竞争作用，或所谓的"平台期"也是以亚稳定晶型溶解度为浓度上限做小幅震荡的"震荡期"（图 3.11）。

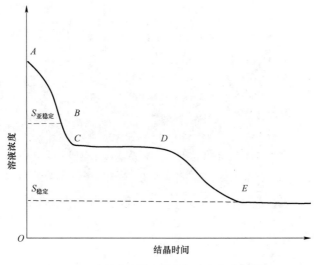

图 3.11　溶剂介导转晶过程典型溶液浓度曲线

在实验过程中，利用 FBRM 和 ATR–FTIR 技术分别获得晶体粒数密度 n 变化曲线与溶液浓度 C 变化曲线。由于 FBRM 本身不具备区分不同晶型粒数密度的功能，为避免混淆不同晶型的粒度数据，通过实验中间取样并测定样品红外光谱的方式，确认实验过程中是否有不同晶型出现。倘若同时出现两种晶型晶体，则该取样时间后的粒数密度 n 数据不纳入计算范围。

3.2.2.3 数据预处理

动力学模型计算所需要的相对过饱和度 σ、悬浮液密度 MT 以及晶体弦长矩量 μ 计算如下。

1. 相对过饱和度 σ

根据热力学研究结果，ε–HNIW 和 β–HNIW 两种晶型的 HNIW 在乙酸乙酯–正辛烷体系中的溶解度 C^* 均采用 CNIBS/Redlich–Kister 方程进行计算，实验过程中某时刻溶液浓度 C 利用 ATR–FTIR 测定，溶液相对过饱和度计算：

$$\sigma = \frac{C - C^*}{C^*} \tag{3.9}$$

2. 悬浮液密度 MT

悬浮液密度为晶浆中固体含量与晶浆体积之比。利用已知的初始溶液体积 V_0、初始加入溶质质量 m_0、某时刻溶液浓度值 C 以及结晶过程中添加的非溶剂体积 $V_{\text{antisolvent}}$ 进行计算，计算公式为

$$M_T = \frac{m_0 - C(V_0 + V_{\text{antisolvent}})}{V_0 + V_{\text{antisolvent}}} \tag{3.10}$$

3. 弦长矩量 μ

实验利用 FBRM 技术测定结晶过程中不同弦长的晶体粒数分布，采用矩量法计算 HNIW 的成核、生长以及溶解速率，并回归获得各个过程的动力学模型参数。计算时并未将晶体弦长分布（chord length distribution，CLD）转变为晶体粒径分布（particle size distribution，PSD）。若已知晶体颗粒形貌和颗粒以各种角度向后散射光线，可以将弦长与粒径进行换算。但是通过采用计算弦长的低阶矩量替代了这样的换算，因为理论上两者具有相同的分布[28]。利用 FBRM 测得实时弦长计算其 k 阶矩量 μ_k，计算公式为

$$\mu_k = \int_0^\infty L^k n(L,t) \, \mathrm{d}r \approx \sum_{i=1}^{\text{FBRMfinalchannel}} L_{\text{ave},j}^k N_i(L_{\text{ave},i}, j) \tag{3.11}$$

式中：L_i 为区间 i 的平均弦长；N_i 为颗粒数目；$L_{\text{ave},i}$ 为相邻区间平均弦长；j

为离散时间。

成核、生长以及溶解速率的计算公式如下：

$$B_{\exp,j} = \frac{1}{M_j} \cdot \frac{dN}{dt} = \frac{1}{M_{\text{initial}} + M_{\text{antisolvent},j}} \cdot \frac{\Delta N_j}{\Delta t_j} \quad (3.12)$$

$$G_{\exp,j} = \left[\frac{d\left(\frac{\mu_1}{\mu_0}\right)}{dt}\right]_j = \left[\frac{d(\overline{L}_{1,0})}{dt}\right]_j = \left[\frac{\Delta \overline{L}_{1,0}}{\Delta t}\right]_j \quad (3.13)$$

$$D_{\exp,j} = \left[\frac{d\left(\frac{\mu_1}{\mu_0}\right)}{dt}\right]_j = \left[\frac{d(\overline{L}_{1,0})}{dt}\right]_j = \left[\frac{\Delta \overline{L}_{1,0}}{\Delta t}\right]_j \quad (3.14)$$

式中：$B_{\exp,j}$、$G_{\exp,j}$、$D_{\exp,j}$ 分别为第 j 时刻的成核速率、生长速率以及溶解速率；M_j 和 ΔN 分别为溶液质量和第 j 时刻的总粒子数目变化；μ_0 和 μ_1 分别为根据 FBRM 弦长计算得到的粒数密度函数 0 阶和 1 阶矩量；$L_{1,0}$ 为第 j 时刻的平均粒径。

3.2.3 结果与分析

1. HNIW 晶体生长的粒度相关性

图 3.12 所示为 β-晶型和 ε-晶型成核、生长过程中某时刻的不同弦长 HNIW 晶体的粒数密度分布。在整个粒度分布范围内，HNIW 晶体的粒数密度的自然对数值 $\ln(n)$ 对晶体粒度 L 作图，近似呈线性分布，说明两种晶型的生长过程是粒度无关的[29]（图 3.12）。因此，采用粒度无关模型分别建立两种晶型 HNIW 的生长动力学方程。

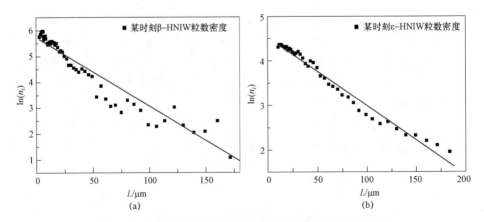

图 3.12 结晶过程中某时刻两种晶型 HNIW 粒数密度分布图

2. β-HNIW 成核、生长动力学

图 3.13 所示为典型的溶剂介导转晶过程中的浓度变化曲线，在加入非溶剂后，β-HNIW 大量成核并进一步生长，而溶液浓度迅速下降，随后逐渐进入"平台期"。图 3.14 和图 3.15 分别是结晶过程中晶体颗粒数目与平均粒径随时间变化曲线。通过利用进入"平台期"之前的粒数密度 n 与溶液浓度变化 C，采用矩量法计算不同时刻 β-HNIW 成核、生长速率，即可回归获得 β-HNIW 成核、生长速率方程：

$$B_\beta = 6.23 \times 10^6 \exp\left(-\frac{3.37 \times 10^4}{RT}\right) \phi^{0.54} M_T^{0.74} \sigma^{1.39}, R = 0.84 \quad (3.15)$$

$$G_\beta = 7.54 \times \exp\left(-\frac{1.09 \times 10^4}{RT}\right) \sigma^{1.12}, R = 0.79 \quad (3.16)$$

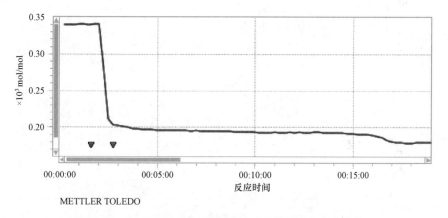

图 3.13　β-HNIW 成核生长实验过程中溶液浓度变化曲线

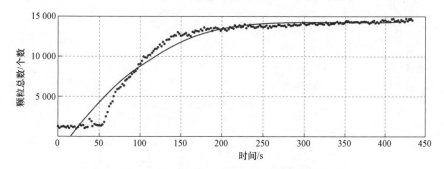

图 3.14　β-HNIW 成核生长实验过程中总颗粒数变化曲线

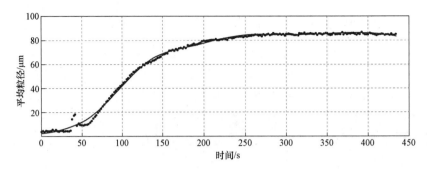

图 3.15　β-HNIW 成核生长实验过程中平均粒径变化曲线

3. β-HNIW 溶解动力学

β-HNIW 溶解实验过程中溶液浓度以及晶体平均粒径随时间的变化分别如图 3.16 和图 3.17 所示。向不饱和溶液中，加入一定质量的 β-HNIW 晶体，随着时间的推移，加入的晶体逐渐溶解，平均粒径逐渐减小，而溶液浓度逐渐增大。通过测定该过程中的粒数密度 n 与溶液浓度变化 C，采用矩量法计算不

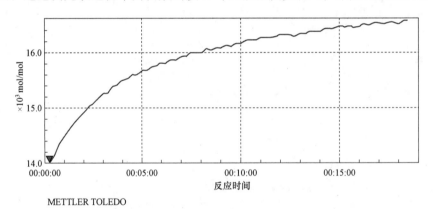

图 3.16　β-HNIW 溶解实验过程中浓度变化曲线

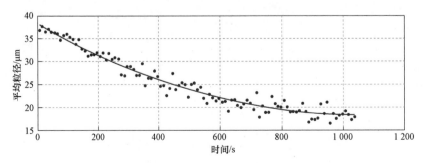

图 3.17　β-HNIW 溶解实验过程中平均粒径变化曲线

同时刻下 β–HNIW 溶解速率,即可回归获得 β–HNIW 溶解速率方程:

$$D_\beta = 5.85 \times \exp\left(-\frac{1.06 \times 10^4}{RT}\right)|\sigma|^{0.73}, R = 0.82 \quad (3.17)$$

4. ε–HNIW 成核、生长动力学

如图 3.18~图 3.20 所示,通过缓慢滴加非极性非溶剂正辛烷,同时加入一定质量和粒度分布的 ε–HNIW 晶体作为晶种,避免了 β–HNIW 出现,溶液浓度逐渐下降,平均粒径逐渐增大,通过测定粒数密度 n 与溶液浓度变化 C,采用矩量法计算不同时刻 ε–HNIW 成核、生长速率,即可回归获得 ε–HNIW 成核、生长速率方程:

$$B_\varepsilon = 8.61 \times 10^5 \exp\left(-\frac{4.43 \times 10^4}{RT}\right)\phi^{0.88} M_T^{0.57} \sigma^{2.67}, R = 0.80 \quad (3.18)$$

$$G_\varepsilon = 96.02 \times \exp\left(-\frac{1.97 \times 10^4}{RT}\right)\sigma^{2.65}, R = 0.83 \quad (3.19)$$

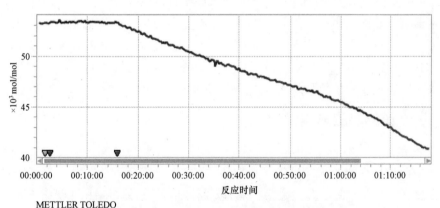

图 3.18　ε–HNIW 成核生长实验过程中溶液浓度变化曲线

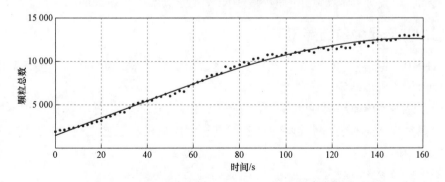

图 3.19　ε–HNIW 成核生长实验过程中总颗粒数变化曲线

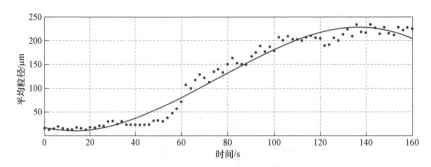

图 3.20　ε–HNIW 溶解实验过程中平均粒径变化曲线

3.3　高品质大颗粒 ε–HNIW 重结晶工艺

在 HNIW 结晶热力学与动力学研究基础上，以晶体颗粒长宽比为目标函数，考察温度、非溶剂添加方式、搅拌速率、有无添加晶种以及晶种数量、形貌和粒度分布对重结晶晶体的影响。针对 HNIW 结晶过程中所面临的问题，设计加工一套体积为 400 L 的 HNIW 专用结晶釜，并进行工艺放大与生产试制，以获得稳定的重结晶工艺与高品质、大颗粒 ε–HNIW 晶体[30-36]。

3.3.1　重结晶工艺路线

采用溶剂–非溶剂方法重结晶制备 HNIW 晶体颗粒的工艺路线，分为两条主要线路进行研究：无晶种工艺和加晶种工艺。在无晶种工艺中，主要研究结晶温度、非溶剂添加方式、搅拌速率，以及添加剂（液体石蜡和卵磷脂）等工艺操作参数对晶体长宽比的影响；在加晶种工艺中，主要研究晶种质量、粒度范围以及晶种形貌对晶体长宽比的影响。HNIW 的重结晶工艺路线如图 3.21 所示。

3.3.2　无晶种重结晶工艺

HNIW 重结晶的过程中，在较低的过饱和度下，晶体生长速率远高于晶体成核速率，所得晶体颗粒较大，晶体完整，但生长速率很慢；在较高的过饱和度下，晶体成核速率远高于晶体生长速率，所得晶体颗粒较小，晶体形貌不规则，但生长速率很快。通常将溶液的过饱和度控制在较为适中的介稳区内，既可保证较高的生长速率，又可以获得一定粒度范围的晶体，生长速率与过饱和度的关系如图 3.22 所示。

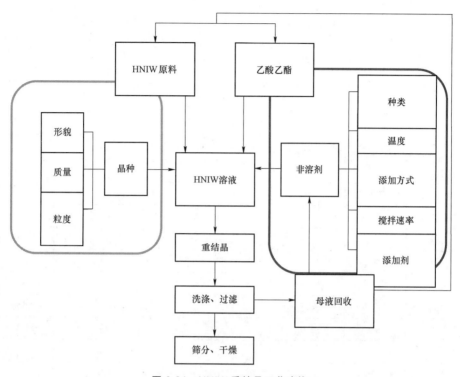

图 3.21 HNIW 重结晶工艺路线

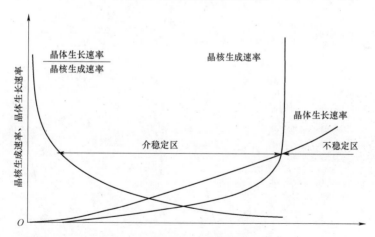

图 3.22 生长速率与过饱和度之间关系

3.3.2.1 正交实验

通过设计四因素三水平正交实验探究结晶温度 A、非溶剂添加方式（其中非溶剂的添加方式包含晶体成核阶段快速加入结晶釜内的非溶剂体积 B，以及

HNIW 混合炸药设计基础

在晶体生长、熟化过程中非溶剂的慢速滴加速率 C）、搅拌速率 D 对 ε-HNIW 重结晶产品形貌的影响。非溶剂快加体积以非溶剂与溶剂的体积比表示，因此因子 B 无量纲。实验结果以晶体的平均长宽比衡量。正交实验设计及结果如表 3.3 和图 3.23 所示。

表 3.3 无晶种工艺正交实验

因素	温度/℃	快加体积比	慢加速率/(L·h^{-1})	搅拌速率/(r·min^{-1})	长宽比
实验 1	20	0.5	20	400	1.43
实验 2	20	1.0	5	200	1.43
实验 3	20	1.5	1	100	1.62
实验 4	40	0.5	5	100	1.54
实验 5	40	1.0	1	400	1.23
实验 6	40	1.5	20	200	1.52
实验 7	60	0.5	1	200	1.56
实验 8	60	1.0	20	100	1.78
实验 9	60	1.5	5	400	1.73
极差	0.26	0.143	0.107	0.184	—

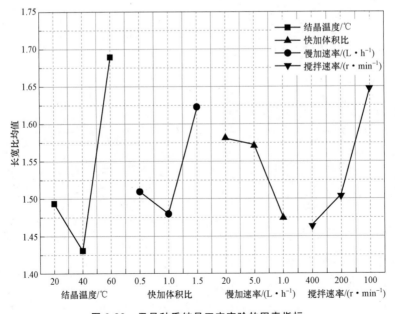

图 3.23 无晶种重结晶正交实验的因素指标

从表 3.3 中可以看出按照级差给出各因素排序，$A>D>B>C$，即温度对晶体长宽比的影响最大，搅拌速率和快加体积次之，慢加速率的影响最小。由因素指标分析可知，最佳工艺为结晶温度 40 ℃，成核过程中快加非溶剂体积为溶剂体积的 1.0 倍，生长过程中非溶剂的慢加速率为 1.0 L/h，搅拌速率为 400 r/min。下面对各因素的影响规律进行单独讨论。

1. 结晶温度的影响

通过实验考察结晶温度分别为 20 ℃、40 ℃和 60 ℃时不同的结晶效果，如图 3.24 所示。根据上述分析和实验结果表明，温度在 40 ℃时，晶体形貌最佳，长宽比在 1.2 左右，避免了产生γ晶型；同时该温度为克服固－液界面上阻力和新相生成供给所需要的能量，有利于溶液中溶质以及溶剂分子的扩散，提高了 HNIW 成核以及生长速率。因此，结晶温度保持在 40 ℃。

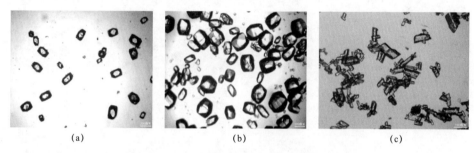

图 3.24　不同温度下 HNIW 结晶效果
（a）20 ℃下结晶；（b）40 ℃下结晶；（c）60 ℃下结晶

2. 非溶剂添加方式的影响

在 HNIW 初始成核阶段和晶体生长阶段，非溶剂的添加方式并不相同，下面分别予以分析：① 成核阶段非溶剂快加体积；② 快速添加非溶剂体积用非溶剂与溶剂的体积比表示，非溶剂快加体积比与晶体形貌之间的关系如图 3.25 所示。

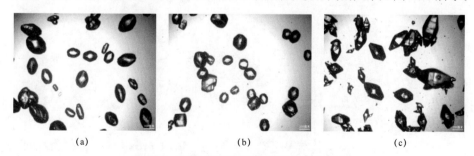

图 3.25　快加非溶剂体积对晶体形貌的影响
（a）快加 0.5 倍；（b）快加 1.0 倍；（c）快加 1.5 倍

从图3.25可以看出，当非溶剂快加体积为溶剂体积的1.0倍时，所得晶体的长宽比最小。只有控制好成核阶段的非溶剂快加体积，使溶液的过饱和度和溶质浓度维持在一个适宜的区间内，才能保证ε-HNIW各晶面的生长速率趋于一致，从而获得长宽比不错的晶体。

3. 生长阶段非溶剂慢加速率

在溶剂介导转晶成核阶段后，结晶釜内已经生成大量ε-HNIW晶粒，为获得适宜晶体生长的低过饱和度，需要通过控制非溶剂的滴加速率。通过实验考察不同慢加速率对于晶体长宽比的影响，结果如图3.26所示。

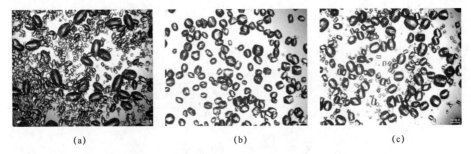

图3.26 非溶剂不同滴加速率对形貌的影响
(a) 20 L/h；(b) 5.0 L/h；(c) 1.0 L/h

由图3.26可知，当滴加速率较快时，由于溶剂与非溶剂无法快速混合均匀，导致溶液中局部过饱和度过大，有利于晶体成核，不利于晶体生长，所以晶体粒度分布整体偏小；同时由于高过饱和度下各晶面生长速率的差异明显，导致晶体形貌呈双棱锥形。当滴加速率较慢时，由于单位时间内非溶剂加入量较少，可以迅速与溶剂混合均匀，体系的过饱和度平稳均匀地增加，ε-HNIW各晶面的生长速率趋于一致。所以应当选择适中的滴加速率，在保证生产效率的同时，可以获得合适形貌的ε-HNIW晶体。

4. 搅拌速率的影响

适当搅拌不仅可增强溶质在溶液中的流动性，促使溶剂与非溶剂的混合，避免局部过饱和度过高所导致的"爆发式"成核。但是搅拌速率的提升也促进了晶核的形成，导致晶体粒度分布有所下降。搅拌速率对HNIW结晶形貌的影响如图3.27所示。

根据上述分析以及实验结果可知，当搅拌速率100 r/min时，晶体生长环境最稳定，能够按照ε-HNIW晶型自由生长，因此，获得晶体颗粒最大，但是形

图 3.27 搅拌速率对晶体形貌的影响
（a）100 r/min；（b）200 r/min；（c）400 r/min

貌为 ε-HNIW 典型的双棱锥形，并且出现"孪晶"现象；当搅拌速率为 200 r/min 时，釜内的晶体随溶液运动加剧，各晶面能够较为均衡地生长，因此晶体为多面体类球形；当搅拌速率达到 400 r/min 时，有利于晶体成核过程的发生，不利于溶质分子在晶体表面附着生长，导致晶体粒度有所下降，但是晶体形貌也得到一定程度的改善。

3.3.2.2 添加剂的影响

除了考察结晶温度、非溶剂添加方式以及搅拌速率对重结晶产品的影响。还可以在结晶过程中加入少量添加剂（如卵磷脂、液体石蜡等）调节晶型转变速率，从而控制晶型转变过程，以达到控制晶体形貌的目的。其作用的机理是添加剂分子对某晶型晶体上的特定晶面有更强的吸附能力，在加入结晶溶液后将吸附在这些特定晶面上，从而抑制了该特定晶面的生长速率。该选择性吸附可改变成核条件、降低成核速率、影响晶核的组成，从而抑制成核、延缓受影响晶型晶体的生长，而未被吸附的晶型晶体将继续生长。但是，根据本实验所使用的添加剂的实验结果，添加剂的引入并未对晶体形貌和粒度起到明显的改善作用，如图 3.28 所示。相反，引入添加剂反而可能会导致晶体纯度的下降，同时不利于后续工艺过程中的溶剂回收再利用，因此后续工艺不再使用添加剂。

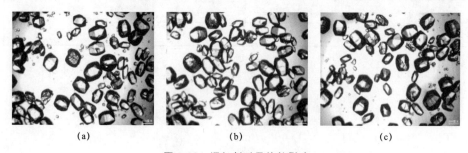

图 3.28 添加剂对晶体的影响
（a）0.5%卵磷脂；（b）0.5%液体石蜡；（c）无添加剂

3.3.3 加晶种重结晶工艺

为了提高 ε-HNIW 目标粒度段晶体的得率,尤其是颗粒直径在 180 μm 以上的晶体的得率,除了考察上述因素的影响,有必要研究添加晶种的结晶工艺。加入晶种,可诱导 HNIW 晶体以目标晶型析出,在一定程度上帮助结晶母液的过饱和度较为缓和地增加,从而避免结晶过程中"爆发式"成核。

3.3.3.1 正交实验

在加晶种工艺中,设计四因素三水平正交实验探究晶种质量 A、晶种粒度 B、搅拌速率 C 和非溶剂快加体积 D 对 ε-HNIW 重结晶产品品质的影响。晶种质量以初始时溶解 HNIW 晶体质量的质量分数表示,快加体积以非溶剂与溶剂的体积比表示。实验结果以晶体的平均长宽比衡量。正交实验设计及结果如表 3.4 和图 3.29 所示。

表 3.4 加晶种工艺正交实验

因素	晶种质量/% (质量分数)	晶种粒度/μm	搅拌速率/ (r·min^{-1})	快加体积	长宽比
实验 1	5	50~100	300	0.5	1.59
实验 2	5	100~150	400	1.0	1.3
实验 3	5	150~180	500	1.5	1.15
实验 4	15	50~100	400	1.5	1.2
实验 5	15	100~150	500	0.5	1.51
实验 6	15	150~180	300	1.0	1.28
实验 7	25	50~100	500	1.0	1.54
实验 8	25	100~150	300	1.5	1.28
实验 9	25	150~180	400	0.5	1.57
极差	0.13	0.11	0.04	0.35	

从表 3.4 中可以看出按照极差给各因子排序,$D>A>B>C$,即快加体积对晶体长宽比的影响最大,晶种质量和晶种粒度次之,搅拌速率的影响最小。由图 3.29 因素指标分析可知,最佳工艺为晶种质量为投料质量的 15%,晶种粒度为 150~180 μm,搅拌速率为 400 r/min,非溶剂快加体积是溶剂的 1.5 倍。下面对各因素的影响规律进行单独讨论。

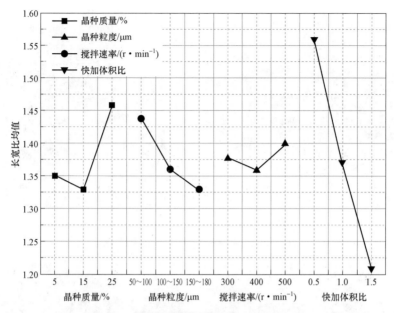

图 3.29 加晶种重结晶正交实验的因素指标

3.3.3.2 晶种的形貌对重结晶的影响

在研究了晶种质量、晶种粒度、搅拌速率以及快加非溶剂体积的基础上，又单独考察了晶种形貌对重结晶产品形貌的影响。实验条件为正交实验获得的最佳工艺条件：晶种为投料质量 15%，150～180 μm 晶种，搅拌速率为 400 r/min，非溶剂快加体积为溶剂的 1.5 倍，挑选三种不同形貌的晶种分别进行实验，晶种以及重结晶后样品形貌如图 3.30～图 3.32 所示。

从表 3.5 不同晶种重结晶后样品长宽比对比可知，晶种的长宽比越小，重结晶后样品的长宽比也越小，晶种越规则，重结晶后样品也越规则，这是晶体生长的自范性决定的。因此，在采用加晶种工艺时，应选择适宜形貌的晶种。适宜形貌和粒度分布的晶种可根据目标粒度需求，采用无晶种工艺进行制备。

表 3.5 不同晶种重结晶后样品长宽比

序号	晶种长宽比	重结晶样品长宽比
1	1.23	1.15
2	1.55	1.42
3	1.94	1.67

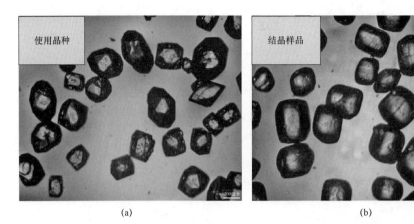

图 3.30　晶种长宽比为 1.23 的重结晶

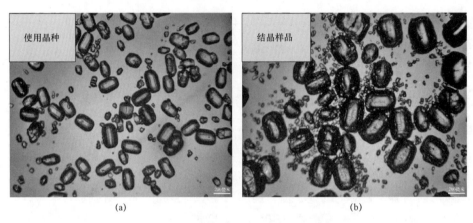

图 3.31　晶种长宽比为 1.55 的重结晶

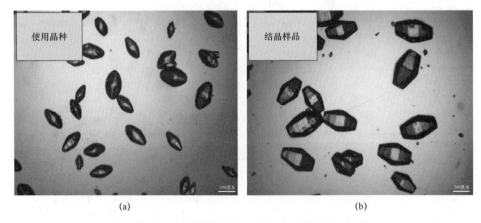

图 3.32　晶种长宽比为 1.94 的重结晶

3.3.4　重结晶工艺放大与稳定

HNIW 重结晶过程是典型的批处理过程，为保证产品质量稳定，最大限度降低不同批次间差异，必须要求间歇结晶操作工艺最佳，这也是工业结晶的主要内容之一。依靠实验室内百克量级的工艺条件，难以满足国内对 ε-HNIW 基混合炸药的研究用药量需求，因此开展大批量重结晶工艺研究具有重要意义。本节以获得高品质、大颗粒 ε-HNIW 晶体和高得率为目标，针对 HNIW 结晶工艺放大所面临的问题，设计、加工出 ε-HNIW 专用结晶釜，投料量可以扩大到 30 kg/批次，以获得稳定的重结晶工艺与高品质、大颗粒 ε-HNIW 晶体。

3.3.4.1　工艺放大所面临的问题

由于投料规模增大，虽然结晶温度、溶液浓度等强度量没有发生太大改变，但是溶液体积、非溶剂快加的时间长度等广度量的改变必然对结晶效果产生影响。在工艺放大过程中，非溶剂注入方式、结晶釜的长径比和搅拌速率等因素对晶体品质均有显著影响，这也为 30 kg/批次 HNIW 专用结晶釜设计提供了参考依据。

当采用在液面上添加非溶剂的方式（外注）进行结晶时，由于溶剂与非溶剂密度相差大，非溶剂加料速率快，造成大量晶体附着在釜内壁以及搅拌桨上生长，如图 3.33 所示，即便提高搅拌速率，也无法改善此状况；当采用在液面下添加非溶剂的方式（内注）进行结晶时，提高了两种溶剂的混合效率，避免了晶体"黏壁"。

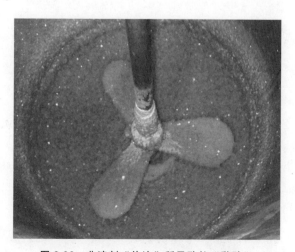

图 3.33　非溶剂"外注"所导致的"黏壁"

同时，在非溶剂的注入口附近，该处局部过饱和度最先达到最大值，有"爆发式"成核的风险。在小规模下可能无法观察到此现象，因为通常所使用的注入管内径都只在 1.0 mm 左右，非溶剂能够很快便与主体溶液混合，但是在中试或更大规模的工艺条件下，注入管内径可能达到 10~20 mm。这就需要充足的时间与主体溶液混合，在这段时间内，局部高过饱和度将导致结晶产品品质严重下降[37]。因此非溶剂正辛烷的注入方式从单一注入管，改进为多条注入管同时添加，以加速结晶釜内溶液的迅速混合，避免局部过饱和度过高。

采用长径比为 2:1 的圆柱形结晶釜，当搅拌速率较低时，由于沉降作用，会造成结晶釜内晶体黏附在釜底生长，生成"孪晶"，或者造成晶体粒度分布不均匀和形貌呈双棱锥形等缺点，如图 3.34 和图 3.35 所示。当搅拌速率过高时，虽然晶体不会黏附在釜底生长，形貌尚可，但是造成晶体粒度明显减小，大颗粒晶体得率降低，不利于后续混合炸药配方的颗粒级配设计，如图 3.36 所示。

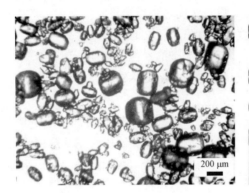

图 3.34 粒度分布不均

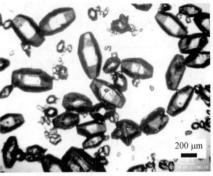

图 3.35 双棱锥形晶体

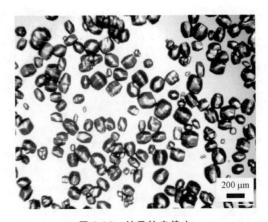

图 3.36 结晶粒度偏小

3.3.4.2　HNIW 专用结晶釜设计与结晶工艺

针对工艺放大过程中所面临的问题，设计加工了一套容积为 400 L、投料量为 30 kg/批次的 ε-HNIW 专用结晶釜，实物外观与内部照片如图 3.37 所示。HNIW 专用结晶釜具备以下特点。

 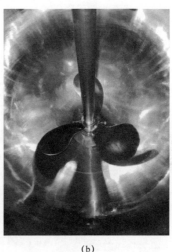

(a)　　　　　　　　　　　　　(b)

图 3.37　HNIW 专用结晶釜外观与内部情况

（1）结晶釜主体形状为半球形，缓解了由于釜体长径比过大所造成的物料分配不均的问题；选用三叶推进式搅拌桨，可以增加釜内物料在轴向、径向之间的传质、传热效率。

（2）由于所用溶剂乙酸乙酯（0.90 g/cm³）与非溶剂正辛烷（0.70 g/cm³）的密度存在一定差距，为促进两种液体相互扩散，从而设置直通釜内底部的注入管道，即采用内注法添加非溶剂；另外，由于所加非溶剂体积较多，所以采用三条管道同时注入的方式，促进溶剂与非溶剂迅速混合均匀，使结晶釜内过饱和度均匀增加。

（3）结晶釜内壁、搅拌桨等所有能够与结晶溶液接触的部件，都采用镜面抛光，表面光洁度达到 10 级以上，$Ra \leqslant 0.2 \ \mu m$，避免了在内壁粗糙处引起的成核和生长，也在一定程度预防了"黏壁"现象的发生。

经过若干批次的工艺优化，确定了 400 L 结晶釜投料量为 30 kg/批次的重结晶工艺的关键操作参数，操作参数主要包括 HNIW 原料与溶剂乙酸乙酯的质量比、结晶温度、搅拌速率、非溶剂的添加方式以及使用的晶种质量等，如表 3.6 所示。

表 3.6　30 kg/批次 HNIW 重结晶工艺关键操作参数

序号	主要工艺参数	无晶种工艺	加晶种工艺
1	质量比/（g·g^{-1}）	\multicolumn{2}{c}{HNIW:乙酸乙酯 = 1:2.25}	
2	结晶温度/℃	\multicolumn{2}{c}{40}	
3	搅拌速率/（r·min^{-1}）	200	150
4	添加晶种质量/%（质量分数）	0	15
5	非溶剂快加体积比	1.0 倍	1.5 倍
6	非溶剂添加速率	成核阶段：4.0 L/min 生长阶段：1.0 L/h	4.0 L/min
7	结晶时间/h	72	24

在 30 kg/批次的工艺固化后,形成了高品质、大颗粒ε-HNIW 的生产工艺规程（Q/HYH J05.45—2013）以及产品规范（Q/HYH J03.35—2013），按照工艺规程对两种结晶工艺进行了三个批次的产品试制。考虑到无晶种工艺较之加晶种工艺所制备晶体的平均粒度较小，因此在评价两种工艺的稳定性时，选择了产品在不同的粒度范围内的得率作为其中一项评价指标。同时还将结晶总得率、晶体样品平均长宽比、圆度值作为工艺稳定性的评价指标。试制结果如表 3.7 所示。

表 3.7　两种工艺试制批次稳定性评价

批次	无晶种工艺				加晶种工艺			
	总得率/%	125～425 μm 得率/%	长宽比	圆度	总得率/%	180～425 μm 得率/%	长宽比	圆度
1	96.5	62.5	1.14	0.86	98.7	65.3	1.16	0.83
2	98.0	63.6	1.12	0.87	97.4	66.5	1.18	0.84
3	97.2	63.2	1.05	0.89	98.3	65.8	1.19	0.85

由表 3.7 可知，两种工艺各自的三个试制批次，从结晶总得率、目标粒度范围内的得率，以及样品的平均长宽比和圆度值都十分接近，因此工艺稳定性得以证实。

使用 400 L 结晶釜分别采用两种工艺,制备出的 HNIW 晶体如图 3.38 所示。两种制备工艺稳定，结晶产品得率均在 96%以上，剩余的 4%左右的晶体残留在母液中，留待母液处理工序中回收，可当作结晶原料再次使用。

3.3.4.3　母液回收

在重结晶过程中，大量使用溶剂和非溶剂以完成溶解、析晶等操作。由于在

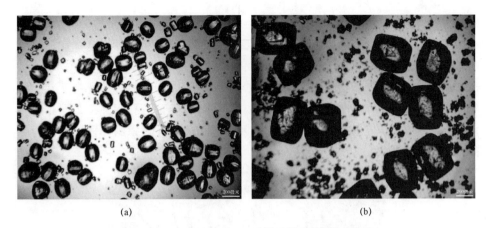

图 3.38　30 kg/批次 HNIW 重结晶样品光学显微照片
（a）无晶种工艺；（b）加晶种工艺

最终产品中并不含有这些溶剂，溶剂蒸发扩散到大气中造成对环境的污染，经济上也带来损失。而且这些溶剂具有可燃性，蒸气散发到空气中容易引发燃烧和爆炸，造成灾害事故，同时溶剂对人体也有一定的毒性。所以从溶剂的经济损失、环境污染、着火危险、健康损害等各方面都说明溶剂的回收利用是完全必要的。

溶剂回收的方法有冷凝法、压缩法、吸收法、吸附法和蒸馏法。结合溶剂乙酸乙酯和非溶剂正辛烷的沸点差异较大的特点，采用减压蒸馏法进行分离，装置如图 3.39 所示。具体过程为：将母液加入带夹套的结晶釜中，开启搅拌并

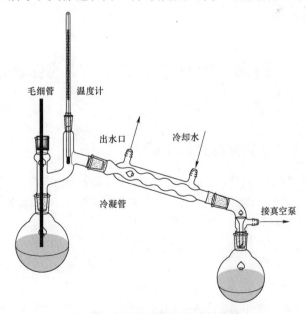

图 3.39　HNIW 结晶母液回收装置

加热，控制出口馏分温度为 75～80 ℃，收集馏分即乙酸乙酯等不再有馏分流出或馏分温度改变比较明显时停止蒸馏，结晶釜中为 HNIW 晶体和正辛烷固-液两相物质，通过过滤母液，即可分别获得正辛烷与 HNIW 晶体。

母液在回收过程中温度控制在 80 ℃左右，HNIW 晶体在这个温度下可能会有一部分转化为 γ 晶型，如图 3.40 所示。在利用回收的晶体进行重结晶时 γ-HNIW 会重新溶解，溶液中的 HNIW 晶型特征消失，通过重结晶再次转化为 ε-HNIW，对工艺过程没有影响。

图 3.40　蒸发回收的 γ-HNIW 晶体

3.4　高品质大颗粒 ε-HNIW 晶体表征

3.4.1　ε-HNIW 晶体的性能指标

衡量含能材料晶体品质高低主要包括以下性能指标：化学纯度、晶型纯度、晶体密度、机械感度、晶体形貌、粒度分布等。其中晶体形貌选择晶体颗粒二维投影的最小外接矩形的长宽比以及圆度值作为定量评价的参数。由于 HNIW 在国内现阶段仍处于研究阶段，未能形成统一规范，因此在研究过程中结合混合炸药研制所提出的需求，定义能够同时满足以下性能指标的 ε-HNIW 晶体，即可被称为高品质、大颗粒 ε-HNIW 晶体：

晶体化学纯度不低于 99.7%，ε-HNIW 晶型纯度不低于 98.0%，晶体密度不低于 2.035 g/cm³，晶体平均长宽比不高于 1.5，晶体平均圆度值不低于 0.84，晶体中位粒径不低于 125 μm。ε-HNIW 晶体的外观、酸度、水分及挥发分、丙酮不溶物、无机不溶物等理化性能指标参照 GJB 2335—95《奥克托今规范》中特级品的指标。

3.4.2 晶体纯度

HNIW 的纯度检测包括化学纯度和晶型纯度，前者是指样品中是否为单一组成的 HNIW，后者是指是否为单一的 ε-HNIW 晶型。

3.4.2.1 化学纯度测试方法

在 HNIW 合成过程中的中间体或者副产物[38]混入结晶产品，对 HNIW 的稳定性和应用前景造成不利影响，化学纯度是含能化合物的重要技术指标。一般采用高效液相色谱法（HPLC），该方法具有分析效率高、检测灵敏度高、快速、选择性好等优点，已广泛应用于多种含能化合物的纯度检测[39-43]。检测条件如下：利用 Agilent Technologies 1260 HPLC 系统，采用光电二极管检测器，波长 230 nm，采用 ZORBAX SB C-18 色谱柱，乙腈:水/55:45 作为流动相，流动速率 1.0 mL/min，进样体积 5.0 μL，根据峰面积归一化计算 HNIW 纯度。

结果如图 3.41 所示，工业级 HNIW 原料、无晶种工艺和有晶种工艺产品的化学纯度分别为 99.70%、99.80% 和 99.75%。相比于原料，采用溶剂/非溶剂重结晶工艺制备的晶体化学纯度有所提高，并未引入更多杂质。

3.4.2.2 晶型纯度测试方法

炸药晶型是影响炸药爆轰性能的重要因素之一，倘若 ε-HNIW 中掺有不同晶型，由于不同晶型的密度存在差异，在混合炸药制备和应用过程中，由于环境温度或者溶剂介质的影响，从而导致晶型之间发生转变，使炸药自身体积发生变化并产生裂纹，如图 3.42 所示。这些缺陷裂纹可作为爆炸热点，从而敏化炸药，使含能材料的贮存安定性和使用安全性严重下降。因此，仅定性分析炸药中的晶型已不能满足使用需求。为了测定 HNIW 炸药中 ε 晶型的有效含量，从而确保炸药的爆轰性能，也应建立适当的晶型定量方法。

X 射线粉末衍射法是一种发展比较早的晶型定量方法[44-45]，已经广泛用于药物的晶型定量分析。该法根据 Rietveld 精修原理，无须使用标准样品，从 HNIW 晶体的结构、周期性排列规律、Debye 温度因子等性质，对晶型进行定量计算。由于采用的是全谱拟合方法，利用数据化的全谱衍射数据，充分利用衍射谱图的全部信息进行分析，具有一定的平均作用，可减少消光和择优取向等因素的

HNIW 混合炸药设计基础

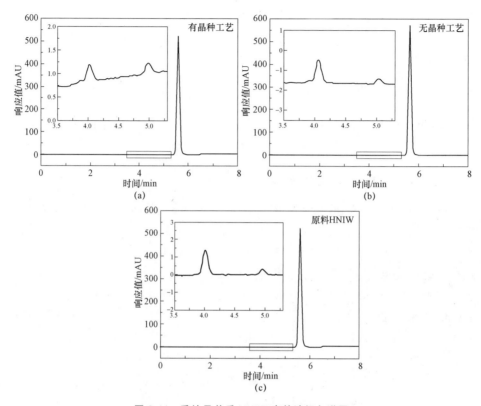

图 3.41　重结晶前后 HNIW 高效液相色谱图

图 3.42　晶型转变前后晶体形貌变化
（a）晶型转变前；（b）晶型转变后

干扰。相比于传统的定量方法，可以更有效地处理谱图重叠问题，得到更准确的强度数据，减少计算误差，提高分析结果的准确性。根据拟合过程中得到的加权图形剩余方差因子 R_{wp} 的大小，可以有效判断拟合结果的优劣，一般将 R_{wp} 控制在 15 以内。该计算是通过 Topas 软件[46]完成的，部分精修参数设置如表 3.8 所示。通过对原位 X 射线粉末衍射谱图的全谱拟合，建立混合晶型的定量计算方法，计算出的 ε 晶型含量与实际 ε 晶型含量显示出较好的一致性，图 3.43 为 ε–HNIW 分别于其他三种晶型不同比例混合物的 XRD 谱图，图 3.44 为校准实验结果。

表 3.8 精修时 Topas 软件部分参数设置

部分可调参数	初始值	是否精修
衍射源	Cu Kα 5.1am	否
背底参数	1 000	是
背底	4	否
样品高度差	0	是
单色器	0	否
吸收系数/cm^{-1}	100	是
仪器参数	PSD 仪器自带	否

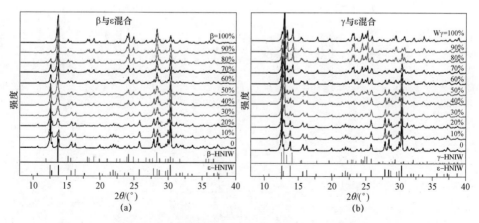

图 3.43 不同晶型 HNIW 混合体系的 XRD 图谱
（a）β 与 ε 晶型混合的 HNIW；（b）γ 与 ε 晶型混合的 HNIW

■ HNIW 混合炸药设计基础

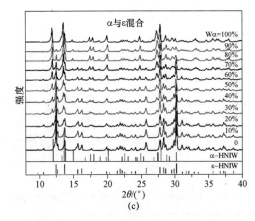

图 3.43 不同晶型 HNIW 混合体系的 XRD 图谱（续）
（c）α 与 ε 晶型混合的 HNIW

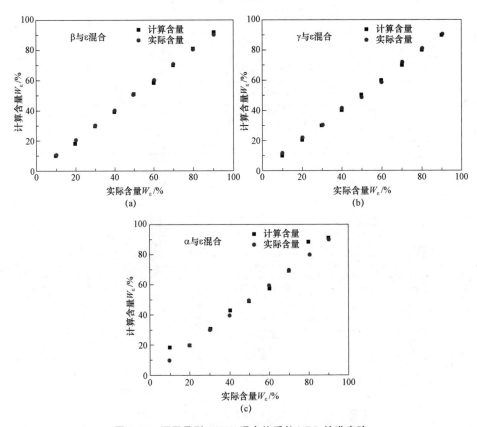

图 3.44 不同晶型 HNIW 混合体系的 XRD 校准实验
（a）β 与 ε 晶型混合的 HNIW；（b）γ 与 ε 晶型混合的 HNIW；（c）α 与 ε 晶型混合的 HNIW

测试条件如下：将待测样品进行干燥研磨后，进行原位 XRD 实验。利用德国 Bruker D8 Advanced 衍射仪，如图 3.45 所示，Cu Kα 射线为衍射源（$\lambda=$ 1.541 80 Å），不加单色器，采用 VANTEC 探测器，光管条件为 40 kV/40 mA，扫描范围 5°～50°，扫描步长 0.02°/0.1 s。

图 3.45　Bruker D8 Advanced 原位 X 射线衍射仪

分别对重结晶所使用工业级 HNIW 原料与 400 L 制备晶体进行晶型纯度计算，结果如图 3.46 所示。通过计算结果可以得知，相比于重结晶所使用的工业级 HNIW 原料，无晶种与加晶种重结晶工艺所制备的ε-HNIW 晶型含量也有所提升，其ε晶型含量从 95.30% 分别提升至 98.85% 和 99.09%。

3.4.3　晶体密度与感度

3.4.3.1　晶体密度

在溶液中大批量生长的晶体，存在缺陷是不可避免的。晶体表面的裂纹、团聚、边缘缺失均为外部缺陷，晶体包裹的溶剂、晶格缺陷（空隙、杂质和断层）均为内部缺陷。大颗粒结晶和结晶生长速率过快，都会增加形成夹杂物的可能性。含能晶体的缺陷影响其感度性能，会提升其冲击波感度和快速加热的热感度。同时，晶体中的裂纹和夹杂物一般也会降低结晶的机械强度，使晶体在被加工处理过程中破碎，造成粒度分布发生变化，影响混合炸药的颗粒级配，增加工艺制备难度和事故风险。对于检测晶体中的缺陷，尤其是晶体内部气体或者液体夹杂物，有两种方法可供选择：光学显微镜法和密度梯度管法。

1. 光学显微镜法

该方法源于矿物学上测定透明矿物折射率的油浸法。其基本原理是，样品

■ HNIW 混合炸药设计基础

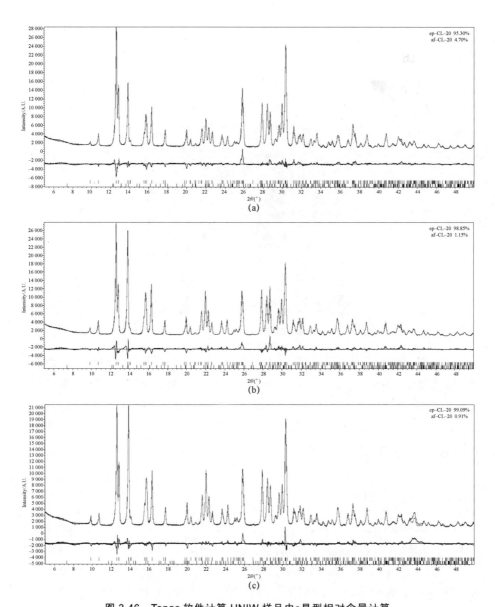

图 3.46　Topas 软件计算 HNIW 样品中 ε 晶型相对含量计算
（a）原料样品中 ε-HNIW 含量计算；（b）无晶种重结晶工艺样品中 ε-HNIW 含量计算；
（c）加晶种重结晶工艺样品中 ε-HNIW 含量计算

晶体浸没在与其折射系数相同或相近的液体介质（称为折光匹配液）中，由于光线在晶体与液体界面并未发生折射，所以晶体边沿、轮廓会变得十分模糊甚至消失，而缺陷处由于裂纹、包裹物的存在，局部折射率与折光匹配液差异较大，光线通过该处时会发生折射，利用光学显微镜观察其明显的轮廓线，可以定性评价晶体内部缺陷[47-49]。以 RDX 为例，将其浸没在不同折光系数的液体中，结果如图 3.47 所示。

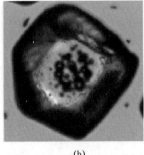
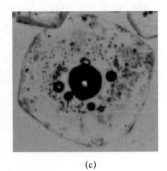

(a)   (b)   (c)

图 3.47   RDX 在不同折光匹配液中的显微镜照片

(a) RDX 在空气中，$n_{折光系数}=1.0$；(b) 在普通显微镜油中，$n_{折光系数}=1.5$；
(c) 在混合折光匹配液中，$n_{折光系数}=1.6$

利用光学显微镜法的关键技术有以下几点：① 匹配液不与样品发生反应，样品在其中保存时不易发生变化；② 匹配液挥发性小，黏度低，防止在观察过程中挥发，丧失功效；③ 匹配液应为无色或者浅色液体，以便于观察晶体内部缺陷；④ 应选择无毒或者低毒的材料，保证实验人员的安全与健康。常用高折射率的折光匹配液配方列于表 3.9 中。

表 3.9   常用高折射率折光匹配液配方

原油名称	折射率范围	原油名称	折射率范围
液体石蜡+α-溴代萘	1.467~1.658	二碘甲烷+硫	1.74~1.78
丁香油+α-溴代萘	1.552~1.658	二碘甲烷+磷+硫	1.74~2.06
溴仿+α-溴代萘	1.598~1.658	二碘甲烷+三硫化砷	1.74~2.28

图 3.48 为将 HNIW 晶体浸入作者自行配制的折光匹配液的效果图。图中黑色不透光区是由颗粒内部晶界交错和溶剂包藏物所致，绝大部分晶体形状较规整，表面光亮，晶体透光较均匀，内部晶界交错和溶剂包裹物含量明显较少，晶体品质得到改善。该方法简便易学，不需要复杂仪器设备和贵重药品试剂辅助，是快速检验晶体内部缺陷的测定手段。然而，由于 HNIW 晶体的光学各向异性，即不同晶面的折光系数相差较大，折光系数随着晶轴而变化，导致晶体与介质的整体匹配效果不是很好，晶体内部图像无法完整显现，限制了该方法的使用。

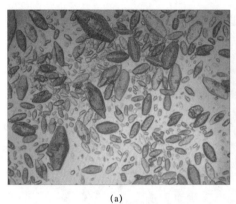 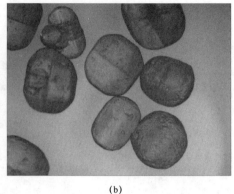

(a)   (b)

图 3.48   HNIW 折光匹配液效果图

2. 密度梯度管法

如果晶体中存在夹杂物,结晶密度就会降低。因为不论空隙中填充的是溶液还是气体,其密度肯定都比固态物质低。因此结晶密度可以作为定量衡量晶体内部缺陷的一项指标。晶体密度越接近最大理论密度,其结晶内部缺陷越少。

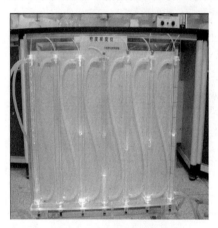

图 3.49   密度梯度管装置

由于 GJB772A—97 中的密度瓶法只能提供小数点后两位的有效数字,无法更为精确地测定晶体密度。因此借鉴石油化工行业上测定塑料密度的密度梯度管法,用于测定 ε-HNIW 的晶体密度[50]。密度梯度管如图 3.49 所示,在恒温水浴槽内装有若干根密度梯度管,每根管内液体密度自上而下呈线性分布。液体密度范围根据需要进行配置,并利用一套标准密度浮子标定出不同液位高度下的密度。放入晶体后量取其所在液位高度,即可获得晶体密度。工业级 HNIW 原料在密度梯度管中的分布较宽,而重结晶后的 HNIW 分布较窄,颗粒密度比较集中,经标准密度浮子校正测得的重结晶后晶体密度高于原料,如表 3.10 所示。

表 3.10 ε-HNIW 重结晶前后的密度及纯度

样品	密度分布/(g·cm^{-3})	平均密度/(g·cm^{-3})
工业级 HNIW	2.035 5～2.038 4	2.036 4

续表

样品	密度分布/(g·cm^{-3})	平均密度/(g·cm^{-3})
无晶种工艺	2.037 5～2.039 5	2.038 2
有晶种工艺	2.036 3～2.039 0	2.037 8

从以上表征结果来看，工业级 HNIW 原料经过重结晶后，晶体形貌较规整，内部缺陷相应减少，颗粒密度更高、分布更为集中，可以认为重结晶后的 ε–HNIW 晶体品质得到了提升。

3.4.3.2 机械感度

在机械作用下，火炸药发生爆炸的难易程度称为火炸药的机械感度[51]。机械作用形式可以归结为撞击、摩擦或者二者的综合作用。单质炸药在生产、加工、运输等使用条件下，很可能会面临上述机械刺激，因此，机械感度是一项决定其能否安全使用的关键指标（图 3.50）。

(a)   (b)

图 3.50　机械感度测试仪器

根据 GJB772A—97，分别采用方法 601.2 特性落高法和方法 602.1 爆炸概率法测定了样品的撞击感度和摩擦感度。结果如表 3.11 所示。

表 3.11　重结晶前后 ε–HNIW 机械感度对比

指标名称	测试条件	原料	无晶种工艺	加晶种工艺
撞击感度 H_{50}/cm	2 kg 落锤	25.0	42.0	40.0
	5 kg 落锤	12.6	19.7	17.3
摩擦感度/爆炸概率/%	80°摆角，2.45 MPa	96	28	32

由表 3.11 可以看出，在 2 kg 落锤的测试条件下，ε-HNIW 撞击感度的特性落高从 25.0 cm 提高至 42.0 cm 和 40.0 cm；在 5 kg 落锤的测试条件下，ε-HNIW 撞击感度的特性落高从 12.6 cm 提高至 19.7 cm 和 17.3 cm。在 80°摆角，2.45 MPa 的测试条件下，ε-HNIW 摩擦感度的爆炸概率从 96% 降低至 28% 和 32%。重结晶后 ε-HNIW 的机械感度得到明显改善。

3.4.4　晶体形貌与粒度分布

为评价 ε-HNIW 晶体形貌，建立了以晶体颗粒最小外接矩形的长宽比 Ψ_{ratio} 以及颗粒圆度值 $\Phi_{circularity}$ 为形状因子的定量表征方法[52-53]，对颗粒的形状进行定量计算，其计算公式如下：

$$\Psi_{ration} = \frac{L_{length}}{W_{width}} \quad (3.20)$$

$$\Phi_{circularity} = \frac{4\pi \times A}{P_{borderline}^2} \quad (3.21)$$

式中：L_{length} 为最小外接矩形的长度值；W_{width} 为最小外接矩形的宽度值；A 为颗粒投影面积；$P_{borderline}$ 为投影周长。

针对正方形、圆形、正六边形、矩形、普通六边形以及椭圆形等典型形状进行表征，结果如图 3.51 所示。

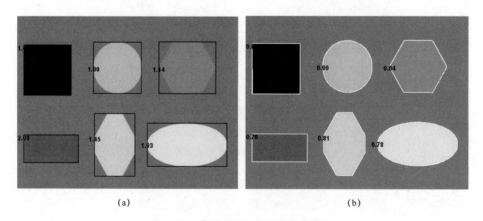

图 3.51　典型形状的长宽比与圆度值

由于重结晶目的之一是获得尽可能接近球形的晶体颗粒，因此参照圆形的长宽比 Ψ_{ratio} 和圆度值 $\Phi_{circularity}$，ε-HNIW 的形状因子越接近 1，说明形貌越接近于球形。编写 MATLAB 程序代码对照片中颗粒进行自动识别与计算。

分别对重结晶所使用工业级 HNIW 与 400 L 制备晶体的长宽比和圆度值进

行计算，结果如图 3.52～图 3.54 所示。重结晶前后晶体形貌统计如表 3.12 所示。

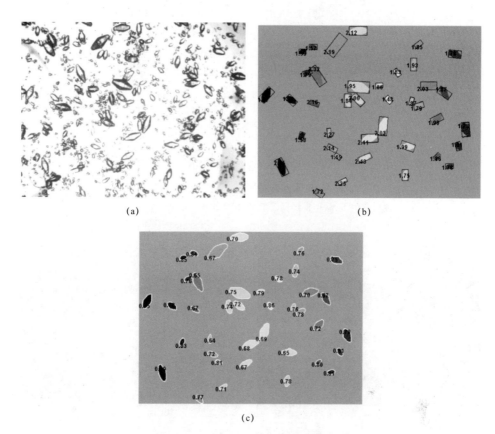

图 3.52 工业级 HNIW 长宽比与圆度值

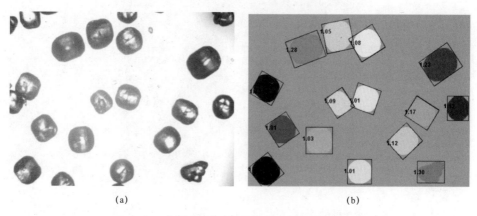

图 3.53 无晶种重结晶工艺 HNIW 长宽比与圆度值

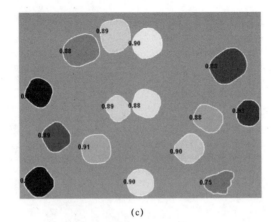

(c)

图 3.53 无晶种重结晶工艺 HNIW 长宽比与圆度值（续）

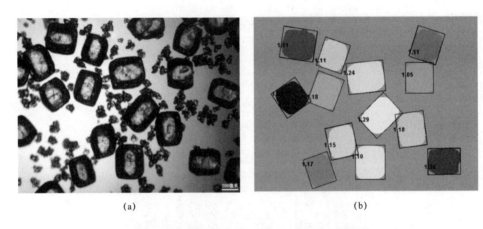

(a)   (b)

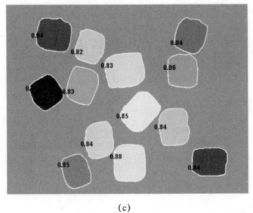

(c)

图 3.54 加晶种重结晶工艺 HNIW 长宽比与圆度值

表 3.12 重结晶前后晶体形貌统计

编号	工业级 HNIW		无晶种工艺		有晶种工艺	
	长宽比	圆度值	长宽比	圆度值	长宽比	圆度值
1	1.97	0.75	1.04	0.90	1.11	0.84
2	2.25	0.69	1.01	0.89	1.01	0.85
3	1.79	0.78	1.03	0.88	1.17	0.85
4	1.58	0.83	1.03	0.91	1.15	0.84
5	2.16	0.67	1.28	0.88	1.18	0.83
6	1.72	0.77	1.05	0.89	1.11	0.82
7	2.32	0.65	1.08	0.90	1.24	0.83
8	2.19	0.67	1.09	0.89	1.29	0.85
9	2.27	0.64	1.01	0.90	1.10	0.88
10	2.14	0.72	1.01	0.90	1.11	0.84
11	2.11	0.68	1.23	0.88	1.05	0.86
12	2.43	0.67	1.17	0.88	1.18	0.84
13	2.03	0.69	1.12	0.90	1.30	0.84
14	1.99	0.65	1.30	0.75	—	—
15	2.00	0.72	1.12	0.93	—	—
平均值	2.06	0.71	1.10	0.88	1.15	0.84

重结晶所使用工业级 HNIW 原料,形貌多为双棱锥状,其平均长宽比及圆度值约为 2.06 和 0.71。经过不同工艺重结晶之后,平均长宽比缩减为 1.10 和 1.15,平均圆度值提高为 0.88 和 0.84,晶体形貌得到显著改善。

利用马尔文激光粒度仪,分别对重结晶所使用工业级 HNIW 原料与 400 L 制备晶体进行分析,结果如图 3.55 所示。重结晶过后的晶体粒度得到明显提升,晶体的中位粒径 D_{50} 从 21.8 μm 分别提升至 158.8 μm 和 355.6 μm,同时分布更为集中。通过加晶种工艺制备的晶体粒度比无晶种工艺大一些,这是由于在加晶种工艺中,介导转晶成核这一过程被弱化,相当一部分溶质直接在现有晶种表面生长,因此粒度偏大。而无晶种工艺的粒度分布比加晶种工艺要集中,这是由于在无晶种工艺的转晶成核过程中,高速搅拌使各个晶核的粒度趋于均匀;并且加晶种工艺中难以避免转晶成核的发生,从而生成一部分小颗粒晶体,导致加晶种工艺粒度分布较宽。

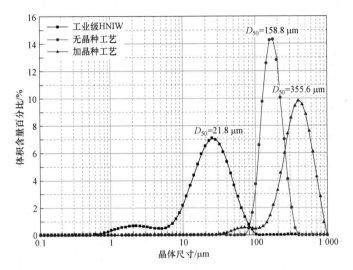

图 3.55 工业级 HNIW 与两种重结晶工艺制备样品粒度分布对比

表 3.13 总结了工业级 ε-HNIW 晶体与两种工艺制备产品的多项性能指标。采用两种重结晶工艺所制备的 ε-HNIW 均满足高品质、大颗粒 ε-HNIW 晶体的性能指标：晶体化学纯度不低于 99.7%，ε-HNIW 晶型纯度不低于 98.0%，晶体密度不低于 2.035 g/cm³，晶体平均长宽比不高于 1.5，晶体平均圆度值不低于 0.84，晶体中位粒径不低于 125 μm。ε-HNIW 晶体的外观、酸度、水分及挥发分、丙酮不溶物、无机不溶物等理化性能指标参照 GJB 2335—95《奥克托今规范》中特级品的指标。

表 3.13 重结晶前后 HNIW 晶体品质对比

指标名称		工业级 HNIW	无晶种工艺	加晶种工艺
化学纯度/%		99.70	99.80	99.75
ε 晶型纯度/%		95.30	98.85	99.09
晶体密度/(g·cm⁻³)		2.036 7	2.038 8	2.037 8
撞击感度 H_{50}/cm	2 kg 落锤	25	42	40
	5 kg 落锤	12.6	19.7	17.3
摩擦感度/%	80°摆角，2.45 MPa	96	28	32
中位粒径/μm		21.8	158.8	355.6
平均长宽比		2.06	1.10	1.15
平均圆度值		0.71	0.88	0.84

续表

指标名称	工业级 HNIW	无晶种工艺	加晶种工艺
酸度（以硝酸计）/（m·m^{-1}）%	0.02	0.02	0.02
丙酮不溶物含量/（m·m^{-1}）%	0.03	0.01	0.01
水分及挥发分/（m·m^{-1}）%	0.10	0.05	0.05

参 考 文 献

[1] Cui Chao, Ren Hui, Huang Yangfei, et al. Solubility Measurement and Correlation for ε-2,4,6,8,10,12-hexanitro-2,4,6,8,10,12-hexaazaisowurtzitane in Five Organic Solvents at Temperatures between（283.15 and 333.15）K and Different Chloralkane+Ethyl Acetate Binary Solvents at Temperatures between（283.15 and 323.15）K [J]. Journal of Chemical and Engineering Data, 2017, 62, 4, 1204-1213.

[2] Cui Chao, Ren Hui, Jiao Qingjie. Solubility Measurement and Correlation for ε-2,4,6,8,10,12-Hexanitro-2,4,6,8,10,12-hexaazaisowurtzitane in Different Alkanes/Aromatic Hydrocarbon + Ethyl Acetate Binary Solvents at Temperatures of between 283.15 and 323.15 K [J]. Journal of Chemical and Engineering Data, 2018, 63, 8, 3097-3106.

[3] Kim K J, Kim H S, Sim J S. Solubilities of Octahydro-1,3,5,7-tetranitro-1,3,5,7-tetrazocine in γ-Butyrolactone+Water, Dimethylsulfoxide+Water, and N-Methyl pyrrolidone+Water [J]. Journal of Chemical and Engineering Data, 2013, 58（9）: 2410-2413.

[4] Chen L, Zhang J, Wang W, et al. Solubility of β-HMX in Acetone + Water Mixed Solvent Systems at Temperatures from 293.15 K to 313.15 K [J]. Journal of Solution Chemistry, 2012, 41（8）: 1265-1270.

[5] Apelblat A, Manzurola E. Solubilities of o-acetylsalicylic, 4-aminosalicylic, 3,5-dinitrosalicylic, and p-toluic acid, and magnesium-DL-aspartate in water from 278～348 K [J]. Journal of Chemical Thermodynamics, 1999, 31（1）: 85-91.

[6] Buchowski H, Khiat A, Solubility of solids in liquids: one-parameter

solubility equation [J]. Fluid Phase Equilibria, 1986, 25 (3): 273-278.

[7] Aldabaibeh N, Jones M J, Myerson A S, et al. The solubility of orthorhombic lysozyme crystals obtained at high pH [J]. Crystal Growth & Design, 2009, 9 (7): 3313-3317.

[8] Nordström F L, Rasmuson A C. Prediction of solubility curves and melting properties of organic and pharmaceutical compounds [J]. European Journal of Pharmaceutical Sciences, 2009, 36 (2-3): 330-344.

[9] Song L, Gao Y, Gong J. Measurement and Correlation of Solubility of Clopidogrel Hydrogen Sulfate (Metastable Form) in Lower Alcohols [J]. Journal of Chemical and Engineering Data, 2011, 56 (5): 2553-2556.

[10] Acree W E J, Mathematical representation of thermodynamic properties: Part 2. Derivation of the combined nearly ideal binary solvent (NIBS) / Redlich-Kister mathematical representation from a two-body and three-body interactional mixing model [J]. Thermochimica Acta, 1992, 198 (1): 71-79.

[11] Acree W E J. Comments concerning "model for solubility estimation in mixed solvent system" [J]. International Journal of Pharmaceutics, 1996, 127 (1): 27-30.

[12] Jouyban A, Review of the cosolvency models for predicting solubility of drugs in water-cosolvent mixtures [J]. Journal of Pharmacy & Pharmaceutical Sciences, 2008, 11 (1): 32-58.

[13] Zhou Z M, Yu Y, Wang J D, et al. Measurement and Correlation of Solubilities of (Z)-2-(2-Aminothiazol-4-yl)-2-methoxyiminoacetic Acid in Different Pure Solvents and Binary Mixtures of Water + (Ethanol, Methanol, or Glycol) [J]. Journal of Chemical and Engineering Data, 2011, 56 (4): 1622-1628.

[14] Rohani S, Horne S, Murthy K. Control of product quality in batch crystallization of pharmaceuticals and fine chemicals. Part 1: Design of the crystallization process and the effect of solvent [J]. Organic Process Research & Development, 2005, 9 (6): 858-872.

[15] Jin S H, Yu Z Y, Song Q C, et al. The role of physical properties of solvents in the preparation of HNIW [C] //Proceedings of the 34th International Annual Conference of ICT, Karlsruhe: Fraunhofer ICT, 2003: 51-55.

[16] 金韶华, 雷向东, 欧育湘. 溶剂性质对六硝基六氮杂异伍兹烷晶型的作

用[J]. 兵工学报, 2006, 26(6): 743-745.

[17] 刘进全, 欧育湘, 金韶华. 溶剂及温度对ε-HNIW 晶型及热安定性的影响[J]. 火炸药学报, 2005, 28(2): 56-59.

[18] 刘进全, 欧育湘, 孟征. ε-HNIW 在不同溶剂中的晶型稳定性[J]. 含能材料, 2006, 14(2): 108-110.

[19] 宋振伟, 严启龙, 李笑江. 溶剂中ε-CL-20 的晶型变化[J]. 含能材料, 2011, 18(6): 648-653.

[20] 崔超. HNIW 结晶动力学及工艺优化研究[D]. 北京: 北京理工大学, 2018.

[21] Févotte G, Alexandre C, Nida S O. A Population Balance Model of the Solution-Mediated Phase Transition of Citric Acid[J]. American Institute of Chemical Engineers, 2007, 53(10): 2578-2589.

[22] 墨玉欣. L-谷氨酸多晶型成核及晶型转化机理的研究[D]. 天津: 天津大学, 2011.

[23] Ferrari E S, Davey R J. Solution-Mediated Transformation of α to β l-Glutamic Acid: Rate Enhancement Due to Secondary Nucleation [J]. Crystal Growth & Design, 2004, 4(5), 1061-1068.

[24] Schöll J, Bonalumi D, Lars Vicum A, et al. In Situ Monitoring and Modeling of the Solvent-Mediated Polymorphic Transformation of l-Glutamic Acid [J]. Crystal Growth & Design, 2006, 6(4): 881-891.

[25] Cornel J, Lindenberg C, Mazzotti M. Experimental Characterization and Population Balance Modeling of the Polymorph Transformation of l-Glutamic Acid[J]. Crystal Growth & Design, 2009, 9(1), 243-252.

[26] Garcia E, Veesler S, Boistelle R, et al. Crystallization and dissolution of pharmaceutical compounds: an experimental approach[J]. Journal of Crystal Growth, 1999, 198-199(3): 1360-1364.

[27] Garcia E, Hoff C, Veesler S. Dissolution and phase transition of pharmaceutical compounds[J]. Journal of Crystal Growth, 2002, 237-239 (Pt. 3): 2233-2239.

[28] Trifkovic M, Sheikhzadeh M, Rohani S. Multivariable Real-Time optimal control of a cooling and anti-solvent semi-batch crystallization process [J]. American Institute of Chemical Engineers, 2009, 55(10): 2591-2602.

[29] 丁绪淮, 谈道. 工业结晶[M]. 北京: 化学工业出版社, 1985.

[30] Jiang X, Guo X, Ren H, et al. Preparation and characterization of desensitized ε-HNIW in solvent-antisolvent recrystallizations[J]. Central

European Journal of Energetic Materials，2012，9（3）：219-236.

[31] 郭学永，姜夏冰，于兰，等.粒径和晶形对ε-HNIW感度的影响[J]. 火炸药学报，2013，36（01）：29-33.

[32] 姜夏冰，高品质ε-HNIW结晶及其降感研究[D]，北京：北京理工大学，2013.

[33] 陈华华. 特质CL-20制备及性能研究[D]. 北京：北京理工大学，2015.

[34] 黄阳飞. HNIW重结晶技术研究[D]. 北京：北京理工大学，2016.

[35] Cui C, Ren H, and Jiao Q, et al. Preparation and Characterization of ε-HNIW by Solvent/Anti-Solvent Recrystallization，21st INTERNATIONAL SEMINAR "New Trends in Research of Energetic Materials"[C]//CZECH REPUBLIC：UNIVERSITY OF PARDUBICE，2017.

[36] 黄阳飞，焦清介，郭学永，等. 溶剂-反溶剂交替法制备大颗粒圆滑ε-CL-20[J]. 含能材料，2017，25（03）：221-225.

[37] Beckmann W, Crystallization-Basic Concepts and Industrial Applications [M]. Wiley-VCH Verlag GmbH & Co. KGaA，2013.

[38] 欧育湘，刘进全. 高能量密度化合物[M]. 北京：国防工业出版社，2005.

[39] 王东旭，陈树森，李丽洁，等. HBIW的纯度分析方法[J]. 火炸药学报，2011，(2)：29-32.

[40] 胡玲，张敏，周诚，等. 反相高效液相色谱法测定FOX-7的纯度[J]. 火炸药学报，2005，(3)：87-88.

[41] 刘红妮，王克勇，杨彩宁，等. 高效液相色谱法测定DNTF纯度[J]. 化学分析计量，2010，(1)：60-62.

[42] 田林祥. 高效液相色谱测定CL-20纯度[J]. 火炸药学报，1999，(1)：31-32.

[43] 黄志萍，罗庆玮，郭兴玲. HNIW纯度测定方法[J]. 含能材料，2001，9（1）：44-48.

[44] Chen H, Chen S, Li L, et al. Quantitative Determination of ε-phase in polymorphic HNIW using X-ray Diffraction Patterns[J]. Propellants Explosives Pyrotechnics，2008，33（6）：467-471.

[45] 薛超，孙杰，宋功保，等. 基于Rietveld无标样定量研究HMX的β→δ等温相变动力学[J]. 爆炸与冲击，2010，30（2）：113-118.

[46] TOPAS V3.0：General Profile and Structure Analysis Software for Powder Diffraction Data[CP]. Bruker AXS GmbH：Karlsruhe G，2000.

[47] Ulrich Teipel. 含能材料[M]. 欧育湘，译. 北京：国防工业出版社，2009.

[48] 邱家骧, 邰道乾. 油浸法[M]. 北京: 地质出版社, 1981.

[49] 曾广策, 等. 透明造岩物语宝石晶体光学[M]. 武汉: 中国地质大学出版社, 1997.

[50] GB/T 1033.2—2010. 塑料 非泡沫塑料密度的测定. 第2部分: 密度梯度柱法[S].

[51] 胡双启, 赵海霞, 肖忠良. 火炸药安全技术[M]. 北京: 北京理工大学出版社, 2014.

[52] Bosma J C, Vonk P, Wesselingh J, et al. Which shape factor(s) best describe granules? [J]. Powder Technology, 2004, 146(1): 66-72.

[53] Cox E P. A Method of Assigning Numerical and Percentage Values to the Degree of Roundness of Sand Grains[J]. Journal of Paleontology, 1927, 1(3): 179-183.

第 4 章
HNIW 晶变机理

HNIW 是一种具有多晶型的高能量密度化合物，常温常压下稳定存在的有四种晶型（α晶型、β晶型、γ晶型、ε晶型），其中ε-HNIW 的密度最大、能量最高、感度最低。研究发现，ε-HNIW 在热作用下会转化为密度较小、能量较低、安全性差的γ-HNIW，此转化过程称为ε-HNIW 的晶变[1-3]。在 HNIW 混合炸药使用过程中，ε-HNIW 晶变将导致晶体体积发生膨胀并产生晶体缺陷和裂纹，极易形成"热点"而升高炸药感度，降低炸药安全性[4-6]。通过研究 HNIW 的晶变机理，可为有效抑制其晶变提供理论支撑。

4.1 HNIW 的晶变现象

α-HNIW、β-HNIW、γ-HNIW 及 ε-HNIW 分子构象和晶胞结构分别如图 4.1 和图 4.2 所示。

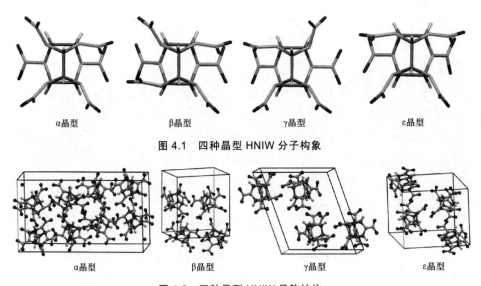

α晶型　　　　　β晶型　　　　　γ晶型　　　　　ε晶型

图 4.1　四种晶型 HNIW 分子构象

α晶型　　　　　β晶型　　　　　γ晶型　　　　　ε晶型

图 4.2　四种晶型 HNIW 晶胞结构

第 4 章 HNIW 晶变机理

表 4.1 所列为四种晶型 HNIW 的晶型参数，其中 ε 晶型与 γ 晶型均属于单斜晶系并具有相同的空间群结构（$P2_1/n$），在发生晶型转变时，由于笼型结构上硝基的取向发生了变化，使得晶胞参数改变，晶体体积有一定程度的膨胀，使得 ε–HNIW 转变为 γ 晶型后，γ 晶型的密度（$1.916\ g/cm^3$）比 ε 晶型小（$2.044\ g/cm^3$），从而导致晶体表面出现较大的裂纹，如图 4.3 所示。

表 4.1 四种晶型 HNIW 的晶型参数

晶型	晶系	空间群	晶胞内分子数	晶体密度/($g·cm^{-3}$)	晶体外观
α 晶型	正交	Pbca	8	1.97	
β 晶型	正交	$Pca2_1$	4	1.99	
γ 晶型	单斜	$P2_1/n$	4	1.92	
ε 晶型	单斜	$P2_1/n$	4	2.04	

从图 4.3 可以看到，晶变后的 γ–HNIW 密度减小导致晶体内部应力增大，造成晶体破坏，伴随的体积膨胀导致晶格破坏出现大量的空位和较大裂纹，不仅使晶粒破碎呈无规则形状的颗粒，而且在晶体内部形成空隙和剪切带，提高炸药的感度，并降低炸药的能量。

(a)

(b)

图 4.3 ε–HNIW 晶体转变为 γ–HNIW 的形貌变化
（a）晶变前；（b）晶变后

4.2 HNIW晶型定量表征方法

为了准确地研究ε-HNIW及其在复合体系中的晶变规律以及ε-HNIW的晶变动力学，需要对转变后的ε-HNIW晶型进行定量表征。为测定HNIW炸药中ε晶型的含量，近年来国内外已经报道了多种晶型定量方法。例如，X射线粉末衍射法、红外光谱法、拉曼光谱法、太赫兹光谱法等，后三种属于光谱法，测得的数据复杂，多采用化学计量学处理。而X射线粉末衍射法是一种发展比较早的晶型定量方法，已经广泛用于药物的晶型定量分析，在使用无标样法定量时能够方便地获得较为准确的晶型定量数据[7-9]。因此，本节介绍X射线粉末衍射全谱拟合法定量表征β-HNIW与ε-HNIW、γ-HNIW与ε-HNIW、α-HNIW与ε-HNIW多晶混合物的晶型含量。

Rietvel粉末衍射花样全谱拟合精修晶体结构的方法，不需要衍射花样三要素（峰位、峰强、峰的线形）分析，而是利用数据化的全谱衍射数据，充分利用衍射谱图的全部信息。全谱拟合是指在假设晶体结构模型和结构参数基础上，结合某种峰形函数计算多晶衍射谱、调整结构参数与峰值参数使计算出的衍射谱与实验谱相符合，从而获得结构参数与峰值参数的方法，这一逐步逼近的过程称为拟合，因是对全谱图进行的拟合故称全谱拟合。

X射线粉末衍射无标样定量相分析，是通过对X射线粉末衍射谱图的全谱拟合，逐点比较衍射峰的计算值和观察值，用最小二乘法调节各个参数，包括已知的晶体结构参数（如晶胞参数、原子坐标）与非结构参数（如峰形函数、峰宽和择优取向因子）等，通过模拟计算物相的衍射强度与实测强度的对比进行拟合，使得衍射峰的计算值和观察值相符合，从而确定试样中各个物相的含量。各物相在混合物中的体积分数或质量分数与比例因子S（或称为权重因子）有关，在$2\theta_i$位置的计算强度和混合物中物相含量分别为

$$Y_{c,i} = S\sum_{H} L_H |F_H|^2 \phi(2\theta_i - 2\theta_H) P_H A^*(\theta) + Y_{b,i} \quad (4.1)$$

$$\omega_\alpha = \frac{S_\alpha Z_\alpha M_\alpha V_{\alpha,u}}{\sum_p S_p Z_p M_p V_{p,u}} \quad (4.2)$$

式中：$Y_{c,i}$为$2\theta_i$位置的计算强度，可能是几个布拉格衍射强度的叠加；H代表指数为（hkl）的布拉格衍射；L_H为面指数H衍射的洛伦兹因数、偏振因数和多

重性因数三者的乘积；ϕ 为衍射峰形函数；P_H 为择优取向函数；$A^*(\theta)$ 为试样吸收系数的倒数；$Y_{b,i}$ 为背底强度；F_H 为 H 面指数布拉格衍射的结构因数；S_α、ω_α、M_α、Z_α 和 $V_{\alpha,u}$ 分别表示α相的比例因子、质量分数、化学式质量、晶胞中所含化学式的量及晶胞体积。

利用重结晶的方法，通过选择适当的溶剂体系和控制结晶温度，可分别获得α-HNIW、β-HNIW、γ-HNIW、ε-HNIW 四种纯晶型的 HNIW 晶体（图 4.4）。为了获得高质量的 XRD 谱图，在制样时分别将β-HNIW 与ε-HNIW、γ-HNIW 与ε-HNIW、α-HNIW 与ε-HNIW 两种晶型晶体混合后研磨均匀，保证晶体的尺寸均一，尽量减小炸药尺寸对谱图的影响。

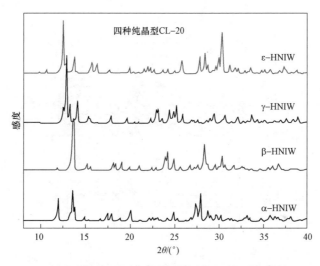

图 4.4 重结晶制备的四种纯晶型 HNIW 的 XRD 谱图

图 4.5 所示为不同比例（10%~90%）β-HNIW 与ε-HNIW、γ-HNIW 与ε-HNIW、α-HNIW 与ε-HNIW 混合后的 XRD 谱图。采用 X 射线粉末衍射无标样相定量分析法对 HNIW 的混合晶型样品进行相的定量分析。该法根据 Rietveld 精修原理，无须使用标准样品，从 HNIW 晶体的结构、周期性排列规律、Debye 温度因子等就可对晶型进行定量的计算。由于采用的是全谱拟合方法，有一定的平均作用，可减少消光和择优取向等因素，能比传统的方法更有效地处理重叠问题，得到更准确的强度数据，减少计算误差，提高晶型定量结果的准确度。根据拟合过程中得到的加权图形剩余方差因子 R_{wp} 大小，能有效判断拟合结果的优劣。该计算是通过 Topas 软件完成的。如果计算结果取向较为严重，则可尝试对 Structure 中的 Preferred Orientation 进行修正，先尝试运用 PO Spherical Harmonics，将其初始参数设置为 8，也可针对取向严重的面进行

精修。

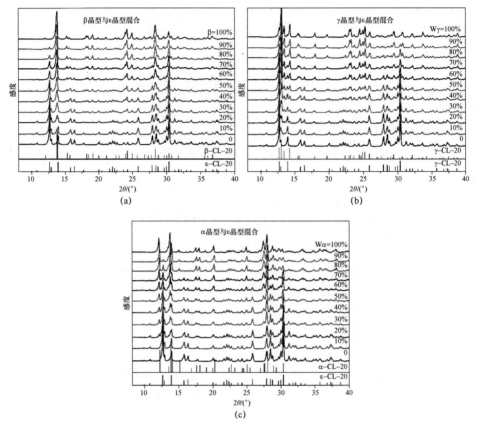

图 4.5 不同晶型 HNIW 混合体系的 XRD 图谱
(a) β晶型与ε晶型混合的 HNIW；(b) γ晶型与ε晶型混合的 HNIW；
(c) α晶型与ε晶型混合的 HNIW

混合晶型 HNIW 全谱拟合计算结果见表 4.2。定量分析结果表明，峰形参数、温度因子等的变化对分析结果几乎没有影响，并且只要晶胞参数的初始值正确，即使是晶胞参数经过多次的修正，仍然能得到较好的定量结果。用 X 射线衍射全谱拟合方法进行 HNIW 的晶型定量分析具有常规定量分析方法所无法比拟的优越性。不同晶型 HNIW 的部分衍射峰发生严重重叠，采用常规的 X 射线衍射定量分析方法，需要采用重叠峰分解或联立方程法等，这使得数据处理过程变得复杂，人为增加了出现误差的可能性。此外，HNIW 的择优取向对晶型的定量分析有较大的影响，通过对取向严重的晶面进行修正，能够在相当程度上抑制择优取向的影响。在精修过程中根据拟合收敛因子 R_{wp} 判断精修结果是否可以接受，一般将 R_{wp} 控制在 15 以内。

表 4.2 不同晶型 HNIW 混合体系的 XRD 全谱拟合晶型定量计算结果

ε-HNIW/% （质量分数）	XRD 衍射图谱晶型定量计算结果					
	β（质量分数）与 ε（质量分数）混合		γ（质量分数）与 ε（质量分数）混合		α（质量分数）与 ε（质量分数）混合	
	%（质量分数）	误差/%	%（质量分数）	误差/%	%（质量分数）	误差/%
0	0	0	0	0	0	0
10	8.71	-1.29	8.84	-1.16	8.91	-1.09
20	19.08	-0.92	20.14	0.14	11.35	-8.65
30	30.28	0.28	29.61	-0.39	30.67	0.67
40	41.87	1.87	40.31	0.31	42.58	2.58
50	49.09	-0.91	49.91	-0.09	50.61	0.61
60	61.06	1.06	60.39	0.39	58.18	-1.82
70	70.54	0.54	68.72	-1.28	68.81	-1.19
80	82.08	2.08	80.71	0.71	80.08	0.08
90	90.61	0.61	90.66	0.66	85.17	-4.83
100	100	0	100	0	100	0

将全谱拟合计算结果与实际含量比较，可以看出，计算含量的绝对误差能够控制在 2%以内。精修结果的拟合收敛因子 R_{wp}<15，说明精修的结果可以接受。计算质量分数与实际的质量分数显示出较好的一致性（图 4.6）。

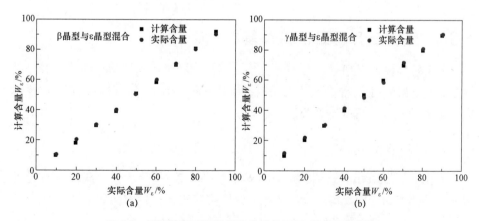

图 4.6 不同晶型 HNIW 混合体系的 XRD 拟合计算结果
(a) β 晶型与 ε 晶型混合的 HNIW；(b) γ 晶型与 ε 晶型混合的 HNIW

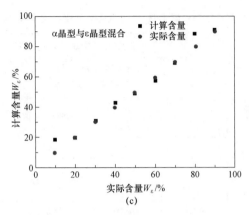

图 4.6　不同晶型 HNIW 混合体系的 XRD 拟合计算结果（续）
（c）α 晶型与 ε 晶型混合的 HNIW

该方法基于 Rietveld 精修原理，无须标样，在计算时需要先获得待分析样品的晶体结构参数，对全谱进行拟合能够保证计算的便捷和准确度。因此该方法较常规数据分析方法具有明显的优势，可为其他多晶型炸药的晶型定量分析提供参考，并为复合体系 ε-HNIW 晶变规律及 HNIW 晶变动力学的研究提供晶型定量计算。

4.3　HNIW 自晶变及机理

4.3.1　ε/β/α 三种晶型 HNIW 基本性能

采用重结晶法，通过调节结晶温度、反溶剂种类、滴加速率等重结晶工艺参数，制备出 ε/β/α 三种晶型的 HNIW，并对三种 HNIW 晶体的表观形貌、晶体密度、晶型纯度、机械感度等进行表征。

1. 表观形貌

图 4.7 为三种 ε/β/α 三种晶型 HNIW 的扫描电镜图，显示 ε-HNIW 晶体呈方块状，晶体表面较为光滑，颗粒较大、粒度比较均一；β-HNIW 晶体为细长针状或片状晶体，针状晶体长短轴比较大、片状晶体粒度较小，表面形貌不规则；α-HNIW 晶体为块状或柱状、表面无规则的细小晶体。

图 4.7 三种晶型 HNIW 的 SEM 图
（a）ε-HNIW；（b）β-HNIW；（c）α-HNIW

2. 晶体密度

采用密度梯度法对三种 HNIW 晶体的密度进行测试。其原理是在玻璃管中配制出上轻下重且具有连续分布的密度梯度溴化锌液柱，密度梯度管装置示意图如图 4.8 所示。

将不同密度的标准浮子放置到玻璃管中静置悬浮，根据各浮子所处的高度可以得到液柱密度与液体高度的关系曲线。如图 4.9 所示，5 个标准浮子所处的高度和各自的密度之间呈线性关系，线性拟合值 $R = 0.99993$。

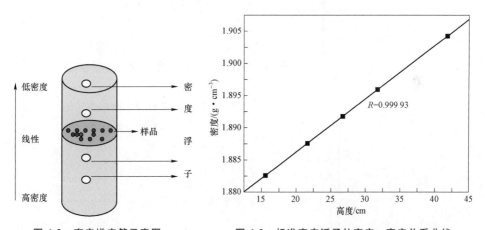

图 4.8 密度梯度管示意图   图 4.9 标准密度浮子的密度-高度关系曲线

在晶体密度测定中，标准浮子成为非常重要的量值传递介质。其密度值的准确度直接影响着密度梯度管法的测量准确度，密度梯度管法的精度可准确至 4×10^{-4} g/cm。

HNIW 晶体在梯度管内悬浮平衡后，根据该晶体在液体中所处的高度可以得到该晶体的密度。表 4.3 所示为利用密度梯度管法对不同品质 HNIW 晶体的密度测试结果。

表 4.3 三种晶体表观密度检测结果

晶体颗粒	测试结果/(g·cm^{-3})
ε–HNIW	2.038 7
β–HNIW	1.977 9
α–HNIW	1.958 3

3. 晶型表征

采用 X 射线粉末衍射(XRD)方法进行ε/β/α三种晶型 HNIW 晶体晶型表征。图 4.10 为四种晶型 HNIW 晶体的标准谱图，图 4.11 为ε/β/α三种晶型 HNIW 晶体 XRD 谱图。

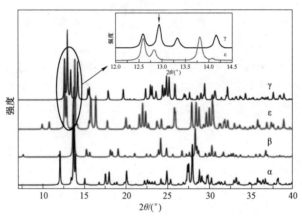

图 4.10 ε/β/α三种晶型 HNIW 晶体的标准谱图

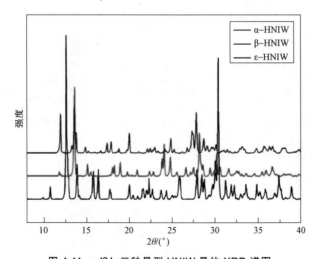

图 4.11 ε/β/α三种晶型 HNIW 晶体 XRD 谱图

经过与标准图谱对比，ε/β/α三种晶型HNIW晶体的XRD上的特征峰与标准谱图一致。在12°～14°的衍射角2θ之间，四种晶型的XRD谱图有着显著区别。ε-HNIW在2θ为12.8°和13.8°处有两个显著的特征峰，γ-HNIW在2θ为12.9°、13.3°和14.2°处有三处显著的特征峰，在2θ角为13°左右出现β-HNIW和α-HNIW的特征峰。

4. 机械感度

依据GJB772A—97炸药试验方法，分别采用特性落高法和爆炸概率法分别对ε/β/α三种晶型HNIW晶体进行了表征，实验装置如图4.12所示，机械感度测试结果如表4.4所示。

(a)　　　　　　　　　　　　(b)

图4.12　撞击感度和摩擦感度测试仪

表4.4　三种晶型HNIW晶体机械感度

晶体颗粒	撞击感度 H_{50}/cm（2 kg 落锤）	摩擦感度/爆炸概率/%（80°摆角，2.45 MPa）
ε-HNIW	42	28
β-HNIW	24	48
α-HNIW	20	60

从表4.4中可以得出ε-HNIW晶体的摩擦感度最低，α-HNIW晶体的摩擦感度最高，β-HNIW晶体的摩擦感度居中。HNIW晶型不是影响炸药机械感度的唯一因素，如晶体粒径大小、粒径分布及晶体形貌都是晶体颗粒的机械感度

的重要影响因素。综合评价三种晶型的机械感度，ε-HNIW 相对最低。

4.3.2　ε/β/α 三种晶型 HNIW 热稳定性

热稳定性是含能材料非常重要的性能之一，热分析能够快捷、方便、有效地表征含能材料的热性能。如图 4.13 所示为热分析测试仪器装置图。对于多晶型物质 HNIW，在热刺激作用下有可能发生熔融、升华、晶型转变直至热分解。设定升温速率为 5 K/min，升温区间为室温至 350 ℃，依次对 ε/β/α 三种 HNIW 晶体进行了 DSC 表征。

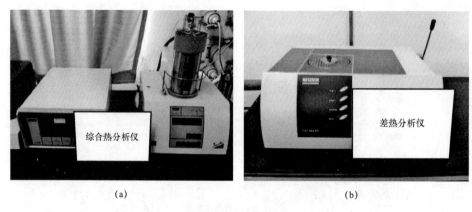

图 4.13　热分析仪器

图 4.14 为三种晶型 HNIW 热分析曲线。随着温度升高，三种晶型 HNIW 曲线均出现两个峰值：第一处为 ε/β/α 三种 HNIW 晶体转变为 γ-HNIW 晶体的相

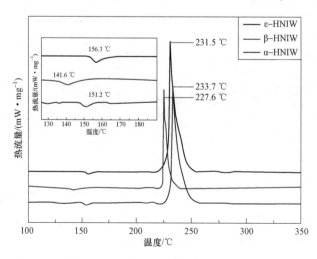

图 4.14　三种晶型 HNIW 热分析曲线

变吸热峰，第二处为ε/β/α三种 HNIW 晶体受热发生热分解的分解峰。在ε/β/α三种 HNIW 晶体的 DSC 曲线上并没有发现融化吸热峰，熔点测试表明，HNIW 无明显熔点存在，在升温熔化之前，HNIW 就已经开始升华或分解。ε/β/α三种 HNIW 晶体的相变吸热峰的峰值温度依次为 156.3 ℃、141.6 ℃、151.2 ℃，可初步得出三种 HNIW 晶体在热刺激作用下相变稳定性：ε–HNIW＞α–HNIW＞β–HNIW。温度升高至 230 ℃左右时，三种 HNIW 晶体开始分解，分解峰峰值温度依次为 231.5 ℃、227.6 ℃、233.7 ℃，三种 HNIW 晶体在热刺激作用下热稳定性：α–HNIW＞ε–HNIW＞β–HNIW。

4.3.3　ε/β/α三种晶型 HNIW 自晶变规律

采用原位变温 XRD 表征ε/β/α三种 HNIW 晶型转变特征参数，研究ε/β/α三种晶型 HNIW 的自晶变规律。图 4.15 所示为德国 Bruker D8 Advanced，Cu Kα 射线为衍射源（$\lambda = 1.541\,80$ Å），采用万特探测器，不使用单色器，光管条件为 40 kV/40 mA，扫描范围 5°～50°，步长 0.02°/0.1 s。升温测试程序：以 0.1 ℃/s 的升温速率将样品从 30 ℃加热到 190 ℃，分别在 30 ℃、50 ℃、70 ℃、90 ℃、110 ℃扫描一次，在 120～190 ℃每 5 ℃扫描一次，每次扫描前保温 2 min；再以 0.5 ℃/s 的速率降温，在温度降到 30 ℃时扫描一次，扫描前保温 10 min。

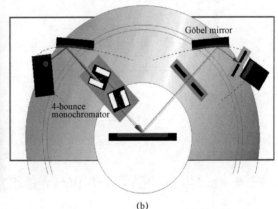

(a)　　　　　　　　　　　　　(b)

图 4.15　X 射线粉末衍射仪

图 4.16 显示了ε/β/α三种 HNIW 晶体在不同温度下 XRD 谱图数据，由 XRD 谱图可知，在室温（30 ℃）条件下，ε/β/α三种 HNIW 晶体均能稳定存在，并未发生晶变。随着实验程序温度的升高，ε/β/α三种 HNIW 晶体的特征峰逐渐减弱，在 2θ 为 13.5°左右处慢慢出现γ–HNIW 的特征峰，ε/β/α三种 HNIW 晶体的晶变温度依次为 140 ℃、125 ℃、135 ℃，ε/β/α三种 HNIW 晶体完全转变

为 γ–HNIW 的温度依次为 190 ℃、160 ℃、185 ℃。另外，当程序温度由 190 ℃ 逐渐降到 30 ℃时，降温前后的 XRD 谱图基本一致，表明热刺激引起的晶型转变是不可逆的。ε/β/α 三种 HNIW 晶体在热刺激下稳定性 ε–HNIW 最好，α–HNIW 次之，β–HNIW 最差。

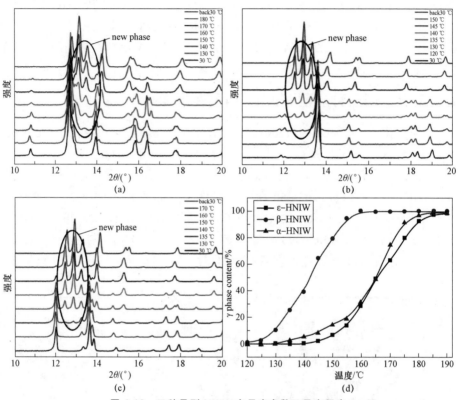

图 4.16 三种晶型 HNIW 自晶变参数及晶变程度
（a）ε–HNIW；（b）β–HNIW；（c）α–HNIW；（d）晶变程度拟合图

4.3.4 ε/β/α 三种晶型 HNIW 晶变动力学研究

采用原位 XRD 技术，进行特定温度条件下 ε/β/α 三种 HNIW 晶型转变实验，研究 ε/β/α 三种晶型 HNIW 的等温晶变动力学，并依据获得的动力学参数解释 ε/β/α 三种 HNIW 固–固晶变机理。

设定实验程序分别测试 ε/β/α 三种 HNIW 晶体依次在 145 ℃、150 ℃、155 ℃ 和 160 ℃ 恒温条件下晶型转变参数，当温度升至设定值时计时开始，时间持续 300 min，在 0~30 min 区间内，每隔 5 min 对待测样品进行 XRD 扫描一次；在 30~150 min 区间内，每隔 20 min 对待测样品进行 XRD 扫描一次，在 150~

300 min 区间内,每隔 50 min 对待测样品进行 XRD 扫描一次。获得ε/β/α三种 HNIW 在不同时间下的转变 XRD 数据,采用 Rietveld 精修方法计算不同时间点 γ-HNIW 的含量,获得ε/β/α三种 HNIW 在不同时间下晶型转变程度,如图 4.17 所示。

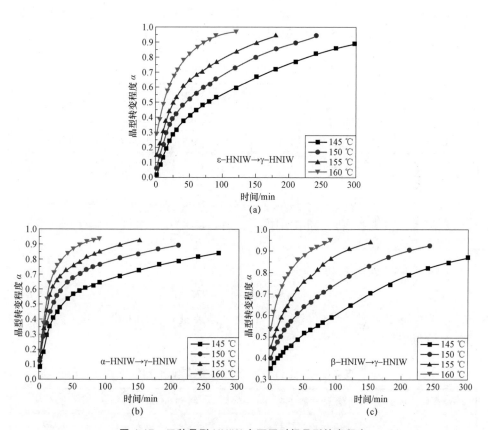

图 4.17　三种晶型 HNIW 在不同时间晶型转变程度

从图 4.17 分析可得,在高于ε/β/α三种 HNIW 晶体晶变起始温度的条件下,随着时间的增加,γ-HNIW 逐渐增多。温度越高,晶型转变速率越快。通过在分析不同实验温度条件下晶型转变过程可以得出,晶体所处的环境温度是影响晶型转变的主导因素。

HNIW 晶体的晶型转变过程可以用 Avrami 方程[10]进行描述,即

$$\alpha = 1 - e^{-k(T)t^n} \quad (4.3)$$

对公式两边取对数得到

$$\ln\{\ln[1/(1-\alpha)]\} = \ln k(T) + n \ln t \quad (4.4)$$

式中：α为t时刻ε→γ的晶变分数，即晶型转变程度；T为晶型转变实验温度（℃）；t为温度为T时达到转变程度α时所需的时间（min）；$k(T)$为温度T时晶变速率常数；n与晶型转变的成核长大机制相关，对晶型转变温度不敏感。

通过将ε/β/α三种HNIW晶体在不同时间的晶型转变程度（α）代入式（4.4），进行拟合计算，得出ε/β/α三种HNIW晶体在不同温度下的速率常数$k(T)$，如表4.5所示。三种HNIW晶型转变表观活化能如表4.6所示。

表4.5 三种HNIW晶型转变速率常数

速率常数$k(T)$	145 ℃	R	150 ℃	R	155 ℃	R	160 ℃	R
ε→γ	0.347 8	0.986	0.487 6	0.995	0.664 3	0.985	0.924 7	0.992
β→γ	0.383 7	0.976	0.523 4	0.992	0.692 8	0.964	0.974 1	0.991
α→γ	0.369 5	0.990	0.510 3	0.987	0.671 4	0.984	0.945 6	0.982

基于不同温度下的反应速率常数，根据Arrhenius方程可以得HNIW的晶型转变的表观活化能（E_a）和指前因子（$\ln A$），即

$$k = Ae^{-E_a/RT} \quad (4.5)$$

对式（4.5）两边取对数得到

$$\ln k = \ln A - E_a / RT \quad (4.6)$$

式中：k为温度T时晶变速率常数；E_a为表观活化能（kJ/mol）；$\ln A$为指前因子；T为晶变实验温度（K）；R为气体常数。

表4.6 三种HNIW晶型转变表观活化能

晶型转变过程	表观活化能E_a/(kJ·mol^{-1})	指前因子$\ln A$	R
ε→γ	213.68	48.69	0.979
β→γ	194.37	59.41	0.975
α→γ	205.46	50.65	0.974

4.4 HNIW复合体系晶变规律

制备HNIW基复合体系，需要加入少量添加剂改善性能，以达到武器装备对含能材料能量和安全性的要求。因此，ε-HNIW应用于混合炸药中，需要与

氧化剂、可燃剂、钝感剂及粘结剂等接触，并由于制备工艺条件、性能检测的需要，会处于温变的环境中，这些添加剂以及温变的环境条件容易导致ε-HNIW发生晶型转变。而ε-HNIW发生晶变后，晶体体积会发生膨胀并产生裂纹，裂纹、缺陷的产生使其在应用过程中极易形成"热点"，从而降低混合炸药的安全性，并影响其爆轰性能。

4.4.1 复合体系的组成和制备

1. 添加剂

本团队研究了 50 种添加剂包括：DOA（己二酸二辛酯）、NENA（含能增塑剂）、GAP（聚叠氮缩水甘油醚）、Estane5703（聚氨基甲酸乙酯弹性纤维）、F2602（氟橡胶）、RH（多种烷烃的混合物）、TPB（三苯基铋）、石蜡、地蜡、EVA、聚异丁烯、三元乙丙橡胶、顺丁橡胶、IPDI（异佛尔酮二异氰酸酯）、GAP-1、GAPE、BGAP、癸酸癸酯、IDP-1、IDP-4、降感 1 号、丁腈橡胶、丁基橡胶、丁苯橡胶、天然橡胶、TATB、HMX、A3 增塑剂、聚四氟乙烯、硬脂酸钙、f-AP-1、f-AP-2、纳米 Al、GAP 大分子、CuO、Fe_2O_3、硼粉、硅粉、HTPE-150、HTPE-161、卵磷脂、HTPB（端羟基聚丁二烯）、DOS（癸二酸二辛酯）、AP（高氯酸铵）、Al（铝粉）、T-12（二月桂酸二丁基锡）。

2. 样品制备

将 50 种添加剂分别与 HNIW 晶体充分混合，使添加剂连续均匀地包覆于 HNIW 表面，添加剂与 HNIW 的质量比例为 1:9。其中 DOA、NENA、GAP、RH、IPDI、GAP-1、GAP-E、BGAP、癸酸癸酯、IDP-1、IDP-4、A3 增塑剂、GAP 大分子、HTPE-150、HTPE-161、卵磷脂、HTPB、DOS、T-12 为液态，可与 HNIW 直接混合；TPB、降感 1 号、TATB、HMX、聚四氟乙烯、硬脂酸钙、f-AP-1、f-AP-2、纳米 Al、CuO、Fe_2O_3、硼粉、硅粉、AP、Al 为固态，可与 HNIW 直接混合；Estane5703、F2602、石蜡、地蜡、EVA、聚异丁烯、三元乙丙橡胶、顺丁橡胶、丁腈橡胶、丁基橡胶、丁苯橡胶、天然橡胶为高分子橡胶，需要先将其溶解于有机溶剂中，再与 HNIW 混合，蒸发除去溶剂，使ε-HNIW 晶体表面形成连续、均匀的添加剂包覆层，得到 HNIW 与添加剂的复合体系。

4.4.2 复合体系中ε-HNIW的热晶变规律

将添加剂与 HNIW 均匀混合后，不研磨直接进行原位 XRD 实验，得到不同温度下的原位 XRD 谱图，典型的复合体系晶变测试结果如图 4.18 所示。

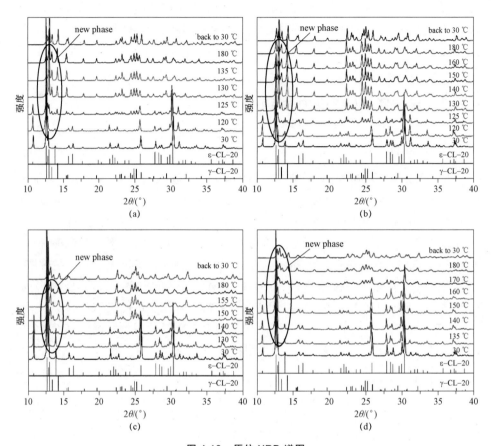

图 4.18　原位 XRD 谱图

（a）ε-HNIW/DOA；（b）ε-HNIW/PL-E；（c）ε-HNIW/GAP；
（d）ε-HNIW/氟橡胶 F2602

通过与 HNIW 标准谱图对比，添加剂与 ε-HNIW 原料混合后得到的复合体系 HNIW 室温下测试仍为 ε 晶型，说明室温下添加剂不会对 ε-HNIW 的晶型产生影响。温度升高时，ε-HNIW 开始逐渐转变为 γ 晶型。首先可以定性地判断 XRD 谱图中新峰出现的温度点，得到部分（15 种）不同复合体系 ε-HNIW 的晶型转变起始温度及完全转变的温度，结果列于表 4.7 中。

根据前面建立的 HNIW 晶型定量表征方法，利用 Topas 软件计算复合体系 ε-HNIW 在原位 XRD 升温过程中转变为 γ 晶型的含量，将各复合体系不同温度点的 γ 晶型含量作图，结果如图 4.19 所示。

表 4.7 原位 XRD 表征复合体系 ε–HNIW 的晶型转变温度

序号	复合体系	HNIW 晶变：$\varepsilon \rightarrow \gamma$		
		起始晶变温度 T_0/℃	转变 50%的温度 T_{50}/℃	完全转变温度 T_{100}/℃
1	HNIW 原料	135	164.2	180（93.14%）
2	HNIW/DOA	120	127.0	135
3	HNIW/PL–E	120	126.8	160（135 ℃>95%）
4	HNIW/GAP	130	146.0	155
5	HNIW/Estane5703	130	145.1	155
6	HNIW/F_{2602}	135	175.1	180 ℃（90.09%）
7	HNIW/PL–A	140	152.8	165
8	HNIW/TPB	140	153.0	165
9	HNIW/石蜡	140	153.2	170
10	HNIW/地蜡	140	157.2	170
11	HNIW/EVA	140	152.1	165
12	HNIW/PIB	145	165.5	180
13	HNIW/EPDM	145	156.9	175
14	HNIW/BR	150	168.4	180（79.19%）
15	HNIW/IPDI	155	169.0	180（63.31%）

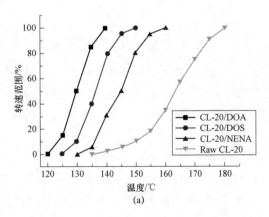

图 4.19 升温过程复合体系中 $\varepsilon \rightarrow \gamma$ 晶变率

（a）$T_{0\,复合} < T_{0\,原料}$，$T_{50\,复合} < T_{50\,原料}$

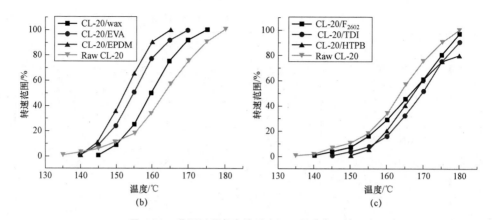

图 4.19 升温过程复合体系中 ε→γ 晶变率（续）

（b）$T_{0复合}>T_{0原料}$，$T_{50复合}<T_{50原料}$；（c）$T_{0复合}>T_{0原料}$，$T_{50复合}>T_{50原料}$

由图 4.19 可以看出，根据 HNIW 在不同复合体系中 ε→γ 晶变的起始温度（T_0）、转变 50% 的温度（T_{50}）和完全转变时的温度（T_{100}）的不同，可以将添加剂分为三类（图 4.20）。

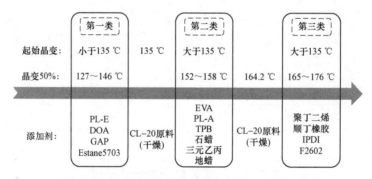

图 4.20 根据复合体系晶变温度得到的添加剂分类

第一类添加剂包括 DOA、DOS、NENA，此类添加剂促使原料 HNIW 晶变起始的温度和晶变 50% 的温度都提前（$T_{0复合}<T_{0原料}$，$T_{50复合}<T_{50原料}$），并且在加热到 180 ℃ 之前就已完全转变为 γ-HNIW，说明此类添加剂能够明显的促进 ε-HNIW 的晶变。

第二类和第三类添加剂均使得原料 HNIW 晶变的起始温度推迟（$T_{0复合}>T_{0原料}$），据此可初步判断，这两类添加剂对 ε-HNIW 的晶变均有一定的抑制作用。不同的是第二类添加剂促使晶变 50% 的温度提前（$T_{50复合}<T_{50原料}$）并且在加热到 180 ℃ 时复合体系中 ε-HNIW 之前就已完全转变为 γ-HNIW，包括石蜡、EVA、EPDM。第三类添加剂使得晶变 50% 的温度推迟（$T_{50复合}>T_{50原料}$）

并且在加热到 180 ℃时复合体系中ε–HNIW 并未完全转变为γ–HNIW，包括 F2602、TDI、HTPB。

从以上结果可以看出，第一类添加剂能够明显的促使ε–HNIW 的晶变，第二、三类添加剂对ε–HNIW 的起始晶变有一定的抑制作用，但当ε→γ晶变开始后，第二类添加剂能够加速ε–HNIW 的继续转变，使得ε–HNIW 在 180 ℃之前就已完全转变为γ晶型。第三类添加剂始终对ε–HNIW 的晶变起抑制作用。

4.4.3 DSC 表征不同复合体系ε–HNIW 的晶变行为

采用 DSC 表征不同复合体系ε–HNIW 在热刺激作用下的热性能，探索不同添加剂对ε晶型转变的影响。图 4.21 所示为部分（15 种）不同复合体系中ε–HNIW 的 DSC 曲线（升温速率 10 ℃/min、温度范围 90~200 ℃）。从图中可以看出，复合体系ε–HNIW 在 140~170 ℃存在明显的吸热峰，根据 HNIW 的特性可以判断，该峰为ε→γ晶型转变峰。

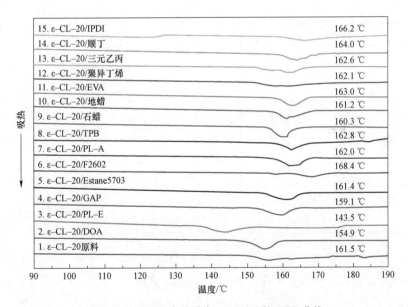

图 4.21 不同复合体系中ε–HNIW 的 DSC 曲线

从图 4.21 可以看出，DOA、PL–E、GAP、Estane5703 与ε–HNIW 形成的复合体系晶型转变温度较原料有所降低，说明该类添加剂能够促使ε–HNIW 的晶型转变，其中 DOA 和 PL–E 最为明显。其余复合体系ε–HNIW 的晶型转变温度略有升高，依此判断，这些添加剂能够在一定程度上抑制 HNIW 的晶型转变，该结果与原位 XRD 测试一致。其余添加剂与ε–HNIW 组成的复合体系 DSC

吸热峰温值在 160 ℃以上，与原料相比均有一定的升高，部分复合体系的峰温值与原料接近，如石蜡、地蜡、TPB、PL－A、三元乙丙、Estane5703。

表 4.8 为复合体系 ε－HNIW 的热性能数据，表中分别列出了 HNIW 的晶型转变温度起始点、峰温值，可为复合体系 ε－HNIW 的晶型转变动力学研究奠定基础。

表 4.8 不同复合体系中 ε－HNIW 的热性能数据

序号	复合体系	起始温度/℃	峰值温度/℃
1	HNIW 原料	151.8	161.5
2	HNIW/DOA	150.0	154.9
3	HNIW/PL－E	137.5	143.5
4	HNIW/GAP	153.5	159.1
5	HNIW/Estane5703	155.2	161.4
6	HNIW/氟橡胶 F_{2602}	163.6	168.4
7	HNIW/PL－A	158.2	162.0
8	HNIW/TPB	157.5	162.8
9	HNIW/石蜡	156.1	160.3
10	HNIW/地蜡	158.0	161.2
11	HNIW/EVA	158.3	163.0
12	HNIW/聚异丁烯	152.2	162.1
13	HNIW/三元乙丙	157.0	162.6
14	HNIW/顺丁橡胶	158.3	164.0
15	HNIW/IPDI	160.5	166.2

将 DSC 测试数据（峰温值）与原位 XRD 表征结果（转化 50%时的温度）对比，得到的添加剂对 ε－HNIW 晶变的影响规律基本一致。但由于两种方法的升温速率不同，并且利用原位 XRD 进行扫描时有 5 min 左右的恒温时间，因此，两种方法得到的晶变温度值会有一定的差别。

4.4.4 复合体系中 ε－HNIW 的晶变动力学

为了研究不同添加剂对 HNIW 晶变动力学的影响，将添加剂与原料 HNIW 混合均匀，分别在 158 ℃、160 ℃、163 ℃和 165 ℃恒温条件下采用 XRD 对复合样品进行扫描，得到不同时间下 ε→γ 的晶变率，并根据 Avrami 和 Arrhenius

方程计算得到 HNIW 晶体在不同复合体系中晶变过程的动力学参数，结果如表 4.9 所示。

表 4.9 HNIW 在不同复合体系中晶变的动力学参数

组分		$E_a/(\text{kJ} \cdot \text{mol}^{-1})$	$\ln A$
单质 HNIW		209.97	57.47
第一类添加剂	HNIW/DOA	170.54	51.32
	HNIW/DOS	183.43	51.58
	HNIW/NENA	189.94	54.83
第二类添加剂	HNIW/Wax	230.54	58.42
	HNIW/EVA	219.38	59.58
	HNIW/EPDM	220.64	58.92
第三类添加剂	HNIW/F_{2602}	213.18	54.73
	HNIW/TDI	218.72	54.14
	HNIW/HTPB	231.63	53.21

由表 4.9 可以看出，ε–HNIW 在第一类添加剂中晶变过程的表观活化能均降低了，说明第一类添加剂降低了ε–HNIW 晶变过程的能垒，使ε→γ的晶变更容易发生。ε–HNIW 在第二类和第三类添加剂中晶变过程的表观活化能均增大了，说明第二类和第三类添加剂提高了ε–HNIW 晶变过程的能垒，阻碍了ε→γ晶变的发生。不同的是ε–HNIW 在第二类添加剂中晶变过程的指前因子增大了，当ε→γ晶变开始后，第二类添加剂能够加速ε–HNIW 的继续转变；而ε–HNIW 在第三类添加剂中晶变过程的指前因子降低了，当ε→γ晶变开始后，第三类添加剂能够降低ε–HNIW 的晶变速率，整个受热过程中始终对ε–HNIW 的晶变起抑制作用。

复合体系中ε–HNIW 的晶变动力学研究解释了添加剂对单质ε–HNIW 晶变规律的影响，而且分析结果与ε–HNIW 在复合体系中的晶变规律一致。

4.5 HNIW 固–固 γ 晶变抑制及机理

HNIW 固–固晶型转变的本质是多晶型晶体向更低自由能晶型晶体转变的过程。不同晶型 HNIW 的热力学稳定性顺序与温度有关，越稳定的晶型其自由能越低。γ与ε晶体存在晶型互变临界温度，高于该温度时γ为稳定晶型，因此当ε–HNIW加热到临界温度时就会有向γ晶型转变的趋势。

从晶体的成核和生长机理分析，由于晶体缺陷处的晶格和分子不是按周期有序排列的，存在部分无序的状态，会使此处晶体的能量偏高，有较大的表面能，在外界刺激下（如受热时）就能够首先发生分子结构重排，并重新进行位置排列，进而聚集形成新的晶核，随着热量不断传输，ε晶体不断转变为γ晶体。而添加剂与HNIW晶体混合作用时，会影响缺陷处的表面能，降低或升高晶型转变活化能垒，从而影响晶型转变行为。因此，添加剂对ε–HNIW在热刺激作用下的晶型转变影响过程属于动力学控制过程。

晶体的固–固相变机理较为复杂，对于宏观尺度材料，一般情况下，认为固–固相晶变经历了三个过程[11-12]：分子结构重排、晶格转变、位移。与溶液中结晶时发生的晶变不同，固相中的晶变没有溶剂作为媒介，只能在固态母相中进行成核和晶体生长，需要克服更高的晶变活化能垒，因此固–固相晶变一般需要在较高温度或压力下进行。

图4.22所示为ε–HNIW原料晶型转变前后的形貌变化。在原位XRD测试后，ε–HNIW转变为γ晶型，ε与γ晶型均属于单斜晶系并具有相同的空间群结构（P_{2_1}/n），在发生晶型转变时，由于笼型结构上硝基的取向发生了变化，使得晶胞参数改变，晶体体积有一定程度的膨胀。宏观上表现为γ晶体的密度（$1.916\ g/cm^3$）比ε晶体小（$2.044\ g/cm^3$），从而导致晶体表面出现较大的裂纹。

图4.22　原位XRD测试前后ε–HNIW的形貌
（a）原料ε–HNIW；（b）测试后ε–HNIW

固-固 γ 晶变机理分析

晶体的固-固相变机理比较复杂,对于宏观尺度材料,认为固-固相变经历三个阶段,即分子结构重排和晶格原子排列转变、位移,第一阶段为一级相变,后两阶段为二级相变。固-固相变只能在固态母相中进行成核和晶体生长,需要克服更高的晶变活化能垒,因此固-固相变一般需要在高温或高压下进行。

从晶体的成核和生长机理分析,由于晶体缺陷处的晶格和分子不是按周期有序排列的,部分晶格原子排列转变,致使此处晶体的能量偏高,在外界热刺激下发生分子结构重排,并重新进行位置排列,进而聚集形成新的晶核,随着热刺激的持续进行,ε 晶型不断地转变为 γ 晶型。添加剂与 ε-HNIW 晶体接触,会影响晶体缺陷处的表面能,降低或提高晶型转变活化能垒,从而影响晶型转变行为。复合体系中 ε-HNIW 晶变规律研究结果表明,硬脂酸钙、Estane5703 能明显的促使 ε→γ 晶型转变,可能是极性与晶体缺陷处的 HNIW 分子作用,降低了晶变的活化能垒,使得该晶变更容易发生。因此,添加剂对 ε-HNIW 在热刺激作用下的晶变影响过程属于动力学控制过程。

本课题组针对 HNIW 晶变机理,进行了多巴胺聚合物对 HNIW 晶变抑制作用研究。采用原位自聚合包覆技术,系统开展四种多巴胺聚合物对 HNIW 晶变规律及抑制作用机理研究。四种聚合物对 HNIW 晶体在热刺激作用下的晶型转变具有显著的抑制作用,最小用量大于 0.5% 即可,其中 PDA 对 ε-HNIW 晶变抑制效果最显著,晶变温度提高约 35 ℃,综合抑制效果依次为:PDA>聚 6-羟基多巴胺(POHDA)>1-(3,4-二羟苯基)-2-氨基乙醇聚合物(PNE)>聚左旋多巴胺(PLD);抑制作用下三种 HNIW 晶体的晶变活化能提高约 50%,多巴胺聚合物与 HNIW 晶体表面较强的界面作用,极大提高了固-固晶变所需跨过的活化能能垒;HNIW 晶体表面致密且稳定的包覆层,显著降低了 ε-HNIW 晶体在常用增塑剂中溶解度,对 ε-HNIW 晶体溶解诱导晶变产生显著的抑制作用。关于多巴胺自聚合对 HNIW 进行表面改性的详细工作在本书熔铸炸药中进行阐述。

参 考 文 献

[1] T P Russell, P J Miller, G J Piermarini, et al. High-pressure Phase Transition in γ-Hexanitrohexaazaisowurtzitane[J]. The Journal of Physical Chemistry, 1992, 96 (13): 5509-5512.

[2] Bazaki H, Kawabe S, Miya H. Synthesis and sensitivity of haxanitrohexaazaisowurtzitane (HNIW) [J]. Propellants, Explosives, Pyrotechnics, 1998, 23 (6): 333-336.

[3] Bernstein J. Polymorphism in Molecular Crystals [M]. Oxford University Press, 2008.

[4] 薛超, 孙杰, 宋功保, 等. 基于 Rietveld 无标样定量研究 HMX 的 $\beta \rightarrow \delta$ 等温相变动力学 [J]. 爆炸与冲击, 2010, 30 (2): 113-118.

[5] 马礼敦. X 射线粉末衍射的新起点—Rietveld 全谱拟合 [J]. 物理学进展, 1996, 16 (2): 251-265.

[6] 何崇智, 张志军, 李艳萍. 多相全谱拟合无标样定量相分析 [J]. 物理测试, 2011, S1: 170-174.

[7] Li J, Brill, T B. Kinetics of Solid Polymorphic Phase Transitions of CL-20 [J]. Propellants, Explosives, Pyrotechnics, 2007, 32 (4): 326-330.

[8] Yang R, An H, Tan H. Combustion and thermal decomposition of HNIW and HTPB/HNIW propellants with additives [M]. Elsevier Inc, 2003, 135 (4):

[9] Jiao-Qiang Z, Hong-Xu, G, Tie-Zheng, J, et al. Non-isothermal decomposition kinetics, heat capacity and thermal safety of 37.2/44/16/2.2/0.2/0.4-GAP/CL-20/Al/N-100/PCA/auxiliaries mixture [J]. Pubmed, 2011, 193.

第 5 章

HNIW 炸药降感技术

感度是指炸药在外界能量作用下发生爆炸的难易程度，是炸药能否实用的关键性能之一，是炸药安全性和作用可靠性的标度。为了提高炸药在生产、运输、贮存及使用过程中的安全性，往往需要对炸药进行不同方式的处理降低其感度。目前普遍使用的炸药降感方法主要有晶型优化、细化、共晶、包覆等方法，本章对几种常见的 HNIW 降感技术进行了介绍。

5.1 炸药感度

炸药种类繁多，它们的物理、化学性质，如聚集状态、表面状况、熔点、硬度、导热性和晶体外形等，均可影响炸药的感度。另外，测试方法和条件也与感度测定结果有关。为了使炸药感度的测试结果具有实用性，能对各种炸药的感度进行评定和比较，各国都制定了一些感度的测试标准，其中有些在国际上已得到公认。

5.1.1 影响炸药感度的因素

研究影响炸药感度的因素应该从两个方面考虑：一方面是炸药自身的结构和物理化学性质的影响；另一方面是炸药的物理状态和装药条件的影响。通过对炸药感度的影响因素的研究，掌握其规律性，有助于预测炸药的感度，并根据这些影响因素人为地控制和改善炸药的感度。

1. 炸药的结构和物理化学性质对感度的影响

1）原子团的影响

炸药发生爆炸的根本原因是原子间化学键的断裂，因此原子团的稳定性和数量对炸药感度影响很大；此外，不稳定原子团的性质及其所处的位置也影响炸药的感度。

由于氯酸盐或酯（—$OClO_2$）和高氯酸盐或酯（—$OClO_3$）比硝酸酯（—$CONO_2$）的稳定性低，而硝酸酯比硝基化合物（—NO_2）的稳定性低。因此，氯酸盐或酯比硝酸酯的感度大，硝酸酯比硝基化合物的感度大，硝胺类化合物的感度则介于硝酸酯和硝基化合物之间。

同一类化合物中随着不稳定爆炸基团数目的增多则各种感度都增大，如三硝基苯的感度大于二硝基苯。

不稳定爆炸基团在化合物中所处的位置对其感度影响也很大，如太安有4个爆炸性基团–$CONO_2$，而硝化甘油中只有3个爆炸性基团。但是，由于太安中的4个–$CONO_2$基团是对称分布的，导致太安的热感度和机械感度都小于硝化甘油。

对于芳香族硝基衍生物，其撞击感度首先取决于苯环上取代基的数目，若取代基数目增加，则撞击感度增加，相对而言取代基的种类和位置影响较小。此外，如果炸药分子中具有带电性基团则对感度也有影响，带正电性的取代基感度大，带负电的取代基感度小。

2）炸药的生成热对感度的影响

炸药的生成热取决于炸药分子的键能，键能小，生成热也小，其生成热小的炸药感度大。如起爆药是吸热化合物，它的生成热较小，是负值；而猛炸药多是放热化合物，生成热较大，是正值，因此一般情况下起爆药的感度高于猛炸药。

3）炸药的爆热对感度的影响

爆热大的炸药感度高。这是因为爆热大的炸药只需要较少分子分解，其所释放的能量就可以维持爆轰的继续传播。因此，如果炸药的活化能大致相同，则爆热大的有利于热点的形成，爆轰感度和机械感度都相应增大。

4）炸药活化能对感度的影响

炸药的活化能大则能栅高，跨过这个能栅所需要的能量也就大，炸药的感度就小；反之，活化能小，感度就大。但是，由于活化能受外界条件的影响很大，所以并不是所有的炸药都严格遵守这个规律。

5）炸药的比热容和热导率对感度的影响

炸药的比热容大，则炸药从热点温度升高到爆发点所需的能量就多，因此感度就小。炸药的热导率高，就容易把热量传递给周围的介质，从而使热量损失大，不利于热量的积累，炸药升至一定温度所需要的热量更多，所以，热导率高的炸药热感度低。

6）炸药的挥发性对感度的影响

挥发性大的炸药在加热时容易变成蒸汽，由于蒸汽的密度低，分解的自加速速度小，在相同的爆发点和相同的加热条件下要达到爆发点所需要的能量较多。因此，挥发性大的炸药热感度一般较小，这也是易挥发性炸药比难挥发性炸药发火困难的原因之一。

2. 炸药的物理状态和装药条件对感度的影响

炸药的物理状态和装药条件对感度的影响主要表现在：① 炸药的温度；② 炸药的物理状态；③ 炸药的晶型；④ 炸药的颗粒度；⑤ 装药密度；⑥ 附加物。通过对这些影响因素的深入研究可以掌握改善炸药各种感度的方法。

1）炸药温度的影响

温度能够全面地影响炸药的感度，随着温度的升高，炸药的各种感度都相应地增加。这是因为炸药初温升高，其活化能降低，使原子键破裂所需要的外界能量减小，发生爆炸反应容易，因此温度的变化对炸药的感度影响较大。

2）炸药物理状态的影响

通常情况下炸药由固态转变为液态时，感度将增加。主要是因为固体炸药在较高的温度下熔化为液态，液体的分解速度比固体的分解速度大得多，同时，炸药从固态熔化为液态需要吸收熔化潜热，因而液体比固体拥有更高的内能。此外，由于液体炸药一般具有较大的蒸气压而易于爆燃，因此在外界能量的作用下液态炸药易于发生爆炸。

3）炸药结晶形状的影响

对于同一种炸药，不同的晶体形状其感度不同，这主要是由于晶体的形状不同，其晶格能不同，相应的离子间的静电引力也不相同。晶格能越大，化合物越稳定，破坏晶粒所需的能量越大，因而感度就越小。此外，由于结晶形状不同，晶体的棱角度也有差异，在外界作用下炸药晶粒之间的摩擦程度就不同，产生热点的概率也不同，因而感度存在着差异。

4）炸药颗粒度的影响

炸药的颗粒度主要影响炸药的爆轰感度，一般颗粒越小，炸药的爆轰感度越大。这是因为炸药的颗粒越小，比表面积越大，它所接受的爆轰产物能量越多，形成活化中心的数目就越多，也越容易引起爆炸反应。此外，比表面积越大，反应速度越快，越有利于爆轰的扩展。

5）装药密度的影响

装药密度主要影响起爆感度和火焰感度。一般情况下，随着装药密度的增加，炸药的起爆感度和火焰感度都会降低，这是因为装药密度增加，结构密实，炸药表面的孔隙率减小，就不容易吸收能量，也不利于热点的形成和火焰的传播，已生成的高温燃烧产物也难以深入到炸药的内部。如果装药密度过大，炸药在受到一定的外界作用时会发生"压死"现象，并出现拒爆，即炸药失去被引爆的能力，因此，在装药过程中要考虑适当的装药密度。

6）附加物的影响

在炸药中掺入附加物可以显著地影响炸药的机械感度，附加物对炸药机械感度的影响主要取决于附加物的性质，即硬度、熔点、含量及粒度等。

5.1.2 炸药的降感

根据热点爆炸理论，热点的形成和扩张是炸药发生爆炸的必要条件，炸药的降感主要是设法阻止热点的形成和扩张。炸药降感的方法主要有以下几种：

（1）降低炸药的熔点。这种方法主要是加入熔点较低的某种炸药并配成混合炸药以得到低熔点共熔物。通过对大量起爆药及猛炸药的熔点和爆发点进行比较和研究，发现炸药的熔点和爆发点值相差越大，则机械感度越小，一般降低炸药的熔点能够降低其机械感度，这种方法可以从起爆机理中得到解释。

（2）降低炸药的坚固性。这种方法主要是在炸药的生产过程中，通过改变结晶工艺以及采用表面活性剂来影响炸药的坚固性。由于炸药在受到机械作用时会产生变形，在变形过程中炸药内部所达到的压力与炸药的坚固性有很大的关系，如果炸药的晶体存在着某些缺陷，则很容易被破坏而不易形成很大的应力，因此，降低炸药的坚固性能够降低它的机械感度。

（3）加入少量的添加剂。这种方法主要是向炸药中加入少量具有良好降感性能的物质，如石蜡、地蜡、氟橡胶等。由于这些物质可以在炸药晶体表面形成一层薄膜，可以减少各粒子相对运动时的摩擦，并使应力在装药中均匀分布，这样产生热点的概率受到很大的限制。

5.2 HNIW 添加剂降感

5.2.1 添加剂降感机理

研究者根据热点产生的原因与能量传播的特点,总结出诸如吸热-填充、绝热、稀释-润滑、吸热-隔热、化学钝感等降感机理[1,2]。钝感剂添加到含能材料中能够使其感度降低,它或减少、阻碍热点产生,或阻止热点传播,或改变反应路径。

目前,含能材料中主要使用的钝感剂有高聚物、蜡、硬脂酸、硬脂酸盐、石墨等,它们因为其特殊的物理化学性质对含能材料具有一定的降感效果[3-4]。

1. 高聚物的降感机理

高聚物包覆含能材料晶体,在其表面形成包覆层,由于高聚物具有一定的弹性,当受到外界机械作用时,含能材料自身受到的外界作用力由于包覆层的缓冲和形变吸能的作用而大大减小,从而不利于热点的产生[5]。

2. 蜡类物质的降感机理

蜡类钝感剂的降感机理是由于它起到吸热和隔热作用,能够降低热点产生和传播的概率。蜡类物质具有低熔点、高比热容、低热导率、硬度小兼具润滑作用等特点[6-7]。从动力学上看,一方面因为蜡增加了包覆后炸药晶体的润滑性,降低了撞击、摩擦对炸药晶体之间的摩擦作用[8];另一方面,在受到外力作用时,包覆层发生塑性形变,使应力分布均匀。同时,从热力学角度,较低熔点的蜡易于吸热熔化,这种作用有助于降低炸药晶体内的热积累,从而降低热点产生的概率[9];蜡的包覆层也会阻碍热量的传播,从而降低热点传播的概率[10-11]。

蜡类物质的降感机理同时可以用缓冲与润滑作用解释。蜡类物质包覆在炸药晶体表面,当受到机械作用时,这些物质很容易填充在炸药晶体之间,它们不但起到吸热和隔热的作用,而且可以减少炸药晶体之间的气泡,从而减少热点的产生,降低爆炸概率。此外,在外力的作用下,这些填充物使炸药晶体之间不能直接接触,即起到缓冲作用和润滑作用,降低了炸药晶体之间的摩擦及应力集中现象,从而减少热点产生的概率。

Copp 等很早就证实了蜡类物质可以熄灭热点，Bower 等也证明了钝感剂的吸热作用是降感的重要原因。综合考虑能量和安全性，含能材料中钝感剂的加入应适量。如果钝感剂含量太少，炸药晶体表面包覆层太薄或包覆不全，不但吸收热量少，而且易使热点持续时间大于热点传播通过钝感层的导热时间，热点容易生成和生长，降感效果不好[12]。如果钝感剂含量太多，降感效果好，但在降低炸药感度的同时，也降低了炸药能量。因此，炸药晶体表面只有包覆有效的钝感层厚度时，才能在保证能量的同时有效地降低炸药的感度。

3. 硬脂酸/硬脂酸钙的降感机理

硬脂酸熔点低且具有润滑作用，与蜡类物质的降感机理相似。此外，硬脂酸易于在炸药晶体表面形成薄膜，硬脂酸的表面活性能增加炸药颗粒的自由流动性，进而增强降感效果。硬脂酸钙因具有良好的吸热、隔热、润滑作用，作为钝感剂广泛用于炸药中[13]。

4. 石墨的降感机理

石墨在高聚物粘结炸药中应用很广泛，具有消除静电和降感的双效作用。应用于混合炸药时，可以内加到炸药配方中，同时也可以在制备成造型粉颗粒后通过光泽法黏附在造型粉颗粒表面。由于石墨具有强润滑性，可减少外力作用下炸药颗粒之间以及炸药与周围介质之间的摩擦，从而减少热点产生的概率，有效降低混合炸药的机械感度。此外，炸药颗粒表面包覆一定量的石墨，当它周围的炸药发生反应时，可起到绝热屏蔽作用，减缓未反应炸药的热分解，从而阻止热点的传播，进而阻止炸药由燃烧转变为爆炸。石墨的绝热吸热作用在机械冲击作用下对于降低感度起到了更大的作用[14]。

在含能材料降感研究中，研究人员还发现钝感剂的比热容对降感效果有较大影响。尽管不能得到钝感剂的比热容与感度之间的函数关系，但比热容大的物质，能更多吸收外界机械作用带来的能量，对降低机械感度有良好的效果。

5.2.2 添加剂的选择原则

根据降感机理研究，基于阻止热点产生和传播的思想方法，总结出了钝感剂选择的原则[15-16]。

（1）钝感剂本身具有较好的物理、化学安定性，与混合炸药中的其他组分具有良好的相容性。

（2）钝感剂在炸药受到机械作用后所产生的热点处吸收热量，降低热点处的温度，从而阻止热点的形成和生长。钝感剂的吸热作用是能够降低炸药感度的重要原因，因此应选用具有较大比热容的吸热物质。

（3）钝感剂通过阻止热点的传播，起到隔热或绝热的作用，可以使热点就地衰减或熄灭。因此应选择导热系数小的物质作为钝感剂。

（4）液体钝感剂或低熔点固体钝感剂不仅有绝热和吸热作用，而且能够填充炸药晶体之间的空隙，减少其中的气泡。由于炸药受到机械作用时，炸药晶体之间的气泡受到绝热压缩可以产生热点，因此减少炸药晶体之间的气泡就可以减少热点，从而降低炸药的机械感度。此外，它们在炸药晶体表面形成一层柔软的薄膜，当炸药受到机械作用时，这层薄膜起到润滑作用，可以减少炸药晶体之间的摩擦，从而降低热点产生的概率。因此，优选液体或低熔点的物质作为钝感剂。但是，要综合考虑液体或低熔点的钝感剂是否满足炸药的环境适应性、长贮性能等。

（5）润滑作用对于降低炸药晶体之间的摩擦有重要影响，可以防止由于摩擦引起的热应力集中而形成热点。在选择钝感剂时，应选用摩擦系数小的物质。

（6）钝感剂应当有较小的硬度和较好的塑性，以便起到缓冲和填充作用。

（7）钝感剂应当有良好的工艺性，以便同炸药混合均匀或包覆在炸药晶体上。

（8）钝感剂最好具有适宜的物理和力学性能，如提高产品的强度，改善力学性能和成型性。

（9）为了提高混合炸药的能量，钝感剂最好含有活性基团，如硝基等。

5.2.3 添加剂的选择及性能研究

根据钝感剂的选择原则，对 ε – HNIW 降感的钝感剂选择了常用的石蜡（PW）、微晶蜡（MW）、硬脂酸（SA）、硬脂酸钙（CaSt）、石墨（G）。此外，由于钝感剂的摩擦系数对于降感效果有重要影响，还选择了具有层状结构、摩擦系数较低的二硫化钼（MoS_2）、二硫化钨（WS_2）、氟化石墨烯（GF）作为钝感剂。

1. 二硫化钼

二硫化钼具有较低的摩擦系数和良好的润滑性，这与其自身的结构有密切关系。二硫化钼是一种鳞片状结晶体（图5.1），晶体结构为六方晶系的层状结构，每一晶体由很多的二硫化钼分子层组成，每一二硫化钼分子层有三个原子层，中间一层为钼原子层，上下两层为硫原子层。二硫化钼的良好润滑作用是由其晶体层状结构决定的，因为每个分子层内的硫原子与钼原子之间结合力很强，而分子层间的硫原子和硫原子之间结合力很弱，所以分子层之间产生一个低剪切力平面,当分子间受到很小的剪切力时,沿着分子层很容易断裂,产生滑移面。

二硫化钼具有很低的摩擦系数,一般为 0.03~0.09,比石墨的摩擦系数还要小。图 5.2 为二硫化钼的摩擦系数与负荷及速度的关系,二硫化钼的摩擦系数随相对滑动速度的增加而减小,速度越高,摩擦系数越小。二硫化钼的摩擦系数随负荷的增加而减少,负荷越重,摩擦系数越小。

图 5.1　二硫化钼的扫描电镜图

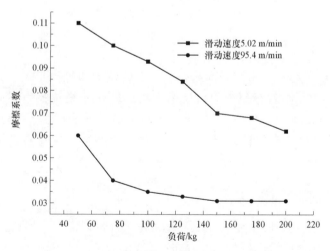

图 5.2　二硫化钼的摩擦系数与负荷及滑动速度的关系

2. 二硫化钨

二硫化钨的晶体结构与二硫化钼类似，也是六方晶系。钨原子和硫原子之间由强的化学键相连接，而层间硫原子与硫原子之间由弱的分子键相连接，层与层之间的结合力为范德华力[17]。二硫化钨的密度为 7.6 g/cm^3，洛氏硬度为 30 RC，具有极低的摩擦系数（0.03~0.05），较高的抗压和抗氧化性能。二硫化钨可与油类、脂类配成二硫化钨油剂、二硫化钨油膏、二硫化钨蜡等。二硫化钨的扫描电镜图如图 5.3 所示。

图 5.3　二硫化钨的扫描电镜图

3. 氟化石墨烯

氟化石墨烯是一种二维平面结构，其中碳原子和氟原子是以共价键的形式结合的[18-19]。作为石墨烯的新型衍生物，氟化石墨烯具有耐高温、耐腐蚀、低表面能、低摩擦系数、化学性质稳定、优良的润滑性等优点，润滑性能优于石墨和二硫化钼，具有作为钝感剂的特性。氟化石墨烯的扫描电镜图如图 5.4 所示。

4. 钝感剂的性能研究

钝感剂的密度、摩擦系数、热导率如表 5.1 所示，不同温度下的比热容如图 5.5 所示。由性能参数可知，MoS_2、WS_2 具有较高的密度、较小的摩擦系数，热导率相对蜡、硬脂酸、硬脂酸钙较大；GF 的摩擦系数和热导率都很小；G 具有较高的导热系数，比热容比 MoS_2、WS_2、GF 大，但要小于蜡、硬脂酸和硬脂酸钙；PW、MW、SA、CaSt 的比热容相对其他钝感剂很大，热导率也小。

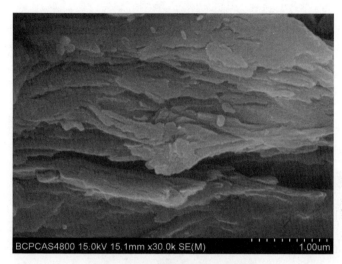

图 5.4　氟化石墨烯的扫描电镜图

表 5.1　钝感剂的性能参数

钝感剂	密度/(g·cm^{-3})	摩擦系数	热导率/(W·m^{-1}·K^{-1})
MoS$_2$	4.80	0.03～0.09	2.473
WS$_2$	7.60	0.03～0.05	2.751
GF	2.23	0.04	0.074
G	2.25	0.10	10.42
PW	0.92	0.21	0.250
MW	0.90	0.18	0.192
SA	0.84	0.11	0.160
CaSt	1.08	0.13	0.180

5.2.4　HNIW 添加剂降感研究

特质 ε-HNIW 较原料 ε-HNIW 的机械感度已经明显降低，通过高效钝感剂包覆特质 ε-HNIW 可以进一步降低其机械感度，提高其本质安全性，还可以提高混合炸药中 ε-HNIW 的含量。本书包覆用原料 ε-HNIW 为重结晶法制备得到的特质ε-HNIW。由于含能材料晶体的粒度对其机械感度有重要影响,且混合炸药中为了提高固含量会采用颗粒级配,故本书研究了钝感剂对两种粒度的特质HNIW机械感度的影响。

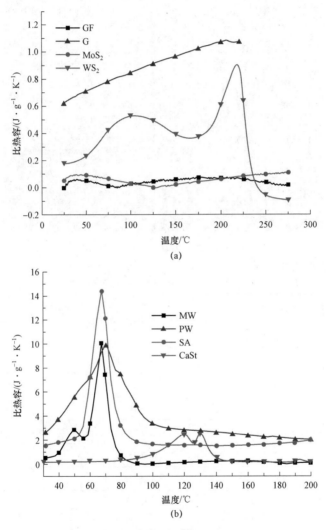

图5.5 钝感剂的比热容与温度的关系
(a) 低比热容钝感剂;(b) 高比热容钝感剂

图5.6为两种粒度的原料ε-HNIW的粒度分布图,大颗粒ε-HNIW的粒度范围是50~300 μm,中位粒径是135 μm;细颗粒ε-HNIW的粒度范围是10~50 μm,中位粒径是30 μm。

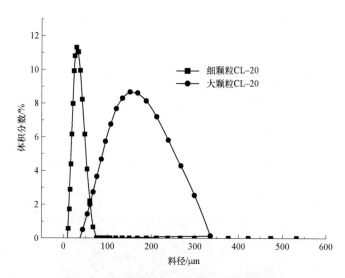

图 5.6 两种粒度的原料 HNIW 的粒度分布图

图 5.7 和图 5.8 分别是两种粒度的原料 HNIW 的 FTIR 和 XRD 谱图。FTIR 谱图表明，两种粒度的 HNIW 均具有 ε–HNIW 的特征峰，即在 740 cm^{-1} 附近有四重峰、830～820 cm^{-1} 处有一组双峰。XRD 谱图表明，两种粒度的 HNIW 与 ε–HNIW 的标准谱图一致。因此，试验研究所使用的两种粒度的原料 HNIW 晶型都是 ε 晶型。

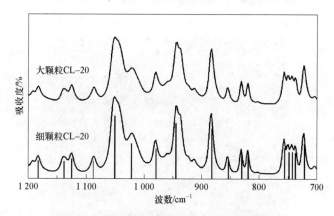

图 5.7 两种粒度的原料 HNIW 的 FTIR 谱图

如图 5.9 所示，ε–HNIW 的 SEM 图表明，晶体表面圆滑，球形度高，粒度分布较集中。

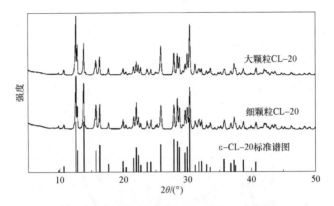

图 5.8　两种粒度的原料 HNIW 的 XRD 谱图

(a)

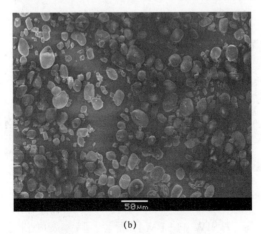

(b)

图 5.9　原料 ε-HNIW 的 SEM 图
（a）大颗粒 ε-HNIW；（b）细颗粒 ε-HNIW

1. 钝感剂对ε-HNIW热安定性的影响

MoS_2、WS_2、GF、G 为固体粉状，与ε-HNIW 直接进行物理混合。PW、MW、SA、CaSt 需要先溶解于有机溶剂中，再与ε-HNIW 混合，缓慢蒸发除去溶剂，使ε-HNIW 晶体表面形成连续、均匀的钝感剂包覆层。钝感剂和ε-HNIW 的相容性试验结果如表 5.2 所示，由试验结果可知，所有钝感剂均与ε-HNIW 有较好的相容性。

表 5.2　钝感剂与ε-HNIW 的相容性试验结果

样品	净放气量/($mL \cdot g^{-1}$)	结论
ε-HNIW/PW	0.04	相容
ε-HNIW/MW	0.06	相容
ε-HNIW/MoS_2	0.26	相容
ε-HNIW/WS_2	1.09	相容
ε-HNIW/GF	0.14	相容
ε-HNIW/G	0.21	相容
ε-HNIW/CaSt	0.14	相容
ε-HNIW/SA	0.65	相容

2. 钝感剂对ε-HNIW热行为的影响

不同钝感剂包覆大颗粒ε-HNIW 的 DSC 曲线如图 5.10 所示，热分解峰温如表 5.3 所示。由 DSC 测试结果可知，低熔点的钝感剂 SA、PW、MW、CaSt 使得ε-HNIW 的热分解峰温降低，SA 使其热分解峰温降低最明显（约 17℃），高熔点的钝感剂 MoS_2、GF、WS_2 使得ε-HNIW 的热分解峰温提高。石墨可能由于具有较高的热导率，导致ε-HNIW 的热分解峰温略微降低。

表 5.3　大颗粒ε-HNIW 及钝感剂包覆ε-HNIW 的热分解峰温

样品	热分解峰温/℃	样品	热分解峰温/℃
ε-HNIW	254.47	ε-HNIW/G	252.63
ε-HNIW/SA	239.31	ε-HNIW/MoS_2	254.71
ε-HNIW/PW	246.75	ε-HNIW/GF	256.15
ε-HNIW/MW	247.34	ε-HNIW/WS_2	256.64
ε-HNIW/CaSt	251.00		

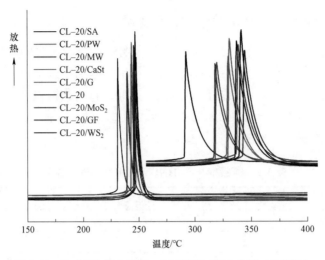

图 5.10　钝感剂包覆大颗粒 ε–HNIW 的 DSC 曲线（见彩插）

3. 钝感剂对 ε–HNIW 机械感度的影响

测试原料 ε–HNIW 和包覆后 ε–HNIW 的撞击感度测试条件为 2 kg 落锤，摩擦感度测试条件为 80°与 2.45 MPa。

1）钝感剂对细颗粒 ε–HNIW 机械感度的影响

不同比例钝感剂包覆细颗粒 ε–HNIW 的机械感度测试结果见表 5.4。由机械感度测试结果可知，MoS_2 能够明显降低细颗粒 ε–HNIW 的撞击感度，MoS_2 包覆比例为 1‰～5‰时，随着包覆比例的增加，特性落高先升高后降低；MoS_2 包覆比例为 3‰时，特性落高较原料提高了 57.0%。MoS_2 包覆比例为 1‰～5‰时，对细颗粒 ε–HNIW 的摩擦感度没有影响。

WS_2 能够明显降低细颗粒 ε–HNIW 的撞击感度，WS_2 包覆比例为 1‰～5‰时，随着包覆比例的增加，特性落高呈升高趋势；WS_2 包覆比例为 5‰时，特性落高较原料提高了 34.0%。WS_2 包覆比例为 1‰～5‰时，不能降低细颗粒 ε–HNIW 的摩擦感度。

GF 对细颗粒 ε–HNIW 的机械感度影响比较小，GF 包覆比例为 1‰～5‰时，随着包覆比例的增加，特性落高呈升高趋势，但是提高幅度比较小；GF 包覆比例为 5‰时，特性落高较原料提高了 8.2%。GF 包覆比例为 1‰～5‰时，不能降低细颗粒 ε–HNIW 的摩擦感度。

PW 对细颗粒 ε–HNIW 的摩擦感度有良好的降感效果，PW 包覆比例为 1%～3%时，随着包覆比例的增加，摩擦感度明显呈降低趋势；PW 的包覆比例为 3%时，摩擦感度降到 0%。PW 对细颗粒 ε–HNIW 的撞击感度影响较小，当包覆比例为 3%时，特性落高较原料提高 8.4%。

MW 能够明显的降低细颗粒 ε – HNIW 的摩擦感度，MW 包覆比例为 1%～3%时，随着包覆比例的增加，摩擦感度明显呈降低趋势；MW 的包覆比例为 3%时，摩擦感度可降到 0%。但是，MW 提高了细颗粒 ε – HNIW 的撞击感度，当包覆比例为 3%时，特性落高较原料降低了 19.9%。

SA 对细颗粒 ε – HNIW 的摩擦感度有较好的降感效果，SA 包覆比例为 1%～3%时，随着包覆比例的增加，摩擦感度明显呈降低趋势；SA 的包覆比例为 3%时，摩擦感度降到 8%。但是，SA 明显提高了细颗粒 ε – HNIW 的撞击感度，当包覆比例为 3%时，特性落高较原料降低了 37.3%。

CaSt 能够明显的降低细颗粒 ε – HNIW 的摩擦感度，CaSt 包覆比例为 1%～3%时，随着包覆比例的增加，摩擦感度明显呈降低趋势；CaSt 的包覆比例为 3%时，摩擦感度降到 8%。CaSt 对细颗粒 ε – HNIW 的撞击感度也有一定的降感效果，CaSt 包覆比例为 1%～3%时，随着包覆比例的增加，撞击感度呈降低趋势，当包覆比例为 3%时，特性落高较原料提高了约 10%。

G 包覆细颗粒 ε – HNIW 既能降低其撞击感度，也能降低摩擦感度，对撞击感度的降感效果不太明显。G 包覆比例为 1%～3%时，随着包覆比例的增加，机械感度呈降低趋势，包覆比例为 3%时，特性落高提高 11.2%，摩擦感度降低到 40%。

由于 MoS_2 对细颗粒 ε – HNIW 的撞击感度有较好的降感效果，PW、MW、CaSt、SA 对细颗粒 ε – HNIW 的摩擦感度有良好的降感效果，故采用 MoS_2 分别与 PW、MW、CaSt、SA 复配作为复合钝感剂。机械感度测试结果表明，MoS_2/PW 复合钝感剂对细颗粒 ε – HNIW 的撞击感度和摩擦感度均有良好的降感效果；MoS_2/MW、MoS_2/CaSt、MoS_2/SA 复合钝感剂对细颗粒 ε – HNIW 的摩擦感度降感效果较好，但是提高了其撞击感度。不同比例钝感剂包覆细颗粒 ε – HNIW 的机械感度结果如表 5.4 所示。

表 5.4 不同比例钝感剂包覆细颗粒 ε – HNIW 的机械感度结果

样品	比例	H_{50}/cm	摩擦感度/%
细颗粒 ε – HNIW		42.6	100
ε – HNIW/MoS_2	1 000/1	58.3	100
ε – HNIW/MoS_2	1 000/3	66.9	100
ε – HNIW/MoS_2	1 000/5	49.7	100
ε – HNIW/WS_2	1 000/1	50.5	100

续表

样品	比例	H_{50}/cm	摩擦感度/%
ε-HNIW/WS$_2$	1 000/3	56.2	100
ε-HNIW/WS$_2$	1 000/5	57.1	100
ε-HNIW/GF	1 000/1	42.3	100
ε-HNIW/GF	1 000/3	45.1	100
ε-HNIW/GF	1 000/5	46.1	100
ε-HNIW/PW	100/1	42.2	20
ε-HNIW/PW	100/2	45.7	4
ε-HNIW/PW	100/3	46.2	0
ε-HNIW/MW	100/1	40.3	32
HNIW/MW	100/2	36.0	4
ε-HNIW/MW	100/3	34.1	0
ε-HNIW/SA	100/1	32.7	40
ε-HNIW/SA	100/2	29.8	20
ε-HNIW/SA	100/3	26.7	8
ε-HNIW/CaSt	100/1	45.1	32
ε-HNIW/CaSt	100/2	46.3	12
ε-HNIW/CaSt	100/3	46.9	8
ε-HNIW/G	100/1	44.8	80
ε-HNIW/G	100/2	46.1	64
ε-HNIW/G	100/3	47.4	40
ε-HNIW/MoS$_2$/PW	1 000/3/20	56.2	4
ε-HNIW/MoS$_2$/MW	1 000/3/20	39.5	4
ε-HNIW/MoS$_2$/SA	1 000/3/20	25.9	48
ε-HNIW/MoS$_2$/CaSt	1 000/3/20	33.4	20

2）钝感剂对大颗粒ε-HNIW机械感度的影响

表5.5为不同比例的钝感剂包覆大颗粒ε-HNIW的机械感度测试结果。由机械感度测试结果可知，MoS$_2$既能降低大颗粒ε-HNIW的撞击感度，也能降低其摩擦感度。MoS$_2$包覆比例为1‰～5‰时，随着包覆比例的增加，特性落高呈升高趋势；MoS$_2$包覆比例为5‰时，特性落高较原料提高了26.6%。MoS$_2$包覆比例为1‰～5‰时，摩擦感度先降低后升高，包覆比例为3‰时的摩擦感度为32%。

表 5.5 不同比例钝感剂包覆大颗粒ε-HNIW 的机械感度

样品	比例	H_{50}/cm	摩擦感度/%
大颗粒ε-HNIW		35.7	100
ε-HNIW/MoS$_2$	1 000/1	41.2	44
ε-HNIW/MoS$_2$	1 000/3	43.7	32
ε-HNIW/MoS$_2$	1 000/5	45.2	40
ε-HNIW/WS$_2$	1 000/1	34.8	72
ε-HNIW/WS$_2$	1 000/3	42.4	48
ε-HNIW/WS$_2$	1 000/5	42.8	36
ε-HNIW/GF	1 000/1	35.7	64
ε-HNIW/GF	1 000/3	37.6	48
ε-HNIW/GF	1 000/5	39.5	40
ε-HNIW/PW	100/1	34.3	16
ε-HNIW/PW	100/2	37.6	4
ε-HNIW/PW	100/3	34.8	0
ε-HNIW/MW	100/1	34.9	24
HNIW/MW	100/2	34.1	8
ε-HNIW/MW	100/3	35.8	0
ε-HNIW/SA	100/1	32.8	8
ε-HNIW/SA	100/2	25.5	4
ε-HNIW/SA	100/3	23.8	0
ε-HNIW/CaSt	100/1	41.8	16
ε-HNIW/CaSt	100/2	31.5	8
ε-HNIW/CaSt	100/3	30.9	0
ε-HNIW/G	100/1	38.8	60
ε-HNIW/G	100/2	39.5	32
ε-HNIW/G	100/3	40.7	40
ε-HNIW/MoS$_2$/PW	1 000/3/20	39.5	0
ε-HNIW/MoS$_2$/MW	1 000/3/20	36.8	4
ε-HNIW/MoS$_2$/SA	1 000/3/20	30.2	8
ε-HNIW/MoS$_2$/CaSt	1 000/3/20	41.2	12

■ HNIW 混合炸药设计基础

WS$_2$ 能够降低大颗粒 ε–HNIW 的机械感度，WS$_2$ 包覆比例为 1‰～5‰时，随着包覆比例的增加，特性落高呈升高趋势；WS$_2$ 包覆比例为 5‰时，特性落高较原料提高了 19.8%。WS$_2$ 包覆比例为 1‰～5‰时，摩擦感度逐渐降低，包覆比例为 5‰时的摩擦感度为 36%。

GF 能够降低大颗粒 ε–HNIW 的机械感度，GF 包覆比例为 1‰～5‰时，随着包覆比例的增加，特性落高呈升高趋势；GF 包覆比例为 5‰时，特性落高较原料提高了 10.6%。GF 包覆比例为 1‰～5‰时，摩擦感度逐渐降低，包覆比例为 5‰时的摩擦感度为 40%。

PW 能够降低大颗粒 ε–HNIW 的摩擦感度，包覆比例为 1%～3%时，摩擦感度随包覆比例的增加呈降低趋势；PW 的包覆比例为 3%时，摩擦感度降到 0%。PW 对大颗粒 ε–HNIW 的撞击感度影响较小，当包覆比例为 2%时，特性落高较原料提高 5.3%。

MW 对大颗粒 ε–HNIW 的摩擦感度有良好的降感效果，MW 包覆比例为 1%～3%时，随着包覆比例的增加，摩擦感度明显呈降低趋势；MW 的包覆比例为 3%时，摩擦感度降到 0%。但是，MW 略微提高了大颗粒 ε–HNIW 的撞击感度，当包覆比例为 2%时，特性落高较原料降低了 4.4%。

SA 能够明显的降低大颗粒 ε–HNIW 的摩擦感度，SA 包覆比例为 1%～3%时，随着包覆比例的增加，摩擦感度明显呈降低趋势；SA 的包覆比例为 3%时，摩擦感度降到 0%。但是，SA 明显提高了大颗粒 ε–HNIW 的撞击感度，当包覆比例为 3%时，特性落高较原料降低了 33.3%。

CaSt 能够明显降低大颗粒 ε–HNIW 的摩擦感度，CaSt 包覆比例为 1%～3%时，随着包覆比例的增加，摩擦感度明显呈降低趋势；CaSt 的包覆比例为 3%时，摩擦感度降到 0%。CaSt 包覆大颗粒 ε–HNIW 的比例为 1%时，对撞击感度有降感效果，包覆比例高于 1%时会降低特性落高。

G 包覆大颗粒 ε–HNIW 既能降低其撞击感度，也能降低摩擦感度。G 包覆比例为 1%～3%时，随着包覆比例的增加，机械感度呈降低趋势，包覆比例为 3%时，特性落高提高 14.0%，摩擦感度降低到 40%。

由于 MoS$_2$ 能降低大颗粒 ε–HNIW 的机械感度，尤其是对撞击感度有较好的降感效果，PW、MW、CaSt、SA 对大颗粒 ε–HNIW 的摩擦感度有良好的降感效果，故采用 MoS$_2$ 分别与 PW、MW、CaSt、SA 复配作为复合钝感剂。机械感度测试结果表明，MoS$_2$/PW、MoS$_2$/CaSt 复合钝感剂对大颗粒 ε–HNIW 的撞击感度和摩擦感度均有良好的降感效果；MoS$_2$/MW 复合钝感剂对大颗粒 ε–HNIW 的摩擦感度降感效果较好，对撞击感度影响较小；MoS$_2$/SA 能够降低大颗粒 ε–HNIW 的摩擦感度，但是会提高其撞击感度。

综上所述，研究的这些钝感剂中，MoS_2、WS_2、GF 对 ε–HNIW 的撞击感度有较好的降感效果，相比于大颗粒 ε–HNIW，对细颗粒 ε–HNIW 的撞击感度有更好的降感效果；MoS_2、WS_2、GF 能够明显降低大颗粒 ε–HNIW 的摩擦感度，但对细颗粒 ε–HNIW 的摩擦感度没有明显影响；G 既可以降低 ε–HNIW 的撞击感度，又能降低 ε–HNIW 的摩擦感度；MW、SA 能够明显降低 ε–HNIW 的摩擦感度，但也会提高其撞击感度；PW、CaSt 能明显降低 ε–HNIW 的摩擦感度，对撞击感度的影响因含量不同而改变；MoS_2/PW 复合钝感剂对细颗粒 ε–HNIW 的撞击感度和摩擦感度均有良好的降感效果，MoS_2/PW、MoS_2/CaSt 对大颗粒 ε–HNIW 的机械感度有较好的降感效果。

5.3 HNIW 球形超细化降感研究

对含能材料晶体进行细化及圆滑处理，既可以增加表面活性、提高燃烧和爆炸性能，又可以有效地降低其撞击感度、冲击波感度。此外，采用球形超细 ε–HNIW 与大颗粒 ε–HNIW 级配可以提高混合炸药及推进剂的装填密度，从而提高其能量。Simpson 等研究了单一粒径 ε–HNIW，及中位粒径不大于 160 μm 与 6 μm ε–HNIW 级配后混合炸药的装药密度和能量，后者装药密度和能量都有较大提高。

目前，对含能材料进行细化及圆滑处理通常采用重结晶方法（包括溶剂侵蚀法进行晶体修复/修饰），但重结晶方法存在溶剂消耗多、成本高、不益于科研人员的身体健康及环境保护等缺点。此外，重结晶方法得到的超细含能材料晶体仍然存在棱角，球形度不高。超声波方法可以对晶体进行圆滑处理，但这种方法存在能耗高、产量低的缺点。更重要的是，这种方法难以适用于高感度的含能材料，由于高强度的超声波能量穿透作用，很容易使晶体内部的微小缺陷扩大，进而使晶体内部形成空穴，给含能材料在实际使用时带来潜在的危险。超临界流体技术是一种较好的可应用于含能材料超细加工的技术，然而，这种方法还未产业化，存在产量小、成本高的缺点。因此，通过简单的工艺实现对含能材料安全、有效的细化与圆滑处理，具有急迫的技术需求和广泛的应用前景。

5.3.1 机械研磨法制备超细含能材料的基本理论

机械研磨法制备超细含能材料，是在电动机的驱动下，搅拌轴带动叶片使研磨球及被细化含能材料做无规则运动，研磨球与含能材料之间发生相互撞击、摩擦、挤压、剪切作用，并且颗粒之间发生相互碰撞，从而使含能材料颗粒被细化。细化的目的是将大颗粒粉碎为具有一定粒径和粒度分布的小颗粒。在工程化应用中，如何预估和控制产品的粒径大小是科研人员所关注的问题。颗粒的细化与能耗有重要关系，能耗同原料和产品粒度之间的关系存在三种假说，在一定程度上能反映细化后的粒径分布。Rittinger 提出了表面积假说，即细化能耗和细化后物料的新生表面积成正比，或细化单位重量物料的能耗与新生表面积成正比，此假说适合于细颗粒（10 μm 以下）的细化估算。Kick 等提出了体积假说，即细化所消耗的能量与颗粒的体积成正比，与细化后颗粒的粒度成反比，此假说适合于大颗粒的细化。Bond 提出了裂缝假说，认为颗粒破碎时，外力首先使颗粒发生变形，储留了部分变形能，外力超过一定极限时，颗粒产生裂缝而破碎，变形能释放出来转化为新生成表面积的表面能，破碎的单元功与颗粒的体积及表面积的几何平均值的增长呈正比，此假说适用范围介于以上两者之间。Jimbo 认为以上三种假说未考虑细颗粒在达到一定的粒径时将会团聚的现象，Jimbo 推导出如下等公式：

$$A = k \cdot (\Delta S)^n \tag{5.1}$$

式中：A 为颗粒粉碎的能耗；k 为常数；ΔS 为颗粒新增表面；n 为与粉碎状态有关的常数。

当 $n=1.0$ 时，式（5.1）即为表面积假说；当 $n>1.0$ 时，式（5.1）则为体积假说和裂缝假说。式（5.1）考虑了颗粒在细化时细小颗粒的逆粉性，并认为颗粒细化的极限比表面积不影响 n 值的大小，n 值将由与颗粒的逆粉碎有关的因素决定。

5.3.2 球形超细 ε–HNIW 的制备工艺

球形超细 ε–HNIW 的制备工艺流程如图 5.11 所示。

在图 5.11 中的工艺参数研究中，采用球磨法制备球形超细 ε–HNIW 的工艺流程，具体的制备过程如下。

（1）称量研磨球，加入研磨腔中。

（2）称量原料 ε–HNIW，同时量取分散剂，然后用分散剂浸润原料 ε–HNIW，使之充分混合形成均匀的 ε–HNIW 浆料。

（3）将 ε–HNIW 浆料倒入研磨腔中，设定工艺参数（搅拌速率、研磨时间等）后进行研磨。

（4）研磨后的 ε–HNIW 浆料经研磨腔的出料口排出，洗涤、抽滤、烘干，制备得到球形超细 ε–HNIW。

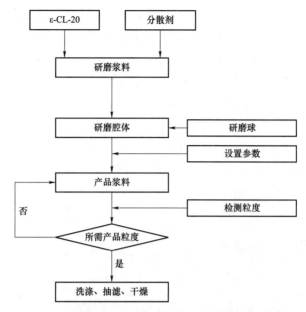

图 5.11 机械研磨法制备球形超细ε–HNIW 的工艺流程

机械研磨法制备球形超细含能材料效率高，而且不使用有毒溶剂，经济环保。在机械研磨法制备球形超细ε–HNIW 的工艺过程中，研磨球材质、研磨腔内研磨球填充率、浆料浓度、分散剂、研磨球大小、搅拌速率、搅拌方式、研磨时间、球料比等因素均会对ε–HNIW 中位粒径、粒度分布及球形度产生影响。

5.3.3 球形超细ε–HNIW 团聚结块的原因及防团聚措施

1. 团聚结块的原因

超细粉体的团聚问题抑制着粉体工程及相关领域的发展，为了解决这一难题，国内外的学者对超细粉体的团聚机理、原因、分散方法进行了许多研究和探索。超细粉体团聚的机理主要为毛细管吸附理论、氢键理论、晶桥理论、化学键理论。超细粉体的团聚分为软团聚和硬团聚，软团聚是由于粉体表面原子、分子之间的静电力和库仑力所致，硬团聚除此之外，还有液体桥力、固体桥力、化学键作用力、氢键等。

超细粉体容易结块、团聚的原因可归纳为以下几点。

（1）在细化过程中，由于撞击、摩擦及粒径的减小，细颗粒表面积聚部分电荷，这些带电粒子极不稳定，为了趋于稳定，它们互相吸引，使颗粒产生团聚，此过程的主要作用力是静电库仑力。

（2）细颗粒具有比较高的表面能，粒子处于不稳定状态，只能通过与周围的细颗粒相互黏附减少比表面积，从而达到较为稳定的状态。

（3）超细颗粒间的距离极小，颗粒间的范德华引力远远大于自身重力，此外，颗粒间的静电引力、吸附湿桥及其他化学键的作用等导致超细颗粒团聚结块。

当 ε-HNIW 在水等分散剂中细化时，新生表面能和产生的电荷由于与水等分散剂接触而消失，因此，细颗粒在湿态下分散性较好。而在干燥过程中，细颗粒间的分隔介质 – 水分子等逐渐迁移，导致细颗粒间的距离减小，表面能升高，并产生静电荷，从而导致细颗粒团聚结块。

消除细颗粒的表面能、颗粒间的静电引力，增大颗粒之间的距离，降低颗粒之间的位能，这些是解决细颗粒团聚结块的关键所在。

2. 防止团聚结块的措施

根据细颗粒在干燥过程中产生团聚结块的原因，可以采取以下措施防止团聚结块。

（1）在炸药细化过程中加入微量表面改性剂，可以消除干燥后形成的静电，通过吸附作用降低界面的表面张力，在细颗粒之间形成空间位阻效应。

（2）冷冻干燥。冷冻干燥主要是利用水在相变过程中的膨胀力使相互靠近的颗粒分开。固态冰的形成阻止了颗粒的重新聚集，冰升华后由于没有水的表面张力作用，固相颗粒不会聚集，从而防止团聚结块。

（3）在干燥过程中经常翻动能起到较好的分散作用。若在细化过程中加入表面改性剂，需要其不影响 HNIW 自身的安全性、稳定性及 HNIW 用于混合炸药、推进剂等含能材料中的性能。HNIW 具有多晶型，在一定条件下会发生晶变，若在细化时加入表面改性剂，需要研究其对 ε-HNIW 晶型稳定性的影响，以保证细化过程中及球形超细 ε-HNIW 用于混合炸药、推进剂等含能材料中的制备、贮存、使用中不发生晶变。对于表面活性剂的选择及相关性能研究会在未来的工作中开展。目前，为了防止超细 ε-HNIW 团聚结块采取的措施是干燥过程中经常翻动。

5.3.4 球形超细 ε-HNIW 的性能

1. 球形超细 ε-HNIW 的晶型

研磨前后 HNIW 的 XRD 谱图如图 5.12 所示，可以看出，研磨前后 HNIW 的晶型与标准 ε-HNIW 谱图一致，均为 ε 晶型。

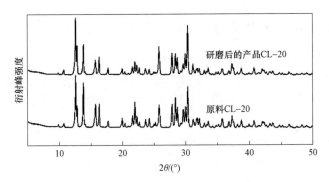

图 5.12　原料 HNIW 和细化后 HNIW 的 XRD 谱图

2. 球形超细 ε-HNIW 的热稳定性

研磨前后 HNIW 的 DSC 曲线如图 5.13 所示，原料 ε-HNIW 的热分解峰温为 245.9℃，粒径为 13 μm 的产品 ε-HNIW 的热分解峰温为 246.9℃，粒径为 5 μm 的产品 ε-HNIW 的热分解峰温为 247.3℃，由此可知，细化后的 ε-HNIW 比原料 ε-HNIW 的热稳定性好。这是因为晶体的内部缺陷对 ε-HNIW 热稳定性有重要影响，缺陷的存在会降低 ε-HNIW 的热分解峰温，加速 ε-HNIW 的热分解。通常大颗粒的晶体会比细颗粒的晶体内部缺陷多，研磨后的 ε-HNIW，粒径减小，内部缺陷也减少。因此，热稳定性有所提高，并且随着产品粒径的减小，热稳定性也会提高。

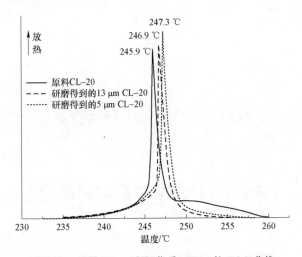

图 5.13　原料 HNIW 和细化后 HNIW 的 DSC 曲线

3. 原料ε-HNIW 及球形超细ε-HNIW 的机械感度

采用机械研磨法制备了不同粒径的球形超细ε-HNIW，原料ε-HNIW 和不同粒径球形超细ε-HNIW 的机械感度如图 5.14 所示。由图可知，原料ε-HNIW 由于晶形棱角多、粒径大，其撞击感度高，而球形超细ε-HNIW 的撞击感度随着粒径的减小逐渐降低。这是因为炸药晶体受到撞击时，大颗粒晶体首先破碎，形成晶形不规则的小颗粒，晶体棱角处表面能较高，很容易形成活性中心，即形成"热点"，导致大颗粒的撞击感度较高。此外，一般大颗粒晶体内部缺陷多，也会导致大颗粒晶体的撞击感度增加。

球形超细ε-HNIW 的摩擦感度随着粒径的减小逐渐升高。这是因为炸药在挤压作用下，颗粒之间发生摩擦，由于小颗粒比表面积大，颗粒之间的接触面积大，容易形成"热点"，这与文献报道的ε-HNIW 的摩擦感度随粒径减小而升高的规律一致。

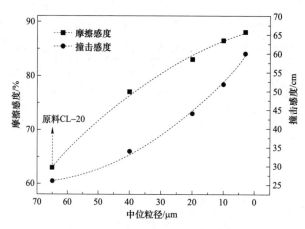

图 5.14　不同粒度ε-HNIW 的机械感度

5.4　HNIW 共晶降感研究

共结晶是一种从分子结构上改善炸药性能的新兴技术。炸药的起爆、爆轰以及稳定性受其微观结构的影响很大，两种及以上炸药组分通过分子间非共价键作用形成共晶，可以有效降低炸药感度，优化炸药能量输出结构，改善其力学性能、表（界）面性能以及热稳定性等，从而扩大传统单质炸药的应用范围。因此，共晶炸药的设计、模拟及制备迎合了目前炸药发展潮流，在炸药发展历程中具有深远的学术意义和广阔的应用前景。

1. 共晶炸药的形成原理

共晶形成的关键是分子间非共价键作用，其中包括氢键、范德华力、$\pi-\pi$ 堆积作用等。共晶组分之间通常会存在多个相互作用维持共晶体系的稳定性。例如，喹啉与吡啶共晶中，不仅含有 O—H$\cdots$N、C—H$\cdots$O 氢键，组分间还有 $\pi-\pi$ 堆积作用。高能单质炸药一般含有—NO_2、—CH_2、O 元素等，为共晶组分之间氢键的形成提供了机会。通过剑桥数据库（CSD）检索分析晶体结构，建立组分之间氢键模型，可为共晶设计提供技术参考。然而，共晶之间的氢键并非必不可少，Landenberger 等以芳香含能材料共晶体系中供体-受体的 $\pi-\pi$ 相互作用为理论基础，制备了三硝基甲苯（TNT）与其他芳香族化合物共晶。组分溶解度一致对于溶液结晶特别是溶剂挥发制备共晶至关重要。可通过三元相图预估共晶形成的条件，调节组分之间的配比，进而判定采用溶液结晶制备共晶的可行性。另外，热力学可行也是共晶形成的关键因素。综合来看，共晶技术是分子识别、热力学、动力学的平衡结果，共晶形成过程并不破坏原有晶体结构，即共晶炸药既保留了单质炸药的优异性能，也获得了其他组分炸药的某些性能，可以起到互相弥补的作用。因此，共晶炸药理论上是一种综合性能良好的含能材料。

2. 共晶炸药的制备

共晶的制备已报道多种方法，如溶剂蒸发法、化学沉淀法、冷却结晶法、熔融法、高能球磨法等。虽然共晶技术的发展已有多年历史，但是由于含能材料的特殊性，共晶炸药的制备及应用尚处于探索研究阶段，溶液结晶是目前制备共晶炸药最常用方法。溶液法指首先将一种炸药组分溶于溶剂之中，另一炸药组分制成悬浮液，或者将二者溶于不同溶剂之中，然后通过加入非溶剂、冷却、蒸发溶剂等技术手段使组分结晶析出。在晶体析出过程中并没有新化学反应发生，通过非共价键作用形成共晶。溶液结晶制备共晶的方法有溶剂蒸发法、冷却结晶法、溶剂-非溶剂法、喷雾干燥法等。

1）溶剂蒸发法

对于溶解度相近且溶解度随温度变化不大的单质炸药，常采用溶剂蒸发法制备共晶炸药。Levinthal 等专利报道了将 HMX 溶液与高氯酸铵（AP）溶液混合，然后通过真空干燥缓慢蒸发溶剂，制备了 HMX/AP 共晶颗粒，不仅解决了 AP 易吸湿问题，而且也改善了 HMX 能量输出结构。以芳香含能材料共晶体系中供体-受体 π-π 相互作用为理论基础，Landenberger 通过溶剂缓慢挥发溶质共结晶方法制备了 TNT 与萘、蒽、邻氨基苯甲酸等 17 种芳香化合物的含能共晶体。Liu 等采用慢溶剂蒸发法制备了 HNIW/TNT 共晶炸药，摩尔比为 1:2。利用单晶 X 射线衍射（SXRD）进行表征，结果表明共晶组分之间的相互作用是分子间氢键；HNIW/TNT 晶型属于 P^{-1} 基团的三斜晶系。此外，通过粉末 X 射线（PXRD）、红外光谱和拉曼光谱表征，分析得出分子间相互作用对晶体结构和共晶形成影响很大。HNIW/TNT 共晶的熔点（120.8 ℃）和密度（1.753 g/cm^3）比 HNIW 低；特性落高为 44 cm，撞击感度显著低于 HNIW 单质炸药。

2）冷却结晶法

冷却结晶是将原料组分溶解在溶剂之中，然后降温冷却，溶液达到过饱和状态，接着溶质分子析出晶体，结晶在另一晶体表面或者晶体共同析出形成共晶。Oswald 等通过将喹啉溶解在低量的吡啶中，回流、冷却溶液得到摩尔比为 1:1 的喹啉和吡啶共晶体。为了提高炸药的稳定性，并保持其优良的爆轰性能，Kim 等研究了通过冷却结晶将钝感炸药 NTO 结晶在高感度炸药 HMX 表面。为了使 NTO 在 HMX 表面的包覆层更加致密，Jung 等采用了两步结晶增强包覆层形态。首先以 HMX 为晶核加入到饱和 NTO 溶液中，冷却结晶得到 NTO/HMX；然后将第一步制备的 NTO/HMX 加入 NTO 的饱和溶液中冷却结晶。两步结晶法实现了 NTO 晶体紧密且均匀覆盖在 HMX 表面，且研究发现较高过饱和度增强了簇聚，致使 HMX 表面上的包覆层紧密且均匀。

3）溶剂-非溶剂法

溶剂-非溶剂法制备共晶炸药是一种比较成熟的溶液结晶技术手段，溶剂-非溶剂法是指在单质炸药组分溶液中加入非溶剂使晶体析出的过程。Yang 等以糊精为添加剂，通过使用溶剂-非溶剂法制备了六硝基六氮杂异伍兹烷（HNIW）/TNT 共晶炸药，收率高达 85%。爆轰性能研究表明，在电荷密度为 1.76 g/cm^3 时，爆轰速度和爆轰压力分别为 8 426 m/s 和 32.3 MPa，表明 HNIW/TNT 共晶具有良好的爆轰性能。Shen 等在室温条件下采用溶剂-非溶剂法制备了 HMX/TATB 共晶炸药，摩尔比大约是 8:1。通过扫描电子显微镜（SEM）和差示扫描量热法（DSC）等进行了表征，结果表明 HMX/TATB 共晶炸药的形貌发生巨大改变，热稳定性有所改善，且撞击感度低于 HMX。Xu 等通过快速成核溶剂-非溶剂法工艺制备了 HNIW/TATB 共晶炸药。扫描电镜结果表明，共晶颗粒大小均匀，平均粒径为 3～5 μm，而且晶体形貌完全不同于原材料。经感度测试，热力学测试以及爆轰参数计算显示了 HNIW/TATB 共晶具有良好的热稳定性和高能量释放效率，并且 HNIW/TATB 的撞击感度明显低于 HNIW，与 HMX 相当，但爆轰性能优于 HMX。

4）喷雾干燥法

喷雾干燥是一种简便易行的技术，通过使用热气流快速蒸发溶剂，将液体溶液或悬浮液转化为干燥颗粒，已广泛应用于食品和药品制造。该过程首先通过机械作用将初始溶液或悬浮液雾化成球形的细小液滴；然后与热气流接触，瞬间将大部分溶剂除去；最后溶质干燥结晶。喷雾干燥制备共晶炸药指将两种或两种以上炸药组分溶于同一溶剂中形成混合溶液，进行喷雾干燥形成共晶，也可将二者的喷雾液滴混合，干燥结晶过程中形成共晶。

喷雾干燥技术制备的共晶炸药尺度范围小，且具有良好的爆轰性能、安全性能。An 等制备了分子比例为 2∶1 纳米球形 HNIW/HMX，大小为 0.5~5 μm。颗粒形成了许多微小板状共晶体的聚集体，厚度小于 100 nm。纳米 HNIW/HMX 共晶炸药的特性落高为 47.3 cm，摩擦爆炸概率为 64%，安全性高于 HMX。Liu 等通过喷雾干燥法制备了 HNIW/2,4-二硝基-2,4-二氮杂戊烷（DNDAP）（摩尔比 2∶1）球形共晶炸药。一系列测试结果表明，HNIW/DNDAP 共晶爆轰速度为 8 997 m/s，爆轰压力为 37.5 GPa，并且其撞击和摩擦感度显著低于 HNIW。

目前，文献中已有的 HNIW 共晶体系分为两种：一种为其他钝感含能材料与 HNIW 晶体进行共晶；另一种则是非含能分子在其晶格内部所形成的共晶，部分研究也称为溶剂化物。下面对不同组分 HNIW 共结晶相关研究进行介绍。

3. HNIW 与非含能材料共结晶

非含能共晶研究主要是将一些不含能的小分子，例如双氧水、CO_2 等与 HNIW 晶体进行共晶，还有一部分是 HNIW 在不同溶剂体系中与溶剂分子形成的共晶。Jonathan 等按 n（α-HNIW）∶n（双氧水）= 2∶1 进行共晶，发现存在两种晶格结构的产物，密度分别是 2.013 g/cm³ 和 2.033 g/cm³。通过计算其爆速，发现两者的爆炸速度介于 α-HNIW 和 ε-HNIW 之间，但是感度却较 ε-HNIW 高。Sabine 等则使用高压缩 CO_2 在 16 MPa 的条件下使之与 ε-HNIW 进行接触，使得 HNIW 转化为 α 型与 CO_2 形成共晶，单个晶胞内 n（HNIW 分子）∶n（CO_2 分子）= 2∶1，密度为 2.031 g/cm³，对于其爆炸性能未见提及。Guo 等按 n（β-HNIW）∶n（己内酰胺）= 5∶1 进行共晶，获得共晶的密度为 1.405 g/cm³，较 β-HNIW 降低较多，H_{50} 则有较大提高，由 16 cm 上升至 84 cm。此外，HNIW 还可以与 N,N-二甲基甲酰胺（DMF）、二甲亚砜（DMSO）等溶剂形成溶剂化物，但没有单晶形成的报道，而且密度降幅较大，同时性能是否改变也未见报道。

4. HNIW 与钝感含能材料共结晶

目前，研究比较成熟的 HNIW 与含能共晶体系为 HNIW/HMX 和 HNIW/TNT

HNIW 混合炸药设计基础

共晶。Bolton 等将 n（ε-HNIW）：n（β-HMX）= 2:1 饱和溶解于 2-丙醇中，室温蒸发结晶过程中形成的共晶产物密度为 1.945 g/cm³，H_{50} 为 56 cm，较 ε-HNIW 的 30 cm 有所提高，爆速达到 9 452 m/s，略低于 ε-HNIW，高于 β-HMX。此外，HNIW/HMX 共晶在感度方面有不同幅度的降低，在其形成共晶的过程中经常使用超声碎晶的方法。但是，也有研究指出，HNIW/HMX 共晶后，感度反而会增加。在研究 HNIW/TNT 共晶时，王晶禹等使用甲醇作为 HNIW 和 TNT 的共同溶剂，按 n（HNIW）：n（TNT）= 2:1 溶入其中，利用溶剂蒸发法得到淡黄色柱状 HNIW/TNT 共晶，其密度为 1.908 g/cm³，爆速为 8 600 m/s，介于 HNIW 和 TNT 之间。进一步研究中，测得其 H_{50} 为 28 cm，较原料 HNIW 的 15 cm 有所提高，感度有一定的下降。其余 HNIW 为组分的含能共晶体系还有 DNT、DNB 以及 BTF 等，但是研究中的爆速、密度等远低于 HNIW，且部分未报道其感度，在含能共晶相关领域尚存在大量空白。

表 5.6 总结了 HNIW 共晶的性质与爆炸性能。可以看出 HNIW 共晶的感度较 HNIW 均有下降，与此同时产物的密度和爆炸性能也会降低。这是因为 HNIW 晶体密度本身较高，而其他共结晶组分填充入晶格后，晶格内 HNIW 占有分子的总体数量减少，给这种降感方法的进一步大规模应用造成限制。因此，共晶手段作为一种较新的 HNIW 降感手段，目前研究还处于起步阶段，这是因为共晶作用在研究过程中涉及晶体成长、晶型转变以及组分比例等因素，在实际研究中颇有难度。目前，HNIW 共晶研究以计算模拟为主，出现了 HNIW/FOX-7、HNIW/TKX-50 等新的共晶计算模拟研究。

表 5.6 不同 HNIW 共晶性能

化合物	$n:n$	密度/(g·cm⁻³)	H_{50}/cm	爆速/(m·s⁻¹)
HNIW		2.040	15	9 893
DNB	1:1	1.880		
DNT	1:1		51	8 340
TNT	1:1	1.840	28	8 600
HMX	2:1	1.945	55	9 484
DMF	1:2	1.725		
HMPA	1:3	1.436		
丁内酯	1:1	1.856		
1,4-二氧六环	1:4	1.606		
CO_2	2:1	2.031		

注：$n:n = n$（HNIW）：n（化合物）。

5.5　HNIW 包覆降感研究

1952 年，美国洛斯·阿拉莫斯国家实验室（LANL）首次用聚苯乙烯/二辛基酞酸酯包覆 RDX 制备高聚物粘结炸药（PBX），以 RDX、HMX 为主体的 PBX 已经得到广泛应用。美国劳伦斯·利弗莫尔国家实验室（LLNL）曾参照以 HMX 为基的 PBX（LX－14）[20]，以 HNIW 代替奥克托今（HMX），制备了 4 种以 Estane（聚氨基甲酸乙酯）或 EVA（乙烯－醋酸乙烯共聚物）为粘结剂的 PBX，并测定了它们的能量水平及安全性能，还求得了 JWL 状态参数方程。4 种 PBX 的组成如表 5.7 所示，表中的 RX－39－AA 采用的是 β－HNIW，其他几种 PBX 采用的都是 ε－HNIW（HNIW 的纯度为 96%）。RX－39－AB 与 LX－19 的组成是一样的，不过两者所用 ε－HNIW 的粒度不同，前者的 ε－HNIW 的平均粒径为 120 μm，后者不大于 160 μm，且其中有 25%已磨细至 6 μm，以使 PBX 能压至较高的密度，使之尽可能接近理论密度。

表 5.7　美国 ε－HNIW 及 β－HNIW 为基的 PBX 的组成

炸药代号	炸药配方
RX－39－AA	95.5% β－HNIW+4.5%Estane5703－P
RX－39－AB	95.8% ε－HNIW+4.2%Estane5703－P
LX－19（RX－39－AC）	95.8% ε－HNIW+4.2%Estane5703－P
PBXC－19	95% ε－HNIW+5%EVA

Bricher[21]等曾以 GAP（聚叠氮缩水甘油醚）及 HTPB（端羟基聚丁二烯）为粘结剂，制得了几种以 HNIW 为基的 PBX，并测定了它们的某些爆炸性能和相容性。为供比较，同时还测定了以 HMX 为基的同样配方的同类性能。PBX 所用 HNIW 为 ε 型，90%的粒径小于 134 μm，50%的粒径小于 35 μm，10%的粒径小于 6 μm，所用 HMX 为 C 级，90%的粒径小于 1 340 μm，50%的粒径小于 400 μm，10%的粒径小于 90 μm。此类 PBX 可采用一种新的加工工艺，即 Isogen Pressing 工艺制造，这种工艺仍可利用常规的压机，所得 PBX 的固体含能组分的含量高，力学性能优良[22－23]。

关于 HNIW 钝感包覆，金韶华[24]等研究了分别采用石蜡、丁腈橡胶、PC（聚碳酸酯）、ABS（丙烯烃－丁二烯－苯乙烯共聚物）不同包覆材料对 HNIW 的包覆和钝感情况。结果表明，石蜡、丁腈橡胶对 HNIW 的包覆情况较好，在 HNIW 的表面形成了一层薄膜，包覆后的 HNIW 晶体的棱角已经不明显，晶体表面比较光滑，所以撞击感度较低。而 PC 和 ABS 的包覆效果较差一些，一些包覆剂析出后没有全部包在 HNIW 晶体表面，而是自我聚集，分散在晶体周围，并对产生的原因进行了分析。同时，又采用挤出造粒法、溶液悬浮法、水悬浮法三种不同的工艺，选用不同的包覆材料，如氟橡胶和丁腈橡胶，对 ε－HNIW 进行了包覆，并对包覆样品进行了扫描电镜分析和机械撞击感度测试，考察了其钝感效果及包覆工艺对样品机械撞击感度的影响。通过比较，溶液悬浮法、水悬浮法工艺制备的样品机械撞击感度要比挤出造粒法的低。在所选材料中，氟橡胶 F－5 作为粘结剂，采用水悬浮法工艺制备得到的以 HNIW 为基的混合炸药的机械撞击感度最低，特性落高为 42.5 cm。孟征[25]通过原位聚合成功实现了脲醛树脂和蜜胺树脂对包括 HNIW 在内的炸药颗粒的微胶囊包覆，并用扫描电镜和拉曼分析确认了包覆效果，同时发现蜜胺树脂的包覆密闭性和钝感性能要优于脲醛树脂。微胶囊有较好的钝感效果，由于成本低，粉粒流动性好，适宜于批量及普通用途的炸药微胶囊包覆。经过包覆处理的单质炸药微胶囊的皮层厚度控制在 0.5 μm 以下，利用卡斯特落锤冲击感度仪测得感度值（特性落高 H_{50}）的结果为：RDX 的落高从 26.21 cm 提高到 82.07 cm；HNIW 的落高从 19.53 cm 提高到 56.81 cm。陈鲁英等用高聚物粘结剂 Estane 和石墨 G 组成的 Estane－G 复合钝感剂，以 1,2－二氯乙烷为溶剂，采用溶液水悬浮法对 HNIW 炸药进行了包覆并测试了感度。结果表明，高聚物粘结剂 Estane 和石墨 G 组成的 Estane－G 复合钝感剂包覆 HNIW 炸药后，可明显降低 HNIW 的机械感度，5 s 爆发点试验表明，包覆不影响 HNIW 的热感度。廖肃然[26-27]合成聚氨酯包覆 HNIW，降低了 HNIW 的机械感度。

5.5.1 包覆材料研究

1. 热塑性高聚物

常用于混合炸药的热塑性高聚物主要有聚氨酯、聚醋酸乙烯酯、聚甲基丙烯酸甲酯和丁酯、聚乙烯、聚苯乙烯、醋酸纤维素、乙基纤维素、聚乙烯醇缩丁醛、聚酰胺、热塑性聚氨酯弹性体、聚丙烯腈以及丙烯酸乙酯与苯乙烯的共聚物、氯乙烯与醋酸乙烯的共聚物。这类高分子聚合物性能优良，来源广泛，易于溶解和增塑，可以根据适宜的品种制成性能及均匀性优良的高聚物粘结炸药产品。热塑性高聚物在较高温度下显现较大塑性，可使炸药易于成型，得到高密度药柱，常温下塑性减小，又可使产品保持较高的强度，所以适宜压装混合炸药。

用于包覆 HNIW 的 Estane 属于聚氨酯类粘结剂，与包覆 HMX 相比，Estane 与 HNIW 得相容性较差，与 HNIW 相比，LX–19 初始分解温度下降了 12℃，分解峰温也下降了 17℃。Estane 中的酯键可以水解，形成低分子碎片，黏度降低。同时 Estane 中的异氰酸酯端基也对水敏感，所以贮存时会性能恶化。Estane 的另一问题是热降解，含 Estane 的 PBX 在受热是会逐渐发黄，回弹性下降。另外，将 LX–19 在 100℃加热一段时间后，炸药颜色由灰白色变为橄榄—土褐色。若将此炸药在 100℃加热 36 h，而且隔一定时间取一份试样压成药柱，则加热时间最长的药柱密度最低。这种颜色变化和密度下降可能与 PBX 中发生的某些化学反应和 HNIW 得晶变有关。HNIW 在 Estane 中的溶解性也可能对此有所影响，用于 PBX 的 HNIW 加热后变色的 PBX 两者的 FTIR 分析指出，在 PBX 加工过程中，如果温度超过 60℃，原料中的少部分 β–HNIW 可能转变为 α–HNIW，如将 PBX 在 100～105℃下加热，不仅 α–HNIW 会转变成 γ–HNIW，当加热时间足够长（96 h），还有更多的 ε–HNIW 转为 γ–HNIW。这种晶变的速度与 HNIW 在 Estane 中的溶解度有关。HNIW 在 Estane 中的溶解度较大，在 100℃，上述转晶趋于完全，即加热足够长时间，PBX 中的 ε–HNIW 全部转为 γ–HNIW，这种晶型转变会降低 PBX 的密度。加热时间越长，γ–HNIW 含量越高，PBX 的密度越低。至于 PBX 颜色的变化，可能与 Estane 降解有关，但是 LX–19 颜色的加深，对其撞击、摩擦及静电火花感度无影响。

利用 Estane 和 EVA(乙烯–乙酸乙酯共聚物)，通过水悬浮工艺包覆 HNIW，制备 HNIW/Estane（96/4），HNIW/EVA（96/4）造型粉如图 5.15 所示。

与未包覆之前的 HNIW（100～250 μm）相比，HNIW/Estane（96/4）撞击感度有所降低，特性落高由原来的 12 cm 提高至 15 cm（12 型工具，2.5 kg 落锤），而 HNIW/EVA（96/4）几乎不变，可能与选择 Estane 的种类有关。应选用合适的增塑剂[28]，应遵循不溶解 HNIW 的原则（溶解度小于 1 g/100 mL），例如邻苯二甲酸二（2–乙基己基）酯（DOP）、十八烯酸正丁酯、癸二酸二正辛酯（DOS）和壬酸异癸酯（IDP）。

图 5.15 热塑性高聚物包覆 HNIW 的造型粉
(a) HNIW/Estane (96/4); (b) HNIW/EVA (96/4)

2. 橡胶和弹性体

橡胶具有良好的弹性、挠性和粘结性，在制备挠性或塑性高聚物粘结炸药时，常选用橡胶和一些弹性体材料，以保证混合炸药的特殊性能。例如，丁基橡胶具有良好的气密性和抗老化性，丁吡橡胶具有良好的耐磨性、耐寒和耐油性，聚异丁烯具有优良的耐低温和耐老化性，顺丁橡胶具有良好的塑性和弹性。未经硫化的橡胶容易溶解和增塑，容易与炸药组分相混合。常用的橡胶有聚异丁烯、聚异戊二烯橡胶、丁基橡胶、丁苯橡胶、三元乙丙橡胶、丁吡橡胶、丁腈橡胶、丙烯酸酯橡胶等。

利用顺丁橡胶（BR）、聚异丁烯（PIB）、天然橡胶 202 和三元乙丙橡胶，通过水悬浮工艺包覆 HNIW，制备 HNIW/BR（96/4）、HNIW/PIB（96/4）、HNIW/202（96/4）和 HNIW/乙丙橡胶（96/4）造型粉如图 5.16 所示。

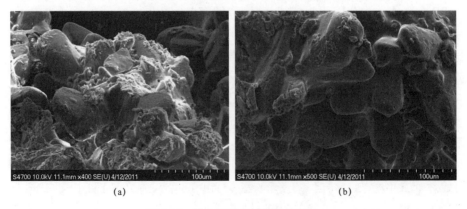

图 5.16 橡胶包覆 HNIW 的造型粉
(a) HNIW/BR (96/4); (b) HNIW/PIB (96/4)

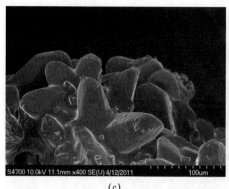 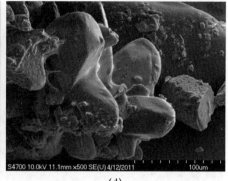

(c) (d)

图 5.16 橡胶包覆 HNIW 的造型粉（续）
（c）HNIW/202（96/4）；（d）HNIW/乙丙橡胶（96/4）

与未包覆之前的 HNIW（100～250 μm）相比，HNIW/BR（96/4）撞击感度有所降低，特性落高由原来的 12 cm 提高至 20 cm（12 型工具，2.5 kg 落锤），HNIW/PIB（96/4）为 18 cm，HNIW/202（96/4）为 18 cm，HNIW/乙丙橡胶（96/4）为 16 cm。橡胶黏性较大，黏附在 HNIW 晶体表面，可起到降低机械感度的作用。但是，制备出的造型粉较软，无规则形貌。

3. 含氟高聚物

含氟高聚物具有优良的物理和化学稳定性，良好的耐热性和耐老化性，与混合炸药其他组分的相容性很好，本身密度很高。有些含氟高分子还含有氯原子和氧原子，可参加混合炸药的爆炸反应，提高炸药的能量。但是，这类高聚物价格比较贵，只是在核武器、宇航研究的特殊爆炸装置应用，也可作为耐热炸药和某些特殊要求的混合炸药粘结剂。目前，美国研制的高聚物粘结炸药，采用含氟高聚物作粘结剂的配方较多，常用氟橡胶 VitonA（1,1-二氟乙烯和六氟丙烯的共聚物）、VitonB（六氟丙烯-1,1-二氟乙烯和四氟乙烯的三元共聚物）[29]以及氟橡胶 Kel-F800（偏氟乙烯与三氟氯乙烯分子比 1/3 共聚物）和氟树脂 Exon461（三氟乙烯、四氟乙烯和偏氟乙烯三元共聚物）。目前，常用的配方如 PBXN-5（HMX/VitonA（95/5））、LX-17（TATB/Kel-F800（92.5/7.5））。氟橡胶易溶于乙酸乙酯、丙酮等低分子量酯酮类溶剂，不溶于其他溶剂，与 HNIW 溶剂性相似，不能使用乙酸乙酯溶解氟橡胶进行包覆 HNIW。许晓娟[30]通过分子动力学模拟不同含量 F2314（聚偏二氟乙烯和聚三氟氯乙烯的 1:4 共聚物）的配方，得出最佳配方 HNIW/F2314（95.31/4.69）。通过试验方法，利用 F2602 和 HNIW 的乙酸乙酯的饱和溶液在 60℃包覆 HNIW，获得 HNIW/F2602（95.5/4.5）的造型粉，如图 5.17 所示。

图 5.17 F2602 包覆 HNIW 造型粉
(a) HNIW/F2602（95.5/4.5）；(b) HNIW/F2602（95.5/4.5）

由图 5.17 可以看出，HNIW 晶体表面存在凹痕，细小颗粒较多，是乙酸乙酯在水悬浮的高温负压环境内，迅速挥发，"腐蚀"了 HNIW 大颗粒表面，同时乙酸乙酯饱和溶液迅速析出晶体，晶体颗粒较小。为验证从乙酸乙酯的 HNIW 饱和溶液迅速析出晶体的晶型和形貌，试验将 HNIW 的乙酸乙酯饱和溶液滴加到 60℃的水溶液中，同时搅拌（500 r/min），模拟包覆工艺的环境，获得 HNIW 如图 5.18 所示。

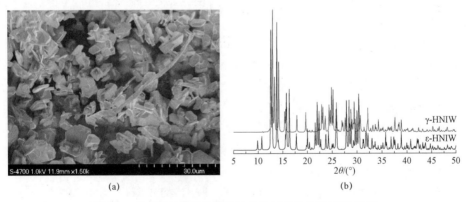

图 5.18 从乙酸乙酯饱和液迅速析出 HNIW 及其 XRD 谱图
(a) 迅速析出的 HNIW；(b) 迅速析出的 HNIW 与 ε - HNIW 的 XRD

迅速析出的 HNIW 粒径小于 10 μm，晶形呈条状片状，团聚严重，晶型为 γ 型。对于超细炸药，粘结剂不能包覆[图 5.18（a）]，需要采用配位键合剂[31]，王保国[32]利用 LBA - 603 对亚微米 HNIW 进行了包覆，降低了撞击感度。包覆超细炸药不能使用常用的粘结剂，对传统的包覆工艺也要改进。用 GAS（超临界气体抗溶剂)[33]技术实现 HNIW 超细化和包覆改性一体化，将 HNIW 和 F2602 按一定比例溶解到乙酸乙酯中，经过有机溶剂乙酸乙酯的膨胀、超临界 CO_2 对乙酸乙酯的萃取、HNIW 炸药的沉积、F2602 在炸药表面的沉积、乙酸乙酯和 CO_2 的减压冷凝分离。获得超细 HNIW/F2602（95/5）的混合炸药，文献[34]指出 GAS 制备的超细 HNIW 晶型为 β 型，而不是 ε 型。HNIW 在水悬浮（乙酸乙酯溶解粘结剂）和 GAS 工艺中，存在转晶。

采用特殊溶剂溶解氟橡胶，通过高温（70℃）滴加方法进行造粒，制备 HNIW/F（96/4）如图 5.19 所示。

图 5.19　HNIW/F（96/4）造型粉
（a）HNIW/F（96/4）造型粉颗粒；（b）HNIW/F（96/4）造型粉颗粒表面

氟橡胶包覆 HNIW 具体工艺见附录，氟橡胶从溶液中缓慢析出，在高速搅拌作用下，均匀包覆在 HNIW 颗粒表面，包覆后的颗粒又被氟橡胶粘结在一起，因此，工艺过程中，氟橡胶溶液的滴加速率宜慢，体系内维持较低的负压，避免负压过大，颗粒成团，影响氟橡胶在 HNIW 表面粘结的强度，根据造粒工艺，可以适当调节造型粉的粒度和强度。

4. 包覆材料优选

单一种类的高聚物粘结剂很难全面满足混合炸药的需求，为使高聚物粘结炸药尽量减少原主体炸药的能量损失，又要保证粘结强度高、感度低，可采用粘结性能好、软化温度较高的高聚物与适当比例的软化温度较低的高聚物使用。同时，还要考虑粘结剂与主体炸药的相容性。表 5.8 为部分粘结剂与 HNIW 的相容性。

HNIW 混合炸药设计基础

表 5.8　HNIW 与常用粘结剂的相容性

组分/%	晶变温度/℃	初始分解温度/℃	分解峰温/℃	测试条件
HNIW	170（ε→γ）	232	244	DSC 氩气氛 升温速率 5℃/min
HNIW/HTPB（96/4）	168（ε→γ）	233	236	
HNIW/GAP（96/4）	169（ε→γ）	238	241	
ε-HNIW（D_{50}=162 μm）	140℃开始晶变，150℃转变 71%			6℃/min 原位 XRD
ε-HNIW/HTPB（90/10）	140℃开始晶变，150℃转变 54%			
ε-HNIW（D_{50}=160 μm）	170	226	251	DSC 氩气氛 升温速率 10℃/min
ε-HNIW/BR（96/4）	168	215	220	
ε-HNIW/Wax（96/4）	168	226	242	
ε-HNIW/异戊橡胶（96/4）	167	225	228	
ε-HNIW/DOP（99/1）	170	226	229	
ε-HNIW/G（99/1）	170	226	251	
ε-HNIW/F_{2602}（96/4）	170	226	252	
ε-HNIW/PIB（96/4）	170	226	251	
ε-HNIW/聚苯乙烯（96/4）	169	235	240	

　　选择硬度高的粘结剂，虽易于造粒成型，但是不利于降低机械感度；选择弹性好的橡胶，降低机械感度，但是不易压制成型；选择耐热性好的粘结剂，至今尚未找到合适的溶剂，进行造粒。许晓娟[35]通过分子动力学模拟 PBX 的结合能、相容性、安全性、力学性能和能量性质，预测 HNIW 基 PBX 的相容性稳定顺序为 HNIW/PEG（聚乙二醇）> HNIW/Estane5703 > HNIW/HTPB > HNIW/F2314。但是，实验结果与之不同，文献[36]指出 PAX-12（90%ε-HNIW+10%（乙酸丁酸纤维素+双（2,2′-二硝基丙基）缩乙醛/甲醛+一种硝酸酯增塑剂），ε-HNIW 粒径为 2 μm，在钝感和低易损性方面取得了较大进展，PAX-12[37]可以压制到最大理论密度的 99%（压强 7 MPa，加工温度 80℃）。PAX-12 造型粉的撞击、摩擦和电火花感度和热老化性能与 LX-14 相当甚至更佳。其中，文献[38]指出 HNIW/HTPB（91/9）具有良好的传爆性能，其中 HNIW 粒径为 7 μm 和 0.7 μm。文献[39]指出，HNIW/VitonA(91/9) 水悬浮造粒，压装密度 1.94 g/cm³，爆速 9 023 m/s。因此，要根据具体实验参数选择合适的粘结剂体系。

5.5.2　包覆工艺研究

1. 水悬浮包覆

水悬浮法是制备压装炸药的常用方法。水悬浮分为高温滴加法和乳液聚合法。高温滴加法是在室温或适当加热的条件下,将粘结剂、增塑剂及钝感剂溶于溶剂制成一定浓度的溶液。在装有搅拌、加热和蒸馏装置的反应釜体中,加入水和炸药,搅拌形成水浆液,加热使浆液温度升至某一值(低于溶剂沸点)。然后将粘结剂溶液滴入搅拌的高温水药浆液中,同时开启蒸馏装置,控制适当的蒸发速度,使溶剂不在悬浮液中大量积累造成大块物料成团,当全部溶剂滴加完毕后,再升温或减压,除去残留溶剂,然后将悬浮液迅速冷却,分离固 – 液,洗涤干燥筛分,即可得到产品。乳液聚合法与高温滴加法工艺相似,先将乳液、药和水按一定比例配好,倒入反应釜内,搅拌均匀后,升温加入破乳剂溶液,待破乳完全后,加入粘结剂的溶剂,同时开启蒸馏装置,升温蒸发溶剂残留溶剂,最后冷却、过滤、洗涤、筛分、干燥,获得产品。

水悬浮包覆工艺中,粘结剂在炸药表面的粘结机理至今尚无成熟的理论解释,主要是润湿理论。该理论认为,当高分子粘结剂溶液与固体炸药颗粒接触时,单质炸药被粘结剂粘结,粘结剂对炸药颗粒起粘结作用的必要条件是高分子粘结剂溶液必须对炸药颗粒表面润湿,在溶剂挥发后,粘结剂便粘附在炸药颗粒表面。带有粘结剂的炸药小颗粒又互相粘结成较大的炸药颗粒,这要求单质炸药的表面能与粘结剂的表面张力应配合适当,当粘结剂的表面张力显著高于单质炸药的表面能时,粘结剂体系对炸药颗粒的润湿性不良,使炸药和高分子材料不能充分靠拢到范德华力作用的范围,就不能有效地粘结在一起,致使混合炸药的包覆性能不良,钝感效果差。当粘结剂的表面张力远低于单质炸药表面能时,粘结体系对炸药表面润湿良好,则包覆性能良好,炸药粘结和钝感效果最佳。

若要在炸药表面形成包覆层,首先要求添加剂润湿炸药晶体,而润湿过程分为粘湿、浸润和铺展三类过程[40]凡能自行铺展的体系,粘结过程也能自发进行,因而常以铺展系数为体系润湿性的指标,即

$$-\Delta G = \gamma_{sg} - \gamma_{sl} - \gamma_{lg} = S \qquad (5.2)$$

式中:S 为铺展系数;γ_{sg} 为固 – 气界面张力/(J/m^2);γ_{sl} 为固 – 液界面张力/(J/m^2);γ_{lg} 为液 – 气界面张力/(J/m^2)。S 越大表示铺展效果越好,$S > 0$ 为铺展自发进行的判据。

HNIW 混合炸药设计基础

对于高分子粘结炸药而言，无论是在水介质还是空气中，要求粘结剂与炸药晶体之间具有良好粘结力，就必须使粘结剂溶液对炸药晶体的润湿性良好，即粘结剂溶液的表面张力和晶体与水之间的表面张力之和等于晶体的表面张力减去粘结剂溶液与水之间的表面张力，即

$$\gamma_1 + \gamma_{sw} = \gamma_s - \gamma_{1w} \tag{5.3}$$

式中：γ_1 为粘结剂溶液表面张力/(J/m^2)；γ_{sw} 为晶体与水之间表面张力/(J/m^2)；γ_s 为晶体的表面张力/(J/m^2)；γ_{1w} 为粘结剂溶液与水之间的表面张力/(J/m^2)。

小分子液体的表面张力可由溶解度参数计算：

$$\gamma = 0.07147 \delta^2 V^{1/3} \tag{5.4}$$

式中：γ 为表面张力/(J/m^2)；δ 为溶解度参数 $MPa^{\frac{1}{2}}$；V 为摩尔体积（m^3/mol）。

对于聚合物和高能液体表面间的表面张力，由下式计算：

$$\gamma_{12} = \gamma_1 + \gamma_2 - 2\sqrt{\gamma_1^d \gamma_2^d} - 2\sqrt{\gamma_1^p \gamma_2^p} \tag{5.5}$$

式中：γ_1 和 γ_2 为 1 和 2 的表面张力/($J \cdot m^{-2}$)；d，p 代表非极性分量和极性分量。

高分子粘结剂的溶液确定后，其表面张力可以由实验测出。但是，炸药（颗粒粒径不同）的表面张力和炸药与水之间的表面张力测试相当困难。当炸药与水混合后，由彼此互不接触的水和炸药转变为以界面粘附的水固整体。在恒温恒压下，该过程的吉布斯自能发生变化，由于水润湿炸药仅发生在相界面上，对各自内部分子热运动无影响。水和粘结剂溶液也发生润湿作用，若要求粘结剂溶液能较好润湿炸药晶体，要求粘结剂与水接触的润湿焓同炸药与水接触的润湿焓接近或相等，则此种高分子粘结剂溶液才有可能作为该炸药在水中造粒的良好粘结剂。部分溶剂、高聚物和炸药的表面张力如表 5.9 所示[41]。

表 5.9 部分溶剂、粘结剂和炸药的表面张力（20 ℃）

溶剂	$\gamma/(mN \cdot m^{-1})$	粘结剂	$\gamma/(mN \cdot m^{-1})$	炸药	$\gamma/(mN \cdot m^{-1})$
水	72.8	聚异丁烯	33.6	β-HMX	{110} 43.7
乙醇	22.3	聚苯乙烯	40.7	β-HMX	{011} 43.6
四氯化碳	26.8	聚氨酯		β-HMX	{010} 43.2
三氯甲烷	27.1	聚四氟乙烯	25.7	ε-HNIW	{011}
正己烷	18.4			ε-HNIW	{002}
正辛烷	21.8			ε-HNIW	{110}

润湿理论解释了粘结剂在炸药晶体表面的粘结机理，从理论上分析，粘结剂包覆在炸药表面是靠分子间作用力。但是，在使用某些粘结剂包覆硝胺炸药时，粘结剂与炸药晶体发生物理化学反应，硝胺炸药的亚甲基和硝胺基的环形结构，利于带正负基团的聚合物相互作用，形成较强的酸碱配位作用。根据"酸碱配位"理论，向粘结剂体系中加入偶联剂，通过偶联剂与炸药晶体和高聚物之间产生化学键作用。常见偶联剂有硅烷类、钛酸酯类、铬酸酯类和硼酸酯类。HMX 用偶联剂多元醇包覆时，颗粒表面的硝基与醇中羟基发生作用，生成氢键使二者结合，然后与粘结剂结合，使强度提高。但是，化学键的形成必须满足一定的量子化学条件，化学键的引入仅是粘结剂与炸药间粘结的补充。图 5.20 为 HNIW 与聚异丁烯粘结剂接触的端面。

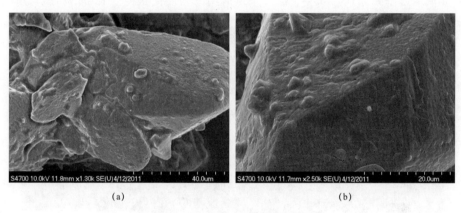

图 5.20　HNIW/PIB 造型粉局部端面
（a）单颗 HNIW 包覆；（b）HNIW 晶面包覆层

实验表明，少量的粘结剂与炸药颗粒之间，仅是起到粘连作用，由图 5.20（a）可以看出，粘结剂就是把不同颗粒粘连到一起，由图 5.20（b）可以看出 HNIW 表面的气孔，与粘结剂粘结强度并不高。只有将这种松散的造型粉压制成药柱时，高聚物与炸药晶体表面才能紧密结合。但是，研究发现 HMX 基高聚物粘结炸药中的粘结剂与 HMX 之间粘结不牢，在一定应力作用下，粘结剂从炸药表面"脱黏"，影响了炸药的感度和性能。常用的方法：① 加入偶联剂在炸药和粘结剂之间形成化学键；② 采用定向吸附，使粘结剂牢固吸附在炸药晶体表面；③ 在炸药晶体表面形成硬而坚韧的薄膜。在 HMX 基粘结炸药中加入小于 0.5% 的 N, N -（2 - 羟乙基）- 4,4 - 二甲基酰胺和 4 - 羟基）N, N - 二甲基酰胺，或者加入聚甲基异丁烯酸酯以增强粘结强度，在 HNIW 包覆中可以借鉴。

2. 乳液聚合包覆

高温滴加粘结剂的水悬浮工艺存在包覆不均匀的缺点，采用乳液聚合法可以使炸药颗粒与粘结剂在乳液中充分均匀混合。采用 551 乳液型粘结剂（固相含量 35%～40%，硫酸钠破乳）包覆 HNIW，工艺条件如下：称量 70 g 100～250 μm，22 g 0～40 μm，3 g 0～2 μm 的 HNIW；300 mL 水置于 1 000 mL 三口瓶内，搅拌混合均匀，加入 12.5 g 551 胶液（胶质量分数 40%），升温至 70℃，缓慢加入一定量的 Na_2SO_4 饱和溶液，搅拌（500 r/min），加入适量三氯甲烷，开启真空泵（-0.03 MPa），保持 30 min，然后迅速将造型粉倒入冷水中，洗涤筛分干燥。

HNIW 采用三级继配，晶体照片如图 5.21 所示。其中 100～200 μm 和 0～40 μm 通过重结晶筛分获得，0～2 μm 采用喷射细化获得。制备的造型粉粒度在 10～60 目，质量分数为 70%，湿法堆积密度（0.8 g/cm³），撞击感度爆炸百分数 30%（12 型，2.5 kg 落锤，特性落高 15 cm），摩擦爆炸百分数 36%（2.45 MPa，66℃），未包覆之前均为 100%。HNIW/551 胶（95/5）造型粉如图 5.22 所示，相容性如图 5.23 所示。

图 5.21 三种粒度 HNIW 的扫描电镜

（a）HNIW（D_{50}=160 μm）；（b）HNIW（D_{50}=15 μm）；（c）HNIW（D_{50}=0.48 μm）

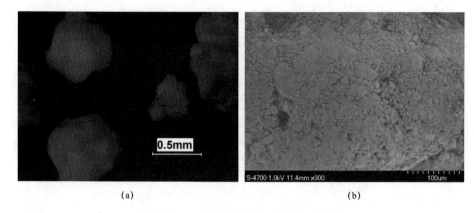

图 5.22 ε−HNIW/551 胶（95/5）造型粉
（a）造型粉；（b）造型粉表面

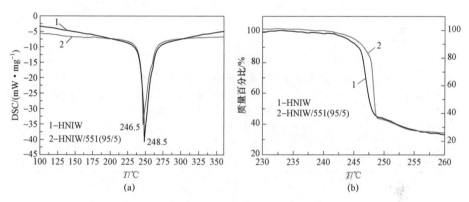

图 5.23 HNIW 和造型粉的 DSC−TG 曲线（β=10℃/min）
（a）DSC；（b）TG

551 胶可以显著降低 HNIW 的机械感度，551 胶并未使 HNIW 热分解提前，造型粉的分解峰温略低于 HNIW，加入 5%惰性粘结剂降低了分解焓，TG 曲线显示热分解后造型粉剩余产物比 HNIW 多 5%。与 HNIW/硅橡胶[91]近似，HNIW/551 胶（95/5）相容性良好，在低于 200℃使用，热安定性良好。

慢烤实验结果表明，将 HNIW/551 胶（95/5）压制成密度 1.82 g/cm³ 的药柱（ϕ10 mm×10 mm），置于模拟装置中，烤爆温度为 197～203℃。为改善造型粉流散性并降低静电火花感度，便于压装退模，可以向造型粉内添加石墨，与未添加石墨相比，添加 2%石墨使烤爆温度提前 20℃，添加 1%石墨会使烤爆温度提前 2～3℃。石墨是热的良导体，不能提高 HNIW 基 PBX 的热安全性。

乳液聚合水悬浮工艺仍存在一些不足，产品造粒不均匀，筛分出 10～60 目的产品，粘结剂百分含量不可能为投料时设想的 5%，需要进行实时的组分分析，保证产品中粘结剂的质量百分数。因此，这里还采用了直接混合造粒法进行对比。

3. 直接法包覆

直接法是将粘结剂、增塑剂和钝感剂溶于不溶解炸药的溶剂中，待全部溶解后，将一定量的炸药加入到该溶液中，然后捏合，使部分溶剂挥发，待整个物料成膏状，迫使它通过适当的筛网，干燥后即可得到造型粉。

采用 HTPB、551 胶（固相）和顺丁橡胶作为粘结剂，微晶蜡作为钝感剂，石墨作为润滑剂（除静电），二氯甲烷作为粘结剂的溶剂，HNIW 选用图 5.8 中的样品。

实验工艺如下：将 0.5 g 微晶蜡溶于 100 mL 二氯甲烷内，加入 4.5 g 粘结剂，升温 40℃，搅拌使其完全溶解，称量 95 gHNIW（级配后），加入 0.25 g 石墨（约 40 μm），混合均匀后，逐次加入二氯甲烷中，搅拌同时挥发溶剂，待其呈膏状时，迫使其通过 40 目铜筛网挤出造粒，烘干后，再加 0.25 g 石墨，混合均匀。其机械感度如表 5.10 所示，扫描电镜如图 5.24 所示。

表 5.10 HNIW 混合炸药撞击感度 P（爆炸百分数）

炸药名称	$P/\%$	炸药名称	$P/\%$
HNIW（100～250 μm）	100	HNIW（～40 μm）	72
HNIW（～2 μm）	50	HNIW（三级级配）	100
HNIW/HTPB（98/2）直接法	100	HNIW/HTPB（96/4）直接法	96
HNIW/HTPB（92/8）直接法	64	HNIW/HTPB（90/10）直接法	20
HNIW/551 胶（98/2）水悬浮	100	HNIW/551 胶（98/2）直接法	100
HNIW/551 胶（97/3）水悬浮	88	HNIW/551 胶（97/3）直接法	96
HNIW/551 胶（96/4）水悬浮	32	HNIW/551 胶（96/4）直接法	80
HNIW/F（96/4）水悬浮	10	HNIW/F（96/4）直接法	76
HNIW/BR（96/4）直接法	72	HNIW/551/BR（96/2/2）直接法	80

注：撞击感度测试条件，12 型工具，2.5 kg 落锤，特性落高 15 cm。摩擦 WM-1 型，2.45 MPa，66 ℃。

相同粘结剂含量时，直接法机械感度减低较小，而水悬浮法降低显著。粘结剂含量较低（小于 5%）时，直接法不可能将 HNIW 包覆均匀，而水悬浮法可以实现对 HNIW 的包覆，水悬浮用 4%的 551 胶和 F 包覆 HNIW 的摩擦感度分别为 32%和 20%。

图 5.24 直接法制备 HNIW 基混合炸药
（a）HNIW 三级级配；（b）HNIW/HTPB（90/10）；
（c）HNIW/BR（96/4）；（d）HNIW/551/BR（96/2/2）

级配后的 HNIW，撞击感度与最大颗粒相当，摩擦感度与最小颗粒相当。宋晓兰[42]引入分形理论，用分形维数解释 HNIW 的机械感度变化规律，分形维数越高，撞击感度越低，分形维数与摩擦感度无关。但是，高维数的颗粒由于表面粗糙，容易产生摩擦热，活化能低，导致热分解而爆炸。粒度分布越宽，分形维数越高，撞击和摩擦感度越高，这与硝胺类炸药的机械感度变化趋势一致。直接法包覆后，HNIW 的机械感度显著降低，并且粘结剂含量与投料时一致，不用实时进行组分分析。但是，直接法搅拌 HNIW 时，晶体间摩擦作用可能导致危险。因此，需要降低 HNIW 的摩擦感度，对 HNIW 进行机械圆滑处理后，用微晶蜡对 HNIW 进行钝化处理，然后再进行捏合，选择合适的捏合强度和时间，以便操作安全和均匀混合。

参 考 文 献

[1] 黄文斌,王亲会,王浩,等. 复合钝感剂对梯黑铝炸药的钝感机理[J]. 火炸药学报,2009,32(2):41-43.

[2] 胡庆贤. 塑料粘结炸药的感度测试方法及钝感机理的讨论[J]. 火炸药学报,2002,25(1):57-58.

[3] 黄晓川,秦明娜,唐望,等. HMX 降感技术研究进展[J]. 化工新型材料,2014,42(4):20-23.

[4] 杨志剑,刘晓波,何冠松,等. 混合炸药设计研究进展[J]. 含能材料,2017,25(1):2-11.

[5] Akhavan J, Burke T C. Polymer Binder for High Performance Explosives[J]. Propellants Explosives Pyrotechnics, 1992, 17(6): 271-274.

[6] 刘天生,岳强. 新型钝感炸药组分配比对安全性影响的研究[J]. 中北大学学报,2008,29(3):232-235.

[7] 王凤英,刘天生. 高钝感炸药组分配比对安全性影响的研究[J]. 火炸药学报,2002,25(3):24-26.

[8] 李玉斌,黄亨建,黄辉,等. 高品质 HMX 的包覆降感技术[J]. 含能材料,2012,20(6):680-684.

[9] 胡庆贤,吕子剑. TATB、石蜡、石墨钝感作用的讨论[J]. 含能材料,2004,12(1):26-29.

[10] 李玉斌,黄辉,潘丽萍,等. 高氯酸铵的包覆降感与应用研究[J]. 含能材料,2014,22(6):792-797.

[11] Schmid H. Coating of explosives[J]. Journal of Hazardous Materials, 1986, 13(1): 89-101.

[12] 项传林. 蜡钝感炸药的发展与应用[J]. 火炸药学报,1993,(1):22-25.

[13] 王玉祥. 固体温压炸药成型性能和安全性能的研究[D]. 南京:南京理工大学,2007.

[14] 池俊杰,邢校辉,赵财,等. 钝感剂在含能材料中的应用[J]. 化学推进剂与高分子材料,2015,13(1):20-26.

[15] 孙国祥. 高分子混合炸药[M]. 北京:国防工业出版社,1985.

[16] 崔庆忠,刘德润,徐军培. 高能炸药与装药设计[M]. 北京:国防工业出版社,2016.

[17] 朱雅君,张学斌,冀翼,等. 纳米二硫化钨和二硫化钼的制备方法及应用[J]. 广州化工,2012,40(5):4-6.

[18] 百瑞,赵九蓬,李垚,等. 氟化石墨烯的研究及其在表面处理方面的应用进展[J]. 表面技术,2014,43(1):131-136.

[19] 康文泽,李尚益. 氟化石墨烯制备与研究进展[J]. 炭素,2016,(3):12-16.

[20] Simpon R L,Urtiew P A,Omellas D L,et al. HNIW Performance exceeds that of HMX and its sensitivity is moderate[J]. Propellants,Explosives,Pyrotechnics,1997,22,249-255.

[21] Bircher H R,Mäder P,Mathieu J. Properties of HNIW based high explosives[C]//Proceedings of the 29th ICT Conference on Propellants,Explosives and Pyrotechnics. Karlsruhe,Germany. 1998,94,1-14.

[22] 王昕,彭翠枝. 国外六硝基六氮杂异伍兹烷的发展现状[J]. 火炸药学报,2007,30(5),45-48.

[23] Nair U R,Sivabalan R,Gore G M,et al. Hexanitrohexaazaisowurtzitane(HNIW)and HNIW-Based Formulations(Review)[J]. Combustion,Explosion and Shock Waves. 2005,41(2),121-132.

[24] 金韶华,于绍兴,欧育湘,等. 六硝基六氮杂异伍兹烷包覆钝感的探索[J]. 含能材料,2004,(3),147-150.

[25] 孟征,欧育湘,刘进全,等. 蜜胺甲醛树脂原位聚合法包覆六硝基六氮杂异伍兹烷[J]. 含能材料,2006,14(5),333-335.

[26] 廖肃然,罗运军,孙杰,等. 水性聚氨酯的合成及其对HNIW的包覆[J]. 含能材料,2006,14(5),336-338.

[27] Liao Suran,Luo Yunjun,Sun Jie,et al. Synthesis of waterborne polyurethane for coating on HNIW[J]. Advanced Materials Research,2011,194,2425-2428.

[28] 刘益军. 聚氨酯原料及助溶剂手册[M]. 北京:化学工业出版社,2005.

[29] Elizabeth da Costa Mattos,Ulrich Teipel. Characterization of Polymer-Coated RDX and HMX Particles[J] Propellants,Explosives,Pyrotechnics,2008,33(1),44-50.

[30] Xiaojuan Xu,Jijun Xiao,Hui Huang,et al. Molecular dynamic simulations on the structures and properties of ε-HNIW(001)/F2314 PBX.[J]Journal

of Hazardous Materials,2010,175:423-428.

[31] 张斌,罗运军,谭惠民. 多种键合剂与HNIW界面的相互作用机理[J]. 火炸药学报,2005,28(3):23-26.

[32] 王保国,张景林,彭英健. 配位键合剂-603对亚微米HNIW撞击感度的影响[J]. 火炸药学报,2008,31(4):39-42.

[33] 柴涛. 超临界反溶剂法制备PBX混合炸药的机理和应用研究[D]. 太原:中北大学,2005.

[34] 尚菲菲,张景林,张小连,等. 超临界流体增强溶液扩散技术制备纳米HNIW及表征[J]. 火炸药学报,2012,6:37-40.

[35] 许晓娟,肖继军,黄辉. ε-HNIW基PBX结构和性能的分子动力学模拟——HEDM理论配方设计初探[J]. 2007,37(6):556-563.

[36] Berton L G,Dilhan M K,Melek E,et al. Analysis of Slurry-Coating Effectiveness of HNIW Using Grazing Incidence X-ray Diffraction[J]. Energetic Materials,2003,21:185-199.

[37] 欧育湘,孟征,刘进全. 高能量密度化合物HNIW应用研究进展[J]. 化工进展,2007,26(12):1690-1694.

[38] Wang Jingyu,An Chongwei,Li Gang,et al. Preparation and Performances of Castable HTPB/HNIW Booster Explosives[J] Propellants,Explosives,Pyrotechnics,2011,36:34-41.

[39] Ahmed E,Marcela J,Svatopluk Z,et al. Explosive Strength and Impact Sensitivity of Several PBXs Based on Attractive Cyclic Nitramines.[J] Propellants,Explosives,Pyrotechnics,2012,37:329-334.

[40] 顾惕人.表面化学[M]. 北京:科学出版社,1999.

[41] 孙业斌,惠君明,曹欣茂.军用混合炸药[M]. 北京:兵器工业出版社,1995.

[42] Song Xiaolan,Li Fengsheng,Wang Yi,et al. A Fractal Approach to Assess the Risks of Nitroamine Explosives[J]. Journal of Energetic Materials,2012,30:1-29.

第 6 章
HNIW 混合炸药爆炸能量释放

与单质炸药爆轰不同，混合炸药的爆炸包括主体炸药爆轰、氧化剂分解、燃料燃烧等多个相互交织和叠加的过程，其能量释放规律非常复杂。作为主体炸药的 HNIW 在混合体系中被大量氧化剂和铝粉稀释后的爆轰临界性，HNIW 与氧化剂共同爆轰的参数计算，以及燃料燃烧的起始条件及燃烧速率等，都是 HNIW 混合炸药设计必须考虑的问题。本章围绕上述问题的论述，部分来自对现有理论的分析，部分来自对部分实验结果的理解，以期为从事 HNIW 混合炸药配方设计和能量释放规律研究者提供一种思路。

6.1 HNIW爆轰能量释放及临界性

6.1.1 HNIW爆轰能量释放

6.1.1.1 理想炸药爆轰理论

炸药爆轰理论最初是由Chapman[1]和Jouguet[2]在20世纪初建立的C-J理论，该理论假设爆轰过程在一个无限薄的间断面上瞬时完成，而不考虑化学反应过程。在跨越间断面建立一维定常流动的质量、动量和能量守恒关系，加上爆轰产物状态方程和C-J条件，构成一个封闭的方程组。结合爆轰反应热力学定律，可从理论上计算爆轰参数。

C-J理论奠定了炸药爆轰的理论基础，但未能考虑爆轰反应的进程，无法研究爆轰波阵面内部发生的化学的和流体动力学过程。20世纪40年代初期，Zoldovich[3]、Von Neumann[4]和Doering[5]分别独立提出了描述爆轰波基本结构的模型，称为ZND模型，将C-J理论推广到考虑有限的化学反应速率。ZND模型假设爆轰波阵面具有一定的厚度，它由前导冲击波及跟随其后的定常爆轰反应区构成，炸药能够在该爆轰反应区内释放全部的化学能，该爆轰反应区的终态即为C-J面，如图6.1所示。

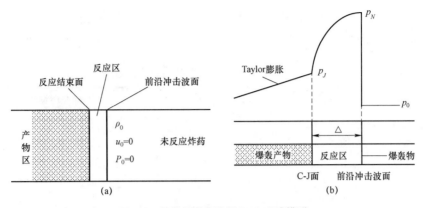

图 6.1 经典爆轰理论的 ZND 理论模型
（a）爆轰波阵面示意图；（b）爆轰波的 ZND 模型

C-J 理论和 ZND 模型统称为理想爆轰理论，所描述的爆轰过程称为理想爆轰，而满足理想爆轰条件的炸药称为理想炸药。因此，诸如单质炸药、多种单质炸药的混合体系，以及含有少量粘结剂的混合炸药等，都能够在一个非常薄的反应区内完成化学反应并释放全部的化学能，因此可视为理想炸药。

6.1.1.2 理想炸药爆轰能量释放

炸药爆轰能量释放是指炸药爆轰反应释放热能的动力学过程，受炸药性质和装药结构共同影响。在足够大直径圆柱形一维均匀装药的理想条件下，装药结构的影响可以忽略，此时炸药爆轰能量释放可以由能量释放率和能量释放速率表征。假设某装药在理想装药条件下发生了如图 6.1 所示的理想爆轰，则该炸药的爆轰能量释放率 ω、能量释放速率 $\dot{\omega}$ 和单位面积释放速率 $\dot{\omega}/A$ 为

$$\begin{cases} \omega = \dfrac{E}{E_c} = \dfrac{\rho_0 VQ}{\rho_0 VQ_v} = \dfrac{Q}{Q_v} \\ \dot{\omega} = \dfrac{dE}{dt} = \rho_0 Q \dfrac{dV}{dt} = \rho_0 AQD \\ \dfrac{\dot{\omega}}{A} = \rho_0 QD \end{cases} \quad (6.1)$$

式中，ρ_0、V、A 分别为圆柱形装药的密度、体积和截面积，Q_v、E_c 分别为炸药理论爆轰热和装药理论总能量，Q、E 分别为释放出的爆热和总能量。研究表明，采用量热弹测出的理想炸药爆轰热与理论值相比，在测量误差内基本一致。因此，式（6.1）可写为

$$\begin{cases} \omega \approx 1 \\ \dot{\omega}/A = \rho_0 Q_v D \end{cases} \quad (6.2)$$

式（6.2）表明，在圆柱形装药条件下，炸药单位面积爆轰能量释放速率为装药密度、爆轰热和爆速之积。表 6.1 列出了几种单质炸药的爆轰能量释放速率值。

表 6.1　几种单质炸药的爆轰能量释放速率

炸药	理论密度/ ($kg \cdot m^{-3}$)	爆轰热/ ($J \cdot kg^{-1}$)	爆速/ ($m \cdot s^{-1}$)	爆轰能量释放速率/ ($J \cdot s^{-1} \cdot m^{-2}$)
TNT	1.595×10^3	4.180×10^6	6.850×10^3	0.458×10^{14}
NTO	1.931×10^3	3.737×10^6	8.478×10^3	0.612×10^{14}
Fox-7	1.756×10^3	4.559×10^6	8.263×10^3	0.662×10^{14}
RDX	1.810×10^3	5.683×10^6	8.772×10^3	0.902×10^{14}
HMX	1.910×10^3	5.667×10^6	9.124×10^3	0.987×10^{14}
DNTF	1.937×10^3	5.798×10^6	9.146×10^3	1.027×10^{14}
HATO	1.877×10^3	6.013×10^6	9.204×10^3	1.039×10^{14}
HNIW	2.040×10^3	6.389×10^6	9.596×10^3	1.251×10^{14}

数据显示，HMX 的爆轰能量释放速率接近 $1 \times 10^{14} J \cdot s^{-1} \cdot m^{-2}$。以 HMX 为基准，HNIW、HATO、DNTF 具有很高的爆轰能量释放释放速率；低于 HMX 爆轰能量释放速率的炸药排序是 RDX＞Fox-7＞NTO＞TNT。TNT 的爆轰能量释放释放速率最低，仅为 RDX 的 50%；HNIW 爆轰能量释放速率最高，比 HMX 高 26.7%，比 RDX 高 38.6%，比 TNT 高约 1.73 倍。

单位面积爆轰能量释放速率是对炸药爆轰功率密度的一种评价，也是对炸药自身做功能力的一种评价。对于一定质量的炸药，可以通过调整装药结构和起爆方式调整爆轰完成的时间，从而达到调整装药爆轰功率密度的目的。此外，装药爆轰对外作功还与装药结构和介质的力学性能有关。

6.1.2　HNIW 爆轰临界性

6.1.2.1　爆轰临界尺寸

1. 圆柱形装药的爆轰临界直径

有限装药尺寸的爆轰现象研究表明，装药直径对爆轰波的传播影响很大，只有装药直径达到某一临界值时，爆轰波传播才能维持稳定，因而物理上存在一个保持爆轰波稳定传播的最小装药直径，称为临界直径，用 d_c 表示。研究发现，在装药直径大于 d_c 的时，炸药的爆速随直径增大而增大，直到接近理论爆速。装药直径对爆轰波传播的这一影响称为直径效应，在炸药应用上具有重要的意义。

采用 ZND 模型无法解释装药直径对于爆轰波传播的影响，因为理想爆轰模型既不考虑爆轰反应区内能量的侧向损失，也不考虑轴向损失（炸药能量可能在 C-J 面之后释放一部分），而是将炸药全部爆轰反应能量都用于支持前沿冲击波，以达到爆轰波传播速度的最大化。因而装药直径和爆速存在的这种临界性，本质上是炸药爆轰能量在径向和轴向上的损失达到了临界点。

理想炸药能够在爆轰反应区内释放出全部的化学能支持爆轰波，否则称为非理想炸药，比如被氧化剂和燃料高度稀释的炸药就属于非理想装药。但是在某些装药条件下，即使理想炸药也不能保证爆轰能量都能支持爆轰波，这类装药称为非理想装药，比如微尺度装药就属于非理想装药。非理想炸药并非理想装药的爆轰波传播问题更为复杂，这种情况下加大装药直径并加强约束，以减弱爆轰产物侧向膨胀带来的能量损失是必要的。

20 世纪 40 年代 Khariton[6]提出了一个考虑爆轰能量侧向损失的模型来解释无约束装药的临界直径现象，如图 6.2 所示。假设爆轰反应区内完成化学反应时间为 τ，稀疏波从装药侧面到达中心线的时间为 t。若 $t > \tau$，则侧向波未到达装药中心线之前，化学反应已经完成，反应区内的相对能量损失不大。若 $t < \tau$，则稀疏波先于化学反应完成之前已经到达装药中心线处，则发生侧向能量损失。装药直径增大则 t 增加，有利于减小侧向能量耗散的影响，反之将增大侧向能量的耗散，如图 6.2 中的阴影部分表示反应区中不受影响的部分。可以理解，凡能使化学反应时间 τ 减小或使稀疏波传至轴线的时间 t 增长的设计，都可减小临界直径。

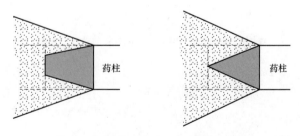

图 6.2　侧向稀疏波对反应区影响示意图

在假设侧向稀疏波的传播速度等于当地声速的条件下，Khariton 给出了估计临界直径 d_c 的公式：

$$d_c = 2c\tau \quad (6.3)$$

式中：c 为炸药爆轰产物的平均声速；τ 为炸药爆轰反应时间，即爆轰波阵面内的炸药完全反应的时间。

Khariton 的模型并不完美，但揭示了爆轰临界直径的本质，今天仍然可以借用这一模型估算炸药的临界直径,前提是获取炸药的爆轰反应时间。

北京理工大学徐新春等[7]2009年公布了采用双灵敏度VISAR激光干涉法对JO-9C炸药(95.5HMX/4.5F2602)和HNS-II炸药爆轰反应时间的测试结果,并计算了爆轰反应区宽度,实验装置见图6.3。装药壳体的外径为20 mm,高度为38 mm,材料选择有机玻璃或45钢,炸药分别为JO-9C和HNS-II传爆药,装药密度为90%理论密度。选用4 μm厚的铝箔作为粒子速度载体,LiF晶体窗口厚度为2.15 mm。利用ORI-VISAR分析软件对原始干涉信号进行分析,得到相应装药与LiF窗口材料界面速度-时间曲线。图6.4分别为45钢约束和有机玻璃约束JO-9C炸药,以及有机玻璃约束HNS-II炸药的爆轰波粒子速度-时间曲线,图6.5为45钢约束JO-9C炸药的爆轰反应时间辨识示意图。

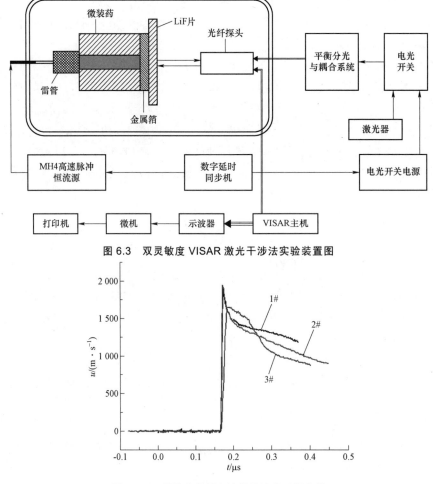

图6.3 双灵敏度VISAR激光干涉法实验装置图

图6.4 三种装药的爆轰波粒子速度时间曲线

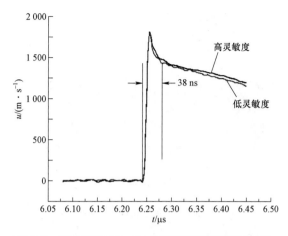

图 6.5　45 钢约束 JO–9C 炸药爆轰反应时间辨识图

根据爆轰反应区内平均声速假设，可得到反应区宽度计算式：

$$\Delta = c\tau = (D-u)\tau \tag{6.4}$$

按式（6.4）计算的三种装药的反应区宽度值见表 6.2。

表 6.2　三种装药的爆轰反应时间和反应区厚度

序号	药剂	约束条件	装药直径/mm	装药密度/(g·cm^{-3})	爆速/(m·s^{-1})	反应时间/ns	反应区厚度/mm
1#	JO–9C	45 钢	6mm	1.707	7 980	38	0.22
2#	JO–9C	有机玻璃	4mm	1.707	7 820	40	0.23
3#	HNS–Ⅱ	有机玻璃	4mm	1.566	6 602	120	0.60

结果显示，直径 6 mm 钢约束和直径 4 mm 有机玻璃约束的 JO–9C 炸药，爆轰反应时间变化不明显，反应区宽度基本一致；直径 4mm 有机玻璃约束的 HNS–Ⅱ 炸药，爆轰反应时间和反应区宽度接近 JO–9C 炸药的 3 倍，表明低爆速装药的爆轰反应区更宽。

北京理工大学刘丹阳等[8]2016 年通过激光干涉法对 HNIW 混合炸药的爆轰反应区宽度进行了实验研究。采用激光位移干涉仪测量了 C–1 炸药（HNIW94/FPM6）与窗口界面的粒子速度–时间曲线。实验装置如图 6.6 所示，其中透明窗口与炸药的接触面镀有一层金属薄膜，用于反射激光信号。实验中首先起爆 JO–9159（95HMX/5 粘结剂）加载炸药，继而引爆 C–1 炸药，采用激光位移干涉仪记录被测炸药与测试窗口的界面粒子速度。实验时在加载炸药和被测炸药之间放置一个电离探针，用于给出激光位移干涉仪启动信号。

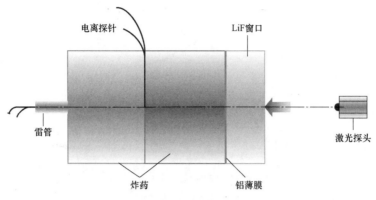

图 6.6 实验装置示意图

加载炸药尺寸 $\phi 20\text{ mm} \times 20\text{ mm}$，密度 1.78 g/cm³；C-1 炸药尺寸 $\phi 20\text{ mm} \times 20\text{ mm}$，密度 1.943 g/cm³；LiF 窗口材料尺寸为 $\phi 20\text{ mm} \times 10\text{ mm}$，密度为 2.63 g/cm³；金属薄膜为铝膜，厚度为 0.6 μm；激光位移干涉仪的激光波长为 1 550 nm，时间分辨率为 5 ns。图 6.7 为被测药柱爆轰压力增长的数值计算结果，表明位于起爆端面 3 mm 后，炸药已成长为正常爆轰。测试所记录的爆轰波粒子速度随时间的变化见图 6.8 和图 6.9。

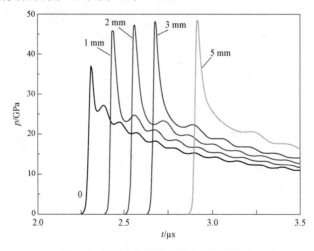

图 6.7 炸药内部压力随轴向距离的变化

在半对数坐标系下，对速度-时间曲线取导数，粒子速度曲线的变化规律就体现为可以近似成 2 条相交的直线，并且对应爆轰产物等熵膨胀区的直线斜率几乎为零。判别 2 条直线的交点即为 C-J 点，从而可以得出炸药的爆轰反应时间 τ。按照 ZND 爆轰模型，前沿冲击波与爆轰反应区按爆速 D 沿炸药传播，则炸药的反应区宽度 Δ 可以近似为

第 6 章　HNIW 混合炸药爆炸能量释放

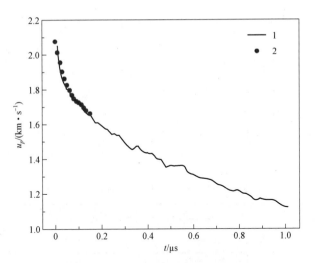

图 6.8　C-1 炸药与窗口的界面粒子速度

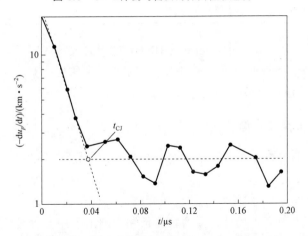

图 6.9　C-1 炸药粒子速度导数-时间曲线

$$\Delta = \int t(D-u_p)\,\mathrm{d}t \qquad (6.5)$$

将 C-1 的爆轰反应区宽度实验结果与 LX-19 炸药（HNIW95.8/Estane4.2）的模拟计算结果相对比见表 6.3。结果显示密度为 1.943 g/cm³ 的 C-1 炸药的爆轰反应时间为 38 ns，反应区宽度为 0.27 mm，与 LX-19 炸药试结果比较接近。

表 6.3　两种炸药爆轰反应区参数[9]

炸药	$\rho_0/(\mathrm{g\cdot cm^{-3}})$	τ/ns	Δ/mm	P/GPa
C-1 炸药	1.943	38	0.27	34.2
LX-19 炸药	1.942	40	0.28	35.2

中国工程物理研究院流体物理研究所舒俊翔等[9]2022 年采用相同的方法测量了 HNIW/粘结剂（95/5）炸药的爆轰反应时间。测试样品的密度为 1.92 g/cm³，爆速为 8 980 m/s，测得的爆轰反应时间为（15±4）ns，利用式（6.5），可计算出反应区宽度为 0.10~0.13 mm。结果不足文献［8］的 50%。可以看出，不同研究者测量的 HNIW 混合炸药爆轰反应时间有一定的差距。而且同一种炸药，炸药密度大的药柱，爆轰反应时间较短。

通过式（6.5）分别估算三种 HNIW 混合炸药的临界直径，结果见表 6.4。

表 6.4　三种 HNIW 炸药的临界直径估算

炸药组分	爆轰反应时间 τ/ns	当地声速 c/(m·s^{-1})	临界直径 d_c/mm
HNIW/粘结剂（95/5）[9]	15±4	6 905	0.21±0.05
C-1 炸药[8]	38	7 024	0.53
LX-19 炸药[8]	47	6 873	0.65

值得注意的是，理论密度的单质 HNIW 的爆轰反应时间更短，因而临界直径也更小。由于制备理论密度的 HNIW 试件难度很大，所以含少量粘结剂的 HNIW 混合炸药的临界直径可以作为 HNIW 的参考值。

2. 爆轰临界尺寸测定

物理意义上的爆轰临界尺寸 d_c 是一个定值，当装药尺寸从小于 d_c 的方向无限接近 d_c 时，爆速为零；当装药直径从大于 d_c 的方向无限接近 d_c 时，存在一个最低的爆速，称为临界爆速，用 D_{dc} 表示。

实际测试爆轰临界尺寸，受到装药条件和测试条件的偏差影响，无法获得物理上的临界尺寸数值。但对一组样本进行序贯实验，可以获得统计意义上的爆轰尺寸临界值，即 50%爆轰与不爆轰的装药尺寸 d_{c50}，同时获得最大不爆轰尺寸 d_c^- 和最小爆轰尺寸 d_c^+。

爆轰临界尺寸的实验方法通常有楔形实验和台阶实验两种，见图 6.10。其中楔形实验法在基板上刻出楔形沟槽，实验中从装药尺寸大的一端起爆，收回爆炸样品观察熄爆的位置，进而获得不爆轰的沟槽宽度。而台阶实验是将一组不同直径的药柱排列为一个同轴的台阶形装药，实验中从装药尺寸大的一端起爆，利用探针法测试每个药柱的爆速，没有测出爆速的药柱直径判定为临界直径。

楔形实验给出的临界值是最大不爆轰尺寸 d_c^-。这个方法的缺点是通过爆炸扩槽的痕迹难以准确判断熄爆的位置；优点是适用于几乎所有炸药，特别对临界尺寸小于 1mm 的炸药。台阶实验的优点是，仅仅少量实验就能给出最小爆轰

尺寸 d_c^+，一组变直径的台阶实验还能给出 50%爆轰与不爆轰的装药尺寸 d_{c50}，以及最大不爆轰尺寸 d_c^-；缺点是不适合爆轰临界尺寸很小的炸药，如金属加速炸药或者传爆药。

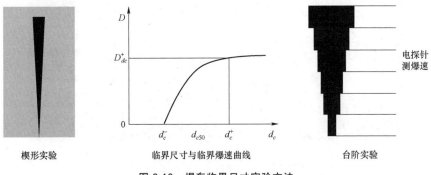

图 6.10　爆轰临界尺寸实验方法

中北大学李俊龙等[10]2012 年对 HNIW 含量为 87%的 HNIW/HTPB 传爆药的临界直径进行了测试，其中 HTPB 的含量 12%，另有固化剂 TDI 0.75%，增塑剂 DBP 0.25%。测试中的传爆药采用挤注方法装入内径分别为 0.6 mm、0.9 mm 和 1.4 mm 的铜管，并整体装入一个圆筒形鉴定块，通过

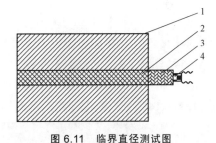

图 6.11　临界直径测试图
1—鉴定块；2—铜管药柱；3—雷管；4—引火头

对鉴定块的扩孔情况判别其是否爆轰，见图 6.11。测试结果见图 6.12，装药直径为 1.4 mm、0.9 mm 和 0.6 mm 都可以稳定爆轰，表明该传爆药的临界直径小于 0.6 mm。这一测试结果与表 6.4 的估算结果处于同一量级。

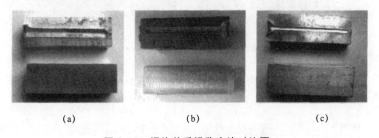

图 6.12　爆炸前后铝鉴定块对比图
(a) 1.4mm；(b) 0.9mm；(c) 0.6mm

西南科技大学 Wang D 等[11]2016 年研究了 HNIW 含量为 85%的 HNIW/GAP 炸药在正方形沟槽中的爆轰临界尺寸。实验中装药尺寸分别为 0.8 mm × 0.8 mm、

0.6 mm×0.6 mm 和 0.4 mm×0.4 mm（宽×深），爆轰前后铝板沟槽的照片如图 6.13 所示。实验结果显示三种装药直径下的炸药均可爆轰，表明该混合炸药的临界尺寸小于 0.4 mm×0.4 mm。

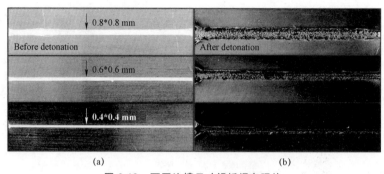

图 6.13　不同沟槽尺寸铝板爆轰照片
（a）爆轰前的照片；（b）爆轰后的照片

中北大学卫彦菊等[12]2016 年研究了 HNIW 含量为 82%的 HNIW/GAP 微注射炸药在正方形沟槽中的爆轰临界尺寸，并在沟槽装药密度 1.68g/cm³ 的条件下对 HNIW/GAP 基炸药的临界直径进行了测试。实验中装药尺寸分别为 1.0 mm×1.0 mm、0.8 mm×0.8 mm、0.7 mm×0.7 mm 和 0.6 mm×0.6 mm，测试结果如图 6.14 所示。测试结果表明该传爆药的临界爆轰尺寸小于 0.6 mm×0.6 mm。

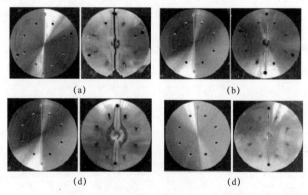

图 6.14　不同装药尺寸铝基板传爆前后的照片比对（深×宽）
（a）1.0 mm×1.0 mm；（b）0.8 mm×0.8 mm；（c）0.7 mm×0.7 mm；（d）0.6 mm×0.6 mm

正方形与圆形装药的截面极为相似，通常可以用内切圆近似为圆形截面。以上两个实验结果证明 HNIW 含量小于 90%的情况下，爆轰临界直径与表 6.4 的估算结果处于同一量级。

多数情况下沟槽装药的截面是楔形，爆轰临界尺寸采用固定宽度的临界沟槽深度表示，或者固定深度的临界沟槽宽度表示。南京理工大学姚艺龙等[13]2013

年研究了 HNIW 含量为 90% 的 HNIW/氟橡胶墨水炸药爆轰临界尺寸,实验采用直写方法将墨水炸药装入宽度为 3 mm 的楔形沟槽中,通过沟槽扩展判断爆轰传播情况,如图 6.15 所示。实验结果显示其传爆临界沟槽深度约为 0.28 mm。

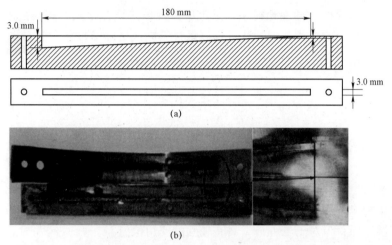

图 6.15　HNIW/氟橡胶墨水炸药爆轰临界尺寸实验图
(a) 爆轰临界尺寸测试装置；(b) 爆轰后的沟槽扩展图

中北大学宋长坤等[14]2018 年研究了 HNIW 含量为 90% 的 HNIW/(WPU+EC) 油墨炸药的沟槽装药临界爆轰尺寸,实验采用直写方法将油墨炸药装入宽度为 3 mm 的楔形沟槽中,通过沟槽扩展判断爆轰传播情况。实验结果显示其临界传爆深度可达 0.1 mm,如图 6.16 所示。

图 6.16　楔形装药传爆临界直径测试结果图

以上两个楔形实验所研究的炸药,其 HNIW 的含量相同,同样采用油墨直写装药方法,相同沟槽宽度,但实验给出的结果差距很大,说明楔形实验在测试爆轰临界尺寸方面不够准确。

6.1.2.2　HNIW 的临界爆速

1. 非理想装药爆速与直径的关系

当装药直径足够大时,实测爆速值接近 C-J 理论爆速,这一直径称为极限直径，用 d_1 表示，直径介于 d_c 和 d_1 的装药属于非理想装药。非理想装药的爆速虽然低于理论爆速 D，但只要装药尺寸大于临界尺寸，都能稳定地传播爆轰波。

1949 年 Eyring[15]通过对小直径装药爆轰波阵面的曲率进行研究，提出了爆速直径效应的流体力学理论模型，通过理论推导并结合大量的实验数据得到了直径效应的半经验公式，把爆速亏损同爆轰反应区宽度 Δ 联系起来。

无约束时的计算公式：
$$\frac{D_d}{D} = 1 - \frac{\Delta}{d} \tag{6.6}$$

有限厚度外壳装药时：
$$\frac{D_d}{D} = \left(1 - \frac{\Delta}{d}\right)^2 \left(\frac{W_e}{W_c}\right) \tag{6.7}$$

式中，D_d 为有限直径装药下的爆速，D 为理想爆速，W_c 和 W_e 分别为外壳和装药的质量。

事实上，Eyring 公式中 Δ 是一个经验参数，或者反过来从直径效应的实验数据可以给出关于 Δ 的估计。Eyring 的理论属于半经验的计算方法，虽然在理论上不够严谨，但对于工程计算具有较强的实用价值。

当装药直径逐渐减小并接近临界直径时，按照 Khariton 的临界直径 d_c 的公式，$\eta_c = \Delta / d_c \approx 0.5$，则 Eyring 计算式给出的临界爆速 $D_{dc} = D/2$。这意味着无论何种炸药，临界爆速约为理想爆速的一半。

在 $d_c < d < d_1$ 范围内，一定密度的非理想装药，爆速随直径的增大而增大，见图 6.17。

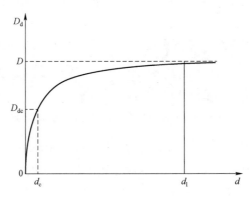

图 6.17 $D_d - d$ 关系示意图

定量表征爆速与直径的关系，需要炸药的反应区宽度 Δ。对于同一种炸药来说，Δ 值随着装药密度的增大而减小，因为随着装药密度的增大，爆速提高，相对减小了化学反应区中由于径向膨胀所导致的能量损失。由此可以看出，参数 Δ 是标志径向能量损失对爆速影响的一个重要的特征量。实际情况中为了减弱侧向稀疏波对装药爆轰波传播的影响，非理想装药多为带壳装药。图 6.18（a）为带壳非理想装药爆轰波传播原理示意图，爆轰波以稳定爆速 D_d 传播，受到侧向稀疏波的影响，反应区能量对前沿冲击波的支持比理想爆轰弱，前沿冲击波和反应结束面呈曲面，是典型的二维定常爆轰波传播问题。

Jones[16]的流管理论将爆轰波阵面的弯曲转化为爆轰反应区的扩张，做出以下假设：① 将曲线爆轰波近似为平面爆轰波；② 化学反应结束面 A_j 也是爆轰产物的声速面；③ 在反应区内，A 的变化只与横坐标 x 有关；④ 在 A_0 与 A_j 之间的任何截面上，物理量不随径向改变。以上假设将二维定常爆轰问题简化为一维定常爆轰问题，见图 6.18（b）。

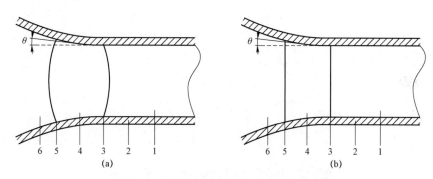

图 6.18　带壳非理想装药爆轰波传播原理示意图
（a）带壳非理想装药爆轰波传播示意图；（b）准一维定常爆轰传播模型示意图
1—装药；2—壳体；3—爆轰波前沿；4—反应区；5—反应结束面；6—爆轰产物

由于 $A_0 = \pi r^2$，$A_j = \pi(\Delta\tan\theta + r)^2$，则

$$\frac{A_j}{A_0} = \left(1 + \frac{\Delta\tan\theta}{\gamma}\right)^2 = \left(1 + \frac{2\Delta\tan\theta}{d}\right)^2 \quad (6.8)$$

式中：r 为装药半径，d 为装药直径，Δ 为反应区厚度，θ 为反应区内爆轰产物膨胀角。

令 $\eta = \Delta/d$ 为相对反应区宽度，$\tan\theta = \beta$ 为膨胀系数，则有

$$\eta\beta = \Delta\tan\theta / d \quad (6.9)$$

代入式（6.8）有

$$A_j / A_0 = (1 + 2\eta\beta)^2 \quad (6.10)$$

将式（6.10）引入流管理论，可得到非理想装药爆速与相对反应区宽度和膨胀系数之间的关系，即

$$\frac{D_d}{D} = \left[1 + \frac{8\gamma}{\gamma+1}(\eta\beta + 3(\eta\beta)^2 + 4(\eta\beta)^3 + 2(\eta\beta)^4)\right]^{\frac{1}{2}} \quad (6.11)$$

徐新春等[7]引用这一流管理论，对膨胀角 θ 进行了解析，得到了任意装药直径，任意约束条件下爆速 D_d 与理想爆速 D 的定量关系。

这里假设了 $\eta\beta \ll 1$，则可在 $\eta\beta$ 的零点处将式（6.11）进行 Taylor 展开，取一阶项得到

$$\frac{D_d}{D} = 1 - \frac{4\gamma}{\gamma+1}\beta\frac{\Delta}{d} \quad (6.12)$$

式（6.12）表明，带约束的非理想装药的爆速与炸药的性质和装药直径、膨胀系数有关。炸药反应区宽度小，爆轰产物膨胀能力强的炸药，非理想装药的爆速大；而增大装药直径或者增加约束，都能提高爆速。

为了求解 β 值，假设在反应区内的高压作用下，界面产生向壳体径向传播的冲击波，同时沿径向向反应区发出一簇径向稀疏波，见图6.19。

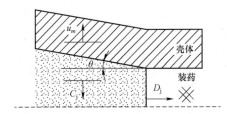

图6.19　非理想装药壳体受压侧向膨胀示意图

则 β 的表达式为

$$\beta = \tan\theta = u_m / D_d \quad (6.13)$$

只要得到爆轰产物与壳体界面处的粒子速度 u_m 和爆速 D_d 的关系，便可获得膨胀角 θ 和膨胀系数 β。

根据动量守恒定律，对壳体冲击波：

$$p_m = p_{m0}D_m u_m \quad (6.14)$$

对爆轰产物：

$$p_r - p_d = -\rho_d C_d u_r \quad (6.15)$$

界面连续条件：

$$p_m = p_r, \quad u_m = u_r \quad (6.16)$$

式中：p_r 为界面处爆轰产物的压力，u_r 为产物径向膨胀速度，C_d 为壳体向反应区反射的弱冲击波速度，ρ_{m0} 为壳体材料的初始密度。

联立式（6.14）、式（6.15）和式（6.16），得到

$$u_m = \frac{p_d}{p_{m0}D_m + \rho_d C_d} \quad (6.17)$$

令：$p_d = \rho_0 D_d^2/(\gamma+1)$，$\rho_d = (\gamma+1)\rho_0/\gamma$，$C_d = \gamma D_d/(\gamma+1)$，则有

$$\rho_d C_d = \rho_0 D_d$$

得到

$$\frac{u_m}{D_d} = \frac{1}{\gamma+1} \frac{\rho_0 D_d}{\rho_{m0} D_m + \rho_0 D_d} = \frac{1}{(\gamma+1)(\Gamma+1)} \quad (6.18)$$

式中：$\Gamma = \rho_{m0} D_m / (\rho_0 D_d)$ 为约束材料与炸药冲击阻抗比，代入式（6.17）得到

$$\beta = \frac{1}{(\gamma+1)(\Gamma+1)} \quad (6.19)$$

式（6.19）表明，膨胀系数与爆轰产物的膨胀能力和约束材料的冲击波阻抗有关；爆轰产物膨胀能力越强，约束材料的冲击波阻抗越大，膨胀系数越小。代入式（6.12），得到非理想装药爆速与装药直径的关系为

$$\frac{D_d}{D} = 1 - \frac{4\gamma}{(\gamma+1)^2 (\Gamma+1)} \frac{\Delta}{d} \quad (6.20)$$

对于无壳装药：$\Gamma = 0$，则膨胀系数 $\beta = 1/(\gamma+1)$。则式（6.11）变为

$$\frac{D_d}{D} = 1 - \frac{4\gamma}{(\gamma+1)^2} \frac{\Delta}{d} \quad (6.21)$$

当装药直径逐渐减小并接近临界直径时，但按照式（6.3），式（6.21）得到的临界爆速为

$$\frac{D_{dc}}{D} = 1 - \frac{2\gamma}{(\gamma+1)^2} \quad (6.22)$$

式（6.22）表明，炸药在无壳装药条件下的临界爆速与其状态方程的 γ 值有关。因为一阶近似的精度问题，式（6.22）存在一定偏差，但仍可以估算无壳装药的临界爆速。当 $\gamma = 3$ 时，$D_{dc} = 5D/8$；这一数值比 Eyring 公式的估算值 $D_{dc} = D/2$ 高出 12.5%。因此，用（6.22）估算炸药的临界爆速，比 Eyring 公式偏保守。

2. HNIW 临界爆速的估算

对表 6.5 中的两种 HNIW 炸药的临界爆速进行估算，结果如下。

表 6.5　两种 HNIW 混合炸药的临界爆速估算值

炸药组分	爆速 $D/(\text{m}\cdot\text{s}^{-1})$	γ	$D_{dc}/(\text{m}\cdot\text{s}^{-1})$ 式（6.3）	$D_{dc}/(\text{m}\cdot\text{s}^{-1})$ 式（6.19）
HNIW/粘结剂（95/5）	8 980	2.95	4 490	5 584
HNIW/FPM（94/6）	8 967	2.92	4 488	5 559

表中的数据显示,采用 Eyring 公式计算的临界爆速约为 4 500 m/s,而采用 (6.22) 式计算的临界爆速约为 5 600 m/s。考虑到炸药中含有 5%粘结剂,单质 HNIW 炸药的临界爆速应介于 4 500～5 600 m/s。

6.1.3 HNIW 爆轰临界稀释度

6.1.3.1 不同稀释度下 HNIW/C 体系的爆轰能量释放

在单质炸药与惰性稀释物构成的二元混合体系中,稀释度 φ 定义为稀释物所占的质量比。

理想的惰性稀释物是碳(C),因为颗粒碳材料具有与单质炸药相近的密度。采用简单理论方法计算爆轰热时,通常假定 C 不参与反应,采用平衡反应热力学方法计算爆轰热时爆轰产物中的 C 处于平衡状态。所以普遍采用比例放热规则计算单质炸药在稀释体系中的爆轰热 $Q_{v,\varphi}$,即

$$Q_{v,\varphi} = (1-\varphi) Q_v \qquad (6.23)$$

然而,采用平衡反应热力学程序计算 HNIW/C 体系的爆轰热 Q_φ,与式(6.23)计算值存在较大差距。表 6.6 给出了 EXPLO5 程序计算的不同稀释度下 HNIW/C 体系的爆轰产物、爆轰热 Q_φ 和爆轰温度 T_φ,及其与比例放热的对比。

表 6.6 HNIW/C 体系不同 C 稀释下的爆轰热及爆轰温度随稀释度的变化(EXPLO5)

φ/%	生成物浓度/(mol·kg^{-1})						Q_φ/ (kJ·kg^{-1})	$Q_{v,\varphi}$/ (kJ·kg^{-1})	T_φ/ K
	N_2	H_2O	CO_2	C	CO	CH_2O_2			
0	13.7	1.9	6.9	0	1.8	4.9	6 218	6 218	4 097
10	12.3	2.1	6.4	8.5	1.7	4.0	5 383	5 596	3 682
20	10.9	2.4	6.0	17.1	1.4	3.0	4 552	4 974	3 252
30	9.6	2.6	5.6	25.7	1.2	2.1	3 723	4 353	2 803
40	8.2	2.8	5.2	34.3	0.8	1.2	2 894	3 731	2 338
50	6.8	2.7	4.7	42.7	0.4	0.5	2 125	3 109	1 850
60	5.5	2.2	4.1	50.9	0.1	0.3	1 323	2 487	1 426
65	4.8	1.7	3.7	54.6	0	0.2	848	2 176	1 194
70	4.1	1.0	3.5	58.2	0	0.1	364	1 865	943
75	3.5	0.6	3.2	61.8	0	0	0	1 599	666

从表 6.6 可以看出,随着 C 稀释度的增大,主要爆轰产物非等比例下降,由此导致惰性稀释爆轰热 Q_φ 也随稀释度非等比例下降,并且随着稀释度的增加,与比例放热 $Q_{v,\varphi}$ 的差越来越大。这意味着在添加惰性物的条件下,HNIW

在爆轰过程中并没有释放理想的热量,原因是加入惰性物质导致了体系反应温度降低,进而影响了炸药的爆轰反应机制。将表 6.6 中的爆轰热和爆轰温度数据用最小二乘法进行拟合,得到稀释体系的爆轰热 Q_φ 和爆轰温度 T_φ 与稀释度 φ 之间的关系:

$$\begin{cases} Q_\varphi = (1 - 1.33\varphi) Q_v \\ T_\varphi = 4\,097 - 4\,472\varphi \end{cases} \quad (6.24)$$

图 6.20 显示了 HNIW/C 体系爆轰热和爆轰温度随稀释度的变化,可以看出爆轰热下降的斜率大于比例放热,说明 HNIW 在稀释的情况下能量释放率降低。

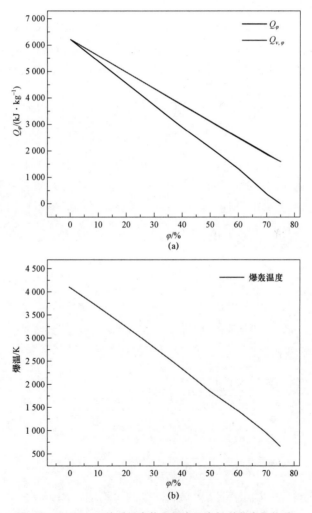

图 6.20 HNIW/C 体系爆轰热和爆轰温度与稀释度的关系
(a)爆轰热与稀释度的关系;(b)爆轰温度与稀释度的关系

如果 HNIW/C 体系的爆轰仍然满足 ZND 模型，则 HNIW/C 体系的爆轰温度随稀释度线性下降能够反映出 HNIW 的爆轰反应与温度的关系，这对 HNIW 而言具有普适性，即 HNIW 与其他稀释物构成的体系同样具有遵循这一规律。

6.1.3.2　HNIW/C 体系的爆速与爆轰临界稀释度

临界稀释度 φ_{cr} 指单质炸药与稀释物混合体系能够稳定爆轰的最大稀释度。当稀释度大于或等于临界稀释度时炸药稀释体系不能稳定爆轰；当稀释度小于临界稀释度，稀释体系的爆速随稀释度改变。

根据 HNIW 的爆轰反应方程式（2-16），即

$$C_6H_6N_{12}O_{12} \to 6N_2 + 3H_2O + 3.75CO_2 + 1.5CO + 0.75C$$

可以看出，HNIW/C 体系的爆轰产物存在固态 C，随着稀释度的增大，产物中 C 的浓度逐渐增加，其余产物的浓度都减小。则 HNIW/C 体系爆轰反应方程为。

$$C_6H_6N_{12}O_{12} + C \to \frac{1-\varphi}{M_e}(6N_2 + 3H_2O + 3.75CO_2 + 1.5CO) + \left(0.75\frac{1-\varphi}{M_e} + \frac{\varphi}{M_c}\right)C$$

（6.25）

式中，M_e 为 HNIW 的摩尔量。假设 Kamlet 公式适用于炸药稀释体系的爆速计算，则按照上述反应方程，可以得到炸药稀释前后炸药的爆速关系。

令 D_φ 为稀释体系的爆速（km/s）；Φ_φ 稀释体系的能量示性值；N_φ 为单位质量炸药气体爆轰产物的摩尔量（mol/g）；X_φ 为气体爆轰产物占炸药的质量比；Q_φ 为稀释体系的爆轰热（kJ/kg）。则有

$$\begin{cases} N_\varphi = (1-\varphi)N \\ X_\varphi = (1-\varphi)X \\ Q_\varphi = (1-\varphi)Q_v \end{cases} \qquad \varphi > \varphi_{cr} \qquad (6.26)$$

则按照式（2-19），得

$$\begin{cases} \dfrac{D_\varphi}{D} = \dfrac{1+1.30\rho_\varphi}{1+1.30\rho_0}(1-\varphi)^{3/4} \\ \Phi_\varphi = 0.475(X_\varphi N_\varphi Q_\varphi)^{1/2} = (1-\varphi)^{3/2}\Phi \qquad \varphi > \varphi_{cr} \\ \rho_\varphi = \dfrac{\rho_0 \rho_c}{\rho_c + \varphi(\rho_0 - \rho_c)} \end{cases} \qquad (6.27)$$

式中，式中，N、X、Q_v 均可以从单质炸药的平均加权爆轰反应式中得到，ρ_φ 表示稀释体系的理论密度，ρ_c 表示稀释物的密度。假设 C 粉的密度与 HNIW 的理论密度接近，则 $\rho_\varphi \approx \rho_c$，上式变为

$$D_\varphi / D = (1-\varphi)^{3/4}, \quad \varphi > \varphi_{cr} \tag{6.28}$$

如表 6.7 所示,通过计算不同稀释度下的爆速变化,可以从理论上近似估算炸药的临界稀释度。

表 6.7 HNIW/C 体系爆速随稀释度的变化表(EXPLO5)

稀释度 φ/%	密度/(g·cm^{-3})	爆速 D/(m·s^{-1})
0	2.04	9 759
10	2.04	9 156
20	2.05	8 481
30	2.06	7 715
40	2.06	6 828
50	2.07	6 056
60	2.07	5 206
65	2.08	4 610
70	2.08	4 046
75	2.08	3 694

按照表 6.7 给出的数据,如果取 HNIW 临界爆速的参考值为 4 000 m/s,则临界稀释度 φ_{cr} 约为 70%;如果取 HNIW 临界爆速的参考值为 4 500 m/s,则临界稀释度 φ_{cr} 约为 65%。

利用式(6.28)计算 HNIW/C、DNTF/C、HATO/C、HMX/C 四种稀释体系在稀释度 70% 以下的爆速,并与 EXPLO5 的计算结果对比见表 6.8。

表 6.8 两种方法计算出的爆速 D_φ 随稀释度变化对比

φ/%	HNIW/C/(m·s^{-1})		DNTF/C/(m·s^{-1})		HATO/C/(m·s^{-1})		HMX/C/(m·s^{-1})	
	EXPLO5	Kamlet 法	EXPLO5	Kamlet 法	EXPLO5	Kamlet 法	EXPLO5	Kamlet 法
0	9 759	9 596	9 451	9 015	9 931	9 072	9 178	9 124
10	9 156	8 949	8 769	8 399	9 310	8 432	8 646	8 469
20	8 481	8 210	8 027	7 732	8 625	7 779	8 045	7 805
30	7 715	7 444	7 194	7 035	7 854	7 092	7 356	7 109
40	6 828	6 646	6 496	6 303	6 981	6 368	6 545	6 377
50	6 056	5 809	5 494	5 530	6 005	5 599	5 696	5 601
60	5 206	4 925	4 729	4 705	5 481	4 775	4 935	4 772
65	4 610	4 567	4 434	4 358	4 996	4 445	4 552	4 441
70	4 046	3 990	4 130	3 904	4 278	3 901	4 010	3 981

数据显示，除了 HATO 之外，通过以平均加权规则修正后的 Kamlet 公式计算单质炸药经稀释后的爆速与 EXPLO5 通过平衡法计算的爆速相差均在 3%以内。其他 3 种体系的临界稀释度应该介于 60%～65%。

6.1.3.3　HNIW/C 体系的能量释放速率

按照式（6.2）给出的计算方法，HNIW/C 体系的爆轰能量释放率和释放速率为

$$\begin{cases} \omega = Q_\varphi/Q_v = 1-1.33\varphi \\ \dot{\omega}/A = (1-1.33\varphi)(1-\varphi)^{3/4}\rho_0 Q_v D \end{cases} \quad \varphi > \varphi_{cr} \quad (6.29)$$

由于稀释度大于零，因此 HNIW/C 体系的能量释放速率小于 HNIW 单质炸药。表 6.9 列出了不同稀释度下 HNIW/C 体系与 HNIW 单质炸药的能量释放率比值。

表 6.9　不同稀释度下 HNIW/C 体系能量释放率与 HNIW 单质炸药的比

ϕ /%	密度/（kg·m^{-3}）	爆速/（m·s^{-1}）	爆轰热/（J·kg^{-1}）	能量释放速率	与 HNIW 比/%
10	2.04×10^3	8 949	5.383×10^6	0.983×10^{14}	78.6
20	2.06×10^3	8 210	4.553×10^6	0.770×10^{14}	61.6
30	2.08×10^3	7 444	3.723×10^6	0.576×10^{14}	46.0
35	2.09×10^3	6 993	3.323×10^6	0.486×10^{14}	38.8
50	2.10×10^3	5 809	2.125×10^6	0.259×10^{14}	20.7
65	2.12×10^3	4 567	0.848×10^6	0.082×10^{14}	6.55

数据显示，随着稀释度增加，HNIW/C 体系的爆轰能量释放速率快速下降，当稀释度约 35%时，能量释放速率接近 TNT，意味着在 HNIW 中加入 35%质量比的 C，其功率密度仅相当于 TNT。采用添加惰性物降低 HNIW 混合炸药的感度时，应充分考虑这种稀释效应。对于那些追求高能量而不是高功率密度的混合炸药配方，添加含能组分可以大幅提高爆轰波后的能量，这种以功率换能量的设计思路，关键在于含能稀释物的设计。

6.1.3.4　炸药稀释体系的临界爆轰直径问题

在工程实践中，炸药的爆轰临界性既受稀释度影响，也受装药直径的影响。在稀释度为 ϕ（$\phi > \phi_{cr}$）的炸药体系中，直径 d（$d > d_c$）的无壳装药的爆速 $D_{d\varphi}$ 既随稀释度变化，又与装药直径相关。令 $\varDelta_\varphi$ 为稀释体系的爆轰反应区宽度，γ_φ 为稀释体系的爆轰产物等熵膨胀指数。则 $D_{d\varphi}$ 计算式如表 6.10 所示。

表 6.10 $D_{d\varphi}$ 计算式

	无外壳时	有外壳时
按照 Erying 公式	$D_{d\varphi}/D = 1 - \Delta_\varphi/d$	$D_{d\varphi}/D = (1 - \Delta_\varphi/d)^2 (W_e/W_c)$
按照文献[7]公式	$D_{d\varphi}/D = 1 - \dfrac{4\gamma_\varphi \Delta_\varphi}{(\gamma_\varphi+1)^2 d}$	$D_{d\varphi}/D = 1 - \dfrac{4\gamma_\varphi \Delta_\varphi}{(\gamma_\varphi+1)^2 (\Gamma+1) d}$

由于被稀释炸药的爆轰反应区宽度大于单质炸药，稀释度越大，爆轰反应区宽度越大，因而有限装药直径下被稀释的炸药爆速小于单质炸药。同理，被稀释的炸药爆轰临界直径也大于单质炸药。在工程设计中，估算爆轰临界直径是必要的，但需要做更多假设。比如，假设有限装药直径下，炸药稀释体系的爆速与稀释度和装药直径的关系是相互独立的，即

$$D_{d\varphi}/D = f_\varphi(\varphi) f_d(d), \quad \varphi > \varphi_{cr}, \ d > d_{cr} \qquad (6.30)$$

则对于无壳装药，采用 Erying 公式，可得

$$D_{\varphi d}/D = (1-\varphi)^{3/4} \left(1 - \frac{\Delta}{d}\right), \quad \varphi > \varphi_{cr}, \ d > d_{cr} \qquad (6.31)$$

式（6.28）表明，当炸药的爆速是一个重要指标的时候，装药直径和稀释度需要综合考虑。

6.2 HNIW 与含能物体系的爆轰能量释放

6.2.1 HNIW 与单质炸药体系的爆轰能量释放

6.2.1.1 爆轰热及爆速

HNIW 与单质炸药体系属于二元单质炸药体系，由于两种单质炸药都能达到理想的 CJ 爆轰，该类体系在经典的 ZND 模型中拥有一个共同的爆轰反应区，其爆轰反应时间和反应区宽度介于两者之间。

采用平衡反应热力学计算方法，能够计算二元单质炸药体系的爆轰热和爆速。但在工程设计中，也可以按照比例放热加和规则计算爆轰热，并通过 Kamlet 公式计算爆速，见方程式（6.32）。

$$\begin{cases} Q_v = \sum x_i Q_{vi} \\ D = 1.01 \times (1+1.30\rho_0) \Phi^{1/2} \\ \Phi = \sum x_i \Phi_i \end{cases} \quad (6.32)$$

式中，x_i 为各单质炸药组分的质量分数；Q_{vi} 为各单质炸药组分的爆轰热；Φ_i 为各单质炸药组分的能量示性值。

6.2.1.2 HNIW 与典型炸药二元体系的爆轰热及爆速计算

1. HNIW/HATO 体系

HATO 是一种介于 CHNO 和全氮体制的多氮类高能炸药，其分子中的氮碳比（N/C）和氮氧比（N/O）比较大。HATO 与 HNIW 能量接近，但较为钝感，有望用于对 HNIW 炸药的降感。不同 HATO 含量的 HNIW/HATO 二元体系中，EXPLO5 和 Kamlet 方法计算的爆轰热和爆速见表 6.11。

表 6.11 HNIW/HATO 体系爆轰热和爆速计算值

HNIW	HATO	EXPLO5			Kamlet		
		爆热 Q_v/(MJ·kg^{-1})	爆速 D/(mm·μs^{-1})	γ	爆热 Q_v/(MJ·kg^{-1})	爆速 D/(mm·μs^{-1})	γ
90	10	6.136	9.721	3.31	6.360	9.540	3.10
80	20	6.063	9.694	3.28	6.321	9.483	3.06
70	30	5.997	9.680	3.33	6.283	9.426	3.02
60	40	5.939	9.677	3.32	6.244	9.369	2.98
50	50	5.891	9.694	3.35	6.206	9.312	2.94
40	60	5.851	9.723	3.39	6.167	9.255	2.90
30	70	5.819	9.766	3.45	6.129	9.198	2.86
20	80	5.791	9.812	3.52	6.090	9.141	2.82
10	90	5.762	9.868	3.55	6.052	9.084	2.78

数据显示，对于 HNIW/HATO 二元体系，Kamlet 法对爆轰热的计算结果比 EXPLO5 高 3.5%～4.8%，对爆速的计算结果比 EXPLO5 低 1.9%～8.6%，两种计算结果均表明 HNIW/HATO 二元体系仍然具有很高的爆轰热和爆速。

2. HNIW/DNTF 体系

DNTF 是一种无氢高能炸药，能量与 HNIW 接近。因为 DNTF 的熔点较低，可以与 HNIW 形成熔铸体系。不同 DNTF 含量的 HNIW/DNTF 二元体系中，EXPLO5 和 Kamlet 方法计算的爆轰热和爆速见表 6.12。

表 6.12 HNIW/DNTF 体系爆轰热和爆速计算值

HNIW	DNTF	EXPLO5			Kamlet		
		爆热 Q_v/ (MJ·kg^{-1})	爆速 D/ (mm·μs^{-1})	γ	爆热 Q_v/ (MJ·kg^{-1})	爆速 D/ (mm·μs^{-1})	γ
90	10	6.260	9.708	3.31	6.420	9.539	3.18
80	20	6.303	9.665	3.28	6.442	9.480	3.23
70	30	6.344	9.626	3.33	6.465	9.422	3.27
60	40	6.382	9.586	3.32	6.487	9.364	3.31
50	50	6.419	9.553	3.35	6.509	9.306	3.36
40	60	6.452	9.525	3.39	6.531	9.248	3.40
30	70	6.483	9.499	3.45	6.553	9.190	3.44
20	80	6.513	9.478	3.51	6.576	9.131	3.48
10	90	6.540	9.463	3.55	6.598	9.073	3.53

数据显示，对于 HNIW/DNTF 二元体系，Kamlet 法对爆轰热的计算结果比 EXPLO5 高 0.9%～2.5%，对爆速的计算结果比 EXPLO5 低 1.8%～4.3%，两种计算结果均表明 HNIW/HATO 体系具有很高的爆轰热和爆速。

3. HNIW/HMX 体系

HMX 是一种硝胺类 CHNO 高能炸药，能量低于 HNIW，但安全性能优于 HNIW，常用于对 HNIW 的降感。不同 HMX 含量的 HNIW/HMX 二元体系中，EXPLO5 和 Kamlet 方法计算的爆轰热和爆速见表 6.13。

表 6.13 HNIW/HMX 体系爆轰热和爆速计算值

HNIW	HMX	EXPLO5			Kamlet		
		爆热 Q_v/ (MJ·kg^{-1})	爆速 D/ (mm·μs^{-1})	γ	爆热 Q_v/ (MJ·kg^{-1})	爆速 D/ (mm·μs^{-1})	γ
90	10	6.153	9.683	3.30	6.325	9.550	3.10
80	20	6.092	9.611	3.31	6.252	9.502	3.06
70	30	6.034	9.542	3.28	6.179	9.455	3.02
60	40	5.977	9.481	3.29	6.106	9.408	2.98
50	50	5.921	9.418	3.26	6.033	9.360	2.94
40	60	5.868	9.362	3.25	5.959	9.313	2.89

续表

HNIW	HMX	EXPLO5			Kamlet		
		爆热 Q_v/ (MJ·kg^{-1})	爆速 D/ (mm·μs^{-1})	γ	爆热 Q_v/ (MJ·kg^{-1})	爆速 D/ (mm·μs^{-1})	γ
30	70	5.816	9.310	3.26	5.886	9.266	2.85
20	80	5.766	9.261	3.22	5.813	9.219	2.81
10	90	5.719	9.220	3.22	5.740	9.171	2.77
0	100	5.674	9.178	3.26	5.667	9.124	2.73

数据显示，对于 HNIW/HMX 二元体系，Kamlet 法对爆轰热和爆速的计算结果与 EXPLO5 差别不大，两种计算结果均表明 HNIW/HMX 二元体系仍然具有很高的爆轰热和爆速。

4. HNIW/Fox－7 体系

Fox－7 是一种低感耐高温炸药，可用于对高能炸药的降感。不同 Fox－7 含量的 HNIW/Fox－7 二元体系中，EXPLO5 和 Kamlet 方法计算的爆轰热和爆速见表 6.14。

表 6.14　HNIW/Fox－7 体系爆轰热和爆速计算值

HNIW	Fox－7	EXPLO5			Kamlet		
		爆热 Q_v/ (MJ·kg^{-1})	爆速 D/ (mm·μs^{-1})	γ	爆热 Q_v/ (MJ·kg^{-1})	爆速 D/ (mm·μs^{-1})	γ
90	10	6.036	9.579	3.30	6.204	9.448	3.11
80	20	5.862	9.407	3.27	6.009	9.299	3.08
70	30	5.689	9.239	3.25	5.815	9.150	3.06
60	40	5.520	9.082	3.23	5.620	9.004	3.03
50	50	5.354	8.933	3.24	5.426	8.851	3.00
40	60	5.190	8.787	3.23	5.232	8.702	2.97
30	70	5.029	8.649	3.22	5.037	8.553	2.94
20	80	4.870	8.516	3.22	4.843	8.404	2.92
10	90	4.714	8.389	3.23	4.648	8.255	2.89

数据显示，对于 HNIW/Fox－7 二元体系，Kamlet 法对爆轰热和爆速的计算结果与 EXPLO5 接近，两种计算结果均表明，Fox－7 含量超过 30% 时，HNIW/Fox－7 体系的能量低于 HMX。

5. HNIW/NTO 体系

NTO 是一种低感耐高温炸药，不同 NTO 含量的 HNIW/NTO 二元体系中，EXPLO5 和 Kamlet 方法计算的爆轰热和爆速见表 6.15。

表 6.15 HNIW/NTO 体系爆轰热和爆速计算值

HNIW	HMX	EXPLO5			Kamlet		
		爆热 Q_v/(MJ·kg^{-1})	爆速 D/(mm·μs^{-1})	γ	爆热 Q_v/(MJ·kg^{-1})	爆速 D/(mm·μs^{-1})	γ
90	10	5.965	9.640	3.33	6.104	9.435	3.12
80	20	5.715	9.519	3.39	5.811	9.274	3.10
70	30	5.466	9.395	3.41	5.517	9.112	3.08
60	40	5.217	9.269	3.42	5.224	8.951	3.06
50	50	4.969	9.141	3.44	4.930	8.789	3.05
40	60	4.721	9.011	3.48	4.636	8.628	3.03
30	70	4.474	8.883	3.47	4.343	8.466	3.01
20	80	4.228	8.748	3.51	4.049	8.305	2.99
10	90	3.982	8.615	3.54	3.756	8.143	2.97

数据显示，对于 HNIW/NTO 二元体系，Kamlet 法对爆轰热的计算结果与 EXPLO5 接近，对爆速的计算结果比 EXPLO5 低 2.2%～4.9%，两种计算结果均表明，NTO 含量超过 30%时，HNIW/NTO 体系的能量低于 HMX。

如果引用 Kamlet 法的计算结果，考虑 HNIW 与上述 5 种炸药在等质量比（50/50）的混合体系，其爆轰能量释放速率值见表 6.16。

表 6.16 HNIW 与几种高能单质炸药的爆轰能量释放速率

炸药	理论密度/(kg·m^{-3})	爆轰热/(J·kg^{-1})	爆速/(m·s^{-1})	能量释放速率 J/(s^{-1}·m^{-2})
HNIW50/HATO50	1.955 × 10^3	6.206 × 10^6	9.312 × 10^3	1.130 × 10^{14}
HNIW50/DNTF50	1.987 × 10^3	6.509 × 10^6	9.306 × 10^3	1.088 × 10^{14}
HNIW50/HMX50	1.972 × 10^3	6.033 × 10^6	9.360 × 10^3	1.114 × 10^{14}
HNIW50/Fox−750	1.887 × 10^3	5.426 × 10^6	8.851 × 10^3	0.906 × 10^{14}
HNIW50/NTO50	1.984 × 10^3	4.930 × 10^6	8.789 × 10^3	0.860 × 10^{14}

数据显示，就爆轰能量释放速率而言，HNIW 与 HATO、DNTF 的等质量二

元体系最高，HNIW 与 Fox-7 的等质量二元体系低于 HMX，与 NTO 的等质量二元体系低于 RDX。

6.2.2 HNIW 与 AP 体系的能量释放

6.2.2.1 AP 可爆轰性研究

AP（高氯酸铵）是高能混合炸药常用的氧化剂，其分子量为 117.49，含氧量为 55.5%，氧平衡（有效氧含量）为 34%，生成焓为 -2 420.38 kJ/kg（-284.37 kJ/mol）。

在 HNIW/AP 体系中，AP 能否向单质炸药那样与 HNIW 共同爆轰，对设计含 AP 的 HNIW 混合炸药是重要的。

按照最大释氧反应规则，在定容条件下，AP 发生的一次性分解反应为

$$NH_4ClO_4 \rightarrow HCl + 1.5H_2O + 1.25O_2 + 0.5N_2 + Q_{v,AP} \quad (6.33)$$

其中，$Q_{v,AP}$ 为 AP 的定容分解热，根据式（2.1）的计算方法，这一数值为 1 543.37 kJ/kg。

分别采用 Kamlet 法和 EXPLO5 程序，计算 AP 的爆轰产物、爆速和爆热见表 6.17。

表 6.17 AP 爆轰的理论计算结果

计算方法	每摩尔 AP 爆轰产物	爆速/ ($m \cdot s^{-1}$)	爆轰热/ ($kJ \cdot kg^{-1}$)
Kamlet 法	最大释氧反应产物：HCl、$1.5H_2O$、$1.25O_2$、$0.5N_2$	6 609	1 543
EXPLO5 程序	热力学平衡反应产物：HCl、$1.5H_2O$、$1.24O_2$、$0.5N_2$	6 309	1 419

从表 6.17 的结果可以看出，按最大释氧反应规则计算的 AP 爆轰产物与平衡反应程序 EXPLO5 计算的主要爆轰产物一致；按照最大释氧反应规则运用 Kamlet 法计算的 AP 爆速比平衡反应程序 EXPLO5 计算的爆速高 4.8%，爆热高 1.7%。但在实践中，AP 并不能像单质炸药那样完全爆轰。

1967 年 Price D 等[17]对 AP 在不同粒度、不同装药直径和不同装药密度条件下的可爆轰性进行了实验研究，给出了细颗粒 AP 爆轰临界直径和临界装药密度，爆速与装药直径的关系以及极限爆速。

1. 实验方法

实验选取 10 μm 和 25 μm 两种粒度的 AP，装药直径范围 22.2～76.2 cm，

装药密度选取 1.02～1.56 g/cm³。AP 装填在透明的壳体内，采用传爆药柱引爆，通过高速扫描照相测量爆轰波（或冲击波）的运动轨迹，进而获得爆速。实验装置中还增加了验证板用于判别是否发生了爆轰，见图 6.21。

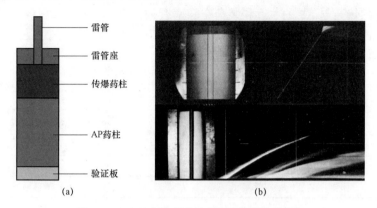

图 6.21　AP 可爆轰性实验装置及高速扫描照相
（a）AP 可爆轰性实验装置图；（b）爆轰波和未爆轰冲击波运动轨迹

2. 临界直径与装药密度的关系

图 6.22 给出了 10 μm 粒度 AP 的临界爆轰直径与装药密度的关系曲线。从曲线中可以看出，当装药密度为 1.02 g/cm³ 时，爆轰临界直径约为 2.22 cm；当装药密度为 1.36 g/cm³ 时，爆轰临界直径约为 3.81 cm；当装药密度为 1.47 g/cm³ 时，爆轰临界直径约为 5.08 cm；当装药密度为 1.56 g/cm³ 时，爆轰临界直径约为 7.62 cm。显示出装药密度增加，爆轰临界直径加大；表明 10 μm 粒度 AP 的装药密度大，反而不容易爆轰。

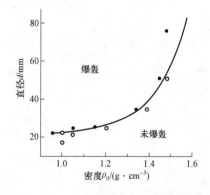

图 6.22　10 μm AP 临界直径 – 装药密度曲线

表 6.18 给出了 25 μm 粒度 AP 的临界爆轰密度与装药直径的关系。当装药

直径为 3.81cm 时，临界密度为 1.02 g/cm³，这一密度值相当于 AP 理论密度的 52%；当装药直径为 5.08cm 时，临界密度为 1.36g/cm³；当装药直径为 7.62cm 时，临界密度为 1.47g/cm³，这一密度值相当于 AP 理论密度的 75%。这一结果显示 AP 的爆轰与 AP 的粒度和装药空隙率有关，空隙率大利于爆轰。10 μm 粒度的 AP 比粒度 25 μm 的 AP 容易爆轰。

表 6.18 25 μm AP 临界性试验结果表

d/cm	r_0/(g·cm⁻³)	
	爆轰	未爆轰
3.81	1.02	1.11
5.08	1.36	1.41
7.62	1.47	1.56

3. 爆速与装药密度的关系

图 6.23 分别给出了 10 μm 粒度 AP 和 25 μm 粒度 AP 的爆速与装药密度的关系曲线。结果显示，在同一装药直径下，爆速随着装药密度的增加而增加，达到一个最大值后开始下降，直至不能形成爆轰。在装药直径小于 2.22 cm 时，10 μm 粒度 AP 在任何装药密度下均不能发生爆轰；在装药直径小于 3.81 cm 时，25 μm 粒度 AP 在任何装药密度下均不能发生爆轰。

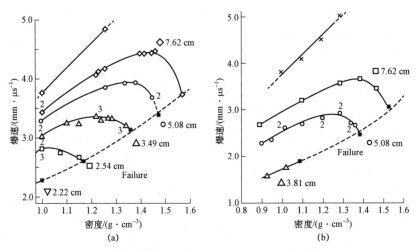

图 6.23 AP 爆速与装药密度的关系
(a) 10 μm；(b) 25 μm

图 6.24 显示，在装药密度和装药直径一定的情况下，细颗粒 AP 的爆速大于粗颗粒 AP。而图 6.25 显示爆速与装药直径的倒数呈线性关系，外推到装药直径无穷大的情况，装药密度 1.02 g/cm³ 的 AP 的最大爆速约 3 800 m/s，装药密度 1.26 g/cm³ 的 AP 最大爆速约 4 800 m/s。

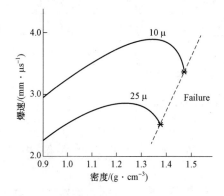

图 6.24　两个粒度 AP 爆速与装药密度关系（直径 5.08 cm）

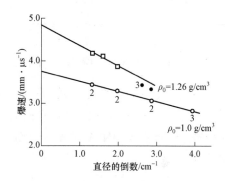

图 6.25　无限直径下的爆速与密度关系

以上实验研究表明：AP 的爆轰受粒径、装药密度和装药直径三个因素的联合影响，只在粒度比较小、装药密度比较低的条件下才能维持爆轰。说明 AP 自身的分解反应达不到表 6.17 中的最大放热反应，分解反应速率严重依赖粒度和装填密度，与单质炸药的爆轰反应完全不同。

6.2.2.2　AP 在 HNIW 爆轰中的分解反应

1. HNIW/AP 体系的爆速实验

北京理工大学向俊舟等[18]2021 年实验研究了不同 AP 含量的 HNIW/AP/顺丁橡胶（BR）三元体系的爆速。实验中选用 AP 的粒度为 10~13 μm，HNIW 的粒度为 105 μm，通过 6% 的 BR 粘结造粒，压制成直径 50mm 的药柱。通过改变 AP 的质量比，制备了多个 HNIW/AP/BR 的药柱，并测试了样品的爆速。

表 6.19 给出了两个典型 AP 含量的试样的爆速测试结果（统计平均值），以及采用 EXPLO5 程序和 Kamlet 法对爆速的计算结果。

从表中的数据可以看出，对任一 HNIW/AP 质量比的 HNIW/AP/BR 样品，实测爆速均显著低于理论计算值；Kamlet 法计算的爆速最高，比实测爆速高 6.3%，EXPLO5 程序的计算值比实测爆速高 4.5%；理论与实测结果说明 AP 并未完全参与体系的爆轰反应。

表 6.19 两个 HNIW/AP/BR 样品的爆速测试与计算结果

样品编号	HNIW/AP质量比	HNIW/%	AP/%	装药密度/($g \cdot cm^{-3}$)	实测爆速/($mm \cdot \mu s^{-1}$)	EXPLO5计算爆速/($mm \cdot \mu s^{-1}$)	Kamlet法计算爆速/($mm \cdot \mu s^{-1}$)
1#	1.0	47	47	1.80	8.269	8.639	8.794
2#	2.0	62.5	31.5	1.82	8.358	8.704	8.863

2. AP 在 HNIW 爆轰中分解量的理论估算

假设：① 按照最大释氧反应法则，AP 在 HNIW 爆轰反应区内只发生了部分分解，另一部分发生在 HNIW 爆轰反应区以后；② 在 HNIW 爆轰反应区内，AP 的分解产物与 HNIW 的爆轰产物发生了二次反应；③ 对于 HNIW/AP/BR 体系，可以运用 Kamlet 公式计算爆速。

按照上述假设，可以根据实测的爆速，运用 Kamlet 法体系的爆轰热，进而估算出 AP 在 HNIW/AP/BR 体系爆轰过程的分解量。

按照上述假设，AP 在 HNIW 的爆轰区内按式（6.33）发生了 x 部分的分解反应，即

$$x\text{NH}_4\text{ClO}_4 \rightarrow x\text{HCl} + 1.5x\text{H}_2\text{O} + 1.25x\text{O}_2 + 0.5x\text{N}_2 + xQ_{v,\text{AP}} \quad (6.34)$$

假如 HNIW 在 AP 的稀释下，依然发生了如式（2.16）的爆轰反应，即

$$\text{C}_6\text{H}_6\text{N}_{12}\text{O}_{12} \rightarrow 6\text{N}_2 + 3\text{H}_2\text{O} + 3.75\text{CO}_2 + 1.5\text{CO} + 0.75\text{C} + Q_{v,e}(6.389 \text{ kJ/kg})$$

$$(6.35)$$

则 HNIW/AP/BR 体系的爆轰热 Q_v 由四部分构成，即

$$Q_v = Q_{v,e} + Q_{v,\text{AP}} + Q_{\text{BR}} + Q_{e+\text{AP}} \quad (6.36)$$

其中，Q_{BR} 为粘结剂的分解热，$Q_{e+\text{AP}}$ 为体系产物之间的反应所释放的热。

表 6.20 给出了计算过程所需要的各物质的生成焓。

表 6.20 各物质的标准生成焓（298K）

物质	AP	CO	CO_2	H_2O	顺丁橡胶	HCl
ΔH / ($kJ \cdot mol^{-1}$)	−284.37	−110.5	−393.5	−241.8	135.242	−92.4

以表 6.20 中的样品 1#计算实例，混合体系组分：HNIW/AP/BR（C_4H_6）；质量比：47/47/6；1 000 g 摩尔比：1.1/4/1.1。则三种组分在爆轰中各自的反应方

程为

$$\begin{cases} 1.1C_6H_6N_{12}O_{12} \to 1.1(6N_2+3H_2O+3.75CO_2+1.5CO+0.75C)+3\,002.8\text{kJ} \\ 4xNH_4ClO_4 \to 4x(0.5N_2+HCl+1.5H_2O+1.25O_2)+725.3x\text{kJ} \\ 1.1C_4H_6 \to 4.4C+3.3H_2-148.7\text{kJ} \end{cases}$$

(6.37)

若指定 O 的反应顺序为 $H_2 \to C \to CO \to CO_2$，则产物之间的反应与 x 的关系如式（6.38）所示。

$1.65CO+5.225C+5xO_2+3.3H_2 \to$

$$\to \begin{cases} 3.3H_2O+(10x-1.65)CO+(8.525-10x)C+(615.6+1105x)\text{kJ}, & 0.33\leqslant x<0.852\,5 \\ 3.3H_2O+(15.4-10x)CO+(10x-8.525)CO_2+(2830-855.0x)\text{kJ}, & 0.852\,5\leqslant x<1 \end{cases}$$

(6.38)

当 $0.33\leqslant x<0.852\,5$ 时，联立式（6.37）和式（6.38），得到

$$1.1C_6H_6N_{12}O_{12}+4xNH_4ClO_4+1.1C_4H_6 \to (6.6+2x)N_2+(6.6+6x)H_2O+4xHCl+$$
$$+4.125CO_2+(10x-1.65)+(8.525-10x)C+(4\,194.6+1105x)\text{ kJ}$$

(6.39)

根据修正的 Kamlet 公式，按照（6.38）计算 Q_v, N, X, 得到

$$\begin{cases} Q_v=(4\,194.6+1\,105x)\text{ kJ} \\ N=(22x+15.675)10^{-3} \\ X=(476x+546.9)10^{-3} \end{cases}$$

(6.40)

代入式（2.21），求解的 $x=61\%$。

同样方法计算以表 6.19 中的样品 2#，结果见表 6.21。

表 6.21 AP 在 HNIW 爆轰反应区中的分解率

样品编号	HNIW/AP 质量比	HNIW/%	AP/%	爆轰区内 AP 反应率/%
1#	1.0	47	47	61
2#	2.0	62.5	31.5	68

计算结果显示，不同含量的 AP 的分解率随 HNIW 含量的增大而略有增加，表明在 HNIW/AP/BR 体系中，AP 在爆轰反应区中的最大放热分解反应率在 60%～70%。

6.3 HNIW 与燃料体系的能量释放

6.3.1 铝颗粒在炸药爆轰环境中的响应

6.3.1.1 球形铝颗粒的结构

1. 球形铝颗粒的结构特征

金属铝反应活性较高,遇到氧气极易被氧化,故铝颗粒表面都有氧化铝壳作为钝化层,所以铝颗粒是典型的壳核结构,分为活性铝与氧化层两个部分,见图 6.26。

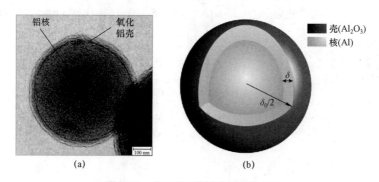

图 6.26 典型铝颗粒的壳核结构图
(a) 铝颗粒透射电镜图;(b) 铝颗粒壳核结构示意图

北京理工大学曾亮等[19]研究了球形壳核结构的微纳米铝颗粒的壳厚与粒径的关系。对于微米级别的球形铝颗粒,氧化壳厚度 δ、粒径 x_0 及活度 A_{Al} 三者符合以下关系:

$$\delta = \frac{x_0}{2}\left(1 - \left(\frac{A_{Al}\rho_{Al_2O_3}}{(1-A_{Al})\rho_{Al} + A_{Al}\rho_{Al_2O_3}}\right)^{1/3}\right) \quad (6.41)$$

式中,ρ_{Al} 为铝核的密度,$\rho_{Al_2O_3}$ 为氧化壳的密度。

铝颗粒的活度定义为活性铝含量,可采用标准分析方法获得。因此在活度已知的条件下,式(6.41)给出了球形铝颗粒氧化壳厚度随颗粒直径的变化关系。

2. 铝粉氧化壳厚度与粒径的关系

铝粉是按特定粒度分布的铝颗粒组成的群体，凡与颗粒尺寸相关的铝粉特征参数均为统计意义上的平均量。根据铝颗粒的壳核结构特征，铝粉的平均氧化壳厚度与平均粒径之间的关系可以表示为

$$\bar{\delta} = \frac{\overline{x_0}}{2}\left(1-\left(\frac{A_{Al}\rho_{Al_2O_3}}{(1-A_{Al})\rho_{Al}+A_{Al}\rho_{Al_2O_3}}\right)^{1/3}\right) \quad (6.42)$$

采用雾化法制造铝粉，其粒径分布符合对数正态分布，概率密度函数为

$$f(x)=\frac{1}{\sigma x\sqrt{2\pi}}\exp\left(-\frac{(\ln x-\mu)^2}{2\sigma^2}\right), \quad x\in[a,b] \quad (6.43)$$

式中，μ 为中位径，σ 为标准偏差，a 和 b 分别为铝粉粒径的下限和上限，根据统计学规律，取粒径上下限为 $d_{50}-3\sigma$ 和 $d_{50}+3\sigma$ 可涵盖 99.9% 数量的铝粉。

引入累积函数为 $F(x)$，将概率密度函数离散化，即将在 $x\in[a,b]$ 均分为 n 份，那么铝粉的颗粒平均体积可以表示为

$$\bar{V}=\frac{4\pi}{3}\sum_{i=1}^{n}d_i^3[F(i)-F(i-1)], \quad i=1,2,3,\cdots,n \quad (6.44)$$

通过球形体积公式反算出的直径值，即为体均粒径

$$\bar{d}=\sqrt[3]{\sum_{i=1}^{n}d_i^3[F(i)-F(i-1)]} \quad (6.45)$$

将式（6.44）代入上式，设定 n 不小于 10 000，可以得到普通雾化铝粉和高纯雾化铝粉的平均氧化层厚度与体均粒径的关系。

由 Mott 的金属氧化理论[22]可知，当氧化层达到一定厚度时，金属离子的迁移停止，氧化层不再生长。故在此采用指数函数 $y=y_{max}e^{-\omega x}$ 来拟合铝粉平均氧化层厚度与体均粒径的函数关系[4]：

普通铝粉：　　　$\delta_{pt}=56.51(1-e^{-0.0378d})$，　$1<d<370$ 　　（6.46）

高纯铝粉：　　　$\delta_{gc}=24.70(1-e^{-0.0409d})$，　$1<d<362$ 　　（6.47）

图 6.27 为微米铝粉体均粒径与平均氧化层厚度的曲线。可以看到，在大约 100 μm 以下时，微米铝粉的平均氧化层厚度随体均粒径呈指数增加，100 μm 以上时，铝粉平均氧化层厚度保持不变。普通铝粉平均氧化层厚度最

大厚度为 56.5 nm，高纯铝粉几乎不含杂质，平均氧化层厚度最大厚度仅为 24.7 nm。

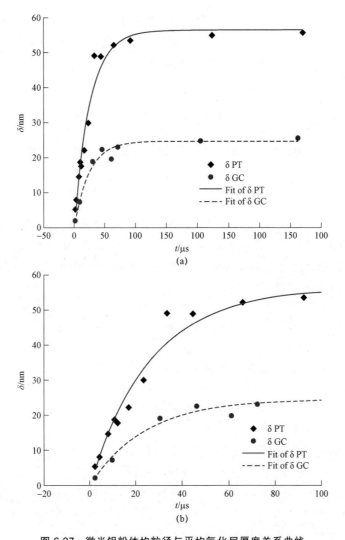

图 6.27　微米铝粉体均粒径与平均氧化层厚度关系曲线

（a）1～370 μm 铝粉平均氧化层厚度曲线；（b）1～100 μm 铝粉平均氧化层厚度曲线

应当指出的是，铝粉氧化层的厚度与铝粉的贮存条件相关。在暴露于空气的条件下贮存，铝粉氧化层会随贮存时间有所增加，最大氧化层厚度也略微变大。

6.3.1.2 炸药爆轰对铝颗粒的热力作用

1. 炸药爆轰环境对铝颗粒的热作用

铝的熔点比较低（660 ℃），而液态铝的密度（2.4 g/cm³）远低于固态铝的密度（2.7 g/cm³），因此铝核熔化时体积膨胀高达 12%。该体胀率足以使氧化铝的外壳破裂。

裴红波等[23]研究了炸药爆轰环境中铝颗粒同时受到高温与强冲击作用，认为高温热作用是核–壳解构的重要原因。假设铝核升到的熔点所需时间 t_{mel}，则有

$$t_{mel} = Q(x)/P(x) \tag{6.48}$$

式中，$Q(x)$ 为升到熔点所需热量（J）；$P(x)$ 为吸热功率（W）。考虑铝发生相变时，

$$Q(x) = \pi \left(\sum C_{vi}\rho\Delta T + \sum \Delta H_{mi}\rho \right)[x_0^3 - (x_0-x)^3]/6 \tag{6.49}$$

式中，C_{vi} 为物质不同相态的比热容 [J/(kg·K)]；ρ 为铝的密度（kg/m³）；ΔT 为升高的温度（K）；ΔH_{mi} 为物质的相变焓（J/kg）；x_0 为铝颗粒原始半径（μm）。

$$P(x) = qS(x) = q \int_0^R 4\pi (x_0-x)^2 x^{-1} dx \tag{6.50}$$

式中，q 为热通量（W/m²）；$S(x)$ 为受热面积（m²）。根据傅里叶定律，有

$$q = \lambda \Delta T / x \tag{6.51}$$

式中，λ 为物质的导热系数 [W/(m·K)]。根据上式，得到 t_{mel} 的表达式为

$$t_{mel} = \frac{(\sum C_{V_i}\rho\Delta T_i + \sum \Delta H_{m_i}\rho)[x_0^3 - (x_0-x)^3]}{24\lambda\Delta T \int_0^{x_0} 4(x_0-x)^2 x^{-2} dx} \tag{6.52}$$

以直径 10 μm 的铝颗粒为例，铝颗粒中心达到熔点的时间为 53.6 ns，其他粒度铝颗粒升温时间如表 6.22 所示。可见随着铝颗粒粒径增大，升温时间增加，因热作用导致壳破裂的时间也随之增加。

表 6.22 不同粒度铝颗粒铝核达到熔点时升温时间

铝颗粒粒度/μm	2	10	30	90
破裂响应时间/ns	5.9	53.6	248.2	1 343.5

2. 炸药爆轰环境对铝颗粒的冲击作用

北京理工大学周正青、王秋实等[24,25]研究了铝颗粒在爆轰波冲击作用下氧化壳的响应行为,采用有限元软件 AUTODYN 对其进行仿真。以 10 μm 铝颗粒为研究对象,其氧化铝壳厚 20 nm,含铝炸药类型为 TNT/Al(80/20)。图 6.28 给出了数值计算的模型图,模型由 TNT 炸药、铝和氧化铝三种材料构成,图中 4 个点为设置在炸药与铝核之间的观测点。炸药采用欧拉算法,铝和氧化铝采用拉格朗日算法,网格采用二维方形网格,炸药各端面为透射边界。TNT 炸药的爆轰产物压力和相对比热容利用 JWL 状态方程描述,铝粉的本构方程选用 Von Mises 模型描述,氧化铝的本构方程选用 JH 模型描述[6]。

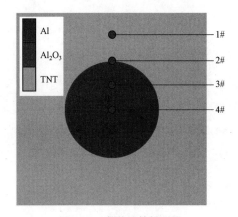

图 6.28 数值计算模型图

图 6.29 是炸药爆轰波冲击对铝颗粒的冲击过程。爆轰波以数十 GPa 的幅值冲击铝颗粒,由于氧化铝和铝的力学性能差异,导致其形变不同,氧化铝壳在冲击波作用下破裂,铝核受挤压发生弹塑性变形。图 6.30 是铝和氧化铝壳的变形和破裂过程图,分析氧化铝壳的破损情况,发现在 3.4 ns 的计算时间内,冲击波迎风面 45° 处破损最严重,顶部和背面斜 45° 处也发生破损,其他位置暂未失效。

基于该仿真模型进一步计算了其他粒径的铝颗粒变形过程,结果见表 6.23。爆轰波冲击作用氧化铝壳的破裂时间均明显小于热应力导致破裂的时间,10 μm 铝颗粒在爆轰波作用下的变形时间仅为 3.4ns,远小于热作用时间 53.6ns,因此,认为爆轰波的冲击作用导致铝颗粒破壳是合理的。图 6.31 给出了不同观测点的速度变化。提取爆轰产物与铝核的运动速度,发现爆轰产物速度约为 1 500 m/s,而铝核被加速后速度约为 1 000 m/s,故铝颗粒壳破裂后,由于爆轰产物与铝颗粒存在这一运动速度差,将破裂的氧化铝壳剥离,促进铝核与爆轰产物接触,进而发生反应。

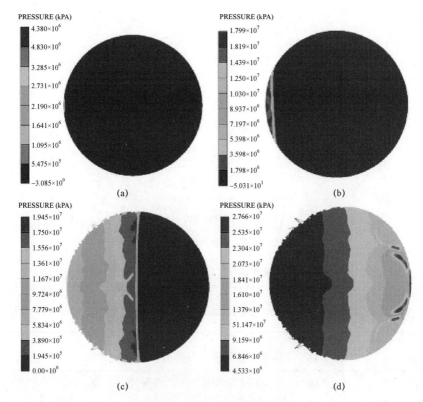

图 6.29 颗粒不同时间压力云图
(a) 0.7 ns；(b) 1.2 ns；(c) 2.5 ns；(d) 3.4 ns

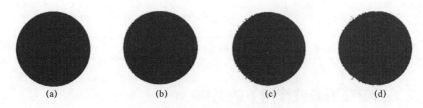

图 6.30 铝和氧化铝壳的变形和破裂过程图
(a) 0.7 ns；(b) 1.2 ns；(c) 2.5 ns；(d) 3.4 ns

改变模型中的炸药种类，计算其爆速，提取观测点 1 和 4 的峰值运动速度，如表 6.24 所示。随着炸药爆速增大，爆轰产物与铝颗粒的运动速度差均逐渐增大，对氧化铝壳的破碎剥离越完全，并且这一速度差导致的强对流将把铝的燃烧产物吹向爆轰冲击波的背面，使迎面的铝及时与含氧气体接触。所以，爆轰环境中铝颗粒与爆轰产物运动速度差对铝颗粒燃烧会产生显著的影响。

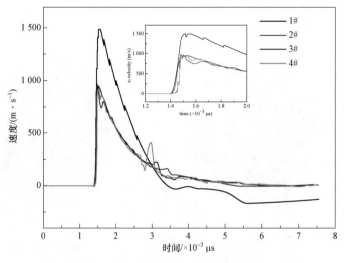

图 6.31 观测点速度曲线

表 6.23 不同粒径铝颗粒在 TNT 炸药爆轰中氧化铝壳破裂时间

铝颗粒粒度/μm	2	10	30	90
破裂响应时间/ns	1.3	3.4	8.7	24.5

表 6.24 不同炸药中铝颗粒与爆轰产物运动速度

炸药	爆速/(m·s^{-1})	爆轰产物速度/(m·s^{-1})	铝颗粒运动速度/(m·s^{-1})	速度差/(m·s^{-1})
TNT/Al（80/20）	5 330	1 498	993	505
RDX/Al（80/20）	7 240	1 860	1 288	572
HMX/Al（80/20）	7 500	2 053	1 369	684
CL-20/Al（80/20）	8 010	2 187	1 384	803

6.3.2 铝粉在爆轰波作用下的燃烧

6.3.2.1 铝颗粒在爆轰环境中的燃烧模型

铝颗粒壳体破裂后，铝核与爆轰产物接触发生燃烧反应。根据对含铝炸药爆轰产物的成分分析发现，铝颗粒在爆轰波附近的燃烧接近气相燃烧，因此铝颗粒的燃烧过程可以近似分为"冲击破壳、高温气化、吹扫扩散"三个阶段：

第一阶段：冲击破壳。铝颗粒在爆轰波冲击作用下，迎风面壳体出现裂纹并开始破碎；随后颗粒反弹拉伸，在高速爆轰产物剥离与内部铝核应力作用下，壳体发生破碎并剥离。

第二阶段：高温气化。铝核在爆轰产物高温作用下气化，气态铝与爆轰产物瞬间完成化学反应，并释放燃烧热。

第三阶段：吹扫扩散。由于铝颗粒与爆轰产物存在运动速度差，爆轰产物和气态铝发生强对流扩散，为铝核的迎风面带来强烈的吹扫效应，使燃烧产物快速向背风面运动，形成燃烧尾焰。因而迎风面气态铝的燃烧不受扩散速度控制。

由此可建立铝颗粒在爆轰波作用下的铝颗粒燃烧模型如下：

（1）在爆轰波作用下，铝颗粒受到冲击压缩导致氧化铝壳破碎；

（2）铝颗粒气化过程近似为静态各向同性；

（3）铝颗粒与爆轰产物运动存在速度差，燃烧物和燃烧产物为强对流扩散；

（4）气态铝与爆轰产物的化学反应时间极短，铝颗粒的燃烧受气化过程控制；

（5）忽略铝颗粒表面缺陷带来的局部热点，认为铝颗粒燃烧温度具有均一性；

（6）忽略体系的热辐射导致的温度下降；且在燃烧过程中，铝核的温度均一，且与环境温度相同。

根据以上模型，铝颗粒在爆轰环境燃烧阶段可由如图 6.32 表示[26]。

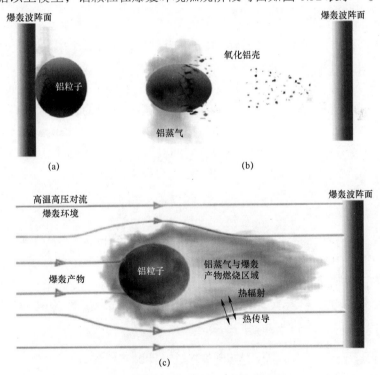

图 6.32　铝颗粒在爆轰环境下的燃烧模型

（a）第一阶段；（b）第二阶段；（c）第三阶段

6.3.2.2 铝颗粒燃烧控制方程

1. 铝颗粒在爆轰中的燃烧方程

根据铝颗粒在爆轰环境中的燃烧模型,其无量纲质量燃烧速率 $\mathrm{d}W_c/\mathrm{d}t$ 可表示为铝颗粒无量纲气化速率 $\mathrm{d}W_v/\mathrm{d}t$、燃烧产物的扩散系数 Ω,以及气态铝与爆轰产物的反应速率 R_r 的乘积。

$$\frac{\mathrm{d}W_c}{\mathrm{d}t} = \frac{\mathrm{d}W_v}{\mathrm{d}t} \times \Omega \times R_r \tag{6.53}$$

按照气态铝与爆轰产物瞬间燃烧假设和吹扫扩散模型,则 $R_r=1$,扩散系数 Ω 只与爆速相关,则

$$\frac{\mathrm{d}W_c}{\mathrm{d}t} = \Omega \frac{\mathrm{d}W_v}{\mathrm{d}t} \tag{6.54}$$

上式表明,铝颗粒的质量燃烧速率主要受气化速率控制。

2. 铝颗粒气化方程

凝聚态铝中的铝原子之间具有很强的吸引力,这种吸引力导致表面的铝原子通常不会离开凝聚态铝。但是,如果受到外界粒子的轰击或者被加热,一些铝原子获得了超过其气化焓 E_v 的能量,便可"逃脱"出凝聚态铝的表面而气化。根据玻耳兹曼定律,假设凝聚态铝表面上每个原子占有的表面积为 A,铝原子的平均速率为 v,并拥有足够的能量可以移动 $2r$(第一层原子的直径)的距离,则该铝原子经过这一厚度的时间就是离开凝聚态铝表面的时间。这段时间可以表示为 $2r/v$,因此单位时间气化的铝原子数可以表达为

$$N_v = \frac{v}{2Ar} \mathrm{e}^{-E_v/kT} \tag{6.55}$$

式中,N_v 为单位时间单位面积上气化的原子个数(个/m²s),k 为玻耳兹曼常数,其值为 1.38×10^{-23} J/K,E_v 为铝的气化焓(J),A 为铝原子的截面积(m²);v 为原子的平均速率(m/s);r 为铝原子的半径(m)。

根据分子动力学理论,通过式(6.15)可以得到任一温度下单位时间内气化的铝原子数:

$$N_v = (1/2\pi r^3)\sqrt{3kT/m} \, \mathrm{e}^{-E_v/RT} \tag{6.56}$$

式中,铝原子半径 $r = 1.43 \times 10^{-10}$ m,铝原子质量 $m = 4.48 \times 10^{-26}$ kg。

根据式(6.56)可以得到聚态铝的气化质量速率方程:

$$\frac{\mathrm{d}m_v}{\mathrm{d}t} = \left(\frac{1}{2\pi r^3}\right)\sqrt{3mkT}\,\mathrm{e}^{-\frac{E_v}{RT}} \qquad (6.57)$$

式中，$\mathrm{d}m_v/\mathrm{d}t$ 为单位时间单位面积气化的原子的质量，($\mathrm{kg\cdot m^{-2}\cdot s^{-1}}$)。

从式（6.57）可以看出，凝聚态铝的气化速率主要由体系温度决定，体系温度越高，气化速率越大。

假设铝颗粒为球形，如图 6.33 所示，则球形凝聚态铝的气化速率可以由公式（6.58）表示：

$$-\frac{\mathrm{d}M_v}{\mathrm{d}t} = \frac{\mathrm{d}(\rho V)}{\mathrm{d}t} = \frac{\mathrm{d}}{\mathrm{d}t}\left(\rho\frac{4\pi x^3}{3\times 8}\right) = \frac{\pi\rho x^2}{2}\frac{\mathrm{d}x}{\mathrm{d}t} \qquad (6.58)$$

式中，$\mathrm{d}M_v/\mathrm{d}t$ 为球形铝颗粒的质量气化速率，$\mathrm{d}x/\mathrm{d}t$ 为球形铝颗粒的径向尺度气化速率，V 为球形铝颗粒的体积，x 为球形铝颗粒的直径，ρ 为铝的密度。

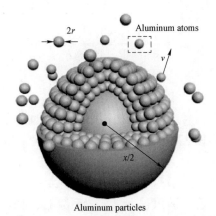

图 6.33　颗粒表面铝原子气化过程示意图

根据式（6.58），可得铝颗粒的径向尺度气化速率为

$$\frac{\mathrm{d}x}{\mathrm{d}t} = -\frac{2}{\rho}\frac{\mathrm{d}m_v}{\mathrm{d}t} = -\frac{1}{\rho\pi r^3}\sqrt{3mkT}\,\mathrm{e}^{-\frac{E_v}{RT}} \qquad (6.59)$$

式（6.59）两边对时间积分，x_t 为铝颗粒在时间 t 时的直径，当 $t=0$，$x_t = x$，有

$$x_t - x = -\frac{2\dot{m}_v}{\rho}t = -\frac{t}{\rho\pi r^3}\sqrt{3mkT}\,\mathrm{e}^{-\frac{E_v}{RT}} \qquad (6.60)$$

假设铝颗粒在气化过程中径向同性，则铝颗粒无量纲质量气化分数，即气化度 W_v 可以表示为

$$W_v = 1 - \left(1 - \frac{\sqrt{3mkT}\,\mathrm{e}^{-\frac{E_v}{RT}}}{\pi r^3 \rho x} t\right)^3 \quad (6.61)$$

对式（6.61）微分可得无量纲气化速率 $\mathrm{d}W_v/\mathrm{d}t$：

$$\frac{\mathrm{d}W_v}{\mathrm{d}t} = \frac{3\sqrt{3mkT}}{\pi r^3 \rho x}\,\mathrm{e}^{-\frac{E_v}{RT}}(1-W_v)^{2/3} \quad (6.62)$$

由上式可知，铝颗粒的气化速率与粒径成反比，并随着环境温度的提高呈指数升高。

当 $W_v = 0$，即气化刚刚开始，铝颗粒的气化速率最大值为

$$\left(\frac{\mathrm{d}W_v}{\mathrm{d}t}\right)_M = \frac{3\Omega\sqrt{3mkT}}{\pi r^3 \rho x}\,\mathrm{e}^{-\frac{E_v}{RT}} \quad (6.63)$$

当 $W_v = 1$，即气化完毕时，铝颗粒的气化速率降为零，可得铝颗粒的气化时间 t_v 为

$$t_v = \frac{\rho x}{\mathrm{d}m_v/\mathrm{d}t} = \frac{\pi r^3 \rho x}{\sqrt{3mkT}}\,\mathrm{e}^{\frac{E_v}{RT}} \quad (6.64)$$

3. 扩散系数

根据吹扫扩散模型，燃烧产物的扩散与迎风面的大小有关，故引入扩散系数表示吹扫面积与球形核表面积的比值，因此扩散系数取决于爆轰产物与铝颗粒的相对运动速度。

采用 AUTODYN 有限元软件对铝核的扩散系数进行计算，表明速越大相对运动速度越大，铝核的迎风面积越大，扩散系数随之增大。不同含铝炸药体系扩散系数计算结果如表 6.25 所示。爆轰产物与铝核之间的速度差，随爆速增大而增大，Ω 的数值在 0.4~0.6[9]。

表 6.25 不同炸药产物扩散系数

炸药	炸药爆速/ (m·s^{-1})	爆轰产物速度/ (m·s^{-1})	铝核运动速度/ (m·s^{-1})	速度差/ (m·s^{-1})	Ω
TNT	5 330	1 498	993	505	0.41
PETN	6 360	1 646	1 109	537	0.45
RDX	7 240	1 860	1 288	572	0.51
HMX	7 500	2 053	1 369	684	0.55
CL-20	8 010	2 187	1 384	803	0.60

4. 铝颗粒的燃烧方程

将式（6.63）代入式（6.64），可得铝颗粒的无量纲燃烧速率 dW_c/dt：

$$\frac{dW_c}{dt} = \frac{3\Omega\sqrt{3mkT}}{\pi r^3 \rho x} e^{-\frac{E_v}{RT}} (1-W_v)^{2/3} \quad (6.65)$$

式（6.65）表明，铝颗粒在爆轰波附近的燃烧速率由体系温度、气化焓和粒径三个参数控制，燃烧速率与粒径呈反比，与体系温度呈指数上升关系，与气化焓指数呈下降关系。对于一定粒径的铝颗粒，燃烧速率取决于体系温度；而在同一燃烧温度下，燃烧速率受粒径控制。

当 $W_v = 0$，即气化刚刚开始，铝颗粒的燃烧速率最大，其值为

$$\left(\frac{dW_c}{dt}\right)_M = \frac{3\Omega\sqrt{3mkT}}{\pi r^3 \rho x} e^{-\frac{E_v}{RT}} \quad (6.66)$$

当 $W_v = 1$，即气化完毕时，铝颗粒的燃烧速率降为零。根据燃烧模型，气态铝与爆轰产物的燃烧受扩散系数 Ω 的影响，因此铝颗粒的燃烧时间 t_c 可以表示为

$$t_c = \frac{\Omega \pi r^3 \rho x}{\sqrt{3mkT}} e^{\frac{E_v}{RT}} \quad (6.67)$$

将式（6.65）对时间积分，可得任意 t 时刻铝颗粒的燃烧度：

$$W_c = \int_0^t \frac{dW_c}{dt} = \frac{3\sqrt{3mk}}{\pi r^3 \rho x} \int_0^t \Omega T^{1/2} e^{-\frac{E_v}{RT}} (1-W_v)^{2/3} dt \quad (6.68)$$

5. 爆轰波后铝颗粒燃烧特性

通过式（6.66）和式（6.68），计算粒径 10 μm 铝颗粒分别在 3 309 K、3 451 K、3 602 K 和 3 761 K 四个爆轰温度下的燃烧速率和燃烧度曲线，见图 6.34。

从燃烧速率曲线可以看到所有爆轰温度下，最初的燃烧速率最大，之后随时间降低；最大燃烧速率随爆轰温度的升高而提高。燃烧度曲线显示，体系的爆轰温度越高，铝颗粒燃烧时间越短。

图 6.35 为 3 602 K 爆轰温度下，计算得到的粒径 1.5 μm、2.5 μm、10 μm、50 μm 四种铝颗粒的燃烧速率和燃烧度曲线。

图中显示，对于四个粒径的铝颗粒，燃烧速率初始为最大，之后随时间降低。粒径越小，燃烧速率越大，燃烧时间越短；粒径 1.5 μm 和 2.5 μm 的铝颗粒，燃烧时间为分别为 8.55 μs 和 9.73 μs。

采用式(6.67)计算粒径 50 nm 和 100 nm 的铝颗粒分别在 3 600 K、3 900 K、4 200 K、4 500 K、4 800 K 较高爆轰温度下的燃烧时间,见表 6.26。

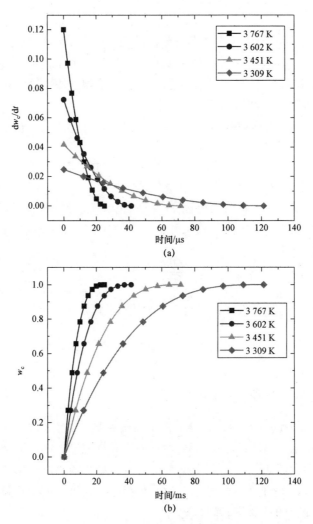

图 6.34　爆轰温度 3 309 K、3 451 K、3 602 K 和 3 761 K 时 10 μm
铝颗粒燃烧速率和燃烧度变化历程
(a)燃烧速率;(b)燃烧度

第6章 HNIW混合炸药爆炸能量释放

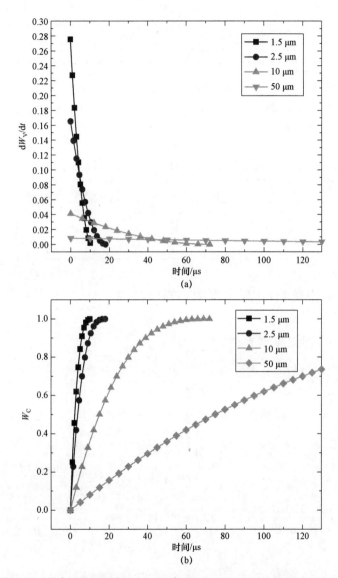

图6.35 爆轰温度分别为3 602 K时1.5 μm、2.5 μm、10 μm、50 μm
铝颗粒燃烧速率和燃烧度变化历程
（a）燃烧速率；（b）燃烧度

表6.26　不同初始温度条件下铝颗粒燃烧时间（ns）

粒径	3 600 K	3 900 K	4 200 K	4 500 K	4 800 K
50nm	285.8	131.5	67.3	37.6	22.5
100nm	573.2	263.4	134.8	75.2	45.1
10 μm	57 272	26 390	13 478	7 521	4 509

表6.27给出了爆轰波后100ns时间内不同温度下，不同粒径的燃烧度。

可以看出，50nm铝粉在3 900 K下，100ns基本燃烧完毕；100nm铝粉100ns基本燃烧完毕的温度为4 200 K。

表6.27　不同初始温度条件下铝颗粒燃烧100 ns时刻燃烧度（%）

粒径	3 600 K	3 900 K	4 200 K	4 500 K	4 800 K
50nm	62	93	100	100	100
100nm	36	65	93	100	100
10 μm	0.41	0.89	1.74	3.10	5.13

6.3.2.3　铝粉在HNIW爆轰中的燃烧特性

1. 铝粉的燃烧控制方程

铝粉是以特定粒度分布的铝颗粒所组成的铝颗粒群，每一个粒径的铝颗粒的燃烧速率都不相同。对于粒度分布函数符合式（6.43）的铝粉，对不同粒径的燃烧速率进行积分，即可获得铝粉的燃烧速率、燃烧度和燃烧时间方程，见式（6.69）。

$$\begin{cases} \dfrac{dW_c}{dt}\bigg|_{d_{50}} = \dfrac{3\sqrt{3mk}}{\pi r^3 \rho} \Omega T^{1/2}(1-W_v)^{2/3} e^{-\dfrac{E_v}{RT}} \int_{d_{50}-3\sigma}^{d_{50}+3\sigma} \dfrac{\sqrt{2\pi}\sigma x}{\exp\left(-\dfrac{(\ln x - \mu)^2}{2\sigma^2}\right)} dx \\ W_c\bigg|_{d_{50}} = \dfrac{3\sqrt{3mk}}{\pi r^3 \rho} \int_0^t \int_{d_{50}-3\sigma}^{d_{50}+3\sigma} \Omega T^{\frac{1}{2}} e^{-\dfrac{E_v}{RT}}(1-W_v)^{\frac{2}{3}} \dfrac{\sqrt{2\pi}\sigma x}{\exp\left(-\dfrac{(\ln x - \mu)^2}{2\sigma^2}\right)} dx dt \\ t_c\bigg|_{d_{50}} = \dfrac{\Omega \pi r^3 \rho}{\sqrt{3mkT}} e^{\dfrac{E_v}{RT}} \int_{d_{50}-3\sigma}^{d_{50}+3\sigma} \dfrac{1}{\sqrt{2\pi}\sigma x} \exp\left(-\dfrac{(\ln x - \mu)^2}{2\sigma^2}\right) dx \end{cases}$$

（6.69）

式中，d_{50}为铝粉的中位径，$\dfrac{dW_c}{dt}\bigg|_{d_{50}}$为铝粉的燃烧速率，$W_c|_{d_{50}}$为铝粉的燃烧度，

$t_c|_{d_{50}}$ 为铝粉的燃烧时间。

王秋实、阚润哲等[26,27]研究了上述方程组的求解过程。首先，将铝粉在爆轰环境中的燃烧反应过程分解为若干个子过程，每个子过程可视为等温过程。即铝粉反应的持续时间为 t，将该时间分为 n 个子过程，因此每个子过程的持续时间为 $\Delta t = t/n$，只要子过程 Δt 的时间足够短，即可近似认为在子过程 Δt 时间内是等温过程。假设在时间间隔足够小时体系是等温的，并且体系温度的初始值为爆轰阶段的爆轰温度。

首先采用理论计算获得爆轰阶段的温度 T_v，同时得到爆轰产物组成成分及各组分含量。铝粉燃烧的起始温度为爆轰温度 T_v，在第一个子过程时间内温度为 T_v 且维持不变，在第一个 Δt 时间段内，利用铝与爆轰产物的主要反应式对铝粉燃烧度和燃烧速率进行求解，铝与爆轰产物的主要反应式为

$$\begin{cases} 2Al+1.5O_2 \rightarrow Al_2O_3 + 1\,675.6 \text{ kJ/mol} \\ 2Al+3H_2O \rightarrow Al_2O_3 + 3H_2 + 950.2 \text{ kJ/mol} \\ 2Al+3CO \rightarrow Al_2O_3 + 3C + 1\,344.1 \text{ kJ/mol} \\ 4Al+3CO_2 \rightarrow 2Al_2O_3 + 3C + 2\,170.7 \text{ kJ/mol} \end{cases} \quad (6.70)$$

然后，根据计算结果得到在 Δt 时间段内铝粉燃烧度，同时获得铝粉与爆轰产物燃烧所消耗的质量，并依据铝粉与 O_2、CO_2、H_2O 等爆轰产物的反应方程式，考虑每个组分在每个求解步中的含量百分数，以此确定反应比例，计算获得铝粉在第一个 Δt 时间内释放的能量 Q_{p1}，以及此时环境中的燃烧产物。

最后，进一步利用热容法计算体系的温升 ΔT_1。在第二个子过程 Δt 中，体系温度为 $T_v + \Delta T_1$，接下来利用同样的方法计算第二个子过程中铝粉的燃烧度和燃烧速率。如此反复，最终获得铝粉在含铝炸药爆轰环境中的整个燃烧过程。其计算过程示意图如图 6.36 所示。

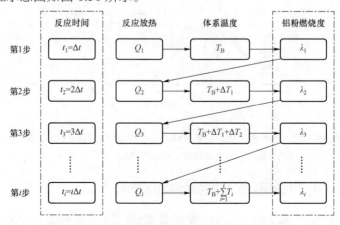

图 6.36 铝粉非等温燃烧模型理论计算过程示意图

利用 MATLAB 实现了上述计算方法的程序求解。通过分析计算程序可以发现，在固定的计算时间内，迭代次数 N 对计算精度和计算效率有着很大的影响，随着迭代步数的增加，计算结果差异越小，当 N 分别为 10^3、10^4、10^5 和 10^6 时铝粉燃烧度随时间变化的计算曲线如图 6.37 所示。

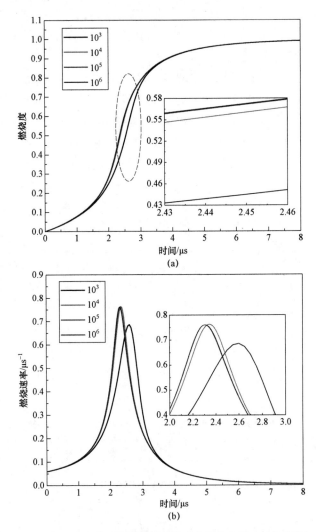

图 6.37 不同代次数对铝粉燃烧过程计算精度的影响（见彩插）
（a）燃烧度；（b）燃烧速率

2. HNIW/Al 体系温度对铝粉燃烧的影响

以 HNIW/Al 体系为例，在 HNW 质量比依次为 90、80、70、60 的条件下，体系的温度逐次下降。由式（6.69）分别计算出 d_{50} 为 2.38 μm 铝粉在四个温度条件下的燃烧速率和燃烧度，见图 6.38。从图中的铝粉燃烧速率与时间的关系曲线可见，在铝颗粒燃烧开始燃烧速率较低，随后燃烧速率有一个较快速的提升。出现这种现象的原因是，随着铝颗粒表面不断被气化，其粒径越来越小，铝颗粒的燃烧速率与铝颗粒粒径成反比，这是导致铝颗粒燃烧速率不断增大的主要原因。从燃烧度与时间的关系曲线可以看出，随着燃烧温度的增加，铝粉最大燃烧速率增大，燃烧时间 t_c 缩短。

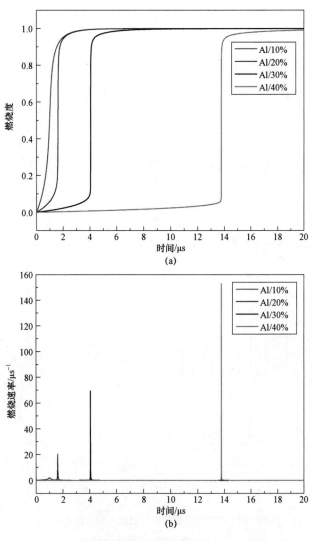

图 6.38　不同燃烧温度下铝粉的燃烧速率和燃烧度曲线
（a）燃烧速率；（b）燃烧度

3. 铝粉粒度分布对燃烧特性的影响

铝粉粒度对铝颗粒燃烧速率同样有着重要影响，为了考查相同 HNIW/Al 体系铝粉粒度对燃烧速率的影响，计算 HNIW/Al 为 80/20 时，d_{50} 为 2 μm、6 μm、13 μm 和 24 μm 铝粉的燃烧速率，结果如图 6.39 所示。

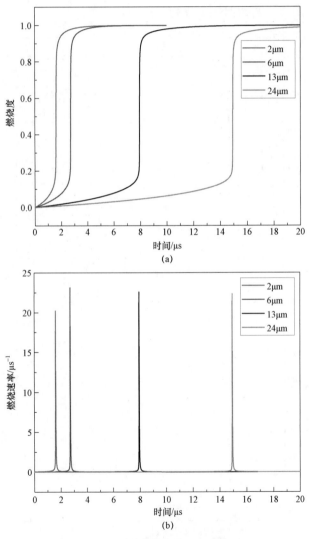

图 6.39 不同粒度铝粉的燃烧度和燃烧速率
（a）燃烧度；(b）燃烧速率

由图 6.39 可知，当铝粉粒径增加时，铝粉最大燃烧速率减小，燃烧速率最大时刻后移，燃烧持续时间逐渐增加。铝粉粒径越大，初始燃烧越困难，铝粉燃烧释放热量加速后续燃烧也就越困难，大的粒径也使铝的气化速率变小，两者共同作用使得铝粉燃烧速率峰值减小，时间增长。

6.4 HNIW 混合炸药能量释放

6.4.1 HNIW 混合炸药组成结构与爆炸能量

6.4.1.1 混合炸药组分及化学构成

混合炸药组分指构成混合炸药的物质，包括主体炸药、氧化剂、燃料、高分子粘结剂以及少量（或微量）功能助剂等。主体炸药的作用是率先发生爆轰，引发氧化剂分解，为燃料燃烧提供含氧气体和高温环境。尽管温压炸药、水中高气泡能炸药等混合炸药中主体炸药的含量比较小，但依然是体系中的主角。

氧化剂的作用是为燃料燃烧提供含氧气体，并在爆轰反应区内释放部分能量，支持主体炸药爆轰。因此，有效氧含量高、分解反应释能高的氧化剂最为理想。

燃料的作用是与爆轰产物和氧化剂分解产物反应释放能量。因此理想的燃料应具备氧化热值高、反应活性高的特性，以使其燃烧速率更快、燃烧更完全。

以上三种组分的含量决定了混合炸药爆炸的热力学能量，而能量释放率和释放速率等爆炸动力学特性则受到氧化剂和燃料的粒度，粘结剂乃至功能助剂的影响。

混合炸药配方指混合炸药的组分及其质量比，通常由式（6.71）表示：

$$\begin{cases} x_E C_{a_E} H_{b_E} N_{c_E} O_{d_E} F_{f_E} + x_O H_{b_O} N_{c_O} O_{d_O} Cl_{e_O} F_{f_O} + x_N C_{a_N} H_{b_N} N_{c_N} O_{d_N} Cl_{e_N} F_{f_N} + x_R Al_{g_R} Mg_{h_R} B_{i_R} \\ x_E + x_O + x_N + x_R = 1 \end{cases}$$

（6.71）

上式考虑了含氟炸药、含 Cl 和 F 的氧化剂和粘结剂，以及含 Al、Mg、B 等元素的复合燃料，但忽略了功能助剂中的微量元素。其中 x_E、x_O、x_N、x_R 分别为配方中炸药、氧化剂、粘结剂和燃料的质量分数，$C_{a_E} H_{b_E} N_{c_E} O_{d_E} F_{f_E}$、$H_{b_O} N_{c_O} O_{d_O} Cl_{e_O} F_{f_O}$、$C_{a_N} H_{b_N} N_{c_N} O_{d_N} Cl_{e_N} F_{f_N}$ 和 $Al_{g_R} Mg_{h_R} B_{i_R}$ 分别为炸药、氧化剂、粘结剂和燃料的当量分子式，大些字母下标 E、O、N、R 分别表示炸药、氧化剂、

粘结剂和燃料，小写字母下标 a、b、c、d、e、f、g、h、i 分别表示 C、H、N、O、Cl、F、Al、Mg、B 等在混合炸药配方中摩尔数。

混合炸药化学构成指构成配方的元素及其摩尔数，也称混合炸药当量分子式，决定了混合炸药的热力学能量。令 M_x 为各组分的当量摩尔数，配方如式（6.71）所示的混合炸药的化学构成为

$$\begin{cases} C_aH_bN_cO_dCl_eF_fAl_gMg_hB_i \\ a = a_Ex_E/M_E + a_Nx_N/M_N \\ b = b_Ex_E/M_E + b_Ox_O/M_O + b_Nx_N/M_N \\ c = c_Ex_E/M_E + c_Ox_O/M_O + a_Nx_N/M_N \\ d = d_Ex_E/M_E + d_Ox_O/M_O + d_Nx_N/M_N \\ e = e_Ox_O/M_O + e_Nx_N/M_N \\ f = f_Ex_E/M_E + f_Ox_O/M_O + f_Nx_N/M_N \\ g = g_Rx_R/M_R \\ h = h_Rx_R/M_R \\ i = i_Rx_R/M_R \end{cases} \quad (6.72)$$

6.4.1.2 燃氧比与药氧比

假设混合炸药爆炸过程中，燃料不与 Cl 发生反应，则配方的燃氧比 R_R 定义为燃料当量摩尔数 n_R 与强氧化性元素总摩尔数 n_O 的比值，即

$$R_R = \frac{n_R}{n_O} = \frac{g_Rx_R/M_R + h_Rx_R/M_R + i_Rx_R/M_R}{d_Ex_E/M_E + d_Ox_O/M_O + d_Nx_N/M_N} \quad (6.73)$$

药氧比 R_E 指来自主体炸药的强氧化性元素摩尔数 n_{EO} 与混合炸药强氧化性元素总摩尔数 n_O 的比值，即

$$R_E = \frac{n_{EO}}{n_O} = \frac{d_Ex_E/M_E + f_Ex_E/M_E}{d_Ex_E/M_E + f_Ex_E/M_E + d_Ox_O/M_O + f_Ox_O/M_O + d_Nx_N/M_N + f_Nx_N/M_N} \quad (6.74)$$

燃氧比和药氧比是表征配方化学构成的特征量，决定混合炸药能量特性。由于粘结剂的种类多且成分比较复杂，为了方便分析 HNIW 混合炸药的能量特性，可先将粘结剂作为外加惰性组分。此时，HNIW 混合炸药的能量配方为

$$\begin{cases} x_{HNIW}C_6H_6N_{12}O_{12} + x_{AP}H_4NO_4Cl + x_{Al}Al \\ x_{HNIW} + x_{AP} + x_{Al} = 1 \end{cases} \quad (6.75)$$

能量配方的化学构成为

$$\begin{cases} C_aH_bN_cO_dCl_eAl_g \\ a = x_{HNIW}/73 \\ b = x_{HNIW}/73 + x_{AP}/29.37 \\ c = x_{HNIW}/36.5 + x_{AP}/117.49 \\ d = x_{HNIW}/36.5 + x_{AP}/29.37 \\ e = x_{AP}/117.49 \\ g = x_{Al}/26.98 \end{cases} \quad (6.76)$$

则铝氧比简化为

$$R_{Al} = \frac{n_{Al}}{n_O} = \frac{x_{Al}}{0.74x_{HNIW} + 0.92x_{AP}} = \begin{cases} 1.087x_{Al}/x_{AP}, & x_{HNIW} = 0 \\ 1.351x_{Al}/x_{HNIW}, & x_{AP} = 0 \end{cases} \quad (6.77)$$

药氧比为简化为

$$R_E = \frac{n_{EO}}{n_O} = \frac{1}{1 + 1.243x_{AP}/x_{HNIW}} = \begin{cases} 1, & x_{AP} = 0 \\ 0, & x_{HNIW} \to 0 \end{cases} \quad (6.78)$$

粘结剂对混合炸药能量特性的影响不仅体现在含量，粘结剂中往往含有 O、Cl、F 等氧化性元素，需要采用数值计算的方法。

通常将铝氧比高于 2/3 的混合炸药称为富燃料混合炸药，比如温压炸药、水中高气泡能炸药等，理论上富燃料混合炸药的铝可以与空气或水中的氧继续发生反应从而进一步提高爆炸能量；铝氧比低于 2/3 的混合炸药称为欠燃料混合炸药，理论上富氧混合炸药中铝能够与爆轰产物完全燃烧。

6.4.1.3　HNIW 混合炸药爆炸总能量

爆炸总能量是混合炸药爆炸所能释放的最大热力学能量，也可认为是混合炸药的储能，用 E_C 表示。

E_C 值是混合炸药爆炸能量的"天花板"。尽管实际的爆炸能量释放率受多种因素的限制而不会达到这一最大值，但对配方所贮存的最大爆炸能量进行理论估算仍非常必要。

王秋实等[26]对以 AP 为氧化剂、Al 粉为燃料的 HNIW 能量配方进行了热力学计算，分析了 HNIW/AP/Al 配方中铝氧比和药氧比对 E_C 值影响。计算采用 EXPLO5 程序，从铝氧比 R_{Al} 与药氧比 R_E 两个控制参数出发，R_{Al} 以 0.67 为中间值，取值范围为 0.23、0.47、0.58、0.67、0.94 与 1.31，R_E 以 0.23 为中间值，取值为 0.07、0.15、0.23、0.31、0.39 与 0.47。计算样本在不同铝氧比和药氧比下的 HNIW/AP/Al 质量分数见表 6.28。

表 6.28　不同铝氧比和药氧比 HNIW 能量配方的组成结构（HNIW/AP/Al）

R_E \ R_{Al}	0.23	0.47	0.58	0.67	0.94	1.31
0.07	7.2/75.6/17.2	6.0/64.1/29.9	5.6/60.0/34.4	5.2/55.8/39.0	4.6/49.4/46.0	3.9/41.8/54.3
0.15	14.9/68.1/17.0	12.7/57.8/29.5	11.9/54.2/33.9	11.0/50.4/38.6	9.8/44.7/45.5	8.3/37.9/53.8
0.23	22.5/60.7/16.8	19.2/51.7/29.1	18.0/48.5/33.5	16.7/45.0/38.3	14.9/40.1/45.0	12.6/34.0/53.4
0.31	29.9/53.6/16.5	25.5/45.7/28.8	23.9/43.0/33.1	22.3/39.9/37.8	19.8/35.5/447	16.8/30.2/53.0
0.39	37.1/46.7/16.2	31.7/39.9/28.4	29.7/37.6/32.7	27.7/34.8/37.5	24.7/31.1/44.2	21.1/26.5/52.4
0.47	44.0/39.9/16.1	37.7/44.3/18.0	35.4/32.3/32.3	33.0/30.0/37.0	29.5/26.8/43.7	25.2/22.8/52.0

表 6.28 的数据显示，相同铝氧比下配方的 Al 含量随药氧比变化不大；但相同药氧比下 Al 含量随铝氧比增加，当铝氧比为 1.31 时，Al 含量达到了 52% 以上。

表 6.29 为 36 个能量配方的爆炸总能量 E_C 计算结果。

表 6.29　EXPLO5 程序计算的爆炸总能量 E_E（kJ/kg）

R_E \ R_{Al}	0.23	0.47	0.58	0.67	0.94	1.31
0.07	6 634	9 495	10 020	10 488	—	—
0.15	7 074	9 446	9 986	10 486	9 565	—
0.23	7 449	9 407	9 963	10 431	9 540	—
0.31	7 735	9 381	9 933	10 373	9 475	—
0.39	7 813	9 341	9 896	10 285	9 410	7 360
0.47	7 936	9 298	9 883	10 207	9 365	7 330

爆炸总能量的计算结果显示，当铝氧比为 1.31（铝含量约为 53%）时，药氧比小于 0.39（HNIW 含量约为 21%），炸药不能正常爆轰；当铝氧比为 0.94（铝含量约为 44%）时，药氧比小于 0.15（HNIW 含量约为 10%），炸药不能正常爆轰。当铝氧比为 0.67（铝含量约为 38%）时，爆炸总能量最高。

表 6.30 为 36 个能量配方的爆速 D 计算结果。

计算结果显示，相同药氧比下爆速随铝氧比的增加而降低；相同铝氧比下爆速随药氧比的提高而增加。此外，爆速计算结果同样印证了铝氧比和药氧比的爆轰临界性。

表 6.30　EXPLO5 程序计算的爆速 D（m/s）

R_E \ R_{Al}	0.23	0.47	0.58	0.67	0.94	1.31
0.07	7 701	7 224	6 994	6 705	—	—
0.15	7 853	7 395	7 219	6 765	6 515	—
0.23	8 103	7 546	7 255	6 844	6 583	—
0.31	8 274	7 676	7 371	6 947	6 663	—
0.39	8 358	7 810	7 495	7 055	6 764	6 539
0.47	8 507	8 137	7 591	7 167	6 843	6 598

图 6.40 为药氧比 $R_E = 0.23$ 时爆炸总能量和爆速随铝氧比的变化曲线，表明爆炸总能量随铝氧比增加先升高、后降低，而爆速随铝氧比增加一直保持下降；在 $R_{Al} = 0.67$ 处，爆炸总能量达到 1 043 1kJ/kg，爆速为 6 844 m/s，爆速值与 TNT 相当。

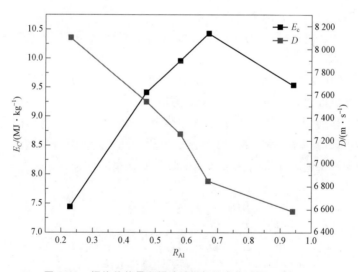

图 6.40　爆炸总能量和爆速随铝氧比变化（$R_E = 0.23$）

图 6.41 为铝氧比 $R_{Al} = 0.67$ 时爆炸总能量和爆速随药氧比的变化曲线，表明爆炸总能量随药氧比增加而降低，但爆速随药氧比增加一直保持上升。

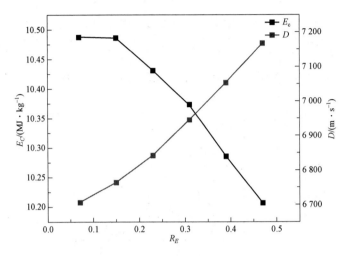

图 6.41　爆炸总能量和爆速随药氧比变化（$R_{Al} = 0.67$）

6.4.2　HNIW 混合炸药爆炸能量释放

6.4.2.1　非理想炸药爆炸过程

含有氧化剂和燃料的混合炸药属于典型的非理想炸药，对于富氧混合炸药，通常假设爆炸过程分为两个阶段。

（1）主体炸药爆轰阶段：该阶段中 HNIW 与大部分 AP 在铝粉等组分的惰性稀释下完成爆轰，释放爆轰热，支持爆轰波以一定速度传播。

（2）铝粉与爆轰产物燃烧阶段：在爆速、爆轰温度等作用下，铝粉与爆轰产物中的含氧气体发生反应，释放燃烧热。

按照上述假设，混合炸药的爆炸能量由爆轰热和铝粉燃烧热构成，能量释放率和能量释放速率如式（6.79）所示。因此，只需计算混合炸药的爆轰热、爆速和铝粉的燃烧速率，即可估算出两个阶段的能量释放速率。

$$\begin{cases} E = E_v + E_p & \text{爆炸总能量} \\ \dfrac{dE}{dt} = \dfrac{dE_v}{dt} + \dfrac{dE_p}{dt} & \text{爆炸能量释放速率} \\ \eta = E_v / E & \text{爆轰能量释放率} \\ \dfrac{dE_v}{dt} = \rho_0 E_v D & \text{爆轰能量释放速率} \\ \dfrac{dE_p}{dt} = E_p \dfrac{dW_c}{dt} & \text{铝粉燃烧能量释放速率} \end{cases} \quad (6.79)$$

其中，E 为混合炸药爆炸总能量，E_v 为混合炸药爆轰反应区内释放的能量，E_p 为爆轰反应区外释放的能量，Q_p 为爆轰产物与铝粉的综合燃烧热。

6.4.2.2　HNIW 混合炸药爆轰阶段能量释放

1. 爆轰过程的能量释放计算

假设：

（1）主体炸药在爆轰阶段完全爆轰并释放全部热量，并且热量按照加权平均爆轰反应释放；

（2）Al 粉在爆轰反应区中视为惰性物质，不发生化学反应；

（3）AP 在爆轰反应区中的分解量为 70%且参与爆轰反应，其余部分在爆轰波后分解；

（4）爆轰过程是定容绝热的，反应热全部用来加热爆轰产物，不考虑环境因素及热损失；

（5）爆轰产物处于化学、热力学平衡状态，产物的比热容只是温度的函数。

按照上述假设，AP 在 HNIW 的爆轰区内按式（6.33）发生了 70%的分解反应，即

$$0.7\mathrm{NH_4ClO_4} \to 0.7\mathrm{HCl} + 1.05\mathrm{H_2O} + 0.875\mathrm{O_2} + 0.35\mathrm{N_2} + 0.7Q_{v,\mathrm{AP}} \quad (6.80)$$

假如 HNIW 在 AP 的稀释下，依然发生了如式（2.16）的爆轰反应，即

$$\mathrm{C_6H_6N_{12}O_{12}} \to 6\mathrm{N_2} + 3\mathrm{H_2O} + 3.75\mathrm{CO_2} + 1.5\mathrm{CO} + 0.75\mathrm{C} + Q_{v,e}(6.389\ \mathrm{kJ/kg})$$

则 HNIW/AP/Al 体系的爆轰热 E_v 由三部分构成，即

$$E_v = Q_{v,e} + Q_{v,\mathrm{AP}} + Q_{e+\mathrm{AP}} \quad (6.81)$$

其中，$Q_{e+\mathrm{AP}}$ 为体系产物之间的反应所释放的热。则混合炸药爆轰反应的总方程为

$$x\mathrm{C_6H_6N_{12}O_{12}} + y\mathrm{Al} + z\mathrm{NH_4ClO_4} \to (6x+0.35z)\mathrm{N_2} + (3x+1.05z)\mathrm{H_2O}$$
$$+3.75x\mathrm{CO_2} + 1.5x\mathrm{CO} + 0.75x\mathrm{C} + y\mathrm{Al} + 0.7z\mathrm{HCl} + 0.875z\mathrm{O_2} + 0.3z\mathrm{NH_4ClO_4}$$
$$(6.82)$$

由于假设 AP 在爆轰区内反应了 70%，爆轰产物中含有 30%的 AP。分别选取最佳铝氧比和药氧比的配方，根据式（6.81）计算出的爆轰热和 EXPLO5 程序计算的爆炸能量见表 6.31。

表中数据显示，爆轰热在爆炸总能量中的占比较小。在确定的铝氧比下，理论计算的爆炸总能量不受药氧比影响，但爆轰热随药氧比增加而显著增加，因为药氧比大意味着主体炸药 HNIW 的含量高，爆轰过程释放的能量也高。

表 6.31　不同 HNIW/AP/Al 体系的爆轰热及 EXPLO5 计算的爆炸总能量（kJ/kg）

能量	R_E \ R_{Al}	0.47	0.58	0.67
爆轰热 E_v	0.23	1 816	1 705	1 584
	0.39	2 514	2 359	2 193
爆炸总能量 E	0.23	9 407	9 963	10 431
	0.39	9 341	9 896	10 285

2. 爆轰过程的能量释放率与释放速率

表 6.32 为采用 Kamlet 法和 EXPLO5 程序计算的 HNIW/AP/Al 体系理论爆速。表中数据显示，对于 HNIW/AP/Al 体系，Kamlet 法计算的爆速比 EXPLO5 的计算低，尤其是药氧比越小，爆速的差别越大，因为 EXPLO5 程序中 AP 在爆轰过程中完全分解。此外，在药氧比一定的条件下，爆速随铝氧比的增加而降低。

表 6.32　Kamlet 法和 EXPLO5 计算的理论爆速 D（m/s）

计算方法	R_E \ R_{Al}	0.47	0.58	0.67
Kamlet 法	0.23	6 613	6 465	6 294
	0.39	7 052	6 897	6 719
EXPLO5	0.23	7 546	7 255	6 844
	0.39	7 810	7 495	7 055

根据方程（6.79），可以计算出 HNIW/AP/Al 体系在理论密度下的爆轰能量释放率及释放速率，见表 6.33。

表 6.33　不同 HNIW/AP/Al 体系的爆轰能量释放率及释放速率

药氧比 R_E	0.23			0.39		
药氧比 R_{Al}	0.47	0.58	0.67	0.47	0.58	0.67
理论密度/(g·cm^{-3})	2.14	2.17	2.20	2.15	2.18	2.21
爆轰能量释放率/%	19.30	17.11	15.18	27.13	23.84	21.32
爆轰能量释放速率/($\times 10^{12}$J·s^{-1}·m^{-2})	25.70	23.92	21.93	38.12	35.47	32.56

表中数据显示，对于 HNIW/AP/Al 体系，药氧比大，铝氧比小，爆轰能量释放率和释放速率高。

6.4.2.3　HNIW 混合炸药爆轰波后能量释放

1. 爆轰温度计算过程

爆轰温度定义为混合炸药爆轰阶段结束的温度。混合炸药的爆轰温度根据爆轰热和爆轰产物的平均热容进行理论计算，见式（6.83）。

$$\begin{cases} E_v = C_v \Delta T = C_v(T_v - T_0) \\ C_v = \sum x_i C_{vi} = \sum x_i a_i + \Delta T \sum x_i b_i \\ T_v = T_0 + \Delta T = T_0 + \sqrt{\left(\sum x_i a_1\right)^2 + 4Q_v \sum x_i b_i} \Big/ 2\sum x_i b_i \end{cases} \quad (6.83)$$

混合炸药的爆轰过程不仅包含单质炸药的爆轰，还包含氧化剂分解及其产物与爆轰产物的反应过程。

关于爆轰产物的比热容，按照以下取值规则：

对于双原子分子（如 N_2、O_2、CO 等）：$C_{vi} = 20.08 + 18.83 \times 10^{-4} \Delta T$（$J \cdot mol^{-1} \cdot K^{-1}$）；

对于水蒸气：$C_{vi} = 16.74 + 89.96 \times 10^{-4} \Delta T$（$J \cdot mol^{-1} \cdot K^{-1}$）；

对于三原子分子（如 CO_2、HCN 等）：$C_{vi} = 37.66 + 24.27 \times 10^{-4} \Delta T$（$J \cdot mol^{-1} \cdot K^{-1}$）；

对于四原子分子（如 NH_3 等）：$C_{vi} = 41.84 + 18.83 \times 10^{-4} \Delta T$（$J \cdot mol^{-1} \cdot K^{-1}$）；

对于五原子分子（如 CH_4 等）：$C_{vi} = 50.21 + 18.83 \times 10^{-4} \Delta T$（$J \cdot mol^{-1} \cdot K^{-1}$）；

对于铝粉：$C_{vi} = 23.76$（$J \cdot mol^{-1} \cdot K^{-1}$）；

对于 AP：$C_{vi} = 45.81$（$J \cdot mol^{-1} \cdot K^{-1}$）。

以 $R_E = 0.23$，$R_{Al} = 0.47$ 为例，当混合炸药的总质量为 1 kg，其总反应方程式为

$$\begin{aligned} &0.4C_6H_6N_{12}O_{12} + 4.4NH_4ClO_4 + 10.8Al \to 3.94N_2 + 2.4CO_2 \\ &+ 3.08HCl + 5.82H_2O + 3.25O_2 + 1.32\,NH_4ClO_4 + 10.8Al \end{aligned} \quad (6.84)$$

爆轰热 Q_v 为 1 816 kJ/kg；

双原子分子：$3.94 + 3.08 + 3.25 = 10.27 \times (16.74 + 89.96 \times 10^{-4} \Delta T)$（$J \cdot mol^{-1} \cdot K^{-1}$）；

三原子分子：$2.4 \times (37.66 + 24.27 \times 10^{-4} \Delta T)$（$J \cdot mol^{-1} \cdot K^{-1}$）；

水蒸气：$5.82 \times (16.74 + 89.96 \times 10^{-4} \Delta T)$（$J \cdot mol^{-1} \cdot K^{-1}$）；

铝粉和 AP：$10.8 \times 23.76 + 1.32 \times 45.81 = 317.1$（$J \cdot mol^{-1} \cdot K^{-1}$）；

产物平均比热容 C_v = (719.13 + 0.08ΔT)(J · mol^{-1} · K^{-1});
代入式（6.83），计算得到此时爆轰温度 T_v = 2 799 K。

同样的方法计算不同配方的爆轰温度，结果如表 6.34 所示。

表 6.34　理论计算的爆轰温度 T_v（K）

R_E \ R_{Al}	0.47	0.58	0.67
0.23	2 799	2 588	2 362
0.39	3 503	3 289	3 115

表 6.34 的数据显示，药氧比和铝氧比高的配方，爆轰阶段达到的温度高。与假设 AP 全部在爆轰区内分解完毕相比，表中的爆轰温度计算值偏保守。

2. 爆轰波后能量初始释放速率

根据铝粉在爆轰环境中的"冲击破壳、高温气化、吹扫扩散"燃烧模型，可以计算爆轰波后的初始能量释放速率。

采用 6.3.2.3 节中铝粉在 HNIW 爆轰中的燃烧特性计算方法，在已知爆轰温度的条件下，采用式（6.69）的铝粉燃烧速率和燃烧率方程，以及式（6.70）铝粉与爆轰产物燃烧热计算方法，运用图 6.36 给出的铝粉非等温燃烧计算步骤，便可计算出铝粉在爆轰波后初始阶段的能量初始释放速率和释放率随时间的变化。

需要指出的是，随着爆轰产物膨胀降温，铝粉气化燃烧的假设会带来持续的计算偏差，而且铝粉燃烧产物的吹扫扩散假设也不再成立。因此，该方法适合于计算铝粉在爆轰波阵面附近的燃烧能量释放。

参 考 文 献

[1] Chapman D L. On the rate of explosion in gases [J]. Philos. Mag., 1899, 47: 90 – 104.

[2] Jouguet E. On the propagation of chemical reactions in gases [J]. Jde mathematiques pures et appliqués, 1905, 1: 347 – 425.

[3] Zeldovich Y B. To the question of energy use of detonation combustion [J]. Journal of Technical Physics, 1940, 10: 542-568.

[4] Von Neumann. Office of Scientific Research and Development [R]. Aberdeen Proving Ground, Maryland, 1942: Report No.549.

[5] Doering W. On detonation processes in gases [J]. Ann. Phys., 1943, 43(5): 421-436.

[6] Dremin A N, Trofimov V S. Nature on the critical detonation diameter of condensed explosives [J]. Combustion, Explosion, and Shock Waves, 1969, 5(3): 208-212.

[7] 徐新春. 微通道装药爆轰能量传递规律研究 [D]. 北京: 北京理工大学, 2010.

[8] 刘丹阳, 陈朗, 王晨, 等. CL-20混合炸药的爆轰波结构 [J]. 爆炸与冲击, 2016, 36(04): 568-572.

[9] 舒俊翔, 裴红波, 黄文斌, 等. 几种常用炸药的爆压与爆轰反应区精密测量 [J]. 爆炸与冲击, 2022, 42(05): 16-25.

[10] 李俊龙, 王晶禹, 安崇伟, 等. HNIW/HTPB 传爆药的制备及性能研究 [J]. 中国安全生产科学技术, 2012, 8(03): 13-17.

[11] Wang D, Zheng B, Guo C, et al. Formulation and performance of functional submicro CL-20-based energetic polymer composite ink for direct-write assembly [J]. RSC Advances, 2016, 6(113): 112 325-112 331

[12] 卫彦菊. GAP/CL-20基传爆药微注射成型技术及性能研究 [D]. 太原: 中北大学, 2015.

[13] 姚艺龙. 纳米 CL-20 含能墨水配方设计、直写规律及传爆性能研究 [D]. 南京: 南京理工大学, 2016.

[14] 宋长坤. CL-20 基炸药油墨设计及微笔直写成型技术研究 [D]. 太原: 中北大学, 2018.

[15] Eyring H, Powell R E, Duffey G H, Parlin R H, The Stability of Detonation [J]. Chem. Revs., 1949, 45: 69-181.

[16] Jones H, A theory of the Dependence of the Rate of Detonation of Solid Explosives on the Diameter of the Charge [J]. Proceedings of the Royal Society (London), 1947, (189A): 415-426.

[17] Price D, Jr A, Jaffe I, Explosive behaviour of ammonium perchlorate [J]. Combustion & Flame, 1967, 11(5): 415-425.

[18] 向俊舟, HNIW/AP 二元复合体系构筑及能量释放规律研究 [D]. 北京:

北京理工大学，2021.

[19] 曾亮，焦清介，任慧，等. 纳米铝粉粒径对活性量及氧化层厚度的影响[J]. 火炸药学报，2011，34（4）：4.

[20] 曾亮. 壳核结构铝粉对含铝炸药反应进程的影响研究[D]. 北京：北京理工大学，2011.

[21] 曾亮，焦清介，任慧，等. 微米铝粉活性及氧化膜厚度研究[J]. 北京理工大学学报，2012，32（2）：6.

[22] N.F.Mott, Transactions of the Faraday Society [M]. 1939, 35: 11–75.

[23] 裴红波. 含铝炸药中铝粉反应机理与能量释放规律研究[D]. 北京：北京理工大学，2015.

[24] 周正青. 基于铝粉燃烧理论的含铝炸药爆炸性能及能量释放研究[D]. 北京：北京理工大学，2016.

[25] Jiao Q J, Wang Q S, Nie J X, et al. Structural response of aluminum core‐shell particles in detonation environment [J]. Chinese Physics B, 2019, 28(8): 088201.

[26] 王秋实. CL–20基复合炸药爆炸能量释放规律研究[D]. 北京：北京理工大学，2019.

[27] Nie J X, Kan R Z, Jiao Q J, et al. Studies on aluminum powder combustion in detonation environment [J]. Chinese Physics B, 2022, 31(4): 044703.

[28] 焦清介，金兆鑫，徐新春. 铸装TNT/RDX爆轰过程导电性及反应区厚度实验[J]. 含能材料，2009，17（02）：178–182.

[29] Zhou Z, Chen J, Yuan H, et al. Effects of aluminum particle size on the detonation pressure of TNT/Al [J]. Propellants, Explosives, Pyrotechnics, 2017, 42(12): 1401–1409.

[30] Zhou Z Q, Nie J X, Zeng L, et al. Effects of aluminum content on TNT detonation and aluminum combustion using electrical conductivity measurements [J]. Propellants, Explosives, Pyrotechnics, 2016, 41(1): 84–91.

第 7 章
HNIW 含铝炸药能量输出

装填不同类型战斗部的含铝炸药的能量输出特性各不相同,与其作用的介质环境密切相关。含铝炸药水下爆炸的能量输出用冲击波能和气泡能表征,在密闭空间中含铝炸药的能量输出大多用准静态压力和温度表征,而开放空间含铝炸药爆炸的能量输出则采用冲击波超压和比冲量表征。掌握含铝炸药组成结构参数(铝氧比、药氧比等)与其爆炸能量输出特性的关系,对于炸药配方设计具有重要的指导意义。本章主要介绍 HNIW 含铝炸药在水中、密闭空间、开放空间等典型介质环境中爆炸能量输出的表征参量、实验和仿真方法以及能量输出特性的变化规律。

7.1 HNIW含铝炸药水中爆炸能量输出

7.1.1 水中爆炸能量输出表征参量

冲击波能和气泡能是炸药水下爆炸时主要的能量输出方式。炸药爆炸时炸药内传播的爆轰波传向药包表面导致水的扰动，当这种波到来后，波头的压力立刻开始转化为水介质的压强波和水的扩散运动。随后，具有高压缩性的爆轰产物开始膨胀，其压力减小，因而水的压力也迅速下降。烈性炸药爆轰时，压力的变化在所有实际情况下都具有突跃形式，突跃后紧接着近似于按指数规律变化的衰减，衰减的持续时间不超过几毫秒。图7.1为炸药水下爆炸典型的压力变化特性[1]。

炸药爆轰后形成的高压气体产物在冲击波后以逐渐衰减的速度继续膨胀，使得水介质产生很大的径向位移，形成气泡。随着气泡不断膨胀，气泡边界处物理状态急剧衰减，气泡内部压力随着气泡半径扩大而不断下降。当气泡内部压力与水中环境压力相等时，水的惯性运动使得气泡进一步膨胀，直至气泡内压力低于周围水介质环境压力（静水压力）。由于气泡表面的负压差，气泡的膨胀运动停止并达到最大半径。随后周围水介质开始反向运动，推动气泡边界不断收缩，导致气泡内部压力持续增长。气泡同样会因为水流的惯性运动而过度压缩，直到气泡内压足够高、水介质不再运动，此时达到气泡最小半径。至此，气泡的第一次膨胀和收缩结束。随后,气泡会产生多次相似脉动过程,气泡的脉动通常可以延续数个循环,在有利条件下,这种脉动可达十多次。图 7.2 为炸药水下爆炸气泡脉动过程的高速摄像图。

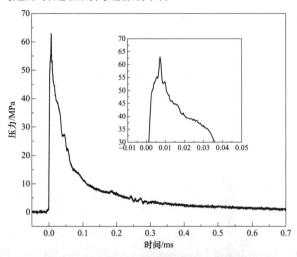

图 7.1 水下爆炸冲击波典型的压力变化特性

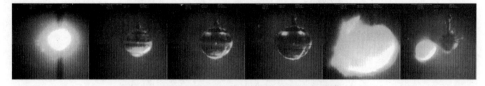

图 7.2 炸药水下爆炸气泡脉动过程的高速摄像图

炸药水下爆炸冲击波压力峰值大,但持续时间短(毫秒量级),近场冲击波会造成目标的局部毁伤。与冲击波相比,爆轰产物在水中形成气泡的压力峰值虽小(为前者的 1/10),但持续时间远大于前者,气泡脉动在冲击波对目标形成初始损伤之后,更容易造成攻击目标的总体毁伤。

7.1.2 水中爆炸测试方法

1. 原理及方法

当炸药中的爆轰波到达炸药球表面时向水中入射冲击波,释放的能量中一部分随冲击波传出,称为冲击波能 E_s(MJ/kg);一部分存在于产物气泡中,称为气泡能 E_b(MJ/kg);冲击波在传播时压缩周围的水,部分能量以热的形式散逸到水中,称为热损失能 E_r(MJ/kg)。因此,炸药爆炸释放的总能量 E_T(MJ/kg)为这三部分能量之和,即

$$E_T = E_s + E_b + E_r \quad (7.1)$$

其中,热损失能与冲击波的强度有关,炸药的爆速大、爆压高,冲击波的强度大,热损失能也大。

根据冲击波能以及气泡能可得到炸药的爆炸能量,即

$$E_T = K_f(\beta E_s + E_b) \quad (7.2)$$

式中,K_f 为装药的几何形状系数,球形装药 $K_f = 1$,非球形装药 $K_f \geq 1$;β 为冲击波能衰减系数,与含铝炸药爆压 P_s 有关,根据经验方法确定,β 可以由下式确定,即

$$\beta = 1 + 1.332\,8 \times 10^{-1} P_s - 6.577\,5 \times 10^{-3} P_s^2 + 1.259\,4 \times 10^{-4} P_s^3 \quad (7.3)$$

2. 实验场地

对非接触爆炸而言,炸药水域的选择有严格的要求,对千克级装药来说,要求炸药布放在水域深度的 1/2~2/3,而且炸药爆炸以后的气球直径要小于水池深度的 1/3,炸药到传感器的直线距要大于球形炸药半径的 10 倍。

以下实验在 5 kg 当量爆炸水池中进行,水池直径为 85 m,水深为 13.0 m,药包位于水下 6 m,传感器与装药同等高度。测试不同铝氧比含铝炸药时,布置 5 个压力传感器,分别距离药包 3.0 m、4.0 m、5.0 m、7.0 m 和 10.0 m;测量不同药氧比含铝炸药时,布置了 3 个传感器,分别距离药包 4.0 m、5.0 m 和 7.0 m。两次实验药柱和传感器布放分别如图 7.3 和图 7.4 所示。采用 PCB-138A 型电气石水下传感器,采样频率为 2 MHz,误差范围为 1.5%。

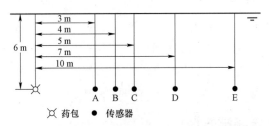

图 7.3 不同铝氧比炸药实验传感器布放示意图

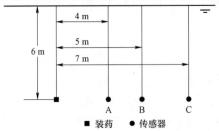

图 7.4 不同药氧比炸药实验传感器布放示意图

3. 实验样品

铝氧比和药氧比是 HNIW 含铝炸药主要的化学组成结构参数，以这两个重要参数为变量，研究其水下爆炸能量输出特性。

铝氧比[2]的定义是，单位质量含铝炸药中铝元素与氧元素的物质的量之比。药氧比的定义是单位质量含铝炸药中，单质炸药氧元素与含铝炸药氧元素的物质的量之比，其计算公式如下：

$$R_{Al} = \frac{N_{Al}}{N_O} \tag{7.4}$$

$$R_E = \frac{N_{Oex}}{N_O} \tag{7.5}$$

式中，N_{Al}、N_O 和 N_{Oex} 分别指的是单位质量含铝炸药中，含铝炸药铝元素、含铝炸药氧元素和单质炸药氧元素的物质的量（mol/kg）。

铝氧比的设计范围为 0.23～1.31，固定 HNIW 含量为 20%，通过调节 AP 和 Al 的含量改变铝氧比。样品组成为 HNIW/AP/Al/粘结剂，粘结剂为 HTPB，所用炸药为重结晶大颗粒 HNIW，粒度为 125～200 μm，AP 的粒径为 180 μm。HTPB 虽含有氧元素，但含量极低可忽略不计，其主要为碳氢组成的高分子材料，不影响铝氧比[3]，不同铝氧比含铝炸药样品参数如表 7.1 所示。

表 7.1 不同铝氧比含铝炸药样品组成

样品	组分/%（质量分数）				铝氧比	密度/($g \cdot cm^{-3}$)	爆速/($m \cdot s^{-1}$)	爆压/GPa	爆热/($kJ \cdot kg^{-1}$)
	HNIW	Al	AP	HTPB					
A	20	15	55	10	0.23	1.82	6 971	20.89	7.03
B	20	26	44	10	0.47	1.83	6 386	17.49	8.38
C	20	30	40	10	0.58	1.85	6 140	15.86	8.78
D	20	40	30	10	0.94	1.88	5 630	12.48	8.43
E	20	47	23	10	1.31	1.92	5 262	9.61	7.40

药氧比的设计范围为 0.07～0.47，通过调节体系中 Al 粉与 AP 的含量使药氧比以 0.08 递增，且保证体系铝氧比维持在 0.71 左右。表 7.2 给出了不同药氧比样品组成。

制备的含铝炸药为圆柱形浇注炸药，药柱直径约 90 mm，高度约 98 mm，质量为 1.2 kg 左右。为了保证药柱充分起爆，添加直径为 80 mm，质量为 200 g 的扩爆药 JH – 14（RDX/WAX = 95/5）。使用 1 kg TNT 球形装药计算标定系数，装药密度为 1.58 g/cm³，质量为 1 kg，则装配药柱和 TNT 如图 7.5 所示。

表 7.2　不同药氧比样品种类及参数

样品	组分/%（质量分数）				铝氧比	药氧比	密度/(g·cm⁻³)	爆速/(m·s⁻¹)	爆压/GPa	爆热/(kJ·kg⁻¹)
	HNIW	Al	AP	HTPB						
1	5	35	50	10	0.70	0.07	1.92	5 415	11.31	8.94
2	10	35	45	10	0.72	0.15	1.91	5 579	12.22	8.94
3	15	34.5	40.5	10	0.71	0.23	1.89	5 753	13.25	8.94
4	20	34	36	10	0.71	0.31	1.85	5 968	14.51	8.94
5	25	33.5	31.5	10	0.71	0.39	1.87	6 225	16.32	8.96
6	30	33	27	10	0.70	0.47	1.83	6 413	17.10	8.95

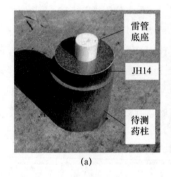

图 7.5　实验所用炸药样品
（a）药柱装配图；（b）标定用 TNT 炸药

4. 数据处理

冲击波能 E_s、气泡能 E_b 可通过测量一定爆距处的压力时程曲线获得，计算公式如下。

冲击波能为

$$E_s = k_1 \frac{4\pi R^2}{w\rho_0 C_0} \int_{t_a}^{t_a+6.7\theta} P^2(t)\,\mathrm{d}t \quad (7.6)$$

气泡能为

$$E_b = \frac{k_2 t_p^3}{w} \quad (7.7)$$

式中，R 为测点到爆心的距离；ρ_0、C_0 分别为水密度和声速；t_a 为冲击波到达时间；θ 为时间常数，表示冲击波压力从峰值 $P_{\max}$ 衰减到 $P_{\max}/e$ 所需时间，e

为自然对数；$P(t)$为压力时程；w 为药包质量；t_p 为气泡脉动周期；k_1、k_2 为测试系统的修正系数，由 TNT 装药的计算结果和测试结果的比值标定。

7.1.3 水中爆炸能量输出特性

1. 不同铝氧比 HNIW 基含铝炸药水下爆炸能量输出特性

1）冲击波峰值

压力 p_m 与铝氧比的变化关系如图 7.6 所示。由图可以看出，在不同距离下 R_{Al} 为 0.23 时样品的 p_m 值最大，随着铝氧比的增加，p_m 逐渐减小。冲击波峰值由爆炸反应强度有关，HNIW 含量固定，微米铝粉在爆轰反应区可认为是惰性的，其原因为铝粉对爆轰反应起到稀释作用，铝氧比增加，铝粉的稀释作用越明显，冲击波峰值也就越小。

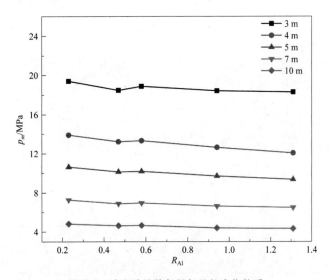

图 7.6 冲击波峰值与铝氧比的变化关系

对同一种样品而言，随着距离的增加，p_m 也逐渐减小[4]，当药包质量为 w 时，炸药水下爆炸的冲击波压力峰值 p_m（MPa）与对比距离 $l/w^{1/3}$ 符合下列幂函数形式的相似律方程[5]：

$$p_m = F\left(\frac{l}{w^{1/3}}\right)^\alpha \tag{7.8}$$

式中，F 与 α 为与相似率相关的拟合参数，F 反映了水下爆炸参数值的大小，越大说明水下爆炸参数值越大；α 值反映了参数值的变化速率，其绝对值越小，参数变化速率越小。图 7.7 给出了冲击波峰值压力及衰减时间常数与对比距离的变化关系，得到参数如表 7.3 所示。

由表可以看出，当铝氧比为 0.23 时，冲击波峰值最大；随着铝氧比的增加，α 的绝对值逐渐增加，即衰减速率不断增加。对时间常数、冲击波能进行相似律分析，发现这两个参数不满足相似律关系。冲击波峰值主要受 HNIW 的爆轰反应的影响，该参数反映的是冲击波在几微秒量级尺度上的强度，在传感器接收信号前爆轰已反应完全，所以含铝炸药冲击波峰值压力与对比距离的幂指数关系拟合较好，较为符合爆炸相似律。

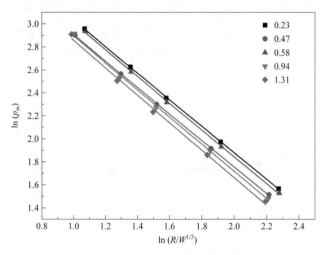

图 7.7　冲击波峰值压力与对比距离的变化关系

表 7.3　HNIW 基含铝炸药相似律系数

样品	铝氧比	F/MPa	α
A	0.23	65.99	−1.155
B	0.47	57.98	−1.153
C	0.58	65.19	−1.167
D	0.94	59.04	−1.180
E	1.31	57.52	−1.195

而时间常数和冲击波能是较长时间的参数，其时间尺度可接近毫秒量级，该时间正好衔接爆轰反应之后，铝粉破壳开始气化燃烧的过程。影响爆轰环境铝粉燃烧的因素众多，如组分和气体爆轰产物温度、铝粉粒子大小以及外在约束环境等。铝粉的反应过程不稳定，冲击波能计算公式中，冲击波能与 $p(t)$ 的

平方积分成正比，平方关系对不稳定性起放大作用，所以根据实验测试数据拟合得到的冲击波能与对比距离的关系曲线线性度差，而且针对同一类型含铝炸药，重复性较差。

2）冲击波能

冲击波能随距离的变化如图 7.8 所示，冲击波能在 3～4 m 处基本不变，随后随距离增加逐渐减少。由于不同距离的冲击波能大小是根据压力的平方对时间常数的积分决定，距离越近，压力 $p(t)$ 较大，但时间常数较小，故可能存在某一距离 $p(t)$ 衰减不多，且时间常数相对较大，使得到的冲击波能较大。根据图 7.8，1.2 kg HNIW 基含铝炸药在 3～4 m 处的冲击波能最大，随后随距离增加逐渐减少。

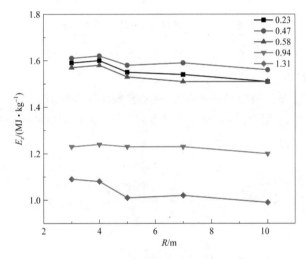

图 7.8　冲击波能与距离的变化关系

分析铝氧比对冲击波能的影响，取各样品不同距离的能量最大值，如图 7.9 所示。当 R_{Al} 在 0.23～1.31 变化时，冲击波能随着 R_{Al} 先增加后减少，在 0.47 时最大。这是由于冲击波主要受高能炸药与 AP 反应影响，R_{Al} 越大，HNIW 与 AP 的含量越少，冲击波能越小；同时，R_{Al} 从 0.23 增加到 0.47 时，冲击波峰值衰减不明显，小部分铝粉反应的能量会支持冲击波传播，减缓冲击波的衰减，增加时间常数从而增加冲击波能，故在 0.47 出现最大值。

3）气泡能

从实验数据来看，同一个样品的气泡能在不同距离下几乎没有变化，这是由于不同距离处的气泡脉动周期相同，根据气泡能计算式，气泡能的变化只是由于 k_2 的不同所致。同时，这也说明气泡能具有稳定性，传播时基本不会发生衰减。

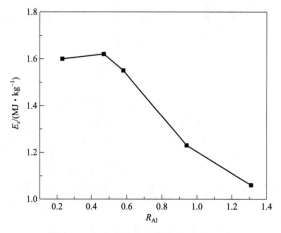

图 7.9　冲击波能与铝氧比的变化关系

图 7.10 给出了气泡能与铝氧比的变化关系。铝氧比增加,气泡能增加并在 $R_{Al}=0.4\sim1.31$ 形成平台,在 0.94 时最大。铝粉的燃烧能量是气泡能的主要来源,随着 R_{Al} 增加,铝粉燃烧释放的能量越多,气泡能越大,但铝粉过多会导致含氧产物不足,当 $R_{Al}>0.94$ 后,样品的含氧爆炸产物不足,铝粉燃烧释放的能量减少,使得气泡能逐渐降低。

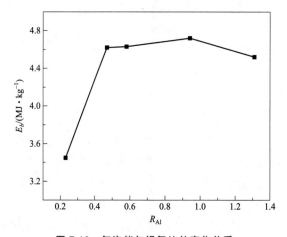

图 7.10　气泡能与铝氧比的变化关系

4) 水下爆炸机械能

图 7.11 给出了水下爆炸机械能与铝氧比的变化关系。铝氧比增加,水下爆炸机械能先增加后减少,在 0.47 时达到最大,且 R_{Al} 为 0.58 时水下爆炸机械能为 $R_{Al}=0.47$ 时的 99%,故可认为水下爆炸机械能在 $R_{Al}=0.47\sim0.58$ 达到最大,并维持平台值。故在保证水下爆炸机械能 E 最大的情况下调节铝氧比,可改变

含铝炸药的能量输出结构，R_{Al} 增大，冲击波能减少，气泡能所占比重增加，这对不同毁伤形式水下武器弹药中炸药样品设计其有重要意义。

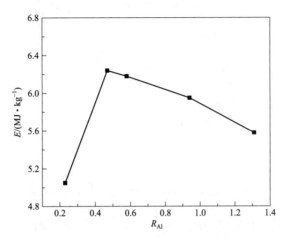

图 7.11　水下爆炸机械能与铝氧比的变化关系

5）能量释放率

含铝炸药爆炸的能量释放率 η 由爆炸能量 E_T 与样品储能 E_c 确定。表 7.4 给出了爆炸能量 E_T 与能量释放率 η，其变化如图 7.12 所示，样品储能 E_c 为 EXPLO 5 程序计算值，即

$$\eta = \frac{E_T}{E_c} \qquad (7.9)$$

表 7.4　不同铝氧比含铝炸药的能量释放率

样品	E_s/(MJ·kg^{-1})	E_b/(MJ·kg^{-1})	β	E_T/(MJ·kg^{-1})	E_c/(MJ·kg^{-1})	η
A	1.6	3.45	1.25	6.00	7.03	0.85
B	1.62	4.62	1.21	7.24	8.38	0.86
C	1.55	4.63	1.20	7.13	8.78	0.81
D	1.23	4.72	1.16	6.76	8.43	0.80
E	1.06	4.52	1.12	6.28	7.40	0.85

分析可知，爆炸能量随着铝氧比先增加后减少，在铝氧比为 0.47 时达到最大，最大爆炸能量为 7.24 MJ/kg，铝氧比为 0.58 时的数值几乎持平；铝氧比为 0.47 时能量释放率最大为 86.4%，不同铝氧水下爆炸能量释放率均在 80% 以上。从爆炸能量角度分析，HNIW 基含铝炸药的铝氧比在 0.47～0.58 附近出现最大值平台；从能量释放率角度分析，HNIW 基含铝炸药在铝氧比 0.47 时达到最大。

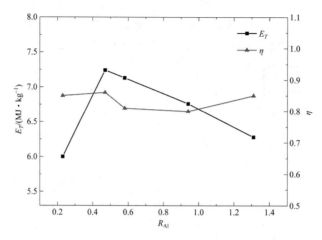

图 7.12　爆炸能量和能量释放率与铝氧比的变化

2. 不同药氧比 HNIW 基含铝炸药水下爆炸能量释放实验规律

1）冲击波峰值压力

对两发药的冲击波峰值取平均值（两发误差不超过 5%），得到 p_m 随药氧 R_E 的变化关系如图 7.13 所示（C 表示 HNIW，数字表示距离）。由图可见，随着药氧比提高，同一距离下的 p_m 值逐渐增大。

分析其原因，这是由于冲击波峰值压力主要由炸药组分的爆轰反应决定，炸药爆炸的初始冲击波压力为炸药爆压，随着 R_E 增加，爆压增大，冲击波峰值也就越大。随着距离增大，冲击波在水下的传播消耗能量，其峰值压力不断下降。但值得注意的是，R_E 在 0.15～0.23 时增长最为明显，R_E 超过 0.39 后，p_m 基本不再增长，此时再增加 R_E 也不会显著提高含铝炸药的峰值压力。

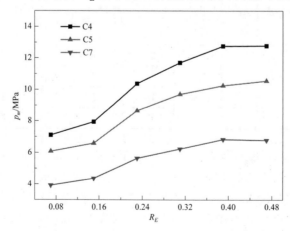

图 7.13　冲击波峰值与药氧比 R_E 的变化关系

2）冲击波能

分析冲击波能随药氧比 R_E 的变化关系，取两发数据平均值，如图 7.14 所示。由图可知，当 R_E 从 0.07 上升到 0.47 时，E_s 一直增加。R_E 小于 0.39 时，增加明显；R_E 超过 0.39 后，E_S 增加不超过 5%。分析不同位置测得冲击波能，数值上没有明显区别，差异不超过 8%。这是由于冲击波能主要受炸药反应影响，当 R_{Al} 不变时，炸药越多，前沿冲击波幅值越高，冲击波的衰减越小，冲击波能也就越大。而当 R_E 超过一定值后，冲击波幅值增加较少，使得冲击波能趋于平缓。

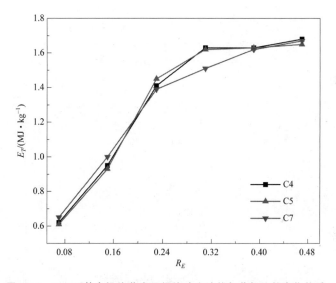

图 7.14 HNIW 基含铝炸药水下爆炸冲击波能与药氧比的变化关系

3）气泡能

E_b 由气泡脉动周期与药量所决定，而同一发药不同测点得到的脉动周期完全一致，故不同点得到的气泡能完全一致。气泡能随 R_E 的变化关系，取两发数据平均值，如图 7.15 所示。

由图 7.15 可以看出，气泡能先增加后减少，在药氧比 0.23 处达到最大。分析其原因，可能是药氧比过低时，炸药含量增加有助于铝粉燃烧；而药氧比过高后，氧化剂含量不足，使铝粉燃烧活性降低，故药氧比存在一个极值，使得铝粉燃烧处于最佳。

4）水下爆炸机械能

将冲击波能与气泡能相加获得水下爆炸机械能，其变化如图 7.16 所示。

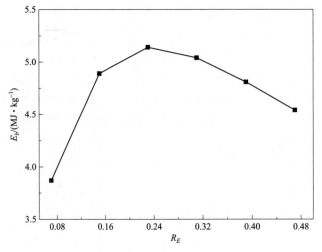

图 7.15 气泡能与药氧比关系

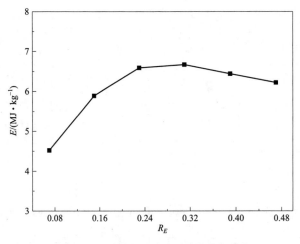

图 7.16 水下爆炸机械能随药氧比的变化

由图 7.16 可见，水下爆炸机械能先增加后减少，在药氧比 0.31 时达到最大，药氧比 0.23 时数值与之持平。气泡能占水下爆炸机械能 70% 以上，随着 R_E 增加，气泡能所占比例逐渐减小，这说明在一定铝氧比下，炸药组分增加可提高冲击波能比例，但炸药组分超过 20% 后，水下爆炸机械能会逐渐减少，通过改变药氧比调节含铝炸药的能量输出结构会影响水下爆炸机械能，故从水下爆炸机械能角度来看，$R_E = 0.31$ 为 HNIW/AP/Al/HTPB 体系最佳质量分数。

5）能量释放率

爆炸能量 E_T 与能量释放率 η 的变化如表 7.5 和图 7.17 所示。储能为平衡反应法计算数值。

表 7.5　不同药氧比含铝炸药的能量释放率

样品	E_s/(MJ·kg^{-1})	E_b/(MJ·kg^{-1})	β	E_T/(MJ·kg^{-1})	E_c/(MJ·kg^{-1})	η
1	0.65	3.87	1.14	5.07	8.94	0.57
2	1.00	4.89	1.15	6.65	8.94	0.74
3	1.45	5.14	1.17	7.51	8.94	0.84
4	1.63	5.04	1.18	7.66	8.94	0.86
5	1.63	4.81	1.20	7.44	8.96	0.83
6	1.68	4.54	1.21	7.23	8.95	0.81

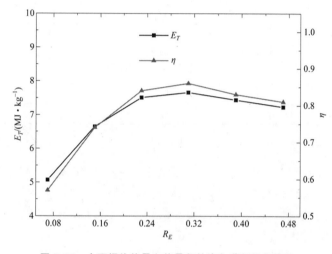

图 7.17　水下爆炸能量和能量释放率与药氧比的变化

由图 7.17 可以看出,爆炸能量与能量释放率均先增加后减少,在药氧比 0.31 时达到最大,水下爆炸能量达到 7.66 MJ/kg,最大能量释放率为 85.7%。其可能的原因同解释气泡能变化相同,含铝炸药能量释放的关键在于铝粉燃烧,能量释放率的大小取决于铝粉二次反应的程度,而铝粉二次反应又受爆轰产物提供的初始燃烧温度与氧化剂 AP 的含量影响。当 R_E 较低时,较低的初始燃烧温度制约了铝粉二次反应进行,导致铝粉燃烧不足;当 R_E 超过 0.23～0.31 后,氧化剂 AP 的减少使得铝燃烧受到影响,使能量释放率下降。故从能量释放率角度来看,R_E = 0.31 是 HNIW/AP/Al/粘结剂体系最佳质量分数。

3. HNIW 与 HMX 基含铝炸药爆炸能量输出特性对比研究

HNIW 炸药与 HMX 相比,爆热爆速爆压均有提高,HNIW 基含铝炸药能否比 HMX 基含铝炸药有更高的能量释放是一个值得研究的问题。通过实验对比相同组分的 HNIW 与 HMX 基含铝炸药水下爆炸能量释放特性,分析了 HNIW 在含铝炸药水下爆炸能量释放的作用[6]。

1) HMX 基实验样品

将 HMX 制成与表 7.2 相同样品,理论计算其储能与爆压,进行水下爆炸实验,样品组成与参数如表 7.6 所示,每种样品进行两发实验。

表 7.6　HMX 基含铝炸药样品种类及参数

样品	组分/%（质量分数）				铝氧比	药氧比	爆压/GPa	爆热/(MJ·kg^{-1})
	HMX	Al	AP	HTPB				
Ⅰ	5	35	50	10	0.71	0.07	10.25	8.46
Ⅱ	10	35	45	10	0.72	0.15	11.67	8.47
Ⅲ	15	34.5	40.5	10	0.72	0.23	12.02	8.42
Ⅳ	20	34	36	10	0.71	0.31	13.11	8.37
Ⅴ	25	33.5	31.5	10	0.71	0.39	14.16	8.31
Ⅵ	30	33	27	10	0.71	0.47	16.55	8.23

2) 冲击波峰值压力

HMX 基炸药数据由虚线构成。得到 p_m 随 R_E 的变化关系如图 7.18 所示（C 表示 HNIW,H 表示 HMX,数字表示距离）。

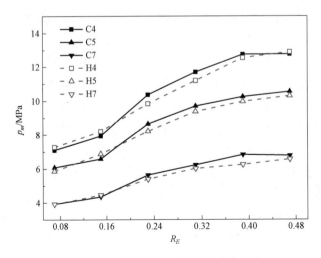

图 7.18　冲击波峰值与药氧比的变化关系

根据图 7.18 所示曲线,HNIW 基的 p_m 在药氧比为 0.23～0.39 时略高,在其他含量与 HMX 基持平或降低。其可能的原因是,p_m 是时刻状态参数,受到测试条件、实验环境等因素影响较大。并且 R_E 最高不超过 0.47 的情况下，爆轰产生冲击波受惰性物铝粉稀释作用明显，HNIW 炸药无法体现其爆炸威力的优势。

3）冲击波能

冲击波能与药氧比的变比关系如图 7.19 所示。HMX 基变化趋势与 HNIW 一致，且每个含量处 HNIW 基更大。当 R_E = 0.47 时，HMX 基最大冲击波能为 1.53 MJ/kg；当药氧比为 0.31 时，HNIW 基冲击波能比 HMX 基最多高 13.2%。

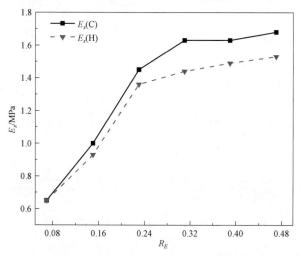

图 7.19　冲击波能与药氧比的变化关系

4）气泡能

气泡能变化如图 7.20 所示。除了药氧比 0.07 的样品，HNIW 基气泡能均高于 HMX 基，HMX 基在药氧比 0.23 的最大值为 5.00 MJ/kg；HNIW 基气泡能比 HMX 基最多高 6.54%。

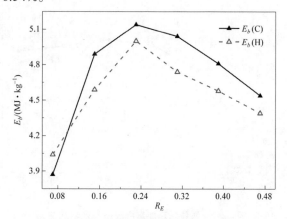

图 7.20　两种炸药气泡能与药氧比关系

5）水下爆炸机械能

水下爆炸机械能变化如图7.21所示。与HNIW基不同的是，HMX基在药氧比0.23时达到最大，最大值为6.36 MJ/kg；当药氧比为0.31时，HNIW基水下爆炸机械能比HMX基最多高7.93%。

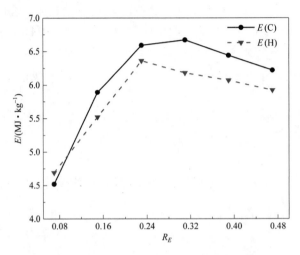

图7.21 两种炸药水下爆炸机械能与药氧比关系

6）能量释放率

两种炸药的能量释放率如图7.22所示。当药氧比为0.23时，HMX基能量释放率最大，达到77.6%；不同药氧比下HNIW基能量释放率也基本大于HMX基，最多相差4.6%。

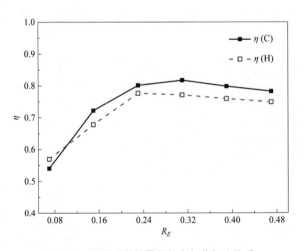

图7.22 两种炸药能量释放率与药氧比关系

HNIW 做功能力比 HMX 高近 14%，爆热比 HMX 高近 10%。在含铝炸药水下爆炸能量释放方面，HNIW 体现出了新型高能炸药的优势，最大值比 HMX 体系冲击波能高 13.2%，气泡能高 6.54%，水下爆炸机械能高 7.93%。

对比两种炸药，相同药氧比下，HNIW 炸药爆热更大，AP 分解以及铝粉发生二次反应的初始温度更高，其能量释放率越大。除含量 5%以外，HNIW 含铝炸药能量释放率比 HMX 基高 4.6%。由此可见，从冲击波峰值、水下爆炸机械能以及能量释放率来看，HNIW 体系样品都优于 HMX 体系，HNIW 基含铝炸药在水下炸药上拥有广大的应用前景，开展 HNIW 基含铝炸药应用研究，对水下爆炸的炸药样品设计有重要意义。

7.2 HNIW 含铝炸药密闭空间爆炸能量输出

7.2.1 密闭空间爆炸能量输出表征参量

炸药在密闭空间内爆炸，也称内爆炸。与自由场相比，炸药在密闭空间内的爆炸作用规律有着较大的差异，并且由于密闭空间壁面的约束作用，炸药爆炸后的能量利用率也大大提高。密闭空间爆炸的毁伤效应主要有冲击波破坏、热效应破坏、产物膨胀做功破坏和准静态压力破坏等。

含铝炸药在密闭空间爆炸后，由于壁面的约束作用，冲击波会反复地在密闭空间内反射，使得爆轰产物和铝粉与空气中的氧气充分混合，增强了铝粉的后燃效应。因此，与自由场爆炸相比，密闭空间爆炸除了爆炸冲击波外还有热效应和准静态压力，其中准静态压力表征了总能量的集聚，是破坏目标的一个重要毁伤元素。美国海军水面武器中心在比较密闭空间中炸药威力时采用准静态压力作为唯一的威力评估参数。

图 7.23 为密闭空间爆炸典型压力时程曲线，从中可以看出含铝炸药密闭空间准静态压力的变化可分为三个阶段[7]：第一阶段为初始冲击波及其反射阶段，表现为冲击波在密闭爆炸装置内的不断反射，致压力曲线大幅震荡，该阶段持续时间为 20～30 ms；第二阶段为压力持续阶段，表现为压力的稳定和非线性下降，该阶段持续时间较长，为 70～80 ms；第三阶段为压力衰减阶段，表现为密闭体系降温导致压力的衰减过程。

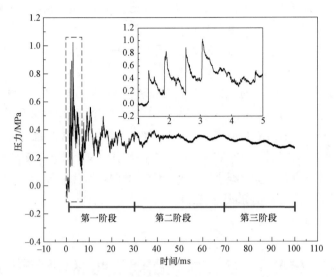

图 7.23　密闭爆炸实验典型压力 – 时间曲线

7.2.2　密闭空间爆炸测试方法

1. 原理及方法

炸药在密闭容器内爆炸的作用规律，与开放空间相比差异较大，炸药在密闭空间内爆炸产生的破坏效应比外部自由场爆炸大得多。约束对爆炸作用效果的影响甚为明显，尤其是对于含铝炸药及其他负氧平衡炸药。含铝炸药在空中爆炸时爆轰产物中的氧不足以全部氧化炸药中的铝粉，但当含铝炸药在密闭空间内爆炸时，壁面的约束会导致爆轰产物进一步燃烧，并与周围的空气反应，爆轰产物及铝粉的二次燃烧会释放一定量的能量，提高爆炸威力。

密闭空间爆炸准静态压力测试是将试样固定在密闭空间的中心位置，在距炸药一定距离处布放测压传感器，测定密闭空间爆炸冲击波压强 – 时间关系，将得到的冲击波压强 – 时间曲线进行一定方式的处理，计算冲击波压强 – 时间曲线在一定时间范围内的平均值即可求得炸药密闭空间中爆炸的准静态压力。

2. 实验装置

密闭空间实验装置的形状和尺寸是研究含铝炸药密闭空间爆炸能量输出特性的重要因素之一，本实验装置为圆柱接球形密闭爆炸容器，具体参数如下：

- 外形：下部为圆柱体，上部为半球体；
- 尺寸：半径均为 450 mm，圆柱体高度为 800 mm，容器体积约为 500 L；
- 材料：平板钢焊接而成，壁厚 20 mm；
- 功能：压力测试；
- 测点布置：布置在外接传压管处的壁面上，传压管中心距圆柱底端 400 mm 处；
- 压力采集方式：传感器采用 Kistler 603-BQ-01 型壁面压力传感器，传感器的灵敏度为 0.5 V/MPa，外接 VXI 高速数据采集器，采样速率为 200 kHz/s；
- 药包布置：实验时用细绳将药柱悬挂在密闭爆炸容器顶端的吊环上，药柱处于圆柱体正中心处，与传压管位于同一个水平线，如图 7.24 所示。

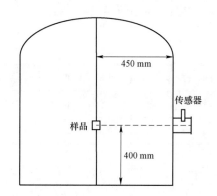

图 7.24 圆柱接球形密闭爆炸装置示意图

3. 实验样品

含铝炸药密闭空间爆炸特性与炸药组成结构密切相关，尤其是铝氧比、药氧比等炸药化学组成结构参数对其内爆炸威力影响显著。因此，研究不同化学组成结构含铝炸药密闭空间爆炸特性对于优化炸药配方进而提高典型介质环境中炸药毁伤威力具有重要意义。

不同铝氧比和药氧比的 HNIW 含铝炸药均采用 HNIW/Al/AP/氟橡胶四元压装体系，具体样品参数如表 7.7 和表 7.8 所示。实验采用圆柱接球形密闭爆炸容器进行，铝氧比设计范围为 0.6~1.2，固定药氧比为 0.66；药氧比设计范围 0.35~1，固定铝氧比为 0.60。实验材料为辽宁庆阳特种化工有限公司提供，药柱由山西省太原市江阳化工有限公司压制而成。每个炸药药柱设计质量 100 g，采用圆柱形装药，药柱密度为理论密度的 96%，长径比为 1:1。为保证起爆的安全可靠，采用 20g JH-14 作为起爆药，其药柱装配方式如图 7.25 所示。

表 7.7 不同铝氧比样品比例

样品编号	组分/%（质量分数）				铝氧比	药氧比	密度/
	HNIW	Al	AP	氟橡胶			(g·cm^{-3})
$R_{Al}-1$	45.0	30.3	18.7	6	0.60	0.66	1.981
$R_{Al}-2$	40.7	36.5	16.8	6	0.80	0.66	2.017
$R_{Al}-3$	34.1	45.8	14.1	6	1.20	0.66	2.072

表 7.8 不同药氧比样品比例

样品编号	组分/%（质量分数）				铝氧比	药氧比	密度/	爆压/GPa	爆速/
	HNIW	Al	AP	氟橡胶			(g·cm^{-3})		(m·s^{-1})
R_E-1	25.0	31.7	37.3	6	0.6	0.35	1.972	20.0	6 708
R_E-2	34.9	31.0	28.1	6	0.6	0.50	1.976	21.9	6 836
R_E-3	45.0	30.3	18.7	6	0.6	0.66	1.981	21.7	6 890
R_E-4	55.3	29.6	9.1	6	0.6	0.83	1.986	21.9	6 939
R_E-5	65.1	28.9	0	6	0.6	1	1.991	22.2	6 991

4. 数据处理方法

目前，国内外对于评价其爆炸威力还没有统一的标准。国际上用于评估密闭空间炸药爆炸威力的方法主要有冲击波压力 – 冲量准则、准静态压力、屋顶上升的做功能力等。

冲击波压力 – 冲量方法主要适用于评估小口径武器在较大的空间环境爆炸，当密闭空间体积较大时，此时准静态压力较小，主要的破坏作用来源于冲击波。炸药密闭空间爆炸产生的总能量主要包括爆轰能量和后燃烧能量两部分，冲击波压力 – 冲量表征的主要是炸药爆轰释放的冲击波动能，无法体现燃烧释放的能量；此外，当约束结构复杂时，传感器测量得到的压力曲线更为杂乱无章，计算得到的冲量也不可靠，因此冲击波压力 – 冲量方法无法全面表征炸药爆炸的威力。

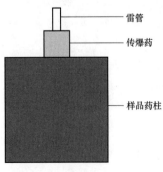

图 7.25 样品药柱装配示意图

屋顶上升实验得到的冲量和做功能力是一种较为模糊的评估方法，虽然其做功能力体现了初始爆轰能量、爆炸气体产物与空气中的氧化物混合反应释放的能量以及冲击波与结构的耦合作用，但无法给出初始冲击波、爆轰产物气体和反射波的能量分配比例。

炸药密闭空间爆炸产生的总能量（爆轰能量和后燃烧能量）是准静态压力的函数，表征了总能量的集聚，因此准静态压力适用于衡量炸药的总能量水平[8]。例如，为了评估炸药密闭空间的爆炸威力，美国海军在对 9 种炸药进行了密闭空间爆炸试验，以准静态压力作为每一种炸药威力的评价标准。综合比较上述几种方法，准静态压力可以更好地表征炸药的总能量水平。

关于准静态压力数据的处理国内外尚没有统一和标准的方法，已有的方法归纳起来主要有以下两种：一种方法是采用相邻平均法对压力-时间曲线进行平滑处理，处理后的压力-时间曲线在达到峰值后无明显波动，定义处理后的压力峰值为准静态压力[9]。含铝炸药在密闭空间内爆炸时，冲击波在密闭空间内产生反射，随着时间的增加，压力幅值和波动减弱，并且爆轰产物气体压力在密闭空间内分布均匀，产生一个压力幅值比反射冲击载荷峰值小很多，但作用时间很长的压力，称为准静态压力。从上述定义可以发现，准静态压力是在一定时间尺度内形成的，因此直接取平滑后曲线的峰值压力作为准静态压力与实际情况不符，将产生较大的误差。另一种方法是取用一定时间段内的平均压力表示准静态压力[10]，这种通过取一段时间内压力平均值作为最终准静态压力的方法，其试验结果的重复性较好，最大相对标准偏差小于美国海军水面武器中心试验结果的相对标准偏差，精度和可靠性较高，并且取一段时间内的压力平均值可以更大程度地减小实验测试误差。

由于冲击波在密闭空间内不断产生反射叠加效应，初始阶段的压力峰值成增长趋势，但是随着时间的增加，压力幅值和波动减弱，压力在密闭空间内分布均匀，形成了一个压力幅值比反射冲击载荷峰值小很多的压力，通过选取一段时间内压力平均值作为准静态压力的方法更具有参考意义。因此，基于上述分析和试验所获得的压力-时间曲线数据，选取 5~20 ms 内的压力平均值作为最终的准静态压力，一方面更好地体现了准静态压力的作用结果，另一方面避免了前期压力震荡和后期压力衰减对准静态压力结果的影响。利用相邻平均法对压力曲线进行滤波处理，图 7.26 为经过处理后的压力-时间曲线，可以看出，经相邻平均法降噪处理后的曲线在不改变密闭空间内爆炸压力-时间曲线的特征的基础上，能够更加直观和精确地判断准静态压力的大小。

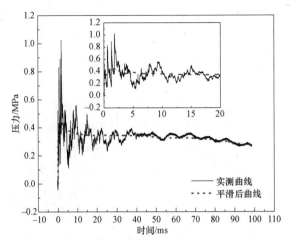

图 7.26　压力-时间曲线处理结果及对比

7.2.3　密闭空间爆炸能量输出特性

1. 不同铝氧比 HNIW 基含铝炸药密闭空间爆炸能量输出特性

图 7.27 为不同铝氧比样品压力测试曲线。由图 7.27 可知，不同铝氧比炸药在密闭容器内爆炸后，冲击波在密闭空间产生多次反射并最终趋于平衡。压力-时间曲线峰值随着铝氧比的增加，峰值逐渐降低，原因是铝氧比的增加，铝粉含量增加，主体炸药和氧化剂含量减少，而铝粉在爆轰区基本不参与反应，反而会因为其惰性性质而稀释部分能量，因而峰值逐渐降低。

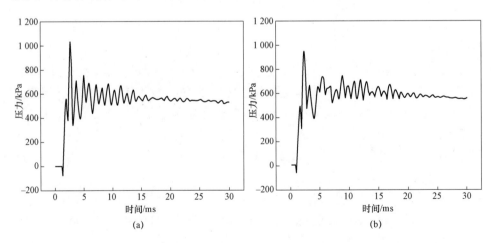

图 7.27　不同铝氧比样品压力测试曲线
（a）实测 R_{Al}-1 压力曲线；（b）实测 R_{Al}-2 压力曲线

第 7 章　HNIW 含铝炸药能量输出

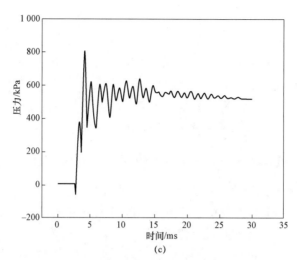

图 7.27　不同铝氧比样品压力测试曲线（续）

（c）实测 $R_{Al}-3$ 压力曲线

采用 7.2.2 节准静态压力数据处理方法，计算可到不同铝氧比样品的准静态压力，如表 7.9 所示。

表 7.9　不同铝氧比样品准静态压力

样品编号	$R_{Al}-1$	$R_{Al}-2$	$R_{Al}-3$
准静态压力/kPa	567	610	547

含铝炸药准静态压力与铝氧比的关系如图 7.28 所示，并与文献［9］中已有的实验数据做了对比。

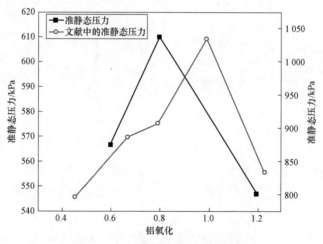

图 7.28　不同铝氧比准静态压力变化

■ HNIW 混合炸药设计基础

由图 7.28 可知，HNIW 基含铝炸药的准静态压力随铝氧比的增加先升高后降低，在铝氧比为 0.8 时达到最大。铝粉作为一种最常用的高能添加剂，具有很高的氧化热和很强的后燃效应，因此当铝氧比在 0.60～0.80 范围内逐渐增加时，即铝粉含量逐渐增加时，参与反应的铝粉逐渐增加，释放的能量增加，导致准静态压力升高。当铝氧比超过 0.8 时，虽然铝粉含量逐渐增加，但铝粉初始燃烧温度降低，加上氧化剂减少，导致能量释放减少，准静态压力降低。

2. 不同药氧比 HNIW 基含铝炸药密闭空间爆炸能量输出特性

图 7.29 为不同药氧比含铝炸药密闭空间爆炸压力测试曲线。与不同铝氧比含铝炸药压力-时间曲线类似，不同药氧比炸药在密闭容器内爆炸后，冲击波在密闭空间产生多次反射并最终趋于平衡。

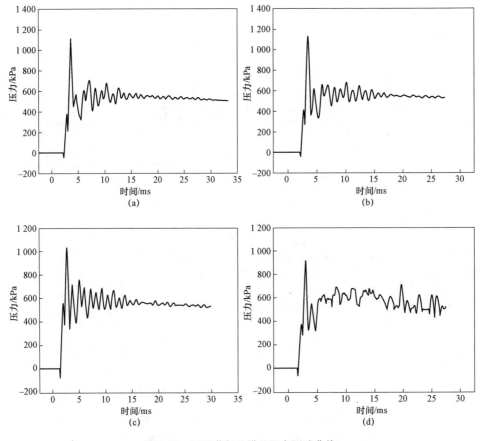

图 7.29 不同药氧比样品压力测试曲线

(a) 实测 R_E-1 压力曲线；(b) 实测 R_E-2 压力曲线；(c) 实测 R_E-3 压力曲线；(d) 实测 R_E-4 压力曲线

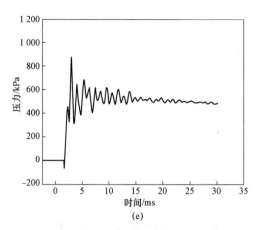

图 7.29 不同药氧比样品压力测试曲线（续）
（e）实测 R_E-5 压力曲线

不同药氧比 HNIW 基含铝炸药准静态压力测试结果，如表 7.10 所示。

表 7.10 不同药氧比含铝炸药准静态压力

样品	R_E	准静态压力/kPa
R_E-1	0.35	548
R_E-2	0.50	553
R_E-3	0.66	567
R_E-4	0.83	592
R_E-5	1.00	526

由图 7.30 可知，随着药氧比的增加，HNIW 基含铝炸药准静态压力先升高后降低，在药氧比 $R_E=0.83$ 时达到最大值。这是由于当药氧比 R_E 在 0.35～0.83 范围内逐渐增加时，即主体炸药含量的增加，使得铝粉燃烧的初始温度升高，提高了铝粉的燃烧速率，使得铝粉燃烧更加充分，准静态压力提高。当药氧比 R_E 在 0.83～1.0 范围内逐渐增加时，虽然铝粉燃烧速率较高，但氧化剂含量的急剧减少，加之有限空间内爆过程的空间体积有限，使得铝粉的燃烧受到影响，铝粉燃烧释放的能量降低，导致准静态压力降低。

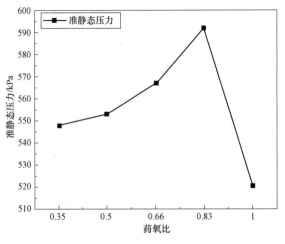

图 7.30　不同药氧比样品准静态压力

3. HNIW 基含铝炸药密闭空间爆炸能量输出特性数值计算

为了进一步研究含铝炸药密闭空间爆炸能量输出特性,利用 AUTODYN 软件对含铝炸药样品在密闭爆炸容器中的爆炸过程进行了数值模拟。本节模拟的为含铝炸药在密闭空间爆炸的过程,不考虑与外界的能量交换,假设为一个孤立的系统,边界条件选择为刚性边界,因此钢材料壳体选择软件默认的刚性边界。

1) 仿真模型的建立

根据圆柱接球形密闭爆炸容器装置的结构,建立含铝炸药密闭爆炸容器有限元仿真计算模型。仿真模型主要由密闭爆炸容器和含铝炸药组成,采用软件中的二维 Planar 建立模型:① 建立密闭爆炸容器下部带传压管的圆柱。首先建立一个 ϕ 900 mm × 800 mm 的 Box,采用 Unused 的方法建立圆柱结构和传压管结构;② 然后建立密闭爆炸容器上部半圆结构。密闭爆炸容器下部圆柱体和上部半圆体之间通过 Plot joined nodes 进行连接。含铝炸药以填充的方式填入空气域。图 7.31 为利用 AUTODYN 软件建立的含铝炸药在密闭爆炸容器中的二维结构模型。其中,空气和炸药均采用欧

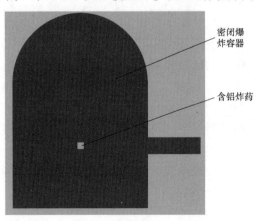

图 7.31　含铝炸药密闭空间爆炸二维结构模型

拉网格，密闭爆炸容器边界均采用刚性边界，不考虑壁面厚度及其变形，网格尺寸均为 2 mm×2 mm。

采用 JWL 状态方程来描述炸药爆炸能量释放过程，其表达式为

$$p = A\left(1 - \frac{\omega}{R_1 V_C}\right)e^{-R_1 V} + B\left(1 - \frac{\omega}{R_2 V_C}\right)e^{-R_2 V} + \frac{\omega E}{V_C} \quad (7.10)$$

式中：p 为爆轰产物压力；V_C 为爆轰产物相对比容；E 为爆轰产物的内能；A、B、R_1、R_2、ω 均为状态方程参数。

TNT 和空气域均采用软件自带的状态方程参数，具体参数如表 7.11 和表 7.12 所示。

表 7.11　TNT 的 JWL 状态方程参数

$\rho/(\text{g}\cdot\text{cm}^{-3})$	A/GPa	B/GPa	R_1	R_2	ω
1.63	373.7	3.75	4.15	0.90	0.35

表 7.12　空气状态方程参数

$\rho/(\text{g}\cdot\text{cm}^{-3})$	γ	T_R/K	$H_s/(\text{kJ}\cdot\text{kg}^{-1}\cdot\text{K}^{-1})$	$E_0/(\text{J}\cdot\text{mg}^{-1})$
1.225E−03	1.4	288.2	717.6	2.068E+05

目前，获取炸药 JWL 状态方程参数最准确的方法是通过实验标定，常用的方法为圆筒实验，即通过炸药爆轰驱动获得圆筒外壁的速度 – 时间曲线评估炸药的做功能力，然后结合非线性动力学软件标定得到等熵形式下的爆轰产物状态方程。但由于实验样品配方组成标定成本高、周期长、不确定性因素较多，且对于含铝炸药，由于其配方组成更为多样，因而其 JWL 状态方程参数也更为复杂。因此可以通过理论计算的方法获得众多不同组分的含铝炸药爆轰产物状态方程。采用 EXPLO5 软件可计算得到不同铝氧比和不同药氧比含铝炸药的 JWL 状态方程参数，如表 7.13 和表 7.14 所示。

表 7.13　不同铝氧比样品 JWL 状态方程参数

含铝炸药样品	A/GPa	B/GPa	R_1	R_2	ω
$R_{Al}-1$	1 073.78	14.18	5.84	1.40	0.067
$R_{Al}-2$	1 126.10	16.22	7.74	1.98	0.140
$R_{Al}-3$	3 143.36	18.18	5.75	1.57	0.158

表 7.14　不同药氧比样品 JWL 状态方程参数

含铝炸药样品	A/GPa	B/GPa	R_1	R_2	ω
R_E-1	1 146.58	15.41	5.82	1.52	0.151
R_E-2	1 126.10	15.60	5.74	1.52	0.155
R_E-3	1 103.29	17.73	5.75	1.57	0.158
R_E-4	1 350.26	23.35	5.99	1.59	0.169
R_E-5	813.21	17.27	5.22	1.44	0.130

2）不同铝氧比含铝炸药准静态压力计算结果

计算了不同铝氧比含铝炸药准静态压力。含铝炸药密闭空间爆炸过程的压力云图如图 7.32 所示。由图 7.32 可知，含铝炸药爆炸后，冲击波向四周传播，当

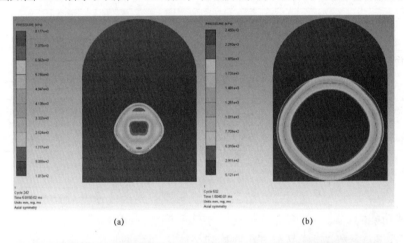

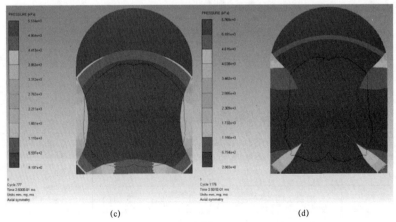

图 7.32　含铝炸药密闭空间爆炸压力云图
（a）$t=0.05$ ms；（b）$t=0.15$ ms；（c）$t=0.25$ ms；（d）$t=0.35$ ms

接触壁面后开始向内反射,随着爆炸过程的继续进行,壁面反射与地面反射相遇,并在爆炸容器角落产生较大压力。如此反复,最终在密闭爆炸容器中形成一个平衡压力。

计算不同铝氧比样品压力-时间曲线在 5~20 ms 内的平均值,如表 7.15 所示。

不同铝氧比样品准静态压力变化如图 7.33 所示。

表 7.15 不同铝氧比样品准静态压力实验与数值模拟结果

样品编号	$R_{Al}-1$	$R_{Al}-2$	$R_{Al}-3$
准静态压力实验结果/kPa	567	610	547
准静态压力数值模拟结果/kPa	585	625	579
误差/%	3.2	2.5	5.9

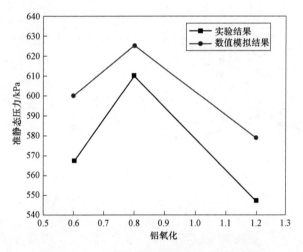

图 7.33 不同铝氧比样品准静态压力变化曲线

由图 7.33 可知,准静态压力数值模拟结果与实验结果随铝氧比的变化趋势基本相同,但准静态压力数值模拟结果均比实验结果高。原因是数值仿真模型的壁面为刚性壁面,属于完全密封的状态,而实际的实验装置不可能做到完全密封。

3)不同药氧比含铝炸药准静态压力计算结果

不同药氧比样品的准静态压力实验结果和数值模拟结果如表 7.16 所示。其中不同药氧比样品准静态压力实验结果与数值计算结果最大偏差为 4.7%,在可接受范围之内,说明本研究建立的模型对密闭空间爆炸准静态压力的预测是可行的。

不同药氧比样品准静态压力变化如图 7.34 所示。

表 7.16 不同药氧比样品准静态压力实验与数值模拟结果

样品编号	R_E-1	R_E-2	R_E-3	R_E-4	R_E-5
准静态压力实验结果/kPa	548	553	567	592	526
准静态压力数值模拟结果/kPa	573	579	585	613	537
误差/%	4.6	4.7	3.2	3.5	2.1

由图 7.34 可知,准静态压力数值模拟结果与实验结果随药氧比的变化趋势相同,准静态压力数值模拟结果均比实验结果高。原因也是由于数值仿真模型的壁面为刚性壁面,属于完全密封的状态,而实际的实验装置不可能做到完全密封。

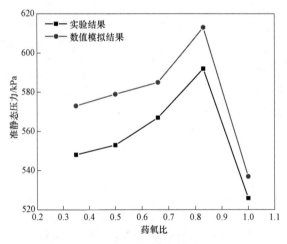

图 7.34 不同药氧比样品准静态压力变化曲线

4)质量体积比对含铝炸药准静态压力的影响

炸药密闭空间爆炸产生的准静态压力和其质量与容器的体积比密切相关。本节研究了不同含铝炸药质量与容器体积的比值 m/V 对准静态压力的影响规律,获得了准静态压力随 m/V 的拟合方程。以不同药氧比样品为例,固定密闭爆炸容器体积为 500 L,探究不同含铝炸药质量与容器体积的比值 m/V 对准静态压力的影响规律。

一般的，密闭爆炸容器在实际应用中，实验药量远小于其最大额定药量。借助仿真的可计算性，本节设置了不同的 m/V 值，如表 7.17 所示。

表 7.17　不同含铝炸药质量与容器体积的比值

含铝炸药样品	m/V（kg·m^{-3}）				
R_E-1	0.2	0.4	0.6	0.8	1.0
R_E-2	0.2	0.4	0.6	0.8	1.0
R_E-3	0.2	0.4	0.6	0.8	1.0
R_E-4	0.2	0.4	0.6	0.8	1.0
R_E-5	0.2	0.4	0.6	0.8	1.0

计算获得不同药氧比样品在不同含铝炸药质量与容器体积的比值 m/V 情况下的准静态压力值。如图 7.35 所示。

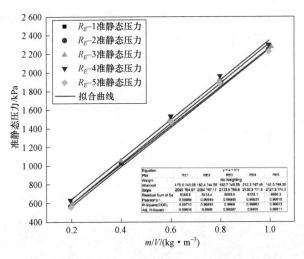

图 7.35　不同药氧比样品在不同 m/V 下的准静态压力

由图 7.35 可知，随着 m/V 的增加，含铝炸药准静态压力逐渐升高。拟合不同药氧比样品的准静态压力，可获得其准静态压力随 m/V 的变化曲线符合线性关系式：

$$p_{QS} = 2\,093.6\,m/V + 175.8 \tag{7.11}$$

$$p_{QS} = 2\,094.7\,m/V + 182.4 \tag{7.12}$$

$$p_{QS} = 2\,133.6\,m/V + 182.7 \tag{7.13}$$

$$p_{QS} = 2130.6\, m/V + 212.3 \qquad (7.14)$$

$$p_{QS} = 2121.5\, m/V + 141.5 \qquad (7.15)$$

7.3　HNIW含铝炸药空中爆炸能量输出

7.3.1　空中爆炸能量输出表征参量

空中爆炸,特别是近距离、大装药量炸药在空气中爆炸对防护结构的破坏作用,日益引起人们的重视。在对空中爆炸力学防护的研究中,空气冲击波是重点研究的载荷形式。当炸药在空气中爆炸时,爆轰波传播到达炸药和空气界面时,由于空气的初始压力(10^5 Pa 量级)和密度都很低,爆炸产物的急剧膨胀会强烈压缩邻近空气,导致周围空气的压力、温度和速度突跃,瞬时在空气中形成强冲击波——爆炸空气冲击波。

例如,TNT一类的理想炸药在空气中爆炸,已有众多学者进行了研究,并形成了较为统一的认识。图 7.36 为理想炸药空中爆炸一定距离处的冲击波压力 – 时间曲线。

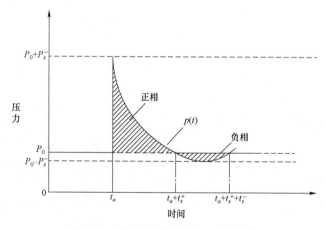

图 7.36　爆炸冲击波的压力 – 时间曲线

由图 7.36 可知,爆炸发生后的某时间间隔内,距离爆心一定距离处的初始环境压力为 P_0,当时间达到 t_a 时,该处压力迅速上升到一个峰值 $P_0 + P_s^+$,然后在总时间 $t_a + t^+$ 内衰减到环境压力 P_0,之后继续下降到幅值为 P_s^- 的部分真空,最后，在总时间 $t_a+t_s^+ +t_s^-$ 内回到 P_0，之后会出现一个或几个小振幅击波，二次击波或三次击波的到达时间和超压随着炸药类型以及有无地面反射有所变化。炸药产生的初始冲击波向外传播的过程中，在产物与空气的分界面处又向爆炸产物反射回一稀疏波。爆炸产物的压力和膨胀速度随着膨胀距离的增加很快衰减，当爆炸产物膨胀到空气的初始压力 p_0 时，由于惯性会过度膨胀，直至惯性的作用消失，此时，爆炸产物的压力低于空气的初始压力 p_0，爆炸产物的膨胀达到最大值。之后空气会对爆炸产物进行压缩，使其压力不断回升，同样，由于惯性效应产生过度压缩，使爆炸产物的压力稍大于 p_0，这样，重新开始膨胀和压缩，形成压力波的脉动。最初，爆轰产物与空气之间存在明显的界面，在脉动过程中，随着界面周围产生的湍流作用，界面越来越模糊，最后与空气混合在一起。

表征冲击波对各种物体作用的基本参数是：① 阵面处最大超压 ΔP_m，即冲击波正相超压所能达到的最大值；② 压缩相（阶段）持续时间 τ，即冲击波正相压力衰减到环境压力的所需时间；③ 正超压相的比冲量 $i = \int_0^\tau \Delta P \mathrm{d}t$，即正相压力对时间的积分。某些情形中特别在装药附近，冲击波阵面后方动压比冲量起主要作用，$j = \int_0^{\tau_u} \rho u^2 \mathrm{d}t$，其中，$\tau_u$ 是流动速度为正相的持续时间，ρ、u 分别是冲击波阵面后气体的密度和速度。

对于冲击波基本参数的计算，Саловский 基于实验数据并应用相似理论，提出了适用于无界空间中 TNT 集中装药爆炸时产生的求面冲击波的经验关系式：

$$\Delta P_m = 0.084 \frac{\sqrt[3]{m}}{r} + 0.27 \left(\frac{\sqrt[3]{m}}{r}\right)^2 + 0.7 \left(\frac{\sqrt[3]{m}}{r}\right)^3 \quad (7.16)$$

$$\tau = \sqrt[6]{m}\sqrt{r} \quad (7.17)$$

式中：r 为至爆心的距离（m）；m 为装药质量（kg）。

对于大质量装药（$m > 100$ kg），其适用范围为 0.01～1 MPa。但是，由于 1935—1950 年进行实验时仪器设备不完善，得到的结果偏高，因此后来用 TNT/RDX（50/50）球形装药进行的实验数据，修正了经验公式：

$$\Delta P_m = 0.085 \frac{\sqrt[3]{m}}{r} + 0.3 \left(\frac{\sqrt[3]{m}}{r}\right)^2 + 0.8 \left(\frac{\sqrt[3]{m}}{r}\right)^3 \quad (7.18)$$

$$\tau = 1.2 \sqrt[6]{m}\sqrt{r} \quad (7.19)$$

$$i = 200\frac{\sqrt[3]{m^2}}{r} \quad (7.20)$$

此外，基于爆炸相似律，Henrych 等[11]根据实验结果，也提出了计算 TNT 冲击波参数的经验公式：

$$\Delta P_m = \frac{1.4071}{\overline{R}} + \frac{0.55397}{\overline{R}^2} \cdot \frac{0.03572}{\overline{R}^3} + \frac{0.000625}{\overline{R}^4}, \ 0.05 \leqslant \overline{R} \leqslant 0.3 \quad (7.21)$$

$$\Delta P_m = \frac{0.61938}{\overline{R}} + \frac{0.03262}{\overline{R}^2} + \frac{0.21324}{\overline{R}^3}, \ 0.3 \leqslant \overline{R} \leqslant 1.0 \quad (7.22)$$

$$\Delta P_m = \frac{0.0662}{\overline{R}} + \frac{0.405}{\overline{R}} + \frac{0.3288}{\overline{R}}, \ 1.0 \leqslant \overline{R} \leqslant 10 \quad (7.23)$$

式中：$\overline{R} = \dfrac{r}{\sqrt[3]{m}}$。

7.3.2 空中爆炸仿真计算方法

1. 数值模拟影响因素分析

为进一步研究含铝炸药在空气中爆炸的冲击波特性规律，采用 AUTODYN 软件对含铝炸药空气中爆炸过程进行了模拟。AUTODYN 软件广泛应用于各类爆轰冲击问题的模拟中，具有较好的稳定性。但是，由于对材料性能和耦合过程认识的局限性，以及目前计算机能力有限等多方面的因素，较难直接且准确地计算炸药空中爆炸及作用的全过程，因此，需对影响空中爆炸载荷计算精度的因素进行探讨[12]。

在应用 AUTODYN 软件进行爆炸问题的分析时，一般包括前处理、加载和求解、后处理三个步骤。前处理一般包括选择单元格算法、定义或套用材料参数（AUTODYN 软件内嵌多种材料的状态方程以便使用者进行调用和修改）、建立实体模型、有限元网格划分、创建 PART、定义接触等；加载和求解主要包括施加约束、载荷和边界条件，定义初始参量，设置求解控制参数，选择输出文件及间隔、求解等；后处理包括观察变形以及相应时间历程曲线的后处理等。前处理和加载、求解中的每一步都会影响着后处理结果的输出。

AUTODYN 软件对问题的求解实质上是用数值分析的方法求解一系列的守恒方程，主要依靠显式积分和不同的求解技术来求解。控制方程的微分形式分别为

$$\frac{\partial \rho}{\partial t} + v \cdot \nabla \rho + \rho \nabla \cdot v = 0 \quad (7.24)$$

$$\rho\left(\frac{\partial v}{\partial t}+v\cdot(\nabla v)\right)=\nabla\cdot\sigma \qquad (7.25)$$

$$\rho\left(\frac{\partial e}{\partial t}+v\cdot\nabla e\right)=\sigma\cdot\dot{\varepsilon} \qquad (7.26)$$

式中：t 是时间；v 是速度；σ 是 Cauchy 应力张量；$\dot{\varepsilon}$ 是应变率张量；ρ 是密度；e 是比能。

对于不同的求解器，守恒方程都是相同的，具体的求解过程根据求解器而定。AUTODYN 软件提供了针对不同问题的多种数值分析方法，内设 Lagrange、Euler、ALE、SPH、Shell、Beam 等多个算法模块。在用 AUTODYN 软件求解问题时，可针对所建模型的不同 Part 的特性选择不同的处理器，不同处理器之间也可相互耦合，进而解决不同物理场之间的耦合问题的分析。Lagrange 算法的特性导致在解决大变形问题以及对液体和气体的计算中产生较大错误，更适用于爆炸过程中的固体材料及小变形问题。欧拉法适合于描述液体和气体的行为，自由边界面和材料的交界面可以通过固定的欧拉网格，由于网格是固定的，大变形或者有流动的情形并不会导致网格的畸变。普通的一阶欧拉方法主要用于解决流固耦合、气固耦合问题；高阶多物质求解器主要用于模拟爆轰波的形成、传播以及对结构的冲击响应等。因此，在模拟空中爆炸载荷传播过程的计算中，采用了欧拉算法。

2. 材料参数设置

空气采用理想气体状态方程，具体参数如表 7.18 所示。
TNT 炸药的 JWL 状态方程参数如表 7.19 所示。

表 7.18 空气状态方程参数

$\rho/(\text{g}\cdot\text{cm}^{-3})$	γ	T_R/K	$H_S/(\text{kJ}\cdot\text{kg}^{-1}\cdot\text{K}^{-1})$	$E_0/(\text{J}\cdot\text{mg}^{-1})$
1.225E−03	1.4	288.2	717.6	2.068E+05

含铝炸药的材料模型用 JWL 状态方程来描述，JWL 状态方程能够准确地描述爆轰产物膨胀做功过程，状态方法一般由圆筒实验确定其参数。JWL 状态方程为

$$p=A\left(1-\frac{\omega}{R_1 V}\right)\mathrm{e}^{(-R_1 V)}+B\left(1-\frac{\omega}{R_2 V}\right)\mathrm{e}^{(-R_2 V)}+\frac{\omega E}{V} \qquad (7.27)$$

式中：p 为爆轰产物压力；$V=\rho/\rho_0$ 为产物相对比容；ρ_0 为产物的初始密度；

A、B、R_1、R_2、ω 为待定系数，由圆筒实验拟合标定；E 为单位质量内能。

表 7.19 TNT 炸药的 JWL 状态方程参数

炸药	密度/ (kg·m^{-3})	爆速/ (m·s^{-1})	爆压/GPa	A/GPa	B/GPa	R_1	R_2	ω	E_0/ (J·mm^{-3})
TNT	1 630	6 930	21	373.8	3.747	4.15	0.9	0.35	6

影响炸药空中爆炸冲击波参数计算精度的一个重要因素就是网格大小的划分。爆炸初期的冲击波是高频波，炸药附近网格划分要足够细，才能反映出足够频宽的冲击波特性，网格越粗，模拟得到的峰值压力越低，但过多的网格会大大增加计算成本。

3. 自由场空爆模型的网格划分

黄正平[13]通过分析空中爆炸自由场冲击波超压信号的基本特征，指出在空中爆炸测试系统的采样时间应按正压作用时间的千采样点法确定，也就是在正压作用时间内至少采样 1 000 次。网格尺寸的计算公式为

$$\Delta d = C_S \cdot \theta / 1\ 000 \quad (7.28)$$

式中：C_S 为空气冲击波波阵面上的声速，满足

$$C_S = C_0 \sqrt{\frac{\left(1 + \dfrac{\Delta p_m}{p_0}\right)\left(1 + \dfrac{\gamma-1}{2\gamma}\dfrac{\Delta p_m}{p_0}\right)}{1 + \dfrac{\gamma+1}{2\gamma}\dfrac{\Delta p_m}{p_0}}} \quad (7.29)$$

式中：C_S 对为标准状态下未扰动空气的声速（m/s），γ 为空气的绝热指数，通常取 1.4。Δp_m 为空气冲击波峰值超压（MPa）；p_0 为标准状态下未扰动空气的压力（MPa）。对于中远场空中爆炸，$C = 340$ m/s，对于中近场，声速要大于该值。

同时，由于空气的可压缩性大，在相同对比距离处的空气冲击波峰值超压低，脉宽也大于水中冲击波的脉宽，对于空气冲击波在正压时间内采样 100 次即可满足网格划分的要求。

4. 边界条件设置

在数值模拟计算中，为了对无限空气域爆炸问题研究，需要建立相同大小的模型，但由于计算能力的限制，通常只能建立有限尺寸的计算模型，这就要求必须在有限尺寸的计算模型中施加一定的边界条件以模拟无限空气。

第 7 章　HNIW 含铝炸药能量输出

AUTODYN 软件中提供了三种边界条件可供选取，即刚性边界条件、flow–out 和 transmit。刚性边界条件也叫全反射边界条件，是指在边界处不设置任何边界条件，在边界处冲击波、爆炸产物和空气可以完全反射。flow–out 边界条件即流出边界条件，冲击波和物质都可以从边界处流出计算模型，只可用于欧拉域。transmit 边界条件即透射边界条件，即压力可以流入或流出边界。

建立 Box 模型，采用二维轴对称模型，建立 1/4 模型，0.5 m×0.5 m 的空气域，并在空气域内填充 250 gTNT，在距爆心 0.5 m、0.6 m、0.7 m 处添加高斯点，再将模型对称为全模型。图 7.37 分别为三种不同边界条件下冲击波压力云图和压力–时间曲线。

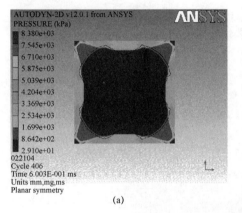

(a)

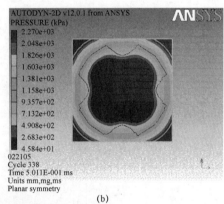

(b)

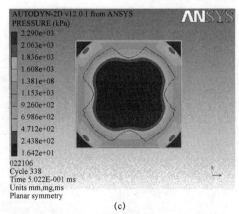

(c)

图 7.37　三种不同边界条件下冲击波的反射情况
（a）刚性边界条件；（b）flow–out 边界条件；（c）transmit 边界条件

从图 7.37 可以看出，全反射边界条件下，反射最为严重，这是因为，在欧拉网格下，不施加边界条件即为边界处速度为零，压力完全反射；flowout 边界条件和 transmit 边界条件均无较明显的反射。三种不同边界条件下两个高斯点的压力–时间曲线如图 7.38 所示。

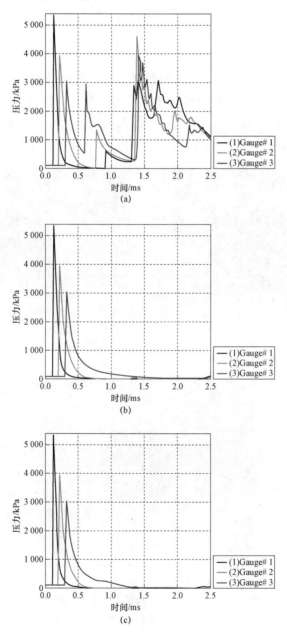

图 7.38　三种不同边界条件下两个高斯点的压力–时间曲线
（a）刚性边界条件；（b）flow–out 边界条件；（c）transmit 边界条件

从图 7.38 可以看出，transmit 边界条件下所造成的压力有一定回升，与事实相背，为此在对含铝炸药空中爆炸的模拟中选择 flow-out 边界条件。

当模型中定义了透射、压力流入/流出边界条件后，材料就可以经过边界流入或流出，增加或带走部分能量，计算程序会因能量不守恒而终止计算。此时，可将能量守恒误差的容许值设高些。

5. 计算模型建立和验证

计算模型采用一维楔形网格轴对称模型，建模时采用 WEDGE，炸药量 10 kg，计算空气域 16 m，x 轴方向单元划分数 4 000，炸药附近依据自由场空爆模型网格划分准则进行加密，炸药模型网格如图 7.39 所示。空气采用多物质 Euler 算法，空气中初始压力为 1 atm，炸药以物质填充的方式填入空气域采用缺省人工黏性系数，模型外围施加 flow-out 来模拟无限空气域。在距离爆心 1～10 m 每隔 1 m 设置观测点，起爆点和观测点设置如图 7.40 所示。

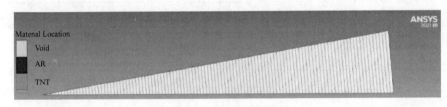

图 7.39　炸药模型网络

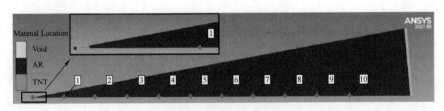

图 7.40　起爆点和观测点设置

为验证模型的准确性首先对 TNT 爆炸进行了模拟，计算得到的不同位置的压力-时间曲线如图 7.41 所示，计算得到的冲击波超压值与经验公式计算值如表 7.20 所示，其中，由于 9 m 和 10 m 处冲击波压力较小，因此予以忽略。

Henchy 经验公式在不同对比距离的计算值与实验值较接近，故采用 Henchy 经验公式与计算值进行对比。由表 7.20 可知，这里的模拟值与经验值计算误差均小于 8.62%，说明所采用的计算模型可靠。

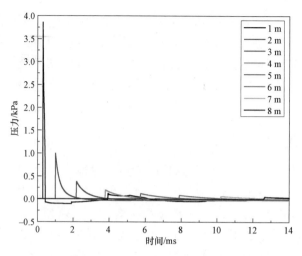

图 7.41 TNT 不同位置的压力–时间曲线（见彩插）

表 7.20 TNT 超压模拟值与经验值

距离/m	模拟值/kPa	经验值/kPa	误差/%
1	3 867	3 618	−6.88
2	1 003	972	−3.23
3	384	378	−1.54
4	194	205	5.14
5	120	130	7.71
6	84	91	7.91
7	63	68	7.79
8	49	54	8.62

7.3.3 空中爆炸能量输出特性

1. 计算炸药配方及参数

为研究不同铝氧比 HNIW 含铝炸药空中爆炸能量输出特性，设计了不同铝氧比的 HNIW 基含铝炸药配方，样品组成为 HNIW/Al/粘结剂，设计的铝氧比范围为 0.23～1.31，具配比如表 7.21 所示。由于圆筒试验成本高、周期长，因此通过 EXPLO 5 软件理论计算的组分的含铝炸药爆轰产物状态方程，不同铝氧比 HNIW 基含铝炸药配方的 JWL 状态方程参数计算结果如表 7.22 所示。

表 7.21　不同铝氧比含铝炸药样品组成

序号	组分/%（质量分数）			铝氧比	密度/ ($g \cdot cm^{-3}$)	爆速/ ($m \cdot s^{-1}$)	爆压/GPa	爆热/ ($MJ \cdot kg^{-1}$)
	HNIW	Al	黏合剂					
C10	85	10	5	0.16	1.97	8 746.09	37.04	7.08
C20	75	20	5	0.36	2.03	8 155.27	34.29	8.31
C30	65	30	5	0.62	2.08	7 328.73	25.04	9.61
C40	55	40	5	0.98	2.13	6 421.72	17.55	8.71

表 7.22　炸药的 JWL 状态方程参数

序号	A/GPa	B/GPa	R_1	R_2	ω	E_0/ ($J \cdot mm^{-3}$)
C10	1 100.39	41.31	5.17	1.71	0.38	13.12
C20	969.83	30.34	5.09	1.56	0.21	16.49
C30	1 541.15	26.08	5.93	1.62	0.13	16.92
C40	2 235.16	26.52	6.77	1.91	0.14	13.28

2. 压力-时间曲线计算

计算得到的 C10 在不同时刻的压力云图如图 7.42 所示，C10、C20、C30 和 C40 四种含铝炸药的不同位置处的压力-时间曲线如图 7.43 所示。

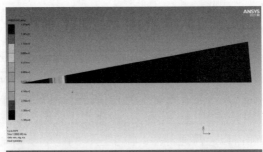

图 7.42　C10 在不同时刻的压力-时间曲线

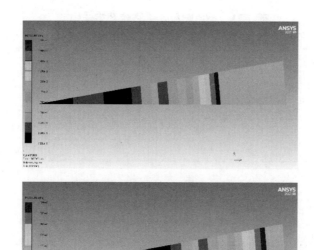

图 7.42　C10 在不同时刻的压力 – 时间曲线（续）

由图 7.43 可知，爆炸冲击波在传播过程中，冲击波的波形将不断发生变化，主要表现冲击波峰值超压的不断降低，正压作用时间不断增加。随着爆炸冲击波的传播，峰值超压和传播速度等参数迅速下降，这是因为：① 爆炸冲击波的波阵面随传播距离的增加而不断扩大，即便没有其他能力损耗，波阵面的面积也在不断扩大，单位面积上的能量也迅速减少；② 爆炸空气冲击波的正压区随传播距离的增加不断被拉宽，受压缩的空气量不断增加，使得单位质量空气的平均能量不断下降；③ 始终存在着因空气冲击绝热压缩而产生的不可逆能量损失，冲击波的传播并非等熵过程。爆炸冲击波形成后，脱离爆炸产物独立地在空气中传播，波的前沿以超声速传播，而正压区的尾部是以与压力相对应的声速传播，冲击波的波形将不断发生变化，所以正压区被不断拉宽，体现为压力和正压区冲量不断降低，正压作用时间不断加长。爆炸空气冲击波传播过程中波阵面的压力等参数在初始阶段衰减快，后期衰减慢，传播到一定距离后则衰减为声波。

炸药空中爆炸时，其爆炸冲击波相比于水中爆炸冲击波具有如下特点。

（1）空气的可压缩性比水大得多，本身消耗的变形能多，传压性不好。因此，空气冲击波峰值压力、冲量比水中冲击波小得多。

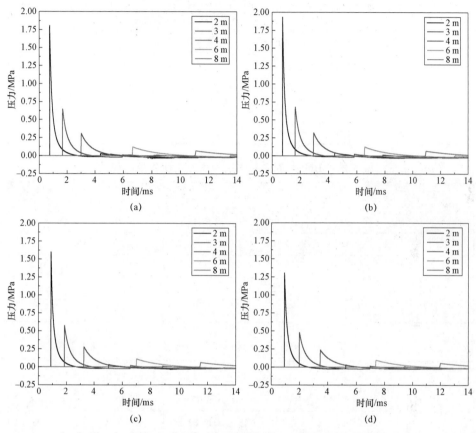

图 7.43 不同铝氧比炸药不同位置处的压力 – 时间曲线（见彩插）
(a) C10；(b) C20；(c) C30；(d) C40

（2）惯性小，爆炸产物膨胀过程比水中快得多，脉动次数要比深水中爆炸少得多，一般最多为两次。

（3）第一次脉动对目标的破坏作用微乎其微，而水中爆炸第一次气泡脉动冲量很大，对目标的破坏作用甚至会超过冲击波。

（4）空气中的声速（约为 334 m/s）比水中（约为 1 483 m/s）小得多，因此在相同药量、相同距离的情况下空气冲击波对目标的作用时间要大于水中冲击波。

表 7.23～表 7.25 分别为以 10 kg 质量为例计算得到的不同铝氧比 HNIW 基含铝炸药不同位置处的冲击波峰值压力、正压作用时间和冲击波冲量。不同距离处冲击波峰值压力如图 7.44 所示。

表 7.23　HNIW 基含铝炸药冲击波峰值压力

序号	冲击波峰值压力/kPa				
	2 m	3 m	4 m	6 m	8 m
C10	1 809.97	647.01	307.35	121.25	68.52
C20	1 934.77	679.53	320.86	125.7	70.79
C30	1 602.37	574.35	277.91	111.7	63.69
C40	1 307.67	479.03	236.53	98.12	56.82

表 7.24　HNIW 基含铝炸药冲击波正压作用时间

序号	冲击波正压作用时间/ms				
	2 m	3 m	4 m	6 m	8 m
C10	1.97	2.10	2.68	4.14	5.23
C20	2.13	2.17	2.70	4.17	5.28
C30	1.83	2.02	2.67	4.07	5.19
C40	1.73	2.03	2.71	4.09	5.16

表 7.25　HNIW 基含铝炸药冲击波冲量

序号	冲击波冲量/(Pa·s)				
	2 m	3 m	4 m	6 m	8 m
C10	431.99	276.36	218.82	164.00	123.98
C20	449.52	286.72	226.19	169.62	129.33
C30	383.29	253.98	204.31	152.62	119.90
C40	342.19	229.30	185.69	137.48	107.34

3. 结果分析

由表 7.23 和图 7.44 可见，计算得到的不同铝氧比 HNIW 基含铝炸药不同位置处的反射冲击波超压均随距离的增加大幅减少，在 2 m、3 m、4 m、6 m 和 8 m 处均是 C20 最大。不同距离处冲击波峰值压力均随着铝氧比的增大先增加后降低，在铝氧比为 0.36 时达到最大值。其原因与水下爆炸相似，铝氧比较低时，爆轰产物膨胀初期，少部分铝粉发生反应释放的能量高于铝粉在爆轰反应区内吸收的热量，冲击波峰值略微提高，当铝氧比继续提高，铝粉作为惰性物质在爆轰反应区吸收的能量逐渐增大，稀释作用愈加明显，并且随着铝氧比的不断提高，炸药含量不断降低，爆轰反应强度逐步下降，最终导致冲击波峰值的降低。不同距离处冲击波正压作用时间如图 7.45 所示。

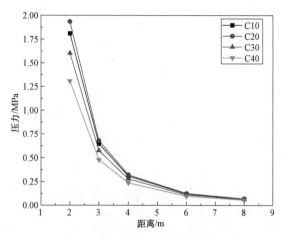

图 7.44　不同距离处冲击波峰值压力

由表 7.24 和图 7.45 可知，对于在同一位置处的正压作用时间，随着铝含量的增加，基本呈现先增大后减小的趋势，并在铝氧比为 0.36 时达到最大值，并且随着测试距离的增加，正压作用时间明显增长。由此可见，铝粉释放的能量不仅能够支撑冲击波超压，同时对延迟正压作用时间起到了支撑作用。不同距离处冲击波冲量如图 7.46 所示。

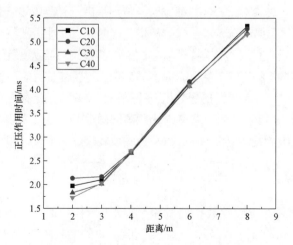

图 7.45　不同距离处冲击波正压作用时间

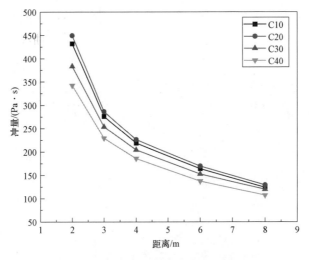

图 7.46　不同距离处冲击波冲量

由表 7.25 和图 7.46 可知，对于同一个位置处的冲量，随着铝含量的增加，均是先增大后减小，在铝氧比为 0.36 时达到最大值。随着测试距离的增加，冲击波冲量不断下降，随后在 5 m 内以及 9 m 处均为铝含量为 30 % 时达到最大值。其原因是：铝粉反应释放的能量支持了冲击波的传播，在维持冲击波峰值压力的同时，爆轰波后铝粉的燃烧减缓了冲击波的衰减，提高了正压作用时间，使得冲击波冲量到提高。

4. 空中爆炸冲击波参数相似关系研究

在对爆炸冲击波参数进行实验研究时，特别是进行大药量实验时，由于破坏作用和污染等问题，常常十分困难且代价昂贵；同时，爆炸冲击波特性的计算方法较为复杂，当系统地改变某个影响冲击波特性的物理参数，难以重复地进行计算。因此，几乎从空中爆炸的研究伊始，研究者们都企图寻找能扩大实验和分析范围的相似律（比例定律）[14]。最常用的爆炸相似律是霍普金森比例定律，它是由霍普金森首先推导出来的，指出冲击波参数是对比距离的函数[15]。通常人们利用纯数（物理量量值）之间的函数关系把相似律关系写为多项式表达式形式，即

$$P_{ara} = a_0 + a_1 \left(\frac{\sqrt[3]{m}}{r} \right) + a_2 \left(\frac{\sqrt[3]{m}}{r} \right)^2 + a_3 \left(\frac{\sqrt[3]{m}}{r} \right)^3 + \cdots + a_n \left(\frac{\sqrt[3]{m}}{r} \right)^n \quad (7.30)$$

式中：P_{ara} 代表各冲击波参数，如 Δp_m、对比正压作用时间 $t_+/\sqrt[3]{m}$ 或对比冲量 $I_+/\sqrt[3]{m}$；各待定系数 $a_0, a_1, \cdots, a_n$ 需要通过大量的实验数据加以处理才能得到。

为进一步研究爆炸相似律在 HNIW 基含铝炸药冲击波参数的适用性，对冲

击波超压和冲量进行了拟合[16]。图 7.47 与图 7.48 分别为不同铝氧比 HNIW 基含铝炸药冲击波超压和冲量与比例距离之间的多项式拟合曲线。

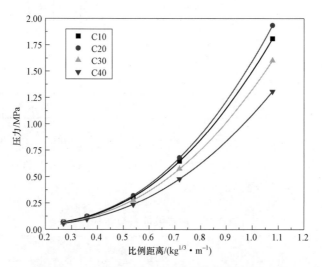

图 7.47　冲击波超压与 $m^{1/3}/r$ 之间的多项式拟合曲线

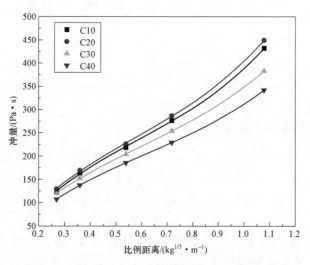

图 7.48　冲击波冲量与 $m^{1/3}/r$ 之间的多项式拟合曲线

由图 7.47 可知，对于含铝炸药冲击波超压与对比距离之间的关系的拟合过程中，三阶多项式拟合公式结果相关系数较高，拟合效果较好。冲击波超压随比例距离的增加而增大，符合冲击波相似律，如表 7.26 所示。

表 7.26 冲击波超压拟合参数

序号	冲击波超压拟合参数				
	a_0	a_1	a_2	a_3	R^2
C10	96.25	−523.41	1 456.76	469.80	99.99
C20	91.09	−479.15	1 349.48	635.21	99.99
C30	65.44	−327.54	1 066.17	522.14	99.99
C40	51.42	−242.53	880.52	396.66	99.99

图 7.48 为冲击波冲量与 $m^{1/3}/r$ 之间的多项式拟合曲线，三阶多项式拟合公式结果相关系数较高，拟合效果较好。冲击波冲量随比例距离的增加而增大，符合冲击波相似律，如表 7.27 所示。

表 7.27 冲击波冲量拟合参数

序号	冲击波冲量拟合参数				
	a_0	a_1	a_2	a_3	R^2
C10	−34.813 82	−26.781 16	−12.173 98	−19.385 75	99.98
C20	778.418 99	757.272 34	627.323 23	605.604 79	99.98
C30	−806.799 59	−760.583 58	−590.998 56	−582.717 48	99.99
C40	451.659 94	434.578 68	324.416 19	308.321 13	99.99

5. 空中爆炸能量输出特性

如果一定质量的标准炸药如 TNT，产生的冲击波参数大小与单位质量的某种炸药相同，则该一定质量称为该炸药的当量。通常在应用冲击波参数经验公式对某种炸药的冲击波参数进行计算时，需要首先换算该炸药的 TNT 当量，尽管严格意义上冲击波参数是距离的函数，不同距离处的当量值不相同，但往往使用爆热 TNT 当量来近似作为该炸药的冲击波参数如超压和冲量等的 TNT 当量。为此，通过分析 TNT 仿真计算结果，获得 TNT 空爆超压与比例距离 $m^{1/3}/r$ 之间的多项式拟合曲线，结合空中爆炸冲击波超压数据，可计算给出 HNIW 基含铝炸药空中爆炸能量输出特性。

图 7.49 是根据 7.3.2 节中 TNT 空中爆炸冲击波超压仿真计算结果，拟合的 TNT 空爆超压与比例距离 $m^{1/3}/r$ 之间的多项式拟合曲线。

第 7 章　HNIW 含铝炸药能量输出

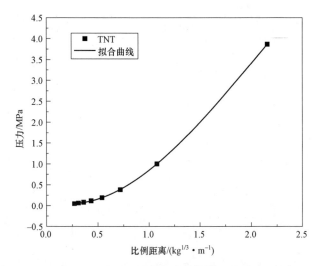

图 7.49　TNT 空中爆炸冲击波超压仿真计算结果

拟合得到 TNT 空爆超压与比例距离 $m^{1/3}/r$ 之间的多项式关系为

$$P_{\max}(\mathrm{MPa}) = 0.1359 - 0.7423\left(\frac{\sqrt[3]{m}}{r}\right) + 1.7197\left(\frac{\sqrt[3]{m}}{r}\right)^2 - 0.2652\left(\frac{\sqrt[3]{m}}{r}\right)^3 \tag{7.31}$$

根据 TNT 拟合方程计算不同计算 HNIW 基含铝炸药空中爆炸 TNT 当量如表 7.28 所示。

表 7.28　冲击波当量计算结果

序号	冲击波当量				
	2 m	3 m	4 m	6 m	8 m
C10	2.32	1.94	1.75	1.69	1.65
C20	2.57	2.06	1.85	1.77	1.76
C30	1.94	1.66	1.55	1.51	1.40
C40	1.45	1.32	1.27	1.26	1.00

在距离爆心不同位置处，HNIW 含铝炸药空中爆炸能量输出规律如图 7.50 所示。由图 7.50 可以看出，HNIW 基含铝炸药空中爆炸 TNT 当量随着铝氧比的增加呈现先增大后降低的趋势，在铝氧比为 0.36 时达到最大值，并且随着测试距离的增加，HNIW 基含铝炸药空中爆炸 TNT 当量随之降低。因此，为了提高 HNIW 基含铝炸药空中爆炸能量输出效率，应当控制铝氧比在 0.36 左右。

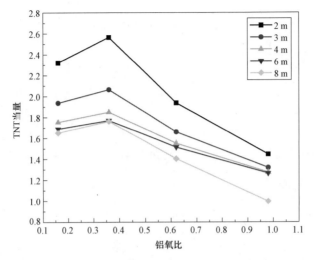

图 7.50　含铝炸药空中爆炸能量输出规律

参考文献

［1］阚润哲，聂建新，郭学永，等. 不同铝氧比 CL-20 基含铝炸药深水爆炸能量输出特性［J］. 兵工学报，2022，43（05）：1023-1031.

［2］Zhao Q，Nie J X，Zhang W，et al. Effect of the Al/O ratio on the Al reaction of aluminized RDX-based explosives［J］. Chinese Physics B，2017，26（5）：054502.

［3］王秋实，聂建新，焦清介，等. 不同铝氧比六硝基六氮杂异伍兹烷基含铝炸药水下爆炸实验研究［J］. 兵工学报，2016，37（S2）：23-28.

［4］Cole R H，Weller R. Underwater explosions［J］. Physics Today，1948，1（6）：35.

［5］Zhao Q，Nie J，Wang Q，et al. Numerical and experimental study on cyclotrimethylenetrinitramine/aluminum explosives in underwater explosions［J］. Advances in Mechanical Engineering，2016，8（10）.

［6］Jiao Q，Wang Q，Nie J，et al. The effect of explosive percentage on underwater explosion energy release of hexanitrohexaazaisowurtzitane and octogen-based aluminized explosives［J］. AIP Advances，2018，8（3）：035013.

[7] 阚润哲, 聂建新, 刘正, 等. 复合装药密闭空间爆炸能量释放特性[J]. 火炸药学报, 2022, 45（03）: 377–382.

[8] Duan X Y, Guo X Y, Jiao Q J, et al. Effects of Al/O on pressure properties of confined explosion from aluminized explosives[J]. Defence Technology, 2017, 13（6）: 428–433.

[9] 段晓瑜, 郭学永, 焦清介, 等. 铝粉粒度和铝氧比对含铝炸药在密闭空间内爆炸特性的影响[J]. 含能材料, 2017, 25（06）: 472–478.

[10] 刘正, 聂建新, 徐星, 等. 密闭空间内六硝基六氮杂异伍兹烷基复合炸药能量释放特性[J]. 兵工学报, 2022, 43（03）: 503–512.

[11] Henrych J, Abrahamson G. The dynamics of explosion and its use[J]. Journal of Applied Mechanics, 1980, 47（1）: 218.

[12] 段晓瑜, 郭学永, 聂建新, 等. RDX基含铝炸药三波点高度的数值模拟[J]. 高压物理学报, 2018, 32（03）: 75–82.

[13] 黄正平. 爆炸与冲击电测技术[M]. 北京: 国防工业出版社, 2006.

[14] 段晓瑜, 崔庆忠, 郭学永, 等. 炸药在空气中爆炸冲击波的地面反射超压实验研究[J]. 兵工学报, 2016, 37（12）: 7.

[15] Baker W E. Explosions in air[M]. University of Texas Press, 1973.

[16] Xiaoyu, Duan, Qingzhong, et al. Experimental Investigation on Shock Wave Characteristics of Aluminized Explosives in Air Blast[J]. Journal of Beijing Institute of Technology, 2017, 02（No.521）: 26–34.

第 8 章
HNIW 基压装炸药

压装炸药是一类以单质炸药为主体,加入氧化剂、可燃剂、粘结剂、钝感剂、增塑剂或者其他添加剂,并通过模压成型的混合炸药。本章主要从 HNIW 基压装炸药设计内容及要求、高聚物粘结剂选择与设计要求、HNIW 基压装炸药典型制备工艺、HNIW 基压装炸药成型特性分析等四个方面进行阐述。

› HNIW 混合炸药设计基础

8.1　HNIW 基压装炸药设计内容及要求

混合炸药配方设计一定要满足战术技术指标的要求,根据爆炸做功的对象、性质及特点进行能量设计；根据生产、使用与贮存等要求进行安全性设计、安定性设计；并且保证所设计的混合炸药具有良好的成型性能和力学性能。根据某些特殊性能要求（挠性、塑性等）还要进行特殊性能的设计。混合炸药设计工作者就是要通过配方设计合理地选择爆炸组分、粘结组分、增塑组分、钝感组分及其他添加剂，使混合炸药满足以上性能要求[1]。以下设计内容不仅适用于压装炸药配方设计，同样适用于浇注炸药、熔铸炸药等，后面章节将针对特定装药类型论述设计内容及要求。

8.1.1　能量设计

根据爆炸做功的对象、性质及特点，混合炸药可分为金属加速炸药、通用爆破炸药、温压炸药、抗过载炸药、水下炸药和特种炸药等。能量设计工作就是以满足战斗部的高效毁伤要求为目标，选取合适的装药类型，进而通过理论计算手段细化、完善混合炸药配方组成，最终达到总体效能指标要求（技术指标和战术指标）。能量设计阶段计算内容主要包括密度、铝氧比/药氧比、爆速、格尼系数、爆热、爆温、爆压、爆容等在内的性能参数。本节对于上述性能参数进行分述。

1. 密度

混合炸药的密度是估算炸药爆轰参数、力学性能及战斗部破坏效应的初始参数。混合炸药理论密度是混合炸药设计中的重要参数之一，计算公式为

$$\rho_T = \frac{\sum m_i}{\sum V_i} = \frac{\sum(\rho_{i,t}V_i)}{\sum(m_i/\rho_{i,t})} \tag{8.1}$$

式中：m_i 为混合炸药 i 组分的质量（g）；V_i 为混合炸药 i 组分的体积（cm^3）；$\rho_{i,t}$ 为混合炸药 i 组分的理论密度（g/cm^3）。

混合炸药在成型时达到的装药密度，除决定与各组分的理论密度外，还与各组分的颗粒的粒度分布、形状、表面状况、装药压力、装药温度、装药方法等有关，计算公式为

$$V_c = \left(1 - \frac{\rho_0}{\rho_T}\right) \times 100\% \tag{8.2}$$

式中：V_c 为药柱内部的空隙度（%）；ρ_0 为装药密度（g/cm^3）；ρ_T 为理论密度（g/cm^3）。

2. 铝氧比/药氧比

铝氧比是指单位质量混合炸药中铝元素与氧元素的物质的量之比。药氧比是指单位质量混合炸药中单质炸药氧元素与混合炸药氧元素的物质的量之比。铝氧比 R_{Al}、药氧比 R_E 计算公式分别为

$$R_{Al} = \frac{N_{Al}}{N_O} \tag{8.3}$$

$$R_E = \frac{N_{Oex}}{N_O} \tag{8.4}$$

式中：N_{Al}、N_O 和 N_{Oex} 分别为单位质量混合炸药中铝元素、氧元素和单质炸药氧元素的物质的量。

3. 爆速

混合炸药爆速计算公式（Urizar 公式）为

$$v_D = \Sigma(v_{Di}w_i) \tag{8.5}$$

式中：v_D 为混合炸药的爆速（m/s）；v_{Di} 为组分 i 的特征爆速（m/s）；w_i 为组分 i 的体积分数。

4. 格尼系数

在圆筒试验中，炸药爆炸所释放的能量不能全部用于加速金属壳体，只有炸药的动能输出部分才能参与加速金属壳体。这部分动能具有速度的量纲，1943 年由 Gurney 提出，所以又称格尼速度（或格尼系数）[2]。格尼系数可以表示炸药对金属加速能力的大小，也是炸药的一个重要参数。工程上应用格尼系数可以求出炸药对壳体破片加速的最大速度，简化计算公式[3]为

$$\sqrt{2E_g} \approx v_D \sqrt{\frac{2}{\gamma^2-1}\left(\frac{\gamma}{\gamma+1}\right)^\gamma} \tag{8.6}$$

式中：γ 为多方指数，爆轰产物的体积和温度的函数，与炸药的成分和密度相关。

有关多方指数 γ 的计算方法很多，但大部分需要已知爆轰产物的成分及摩尔分数，这对于工程上经常用到的一些混合炸药而言，其计算不方便，可以采用仅需要知道炸药密度便可求出 γ 的经验公式。本研究对于 γ 值的计算主要根据 Johansson 和 Persson 提出的式（8.7），其形式简单，对于密度大于 1.0 g/cm³ 的凝聚炸药具有较好的精度[4]，即

$$\gamma = \rho_0/(0.14+0.26\rho_0) \tag{8.7}$$

5. 爆热

首先根据混合炸药的原子组成，写出混合炸药的爆炸反应方程式。

对于 $C_aH_bN_cO_dAl_e$ 类的炸药，其爆炸反应方程式可依据下述的原则建立：炸药中的氧首先满足铝全部被氧化成 Al_2O_3；剩下的氧将碳先氧化成 CO；炸药中的氢及氮以 H_2 及 N_2 形式存在；再剩余的氧则一部分将 CO 氧化成 CO_2，将一部分氢氧化成 H_2O 且生成 CO_2 与 H_2O 的物质的量相等；其余微量产物略去。依据该原则可得到 $C_aH_bN_cO_dAl_e$ 炸药的爆炸化学方程式，即

$$C_aH_bN_cO_dAl_e \rightarrow \frac{e}{2}Al_2O_3 + \frac{c}{2}N_2 + \frac{1}{2}\left(d-\frac{3e}{2}-a\right)H_2O + \frac{1}{2}\left(d-\frac{3e}{2}-a\right)CO_2 +$$
$$\left[a-\frac{1}{2}\left(d-\frac{3e}{2}-a\right)\right]CO + \left[\frac{b}{2}-\frac{1}{2}\left(d-\frac{3e}{2}-a\right)\right]H_2$$

（8.8）

考虑到某些含铝炸药中含有 AP（NH_4ClO_4）组分，因此对于含 Cl 元素的含铝炸药 $C_aH_bN_cO_dAl_eCl_f$，在建立爆炸反应方程式时，Cl 元素首先生成 HCl，其他元素生成产物的原则与 $C_aH_bN_cO_dAl_eCl_f$ 炸药相同。$C_aH_bN_cO_dAl_eCl_f$ 炸药的爆炸化学方程式为

$$C_aH_bN_cO_dAl_eCl_f \rightarrow \frac{e}{2}Al_2O_3 + \frac{c}{2}N_2 + \frac{1}{2}\left(d - \frac{3e}{2} - a\right)H_2O + \frac{1}{2}\left(d - \frac{3e}{2} - a\right)CO_2 +$$
$$\left[a - \frac{1}{2}\left(d - \frac{3e}{2} - a\right)\right]CO + \left[\frac{b-f}{2} - \frac{1}{2}\left(d - \frac{3e}{2} - a\right)\right]H_2 + fHCl$$
（8.9）

根据盖斯定律计算混合炸药的爆热为

$$Q_p = \Sigma n_{pi}\Delta H_{pi} - \Sigma n_{mi}\Delta H_{mi} \quad (8.10)$$

式中：Q_p 为混合炸药的定压爆热（kJ/kg）；n_{pi} 为爆炸产物的物质的量（mol/kg）；ΔH_{pi} 为爆炸产物中 i 产物的生成焓（kJ/mol）；n_{mi} 为混合炸药中组分 i 的物质的量（mol/kg）；ΔH_{mi} 为混合炸药组分 i 的生成焓（kJ/mol）。

式（8.10）算出的爆热为定压爆热，可按式（8.11）换算成定容爆热，以便与量热弹测出的爆热进行比较，即

$$Q_v = Q_p + 2.477n \quad (8.11)$$

式中：Q_v 为混合炸药的定容爆热（kJ/kg）；n 为 1 kg 混合炸药爆炸后生成的气态爆轰产物物质的量（mol）。

6. 爆温

根据爆轰产物的平均热容计算爆热，计算公式为

$$Q_v = \sum \bar{c}_v \cdot t \quad (8.12)$$

式中：$\sum \bar{c}_v$ 为全部爆轰产物在 $0 \sim t$ ℃间平均分子热容量之和（J/mol·℃）；t 为混合炸药的爆温（℃）。

$\bar{c}_v$ 值与温度有关，其函数关系近似为

$$\bar{c}_v = a + bt \quad (8.13)$$

将（8.13）代入式（8.12）解得

$$t = \frac{-\sum a + \sqrt{\left(\sum a\right)^2 + 4\sum bQ_v}}{2\sum b} \quad (8.14)$$

7. 爆压

混合炸药爆压可用 C-J 理论简化公式计算：

$$p = \frac{1}{4}\rho_0 v_D^2 \quad (8.15)$$

式中：p 为混合炸药的 C-J 爆压（Pa）。

8. 爆容

根据爆炸反应方程式，混合炸药的爆容可利用阿伏伽德罗定律计算：

$$V = 22.4 \sum n_{pi} \qquad (8.16)$$

式中：V 为混合炸药的爆容（L/kg）；n_{pi} 为气体爆炸产物的物质的量（mol/kg）。

8.1.2 安全性设计

在保证混合炸药的能量要求的基础上，还要进行安全性设计。混合炸药的安全性能是保证研究、生产、运输、装药、加工、使用及贮存的重要指标。在设计混合炸药时，一方面要保证上述各项的安全；另一方面还要保证装药在预定的时间和部位可靠起爆。炸药的感度就是一种炸药安全性能的度量，它在一定程度上决定了某种炸药的应用范围。

炸药在外界作用下发生燃烧和爆炸的因素（如机械、热、冲击波、静电、激光等）很多，相应地有各种感度。在炸药的生产、加工、使用及运输条件下，经常遇到的还是机械作用（撞击、摩擦等）。因此，炸药的撞击感度是它的一项重要的感度特性，也是决定能否安全使用炸药的关键指标。撞击感度是个随机变量，符合统计学规律。大量实验证明，撞击感度与频数分布规律近似为正态分布。这样便可以利用数理统计方法计算出不同感度值出现的概率，作为安全性指标设计的参考。当配方初步确定之后，在小型工艺试验的基础上即可进行这一项工作。下面重点介绍撞击感度测试方法——临界落高法。

临界落高法只能用于正态分布变量或可化为正态分布的变量，可分为试验程序和数据处理两部分。利用已有感度曲线的信息，先确定初水平 X_0（50%爆炸概率的落高），然后选择步长 d，随后的试验水平就是 X_0，$X_0 \pm d$，$X_0 \pm 2d$，…，试验时，落锤下落高度应按对数等间隔分布。第一发落高可根据相似化合物的感度或根据感度曲线中 50%爆炸概率的落高选取。若第一次发生爆炸，则下一发试验的落高降低 0.1 对数单位；若第一次不爆炸，则下一发试验的落高增加 0.1 对数单位，按这种升降程序进行试验，直至将预先确定的样本量 N 试完。试验中规定，从第一发开始直至第一次出现与第一发的发火与否相反的试验结果为止，这一段中除了最后的两发之外，所有前面的各发均为无效试验。试验结束时，整个试验过程中，除去上述的无效试验，其余均为有效试验。要求样本量 N 不得小于 20，最好 $N = 40 \sim 50$。

在数据分析时，要统计试验结果中发生爆炸与不爆炸的总次数，采用次数少的结果进行数据处理。如果爆与不爆的总次数相同，则取哪种试验结果进行数据处理均可。最后一发爆和不爆应与有效试验的第一发相反。

由计点各水平 $X_0 \pm id$ 上所取结果出现的次数 n_i 来计算，即

$$\sum n_i = n, \sum i n_i = A, \sum i^2 n_i = B \tag{8.17}$$

式中：$i = 0, \pm 1, \pm 2, \pm, \cdots, \pm n$。

则

$$X_{0.5} = X_0 + \left(\frac{A}{n} \pm \frac{1}{2}\right) d \tag{8.18}$$

试验中取爆的数据，式（8.18）取"$-$"号；取不爆的数据，式（8.18）取"$+$"号。

50%爆炸的临界落高为

$$H_{50} = 10^{X_{0.5}} \tag{8.19}$$

标准偏差为

$$\sigma = 1.62(M + 0.029)d, \quad M > 0.3 \tag{8.20}$$

其中，

$$M = \frac{B}{n} - \frac{A^2}{n^2} \tag{8.21}$$

为了降低工业品 HNIW 的感度，大部分研究工作是通过调整晶体结构[5]以调控晶体生长环境，减少晶体内部缺陷和改善外在形貌；但借助逐层包覆技术[6]以减弱意外激源刺激强度，通过"核-壳"结构以维持 HNIW 颗粒的完整性也是一种高效降感的手段。HNIW 结晶控制技术和包覆降感技术已在前面章节进行论述，在此不再赘述。

8.1.3 安定性和相容性设计

在研制混合炸药时，必须首先保证炸药内部各个组分间具有良好的相容性（内相容性），否则，其他性能再好也不能用。在内相容性符合条件后，还应当根据生产、使用和贮存条件，把可能与炸药接触的材料与其进行外相容性试验，以便选用相容性好的材料与该混合炸药接触。相容性是用混合炸药体系的反应速度和原有炸药组分的反应速度相比较改变的程度来衡量。测定混合炸药体系相容性的方法有测定气体产物组成、气体产物压力和反应放热。

常用真空安定性实验测定气体产物压力的方法测定混合体系的相容性，根据组分混合共热与分别加热时放气量的差值来判断体系是否相容，即

$$R = V_C - (V_A + V_B) \tag{8.22}$$

式中：R 为反应净增放气量（mL）；V_C 为混合体系放气量（mL）；V_A 为炸药试

样放气量（mL）；V_B 为接触材料放气量（mL）。

检验依据：GJB772A—97 方法 501.2 真空安定性试验压力传感器。

测试条件：炸药试样量（2.5±0.01）g，粘结剂试样量（2.5±0.01）g，混合体系试样量（5±0.01）g，混合质量比 1:1；试验温度为（100±0.5）℃，加热时间 40 h。

混合体系相容性的评价标准如表 8.1 所示。

表 8.1　混合体系相容性的评价标准

反应净增放气量/mL	反应等级
<3.0	相容
3.0～5.0	中等反应
>5.0	不相容

如果相容性不符合使用要求，则应当更换组分或采用某些措施，如加入缓冲剂、安定剂等，以改善混合炸药的相容性，直至符合要求为止。

8.1.4　防晶变设计

HNIW 在常温常压下存在四种晶型（α–、β–、γ–、ε–）[7]，不同晶型 HNIW 的晶体参数如表 8.2 所示，其中 ε–HNIW 的密度最大、能量最高、感度最低。

表 8.2　四种晶型 HNIW 的晶型参数

晶型	晶系	空间群	晶胞内分子数	晶体密度/（g·cm^{-3}）
α–HNIW	正交	Pbca	8	1.982
β–HNIW	正交	Pca2$_1$	4	1.989
γ–HNIW	单斜	P$_{21}$/n	4	1.918
ε–HNIW	单斜	P$_{21}$/n	4	2.044

但在受热或周围介质诱导作用下，ε–HNIW 易发生晶型转变，转化为密度较小、能量低、安全性差的 γ–HNIW。宏观上由于 γ–HNIW 的晶体密度比 ε–HNIW 的晶体密度小，晶型转变后晶体表面出现较大的裂纹，如图 8.1 所示。

（a）　　　　　　　　　　　　　　　　（b）

图 8.1　ε-HNIW 晶变前后的形貌
（a）ε-HNIW 晶变前；（b）ε-HNIW 转变为 γ-HNIW

如何减少 HNIW 在制备、使用、贮存等过程中的晶型转变是一个在 HNIW 基混合炸药研究工作中需要考虑的问题。研究了 60 余种不同共混体系中的 ε-HNIW 在不同升温速率、不同时长和不同气氛下的晶变特征参数，制定了 HNIW 基混合炸药防晶变设计准则[8]。

（1）防晶变组分设计准则：

① 不使用对 HNIW 有溶解性的组分，若使用微溶 HNIW 的组分，应保证溶解比例不大于 1‰；

② 优先选用抑制晶变物质，若选用其他物质，应保证 100 ℃/48 h（或其他温度/时间指标）无晶变。

（2）防晶变工艺设计准则：

① 工艺过程中不使用对 HNIW 有溶解性的助剂；

② 工艺过程中温度不高于 60 ℃。

（3）防晶变试验准则：

① 对 HNIW 晶变影响未知组分优先进行二元晶变规律试验；

② 对混合炸药配方制备样品进行多元晶变规律试验；

③ 进行 50 ℃/96 h、70 ℃/60 h、100 ℃/48 h 晶变试验；

④ 特殊服役要求的条件下进行晶变试验。

8.1.5　力学性能设计

力学性能是指药柱受到各种外来载荷作用时所产生的响应特性。与其他材料相似，这些响应特性通常用模量、强度、形变、泊松比等参数来描述。在进行装药设计时，通常还要用到与破坏过程有关的参数来描述，如屈服应力、伸长率及断裂强度等。力学性能的好坏是指装药本身是否具有足够抵抗各种载荷的作用的能力。因此，对于 HNIW 基混合炸药力学性能的要求，原则上是按照工程设计中的规则，即材料具有的破坏特性参数（如断裂强度、断裂应变、临界应力强度因子等）与材料承受载荷作用时的响应参数相比有足够的冗余（即设计中余留的安全系数的大小）。而具体的每种力学响应参数大小的确定，则来自对装药结构的破坏分析（即结构完整性分析）；同时，由于装药是战斗部构件的一部分，所以，对装药的力学性能的要求，还与该战斗部的类型、壳体材料性质、装药的形式、装药的几何形状和尺寸大小及其与战斗部装药舱内部的连接支撑方式等有关。

混合炸药力学性能的设计就是要赋予炸药装药一定的强度，保证弹体状态、使用及发射时的安全。当然提高装药的强度也只有在不降低装药爆炸能量的前提下才有意义。

8.1.6 确定配方组成原则

确定配方组成应重点考虑的是，是否满足主要的战术技术指标要求，是否综合满足生产经济技术要求。在满足炸药战术技术指标的基础上，总是力求配方简单、易于生产、分析、控制。所以当选定了主体炸药后，总是希望一种添加剂具有多方面的功能，如黏结与钝感、钝感与增塑等兼有两种或者两种以上作用。为了不使能量过多损失，在可能情况下，希望尽量采用活性添加剂。所以要设计一个性能全面而又配方简单的炸药，重要的是合理地选择组分，精心计算，经过反复多次试验，精心测试，对比各方面性能，才能最后确定下来。

按照系统工程研究方法，混合炸药采用 V 形设计与研究程序（图 8.2）。

1. 设计流程自上而下，按以下程序和内容顺序开展

（1）分析不同类型弹药对战斗部高效毁伤的战术技术需求（包括战斗部毁伤威力、炸药能量、装药密度、不敏感安全性等）。

根据武器装备作战需求，战斗部主要可分为破甲类、聚能类、杀爆类、爆破类、侵彻类、水中类（鱼雷和水雷）、云爆类等，不同类型的战斗部对于炸药类型有着不同的需求，相应地，混合炸药可分为金属加速炸药、通用爆破炸药、抗过载炸药、温压炸药、水下炸药和燃料空气炸药。同时，不同类型的炸药作用特点、原理迥异，为了方便开展混合炸药配方设计，表 8.3 给出了上述 6 类炸药可计算的特征参量。

表 8.3　不同类型的炸药特征参量及应用方向

炸药类型	定义	特征参量	应用方向
金属加速炸药	一类利用炸药爆速、爆压和爆轰产物动能实现聚能和加速破片等功能的炸药总称	密度 爆速 爆压 格尼系数等	破甲类、聚能类战斗部
通用爆破炸药	一类利用炸药爆轰产物膨胀和爆轰产物冲击能实现驱动破片和爆破功能的炸药总称	密度 爆速 爆热 铝氧比/药氧比等	杀爆类、爆破类战斗部
抗过载炸药	一类具有能够承受高冲击过载的炸药总称	密度 爆速 爆热 抗过载能力 铝氧比/药氧比等	侵彻类、侵爆类、钻地类战斗部
温压炸药	一类利用爆炸冲击波、爆轰产物温度实现爆破和热毁伤的炸药总称	密度 爆速 爆热 爆温 铝氧比/药氧比等	爆破类、温压类战斗部
水下炸药	一类利用水中爆炸产生的冲击波能和气泡能实现水下目标毁伤的炸药总称	密度 爆炸总能量 气泡能/冲击波能 铝氧比/药氧比等	鱼雷、水雷
燃料空气炸药	一类利用高能燃料与空气充分混合后爆炸实现爆轰的炸药总称	密度 爆速 爆热 爆温 铝氧比/药氧比等	云爆类战斗部

（2）以满足上述战斗部高效毁伤要求为目标，细化完善高能炸药应具有的总体效能，包括总能量（爆炸总能量）、格尼系数、爆轰反应区内释放率（爆轰热、爆速）、爆轰波后能量释放（氧化剂与燃料燃烧）、感度、安定性等技术指标，冲击波近中远场超压、火球体积与温度（或内爆等静压等）等战术指标要求。

（3）提出混合炸药的设计原则，并在该原则下对炸药的总能量（爆炸总能量）、爆轰反应区内释放率（爆轰热、爆速）、爆轰波后能量释放（氧化剂与燃料燃烧）、感度、安定性等技术指标，冲击波近中远场超压、火球体积与温度（或内爆等静压等）、抗过载、不敏感性等战术指标进行计算（必要时数字仿真）或经验预测。

（4）针对上述混合炸药的组成结构，将混合炸药的总体性能（主要包括安全性、安定性、相容性等在内的技术指标）进行分配（即组成结构与效能对应矩阵表）。

（5）依据上述对应表对各组分的物理、化学性能（包括处理、改进后的状态）、装药性能提出明确要求。

2. 实验研究流程自下而上，按以下程序和内容顺序开展

（1）针对设计流程的第（5）项，进行原材料改性、优化等。

（2）针对设计流程的第（4）项，进行小药量试验，直到满足混合炸药的总体性能（主要包括安全性、安定性、相容性等在内的技术指标）。

（3）针对设计流程的第（3）项，在规定批量的要求下，进行配方整体优化，满足配方设计中规定的各项战术技术指标（配方评审）。

（4）针对设计流程的第（2）项，以满足该类战斗部高效毁伤战术技术指标和安全性指标为目标，测试总体性能和工艺性能（工艺评审）。

（5）针对设计流程的第（1）项，进行环境适应性、贮存寿命和毁伤效果实验。

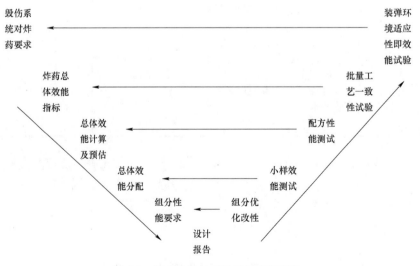

图 8.2　混合炸药 V 形设计与研究程序

8.2 高聚物粘结剂选择与设计要求

混合炸药设计者的工作，不只是简单地现成高聚物粘结剂的使用，更重要的是按照混合炸药的特点和要求，对现有的高聚物粘结剂进行改性，乃至有目的地去合成一些符合混合炸药工艺成型性能要求的高聚物粘结剂。相比于浇注炸药、熔铸炸药，压装炸药的高密度、高能量等优势建立在压制成型工艺上。因此，高聚物粘结剂选择与设计是 HNIW 基压装炸药研究重点之一，需要了解和掌握高聚物粘结剂润湿、包覆 HNIW 过程中的基本原理。

8.2.1 高聚物粘结剂的作用及对其要求

高聚物粘结炸药中的粘结剂通常为高分子聚合物，在混合炸药中作为黏结组分，但适用于作混合炸药的高聚物要求具备以下条件。

（1）高聚物本身应具有良好的物理、化学稳定性，对氧、热和水要有良好的安定性和耐老化性，耐水性好、吸湿性小，本身密度较高，最好本身就是含能材料。

（2）高聚物同混合炸药中的爆炸组分及其他添加剂间要有良好的机械、物理及化学相容性。至少与各组分间不能产生有害的化学反应。有较长的使用寿命。

（3）高聚物应具有良好的钝感作用，这要求高聚物本身应有较高的比热容、较小的硬度、较小的摩擦系数和导热系数，以保证混合炸药的安全性。通常，碳氢高聚物钝感效果最好，氟碳高聚物次之，活性高聚物较差。

（4）高聚物对炸药颗粒应有良好的润湿性、良好的包覆作用和黏结作用，以便提高爆炸组分的含量和产品的质量。

（5）高聚物应有良好的工艺性、良好的塑性和溶解性。能溶于普通有机溶剂，易于增塑和成型。热固性高聚物的固化条件不能太苛刻，成型产品应当易于加工。高聚物粘结体系应有适宜的力学性能，以保证制品有适宜的状态。高聚物要有适宜的软化温度和低的玻璃化温度、低模量、高弹性，便于压装，且在最大使用温度范围内有满意的强度。

（6）用于混合炸药的高聚物粘结剂最好来源广泛，价格低廉，易于大量生产且无毒。

事实上，作为高聚物粘结炸药的粘结剂，不可能完全满足上述条件，只能根据不同类型混合炸药的需要，抓住主要矛盾和几个主要影响炸药性能的因素酌情选用。

8.2.2 高聚物粘结剂的分类及选择条件

用于混合炸药的高聚物粘结剂大体可分为以下几种。

1. 热塑性高聚物

热塑性高聚物指具有加热后软化、冷却时固化、可再度软化等特性的高聚物，用于混合炸药中通常需要加增塑剂，且易于溶解和增塑。热塑性高聚物在高温下的塑性好，用于混合炸药中在热压下成型性好、装药密度高；常温下塑性减小，可使成型药柱具有较好的机械强度。但热塑性高聚物的缺点是成型药柱耐热性能不够好，如果温度较高，接近热塑性高聚物本身的软化点时，药柱强度会下降，有的甚至会产生变形和裂纹。

2. 热固性高聚物

热固性高聚物指在一定温度下，经过一定的时间加热或加入固化剂后即可固化的高聚物。固化后的产品具有优良的机械强度、良好的尺寸稳定性和耐热性，而且制品也难于软化和变形。但是有些品种固化温度较高，使操作不安全。有些固化剂和催化剂容易与炸药反应，导致混合体系相容性差，贮存寿命不长。因此，热固性高聚物在混合炸药中应用不太广泛，主要用这类高聚物粘结剂制造特殊的高强度炸药。

3. 橡胶和弹性体

弹性体泛指在除去外力后能恢复原状的材料，根据弹性体是否可塑化可以分为热固性弹性体、热塑性弹性体。热固性弹性体就是传统意义上的橡胶；热塑性弹性体在常温下显示橡胶弹性，且在高温下能够塑化成型的高分子材料。这一类高聚物在混合炸药中应用广泛，源于其出色的弹性、挠性、粘结和钝感特性。

4. 含氟高聚物

含氟聚合物指高分子聚合物中的与 C-C 键相连接的氢原子全部或部分被氟原子取代的一类高聚物，具有优良的物理、化学稳定性，良好的耐热性和耐老化性，本身密度较高，有些含氟高分子聚合物含有氯原子、氧原子，可以参加混合炸药的爆炸反应，提高炸药的能量。因此，采用这类高聚物制成的混合炸药，装药密度较高，能量也高。但是，黏结性能不如热塑性高聚物，钝感作用不如橡胶和一些弹性体材料。

5. 活性高聚物

活性高聚物因含有硝基、氟及氯等元素、混合炸药爆炸时可以参加化学反应贡献一定能量。所以加入这类高聚物粘结剂后，可以改善混合炸药的氧平衡，还可以减少因粘结剂所占主体炸药部分的能量损失，所以可以适当增加用量。但是，这类高聚物的钝感效果差，有的安定性不好，所以在一定程度上限制了这类高聚物的使用。从能量观点考虑，应当加强研制安定性好、感度低的活性高聚物，这对制造性能优良的混合炸药是颇有利的。

8.2.3 高聚物粘结剂的溶解

在混合炸药设计中，当确定了适当的高聚物粘结剂后，就要判断哪些溶剂是它的良好溶剂。目前，这一领域还没有十分成熟的理论，人们往往应用一些经验的定性法则和半定量法则来解决这一问题。

高聚物粘结剂在溶剂中的溶解原理，目前常用的理论为"极性相似原则"，组成和结构相似的物质可以互溶，极性大的溶质溶于极性大的溶剂，极性小的溶质溶于极性小的溶剂。

高聚物粘结剂的溶解液是热力学的平衡体系，可用热力学方法来研究。在恒温恒压下，溶解过程自发进行的必要条件是 Gibbs 混合自由能 $\Delta G_M < 0$，Gibbs 混合自由能是溶解过程的动力，即

$$\Delta G_M = \Delta H_M - T\Delta S_M \quad (8.23)$$

式中：T 为溶解时的温度；ΔH_M 为混合热；ΔS_M 为混合熵。

混合热 ΔH 由溶解时的热效应来确定，如果溶解时放热则 ΔH 是负值，有利于溶解的进行。溶解过程中存在三种不同的分子间作用能，即溶剂分子间的作用能、聚合物间的作用能和聚合物—溶剂分子间的作用能。前两种作用均阻止溶解过程的进行，只有聚合物—溶剂分子间的作用能大于前者时，其混合热 ΔH 才能为负值。

若高分子和溶剂间存在相互作用，如氢键等力的作用，则发生强的溶剂化作用而放热，$\Delta H < 0$，则有利于溶解。但是，当聚合物和溶剂为非极性时，其溶解过程一般是吸热的，$\Delta H > 0$，在这种情况下要使 ΔG_M 为负值必须满足 $|\Delta H_M| < T\Delta S_M$，其混合热 ΔH_M 可以借用小分子的溶度公式来计算，按照

Hildebrand 理论，溶质和溶剂的混合热正比于它们溶解度参数差的平方，即

$$\Delta H_M = V(\delta_1 - \delta_2)^2 \varphi_1 \varphi_2 \qquad (8.24)$$

式中：V 为溶液的总体积；φ_1 为溶剂的体积分数；φ_2 为高聚物粘结剂的体积分数；δ_1 为溶剂的溶度参数；δ_2 为高聚物粘结剂的溶度参数。

因为内聚能密度是分子间力强度的标志，溶解时必须克服溶质分子间和溶剂分子间引力，故可用内聚能密度来判定溶剂对高聚物的溶解性能，即

$$\delta = \sqrt{\frac{\Delta E}{V}} \qquad (8.25)$$

一般地说，当溶剂的溶度参数 δ_1 和高聚物粘结剂的溶度参数 δ_2 差值 $\delta_1 - \delta_2$ 小于 ±1.5 时，高聚物粘结剂可溶解于该溶剂中。常用溶剂的溶度参数及部分高聚物粘结剂的溶度参数分别列于表 8.4 及表 8.5 中[1]。

表 8.4 常用溶剂的溶度参数

溶剂	摩尔体积/($cm^3 \cdot mol^{-1}$)	溶度参数/$MPa^{1/2}$	溶剂	摩尔体积/($cm^3 \cdot mol^{-1}$)	溶度参数/$MPa^{1/2}$
非极性溶剂					
甲苯	107.0	18.2	四氯化碳	97.0	17.6
邻二甲苯	121.0	18.4	二硫化碳	61.5	20.4
间二甲苯	123.0	18.0	松节油		16.5
对二甲苯	124.0	17.9	异戊二烯		
乙苯	123.0	18.0	正戊烯	116.0	14.4
正丙苯	140.0	17.7	异戊烯	117.0	14.4
异丙苯	140.0	18.1	正己烷	132.0	14.9
萘	123.0	20.2	环己烷	109.0	16.8
1，3，5-三甲基苯		18.0	正庚烷	147.0	15.2
苯乙烯	115.0	17.7	异辛烷	166.0	14.0
苯	89.0	18.7	正壬烷		15.7
正辛烷	164.0	15.4	正癸烷		15.9
戊烯-1		14.8	十四烷		16.2
癸烯-1		16.2	辛烯-1		15.7

续表

溶剂	摩尔体积/($cm^3 \cdot mol^{-1}$)	溶度参数/$MPa^{1/2}$	溶剂	摩尔体积/($cm^3 \cdot mol^{-1}$)	溶度参数/$MPa^{1/2}$
亲电子性溶剂					
二氯甲烷	65.0	19.8	氯乙烯	68.0	17.8
氯仿	81.0	19.0	四氯乙烯	101.0	19.1
氯乙烷	73.0	17.4	反二氯乙烯		18.8
1,1-二氯乙烷	85.0	18.6	顺二氯乙烯	75.5	19.8
1,2-二氯乙烷	79.0	20.0	偏二氯乙烯	80.0	17.6
1,1,1-三氯乙烷	100.0	17.4	氯丁二烯		19.0
四氯乙烷	101.0	21.3	丙腈	70.5	21.9
氯苯	107.0	19.4	丙烯腈	66.5	21.3
溴苯	105.0	20.5	水	18.0	47.4
碘苯		23.1	甲醇	41.0	29.6
硝基甲烷		25.7	乙醇	57.5	26.0
硝基苯	103.0	20.4	正丙醇	76.0	24.3
邻溴甲苯		20.0	异丁醇	91.0	21.9
苯酚	87.5	29.7	正丁醇	91.0	23.3
间甲酚		24.3	硝基乙烷	76.0	22.7
乙二醇	56.0	32.1	正戊醇	108.0	22.3
丙三醇	73.0	33.7	正己醇	125.0	21.9
甲酸	37.9	27.6	环己醇	104.0	23.3
乙酸	57.0	25.7	α-甲基丁烷		13.9
三氯乙烯	90.0	18.8	正腈		24.3
正庚醇	142.0	20.4	全氟正戊烯		12.1
亲核性溶剂					
甲酸甲酯	6.6	20.8	乙酸丁酯	131.7	17.4
甲酸乙酯	80.0	19.3	乙酸戊酯		17.3

续表

溶剂	摩尔体积/ (cm³·mol⁻¹)	溶度参数/ MPa^(1/2)	溶剂	摩尔体积/ (cm³·mol⁻¹)	溶度参数/ MPa^(1/2)
乙酸甲酯		19.7	乙酸乙烯酯	9.0	17.8
乙酸乙酯	99.0	18.6	乙酸乙二醇酯	70.2	25.2
乙醚	105.0	15.5	丙酸乙酯	114.9	18.0
二乙醚		15.8	正丁酸乙酯	132.0	17.8
苯二甲酸二甲酯	163.0	21.6	正丁酸正丁酯	165.7	16.4
草酸二乙酯	135.4	21.0	马来酸二甲酯	114.4	21.7
丙酮	74.0	20.5	甲乙酮	89.5	19.0
环己酮	109.0	20.2	苯乙酮	117.1	21.2
二氧六环	86.0	20.4	二甲砜	75.0	29.8
二甲亚砜	71.0	27.4	四氢呋喃	76.2	20.2
吡啶	81.0	21.9	二甲基甲酰胺	77.0	24.5
甲酰胺	40.0	36.4	乙醛	57.0	20.0
苯胺	168.0	16.1	甲基丙烯酸甲酯	106.0	17.8
二异丙醚	141.0	14.3	二甲基乙酰胺	92.5	22.7

表 8.5 部分高聚物粘结剂的溶度参数

高聚物名称	摩尔体积/ (cm³·mol⁻¹)	溶度参数/ MPa^(1/2)	高聚物名称	摩尔体积/ (cm³·mol⁻¹)	溶度参数/ MPa^(1/2)
非极性高聚物					
聚苯乙烯	98.0	17.4~19.0	聚异丁烯	66.8	16.0~16.6
聚乙烯	32.9	15.8~17.1	聚丙烯	49.1	16.8~18.8
聚三氟氯乙烯	61.8	14.7~16.2	聚四氟乙烯	50.0	12.7
乙丙橡胶		16.2	聚丁二烯	60.7	16.6~17.6
聚异戊二烯	75.7	16.2~20.5	丁苯橡胶		16.6~17.6
聚二甲基硅氧烷	75.6	15.0~15.6	聚甲基苯基硅氧烷		18.3
聚甲基硅氧烷		15.6	KelF		14.8

续表

高聚物名称	摩尔体积/ (cm³·mol⁻¹)	溶度参数/ MPa^{1/2}	高聚物名称	摩尔体积/ (cm³·mol⁻¹)	溶度参数/ MPa^{1/2}
聚硫橡胶		18.4~19.2	聚乙烯/丙烯橡胶		16.2
亲电子性高聚物					
聚氯乙烯	45.2	19.2~22.1	硝酸纤维素		23.6
聚偏二氯乙烯	58.0	20.3~25.0	二硝酸纤维素		21.5
聚氯丁烯	71.3	16.8~19.2	聚乙烯醇	35.0	25.8~29.1
丁腈橡胶（82/18）		17.8	聚丙烯腈	44.8	25.6~31.5
丁腈橡胶（61/39）		21.1	聚甲基丙烯腈		21.9
环氧树脂		19.8			
亲核性溶剂					
聚丙烯酸甲酯	70.1	20.9~21.3	聚甲醛	25.0	20.9~22.5
聚丙烯酸乙酯		18.3	缩醛树脂		22.6
聚丙酸丁酯		17.8	聚硫橡胶		18.3~19.2
聚甲基丙烯甲酯	86.5	18.6~26.2	乙基纤维素		17.3~21.1
聚甲基丙烯乙酯		18.0	二醋酸纤维素		23.3
聚乙酸乙烯酯	72.2	19.1~22.6	聚酰胺66		27.8
聚氨基甲酸酯		20.5	聚氨酯		20.5
双酚A型聚碳酸酯		19.4	聚己二酸己二胺	208.3	27.8
聚对苯二甲酸乙二醇酯	143.2	19.9~21.9			

8.2.4 高聚物粘结剂粘结机理

在高聚物粘结炸药的混制过程中，往往是将高聚物、增塑剂、钝感剂及其他助剂溶于合适的溶剂中，配成高聚物粘结体系。然后再与主体炸药混合、粘结、造粒、……目前，粘结剂对炸药的粘结机理尚无十分成熟的理论，现就较流行的润湿理论、扩散理论、酸碱配位理论及机械互锁理论作一简单介绍，供探讨高聚物对主体炸药的粘结机制及选择合适的粘结剂时参考。

1. 润湿理论

当高聚物粘结剂溶液与固体炸药颗粒接触时，单质炸药作为被粘结材料，粘结剂对炸药起粘结作用的必要条件是高分子粘结剂溶液必须对炸药颗粒表面润湿，溶剂挥发后，粘结剂便黏附在单质炸药表面。带有粘结剂的炸药小颗粒又互相粘结而成为较大的炸药颗粒。这就要求单质炸药的表面能与粘结剂的表面张力应配合恰当，当粘结剂的表面张力显著高于单质炸药的表面能时，粘结体系对炸药颗粒表面的润湿性不良，使单质炸药和高聚物粘结剂不能充分靠拢到范德华力的作用范围，就不能有效地粘结在一起，致使混合炸药的包覆性能不良，钝感效果差。当粘结剂的表面张力远远低于单质炸药的表面能时，粘结体系对炸药表面的润湿性良好，则包覆性能良好，对炸药的粘结和钝感效果都较好。

在未滴液体之前固体是和气体接触的，滴上液滴后取代了部分气–固界面，产生了新的液–固界面，这一过程称为润湿（wetting）。液体与固体之间的"润湿"程度一般用接触角 θ（在气–液–固三相交点处所作的气–液界面的切线，该切线在液体一方的与液–固交界线之间的夹角）表示，接触角 θ 越小，润湿性就越好。

液滴在固体表面上的浸润状况如图 8.3 所示，在平衡状态下这些张力与平衡状态接触角 θ 的关系可以用 Young 氏润湿方程[10]表示：

$$\gamma_{LV} \cos\theta = \gamma_{SV} - \gamma_{SL} \quad (8.26)$$

$$\gamma_{SV} = \gamma_S - \pi_\varepsilon \quad (8.27)$$

式中：γ_{SV} 为固–气界面张力；γ_{LV} 为液–气界面张力；γ_{SL} 为固–液界面张力；γ_S 为真空状态下固体的表面张力；π_ε 为吸附于固体表面气体分子膜的压力，表示吸附在固体表面的气体所释放的能量，也称吸附自由能，π_ε 可以忽略不计，当 $\pi_\varepsilon = 0$ 时，$\gamma_S = \gamma_{SV}$，则有

$$\gamma_{SL} = \gamma_S - \gamma_{LV} \cos\theta \quad (8.28)$$

当 $\theta = 180°$，即 $\cos\theta = -1$，表示完全不能浸润，这种状态在实际上是不可能的。当 $\theta = 0°$，即 $\cos\theta = 1$，表示完全浸润的状态。

根据接触角 θ 的大小，润湿可分为三类：黏湿（adhesion 或黏附）、浸湿（immersional 或浸润）和铺展（spreading）。若液体在固体上的接触角 $\theta \leqslant 180°$，

则发生沾湿；若液体在固体上的接触角 $\theta \leqslant 90°$，则发生浸湿；若欲铺展，则要求最高，$\theta \approx 0°$。反之，能铺展者，必能浸湿，更能黏湿。

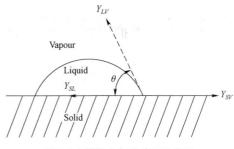

图 8.3 液体在固体表面的润湿

2. 扩散理论

若溶解高聚物粘结剂的溶剂对固体含能材料有一定的溶解能力，则粘结剂溶液与炸药晶体颗粒充分混合后，在溶剂的作用下界面处会相互扩散，当溶解度参数相等或相近时，炸药晶体颗粒会与粘结剂之间产生相似相溶而形成粘结。这种理论也称为相似相溶理论，因此这种理论只能适用于与高聚物粘结剂相溶的炸药晶体颗粒的粘结。

3. 酸碱配位理论

高聚物粘结剂与炸药晶体颗粒表面存在着化学物理作用，原子间产生酸碱配位作用，这种作用类似氢键，比范德华力大，可使高聚物粘结剂与炸药晶体颗粒紧密结合，研究表明粘结剂的结构会影响酸碱配位作用能力。这种化学键的形成需要满足一定的条件，而不是在粘结剂与炸药晶体颗粒之间的每个接触点都可以产生这种作用，接触面上化学键的数目比分子间作用力的数目少得多。所以，化学键的引入只能作为高聚物粘结剂与炸药晶体颗粒形成粘结作用的补充。

4. 机械互锁理论

粘结过程中粘结力的产生主要是因为高聚物粘结剂在凸凹不平的被黏物表面形成机械互锁力[11]。任何即使用肉眼看来表面非常光滑的物体在微观状态下还是十分粗糙的，高聚物粘结剂用于粘结、包覆炸药晶体颗粒时会配制成粘结剂溶液，这样粘结剂可以渗透到固体含能材料的凹穴或孔隙中去，并部分地置换出这些孔隙中的空气，高聚物粘结剂与炸药晶体颗粒之间紧密接触，固化之后的粘结剂就像许多小钩子似的与炸药晶体颗粒连接在一起。由于粘结剂填充在固体含能材料的表面孔隙或凹穴中，这样粘结剂的分布就不会在同一个平面上，所以粘结剂在与固体含能材料分离时会受到被黏物的阻碍。

8.2.5 基于接触角的理论和测试方法

考虑样品表面能量是一种表面张力，主要有两种测试方法。第一种是复合方式，它认为表面张力是由扩散力（范德华力）和极性力（氢键）共同决定。第二种是根据公式认为表面张力仅由接触角决定[12-15]。

1. Fowkes 理论

Fowkes 在 1962 年介绍了该方法。该理论在史上也一直被广泛讨论[16-19]。Fowkes 把表面自由能分成两部分，一部分是扩散力，包括色散力、取向力、诱导力等；另一部分是极性力，包括氢键，总表面张力定义为

$$\gamma^{total} = \gamma_i^d + \gamma_i^p \tag{8.29}$$

式中：γ_i^d 为扩散力成分；γ_i^p 为极性力成分。

因为 Fowkes 只考虑固液界面之间的扩散力，考虑到离散性可得 Fowkes 公式，即

$$\gamma_{SL} = \gamma_S + \gamma_L - 2\sqrt{\gamma_S^d \gamma_L^d} \tag{8.30}$$

结合 Young 氏方程，可得

$$\gamma_L(1+\cos\theta) = 2\sqrt{\gamma_S^d \gamma_L^d} \tag{8.31}$$

式（8.31）计算所得表面能只考虑了扩散力因素，当综合考虑两因素时不可靠，但对于简单系统，用它求得表面能与实际很接近，可以提供近似值[20]。

2. 几何平均数理论

该理论是 Fowkes 理论的一种推广，该理论中也考虑到了极性力（氢键）的作用。因为 Wendt、Owens、Rabel 和 Kaelble 率先进行研究，所以该理论也被称为 WORK 公式[21]。他们用几何平均数把极性力和扩散力联系在一起，即

$$\gamma_{SL} = \gamma_S + \gamma_L - 2\sqrt{\gamma_S^d \gamma_L^d} - 2\sqrt{\gamma_S^p \gamma_L^p} \tag{8.32}$$

与 Young 氏方程结合可进一步得到

$$\gamma_L(1+\cos\theta) = 2\sqrt{\gamma_S^d \gamma_L^d} + 2\sqrt{\gamma_S^p \gamma_L^p} \tag{8.33}$$

因为极性力的出现，计算固体表面张力最少需要知道两个液体表面张力[12]。

3. Wu 调和平均数理论

与 Owens、Wendt 相似，Wu 首先也结合 Fowkes 理论，考虑了极性力，但他使用的是调和平均数而非几何平均数[12]：

$$\gamma_{SL} = \gamma_S + \gamma_L - \frac{4\gamma_S^d \gamma_S^d}{\gamma_S^d + \gamma_S^d} - \frac{4\gamma_S^p \gamma_S^p}{\gamma_S^p + \gamma_S^p} \tag{8.34}$$

与 Young 氏方程结合可进一步得到

$$\gamma_L(1+\cos\theta) = \frac{4\gamma_S^d \gamma_S^d}{\gamma_S^d + \gamma_S^d} - \frac{4\gamma_S^p \gamma_S^p}{\gamma_S^p + \gamma_S^p} \tag{8.35}$$

式（8.34）和式（8.35）的相同点在于计算固体表面能时接触角必须是最小的，而且其中一种液体必须是非极性的，另一种液体必须是极性的[21]。

4. 酸碱理论

基于酸碱理论受到很多研究者的支持[22]，这个理论率先由 van Oss、Chaudhury 和 Good 提出，那时他们试图把复合物的表面张力和复合物的化学本性联系在一起。之前极性力（氢键）被描述成 γ_i^p，现在被描述成 γ^{AB}，而先前常扩散力被描述成 γ_i^d，现在被描述成 γ^{LW}。因此，表面张力为

$$\gamma = \gamma^{AB} + \gamma^{LW} \tag{8.36}$$

由于基于酸碱理论考虑了极性力，γ^{AB} 是正离子 γ^+ 和负离子 γ^- 的总和，即

$$\gamma^{AB} = 2\sqrt{\gamma^+ \gamma^-} \tag{8.37}$$

在固体和液体之间的表面张力可定义为

$$\gamma_{SL} = \gamma_S + \gamma_L - 2\sqrt{\gamma_S^{LW} \gamma_L^{LW}} - 2\sqrt{\gamma_S^+ \gamma_L^-} - 2\sqrt{\gamma_S^- \gamma_L^+} \tag{8.38}$$

与 Young 氏方程结合可进一步得到

$$\gamma_L(1+\cos\theta) = 2\sqrt{\gamma_S^{LW} \gamma_L^{LW}} + 2\sqrt{\gamma_S^+ \gamma_L^-} + 2\sqrt{\gamma_S^- \gamma_L^+} \tag{8.39}$$

式（8.39）中，三种已知的液体用来测接触角，其中两种液体必须是极性的[12]。

5. 状态方程

状态方程是从 Young 氏方程中推导而来的，基本表达式为

$$\gamma_{SL} = f(\gamma_{SV}, \gamma_{LV}) \qquad (8.40)$$

根据 Kwok 和 Neumann 的研究[23]，固液之间的状态等式可表示成

$$\gamma_{SL} = \gamma_S + \gamma_L - 2\sqrt{\gamma_S \gamma_L}\, e^{\beta(\gamma_S - \gamma_L)^2} \qquad (8.41)$$

式中：β 为常数。结合 Young 氏方程，式（8.41）可变为

$$\gamma_L(1+\cos\theta) = 2\sqrt{\gamma_S \gamma_L}\, e^{\beta(\gamma_S - \gamma_L)^2} \qquad (8.42)$$

Kwok 和 Neumann 对式（8.39）做了修正，得出一个固－液界面的修正公式：

$$\gamma_L(1+\cos\theta) = 2\sqrt{\gamma_S \gamma_L}\,[1-\beta_1(\gamma_S - \gamma_L)^2] \qquad (8.43)$$

若液体的表面张力已知，表面自由能可用接触角计算得出[21]。

8.2.6　HNIW/高聚物粘结剂分子动力学模拟

近几十年来，得益于计算机技术的快速发展，计算机模拟技术因其特有的实验与理论结合的特性以及相对较低的实验成本和安全性、便利性，应用逐渐广泛，成为理论分析与实验测定之间的桥梁，并与二者共同组成了现代科学研究方法中的三种主要方法。通过对 HNIW 和高聚物粘结剂的分子间结合能和内聚能密度进行模拟计算研究，进而推断 HNIW 和高聚物粘结剂之间的相容性，通过理论推导，得出一般性的理论，进而为后续高聚物粘结剂的确定给出指导意见。

8.2.6.1　理论基础和力场的选择

分子动力学（Molecular Dynamics，MD）[24-26]关键的概念是运动，作为模拟固体、气体、液体等大量粒子集合体系中单个粒子的运动的一种方法，就要计算并研究粒子的位置、速度和取向随时间的演化情况。分子动力学中的质点可以是原子、分子，或者更大的粒子集合。需要特别说明的是，只有在研究分子束实验等这样的情况中，粒子才是真正的分子。分子动力学的主要优点是对存在于系统中的一些粒子的运动有一个很直观的物理依据，并且对此进行判断，同时还可以得到所要研究的体系或者超分子体系的动态，以及热力学参数的一些统计的信息。分子动力学可以广泛应用在多种分子以及超分子体系和各类物质性质的研究中。

在经典的分子动力学模拟中，假设原子运动按照特定的轨迹来进行，电子在每一时刻都处于相应的原子结构的基态上，并在某一特定力场下进行 MD 模

拟。由经验势能函数通过能量极小化得到了坐标 r，势能对坐标的一阶导数的负值，即

$$F = -\frac{\partial E_P}{\partial r} \quad (8.44)$$

通过牛顿第二定律得出加速度，只要知道了某时刻 t 的 r，就可以知道另一时刻 $t+\Delta t$ 的力。由新得出的力，计算新的速度，再计算出新的位置。

分子动力学模拟有效补充了理论与实验，它能看到原子的运动的轨迹，再基于轨迹从而计算出研究所需要的分子的性能、性质。在 MD 模拟中很方便就可以得到与原子有关的许多细节，这是在实验中无法获得的。

目前，MD 模拟已经成为人们最热衷使用的一种计算方法，尤其是计算一些庞大复杂的体系。

近年来，美国 Accelrys 公司专为材料科学工作者开发出了一套可在计算机上运行的 Materials Studio（MS）软件，它涵盖只能在大型主机或工作站上运行的昂贵的 Cerius2 软件的大部分功能。在程序包中具有很多可以选择的力场，其中 COMPASS 力场[27-28]是力场中较好的一个力场，大多的力场参数调试的确定基本上都是基于从头算计算方法的数据，模拟计算液态分子与晶体分子的热物理性质，接着要进行全局优化，即以实验得出的结果作为依据，而且最重要的一点是 COMPASS 力场特别适用于高分子聚合物。所以，模拟计算中选择 COMPASS 力场来进行模拟计算。

8.2.6.2　建立模型和模拟研究

HNIW 的基本分子结构是一个刚性的异伍兹烷，含有六个桥氮原子，每个氮原子上各连有一个硝基。HNIW 可以看成是由一个六元环（1，4-二硝基-1，4-二氮杂环己烷）及两个五元环（1，3-二硝基-1，3-二氮杂环戊烷）以单键相连稠合而成。对 HNIW 稳定构型的量化计算表明，HNIW 分子中各类原子形成的键（C—H、C—C、N—N、N—O）处于对称的几何位置上，从而使得分子可以更好地处于稳定构型。

利用 MS modeling 画出了 ε-HNIW 的分子式，并用 Clean 进行了整理，建立 ε-HNIW 分子模型，搭建 ε-HNIW 晶胞，如图 8.4 所示。利用优化后的 ε-HNIW 晶胞进行分子动力学计算，用 Growth Morphology 方法模拟了 ε-HNIW 晶体生长的晶体形态，预测出各个生长面的生长速度和生长面积（表 8.6），通过比较，得出了分子堆积较为紧密的晶面（0 1 1）。

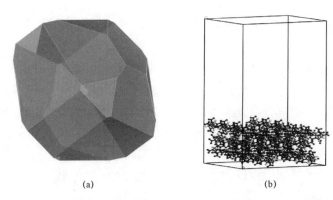

图 8.4 ε–HNIW 晶体特性和（0 1 1）晶面示意图

表 8.6　ε–HNIW 主要晶面统计

h、k、l 晶向指数	主要晶面占比
（0 1 1）	39.61%
（1 0 −1）	13.15%
（1 1 0）	26.03%
（1 1 −1）	8.17%
（0 0 2）	10.23%
（1 0 1）	2.80%

晶体形貌预测研究表明，ε–HNIW 的（0 1 1）晶面与高分子聚合物作用较强，分子紧密堆积，所以取用切割分面的模型置于周期箱里，Z 轴方向留有真空层，沿着此晶面的方向进行超晶胞切割，分别将高分子聚合物的平衡构象在真空层中依次加入构成模型。选择常用的高分子聚合物，包括含氟聚合物：氟橡胶（F2311、F2314、F2603、F2462）、聚偏氟乙烯（PVDF）、聚四氟乙烯（PTFE）、全氟聚醚（PFPE），橡胶和弹性体：三元乙丙橡胶（EPDM）、顺丁橡胶（BR），热塑性高聚物：聚氨酯弹性体（Estane）等常用于包覆 HNIW 的高分子聚合物。根据以往经验，假设高分子聚合物在包覆过程中的含量为 5.0%，图 8.5 为使用 MS 软件搭建的经过优化后的 ε–HNIW/高分子聚合物建模结构。

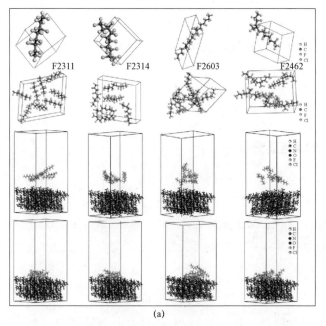

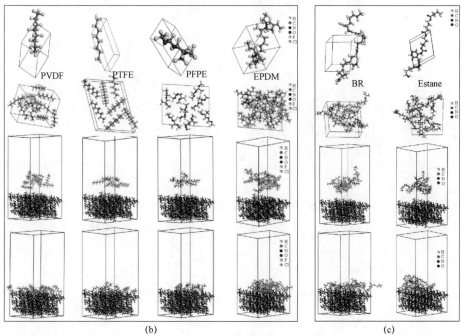

图 8.5 高分子聚合物的建模结构

选择 Calculation 中的 Dynamics 模块，选择 NVT 方法，温度设为 289 K，控温方法为 Anderson 方法，步长设定为 1 fs，总时长设为 500 ps，共需 50 万步进行模拟，轨迹文件每 5 000 步保存一次，一共要保存 100 帧，力场选择为 Compass 力场，对 ε–HNIW/高分子聚合物建模结构进行动力学模拟。

如果能量和温度在较小范围内波动，变化很小或基本不变，则认为体系达到了平衡状态。

8.2.6.3 计算结果分析

分子间结合能为克服分子间吸引力所需做功的大小，因此为相互作用能的负值，当 ε–HNIW/高分子聚合物结构通过 Dynamics 模块模拟达到平衡之后，算出轨迹文件中最后 5 帧的平均值作为分子间的结合能。首先计算分子之间的总能量，再分别计算 ε–HNIW 部分和高分子聚合物部分的能量。相互作用能可表示为

$$\Delta E = E_{total} - E_{\varepsilon-HNIW} - E_{poly} \quad (8.45)$$

式中：E_{total} 代表总能量；$E_{\varepsilon-HNIW}$ 代表 ε–HNIW 部分能量，E_{poly} 代表高分子聚合物部分能量。

相互作用能（ΔE）的负值即为结合能，即 $E_{bind} = -\Delta E$，结合能数值越大，则说明该 ε–HNIW/高分子聚合物二元体系越稳定，ε–HNIW/高分子聚合物之间的相互作用力越强。

内聚能密度（cohesive energy density，CED）是单位体积内 1 mol 凝聚体为克服分子间作用力气化时所需要的能量。CED 可表示为

$$CED = \frac{CED_{total} \times V_{total}}{V_{\varepsilon-HNIW} + V_{poly}} \quad (8.46)$$

式中：CED_{total} 和 V_{total} 分别代表 ε–HNIW 和高分子聚合物之间的总内聚能密度和总体积；$V_{\varepsilon-HNIW}$ 和 V_{poly} 分别代表 ε–HNIW 和高分子聚合物的单独体积。

CED 是评价分子间作用力大小的一个物理量，主要反映基团间的相互作用。一般来说，分子中所含基团的极性越大，分子间的作用力就越大，则相应的内聚能密度就越大；反之亦然。

通过 MS 对 ε–HNIW/高分子聚合物界面体系的分子间结合能和内聚能密度进行了模拟计算，计算结果如表 8.7 所示。

表 8.7 ε–HNIW/高分子聚合物界面体系模拟计算结果

高分子聚合物	ΔE/(kcal·mol^{-1})	CED/(kJ·cm^{-3})
F2311	124.027 08	0.662 4
F2314	113.607 54	0.655 38
F2603	84.264 61	0.648 14
F2462	101.000 65	0.648 25
PVDF	104.893 97	0.689 36
PTFE	113.052 8	0.651 76
PFPE	122.437 27	0.656 91
EPDM	121.237 01	0.672 15
BR	160.534 95	0.692 32
Estane	152.325 62	0.696 38

由表 8.7 可以看出，在所选择的 ε–HNIW/高分子聚合物界面体系中，所有材料与 ε–HNIW 均在理论上相容。含氟高聚物中 F2311 和 PFPE 与 ε–HNIW 之间的分子间结合能最大，F2311、F2314、F2603、F2462 和 PVDF 与 ε–HNIW 之间的内聚能密度均在 0.65 kJ/cm^3 左右。但即使是分子间结合能最小的 F2603 也已被文献报道广泛应用于包覆 HNIW 的工作，且包覆后降感效果良好，因此推断上述含氟聚合物均可应用于 HNIW 的包覆工作研究。

BR、Estane 与 ε–HNIW 之间的分子间结合能强于含氟高聚物，内聚能密度的结果则相差不大，说明这几种高分子聚合物与 ε–HNIW 相结合都比较稳定，与 ε–HNIW 的相容性较好。但应当注意的是，Estane 应用于包覆 HNIW 时在热刺激作用下会由于酯类物质的缓慢分解作用，从热力学上促进 HNIW 发生晶型转变（ε–HNIW→γ–HNIW），这就要求 Estane 在 HNIW 的应用过程中需要考虑如何从动力学上控制 HNIW 发生晶型转变。

8.3 HNIW 基压装炸药典型制备工艺

目前，HNIW 基压装炸药可供选择的制备方法主要有直接法、水悬浮法、溶液–悬浮沉淀法等，下面对 HNIW 基压装炸药典型制备工艺作简单介绍，供 HNIW 基压装炸药选择合适的制备工艺时参考。

8.3.1 直接法制备工艺

首先将粘结剂、增塑剂及钝感剂溶于不溶解 HNIW 的溶剂中，为了促其溶解可加热搅拌。待全部溶解后将一定量的 HNIW 加入到这种溶液中，然后通过捏合、抽空，使大部分溶剂挥发，待物料形成膏团状后，迫使物料通过适当筛孔，干燥后即可得到造型粉 HNIW 基压装炸药。

HNIW 基压装炸药直接法制备工艺流程如下。

（1）溶液配制：将一定比例重量的溶剂、粘结剂和钝感剂投入溶解釜，并开动搅拌。溶解釜的夹套中通入热水，夹套温度 55～60 ℃为宜，待全部溶解混合均匀。

（2）捏合：将配制好的溶液按一定比例加入捏合机中，再将 HNIW 加入，捏合 10 min 后，加入铝粉，捏合 60 min。

经过真空浓缩系统抽出多余的溶剂，在一定的搅拌转速下扭矩达到一定数值后，停止真空浓缩操作，将捏合物料送至造条机加料槽内。

（3）造条：将捏合好的混合物料进行真空驱溶，达到合适的状态后转入造条机中，物料经桨叶与孔板挤压后通过造粒筛板得到药条，而后进行预烘干。

（4）断粒：预烘干后的药条经振动筛振动断粒，得到一定长度的造型粉。

（5）光泽：断粒后的造型粉进入光泽机中，加入一定量的石墨进行滚光。

（6）烘干：将光泽后的造型粉经烘干工序烘除药粒中少量溶剂油，干燥温度为 40～45 ℃。

（7）筛选：将干燥后的产品按规格过筛。

（8）包装：将烘干后的产品包装、组批、入库。

HNIW 基压装炸药直接法制备工艺流程如图 8.6 所示。

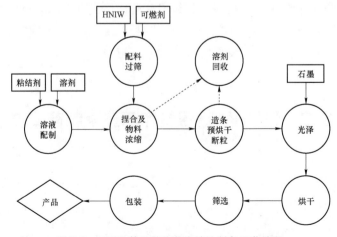

图 8.6　HNIW 基压装炸药直接法制备工艺流程

这种方法设备简单，产品粒度及成分容易控制，且劳动条件好，所以是当前较为常用的 HNIW 基压装炸药制备工艺方法。

8.3.2 水悬浮法制备工艺

在加热和搅拌条件下，首先将粘结剂、增塑剂及钝感剂溶于溶剂中制成黏度适中的溶液；在装有搅拌、加热和蒸馏装置的混合器内中加入水和 HNIW，并加入表面活性剂辅助分散，加热、搅拌条件下形成稳定的水悬浮液。在室温或加热（低于溶剂沸点）条件下，将溶液滴加到高温水悬浮液中，由于体系温度较高，溶液边滴加边蒸出溶剂，过程中粘结剂/钝感剂逐渐包覆在 HNIW 上，通过调节溶液滴加速度和搅拌速度使粒度满足要求。当全部溶液滴加完毕后，再升温或减压，除去残余溶剂。最后，将悬浮液冷却、过滤、洗涤、干燥、筛选，即可得到粒度均匀合格的造型粉混合炸药成品。

HNIW 基压装炸药水悬浮法制备工艺流程如下。

（1）溶液配制：将一定比例重量的溶剂、粘结剂和钝感剂投入溶解釜，并开动搅拌。溶解釜的夹套中通入热水，夹套温度 55～60 ℃为宜，待全部溶解后混合均匀。

（2）水悬浮造粒：将配制好的溶液加入混合器中，然后加入 HNIW，控制搅拌转速、水浴温度、滴加速率、真空度等工艺参数进行包覆。

（3）烘干：将水悬浮后的药粒经烘干工序烘除药粒中少量溶剂，干燥温度为 40～45 ℃。

（4）光泽：烘干后的药粒进入光泽机中，加入一定量的石墨进行滚光。

（5）筛选：将干燥后的产品按规格过筛。

（6）包装：将烘干后的产品包装、组批、入库。

HNIW 基压装炸药水悬浮法工艺流程如图 8.7 所示。

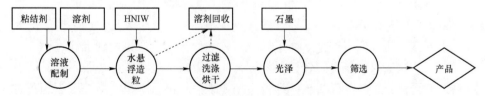

图 8.7 HNIW 基压装炸药水悬浮法工艺流程

这种方法操作简单，生产周期较短，易于大量生产。目前，造型粉 HNIW 基炸药多使用此方法制造。生产过程中，水既是分散介质又是传热介质，可以保证生产安全。若控制好温度、真空度和搅拌速度，可以得到外形圆滑密实、尺寸相当均匀的颗粒，采用这种方法要求溶剂不溶解炸药且与水也不互溶。

8.3.3 溶液–悬浮沉淀法

首先将粘结剂溶于溶剂，制成黏稠的溶液；然后按三种过程进行沉淀。一是把炸药与水搅拌制成悬浮液，再缓慢加入上述溶液，因为粘结剂不溶于水与溶剂的混合物，所以它沉淀出来并包覆在炸药晶体上。在搅拌作用下，使炸药不会相互黏团而形成颗粒。二是把炸药与上述溶液先混合成悬浮液，然后再加入水，在继续搅拌作用下，粘结剂析出，将炸药晶体粘结成颗粒。三是将炸药与粘结剂溶液混合成黏浆液，再把它加入搅拌着的冷水或热水中，粘结剂在炸药晶体表面上析出，将炸药粘结成颗粒。

HNIW基压装炸药溶液–悬浮沉淀法制备工艺流程如图8.8所示。

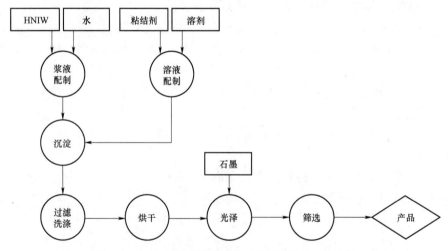

图8.8　HNIW基压装炸药溶液—悬浮沉淀法工艺流程

图8.8所示的方法操作周期短，操作步骤简单，易于大量生产。由于有大量的水存在，所以生产安全。为了保证颗粒均匀，可以适当控制沉淀过程，将沉淀剂分几次加入，能得到较理想的颗粒。如果沉淀过程操作控制不当，会造成粘结剂无法包覆炸药而析出，导致造型粉表面粗糙，堆积密度较低；制备过程需要使用大量的沉淀溶剂，且溶解粘结剂的溶剂难以回收，生产过程毒性较大，环境污染防治难度大，产品成本较高。

8.4　HNIW 基压装炸药成型特性分析

作为模压成型的药剂，要求 HNIW 基混合炸药具有优良的成型特性。固体颗粒的合理级配、高聚物粘结剂的设计优选、制备工艺优化等是药剂具有优良的成型特性的关键技术。除此之外，通过压药工艺及模具设计技术研究，能够改善 HNIW 基压装炸药的成型性能，在一定程度上提高装药密度。

8.4.1　压药工艺

1. 压力控制

药柱密度随压力增加的变化情况：在低压力阶段，压力增加则密度增加较快；当压力较高时，密度增加的幅度减小；当压力增加到一定值时，密度不再随之增加。压药压力过大，对压机、模具的强度要求高，且生产也不安全。因此，应对 HNIW 基压装炸药测试压力—密度曲线，以根据装药密度设定合适的压力。

2. 压药速率

压药加载速度过快是压药产生爆炸的原因之一，且压药速率对于成型性有重要影响，速率较高时，模具内的气体来不及排出，药柱容易出现裂纹。较低的压药速率有利于压药过程中气体的排出，从而有利于提高成型性和装药密度。但是，压药速率太低，导致生产效率低。针对不同的炸药配方、药柱尺寸、模具等，需要摸索合适的压药速率，以保证药柱质量和生产效率。

3. 保压时间

在压药过程中，当定压法压力达到设定压力值或定位法压到限定位置时，均要停滞一段时间保持压力不变，这就是保压。药剂在压制过程中经历弹性变形、塑性变形和脆性断裂。保压可使炸药由弹性变形转为塑性变形，防止退模后药柱胀大，以保证药柱的尺寸和密度。

在相同工艺条件下，延长保压时间可以提高成型性和装药密度。这是因为，延长保压时间，可以使压力传递更充分，颗粒空隙中的空气有足够的时间排出，粘结剂的塑性变形越充分，引力和黏附力就越强，成型药柱的密度就越高。保压时间需根据炸药配方、成型药柱尺寸、模具等具体情况而定。

4. 压药温度

适当地提高压药温度，对提高装药密度有一定的效果，而且能减少药柱裂纹。提高压药时的温度，之所以能使药柱密度增加，在于炸药加热降低了炸药本身的机械强度，易使炸药发生塑性变形。另外，由于温度增加，可能使炸药颗粒表面低熔点液态混合物增多，它们能够起润滑作用，有利于压缩。此外，提高药温，还有利于药柱密度的均匀，能得到更好的药柱强度。

5. 双向压药

单向压制成型的药柱在轴向和径向都存在一定的密度差，随着药柱尺寸的增大，这种不均匀性更加明显。为了使大尺寸成型药柱密度均匀，通常采用分段压制，或者采用双向压药工艺。

双向压药时，药剂于模套内在压力作用下，上、下两个方向往中间移动，流动性好，密度均匀。双向压药较单向压药更有利于提高成型性和装药密度。

8.4.2 模具设计

1. 排气性设计

压药模具对药柱成型性和装药密度有不可忽略的影响。对于散粒体密度低的炸药，若要有较高的装药密度，在压制药柱的过程中需排出大量气体，如模具设计不合理，致使气体很难排出或排出不及时会导致药柱出现裂纹，压药成型性较差。

压药模具的冲头与模套的配合间隙是模具设计的关键之一，间隙大则排气性好，药柱成型性好，装药密度高，但是会出现塞药现象，严重影响压药的安全性。针对这一问题，对压药模具进行改进，在冲头及模套设计导气槽，经过大量压药试验证明，导气槽的设计可以提高药柱成型性和装药密度。

2. 光滑度设计

模具内壁、冲头、底座的光滑度也在一定程度上影响着药柱的成型性和安全性。对于粘结剂含量高的炸药，压制过程中会存在粘结冲头、底座或内壁的情况出现，若粘结力较强，在药柱退模时容易将药柱拉断，影响成型性。例如，在模具的表面进行镀铬等可以提高光滑度，有利于压药安全，且不会出现粘内壁、冲头、底座现象，可以不使用脱模剂就能轻松退模。否则，需要在模具内壁、冲头、底座涂油层或固体润滑剂以防止粘内壁、冲头、底座。

3. 单向压机双向压药设计

在模套与下冲间设计垫块，压药时进行两次压药。首次压药时垫块放入模套与下冲间，完成压药后撤出垫块，然后进行二次压药，这样可以在单向压机上实现双向压药，以提高成型药柱的密度和均匀性。

8.4.3 结构强度表征

提高 HNIW 基压装炸药的可压缩性，就是要尽量提高炸药的装填密度，以保证炸药的结构强度和能量密度的要求。现就常用的抗压强度、抗拉强度和抗剪强度等结构强度表征手段作简单介绍，供探讨 HNIW 基压装炸药成型特性时作参考。

8.4.3.1 抗压强度

1. 试验程序

（1）用千分尺测量 HNIW 基压装炸药药柱（试样）的直径和高度，精确至 0.01 mm。

（2）将试样置于材料试验机下压板中心位置，调节上压板与试样上端面完全吻合。

（3）退出主机房，关闭防爆门，使记录仪与数字电压表处于工作状态，然后按规定的试验速度对试样施加压缩负荷，直至试样破坏为止。

（4）当试样破坏时读取压缩负荷值。

（5）清除破坏后的试样碎块，用脱脂棉蘸丙酮擦上、下压板的残余试样粉末。

2. 试验数据的处理

（1）抗压强度按下式计算：

$$\sigma_{bi} = \frac{F_i}{\frac{\pi}{4}d_i^2} \tag{8.47}$$

式中：σ_{bi} 为第 i 个试样的抗压强度（Pa）；F_i 为第 i 个试样破坏时承受的最大压缩负荷（N）；d_i 为第 i 个试样的初始横截面的直径（m）。

（2）抗压强度算术平均值按下式计算：

$$\bar{\sigma}_b = \frac{1}{n}\sum_{i=1}^{n}\sigma_{bi} \qquad (8.48)$$

式中：$\bar{\sigma}_b$ 为一组试样抗压强度测定值的算术平均值（Pa）；σ_{bi} 同式（8.47）；n 为一组测定值的个数。

（3）标准差按下式计算：

$$S = \sqrt{\frac{\sum_{i=1}^{n}(\sigma_{bi}-\bar{\sigma}_b)^2}{n-1}} \qquad (8.49)$$

式中：S 为一组试样测定值的标准差（Pa）；$\bar{\sigma}_b$ 同式（8.48）；σ_{bi} 同式（8.47）；n 同式（8.48）。

（4）均值的置信区间按下式计算：

$$\sigma_b = \bar{\sigma}_b \pm t\frac{S}{\sqrt{n}} \qquad (8.50)$$

式中：S 同式（8.49）；$\bar{\sigma}_b$ 同式（8.48）；σ_b 为均值的置信区间（Pa）；t 为与置信水平及试验数据个数 n 相关的系数；n 同式（8.48）。

3. 试验结果的表述

报出试样抗压强度试验结果的算术平均值 $\bar{\sigma}_b$、标准差 S 及置信水平为 95% 时均值的置信区间，并注明试验条件和试样密度。

8.4.3.2 抗拉强度

1. 试验程序

（1）用千分尺测量 HNIW 基压装炸药药柱（试样）等截面内三个部位的直径，准确到 0.01 mm，并取其算术平均值。

（2）按规定的试验速度开机测定。

（3）试样断裂时，读取记录仪上的负荷值。若试样断在等截面以外的部位，则此测定结果无效，须另取试样补做。

（4）每测定一发试样应及时清除试样碎块。

2. 试验数据的处理

（1）试样抗拉强度按下式计算：

$$\sigma_{bi} = \frac{F_i}{\frac{\pi}{4}d_i^2} \tag{8.51}$$

式中：σ_{bi} 为第 i 个试样的抗拉强度（Pa）；F_i 为第 i 个试样承受的最大负荷（N）；d_i 为第 i 个试样的初始横截面的直径（m）。

（2）抗拉强度的算术平均值按下式计算：

$$\bar{\sigma}_b = \frac{1}{n}\sum_{i=1}^{n}\sigma_{bi} \tag{8.52}$$

式中：$\bar{\sigma}_b$ 为一组试样抗拉强度测定值的算术平均值（Pa）；σ_{bi} 同式（8.51）；n 为一组测定值的个数。

（3）标准差按下式计算：

$$S = \sqrt{\frac{\sum_{i=1}^{n}(\sigma_{bi} - \bar{\sigma}_b)^2}{n-1}} \tag{8.53}$$

式中：S 为一组试样测定值的标准差（Pa）；$\bar{\sigma}_b$ 同式（8.52）；σ_{bi} 同式（8.51）；n 同式（8.52）。

（4）均值的置信区间按下式计算：

$$\sigma_b = \bar{\sigma}_b \pm t\frac{S}{\sqrt{n}} \tag{8.54}$$

式中：S 同式（8.53）；$\bar{\sigma}_b$ 同式（8.52）；σ_b 为均值的置信区间（Pa）；t 为与置信水平及试验数据个数 n 相关的系数；n 同式（8.52）。

3. 试验结果的表述

报出试样抗拉强度试验结果的算术平均值 $\bar{\sigma}_b$、标准差 S 及置信水平为95%时均值的置信区间，并注明试验条件和试样密度。

8.4.3.3 抗剪强度

1. 试验程序

（1）用千分尺测量 HNIW 基压装炸药药柱（试样）的直径和高度，精确至 0.01 mm。

（2）将已编号的单个试样装入剪切夹具，并置于试验机上、下压板之间，按照试验机的操作规程进行单向静载荷施压操作。

（3）待试样断裂破坏后，记录最大负荷值，精确到最小分度值。

2. 试验数据的处理

（1）试样的抗剪强度按下式计算：

$$\tau = \frac{F_{max}}{2A_0} \times 10^{-6} \quad (8.55)$$

式中：τ 为试样的抗剪强度测定值（MPa）；F_{max} 为试样断裂破坏时承受的最大剪切负荷（N）；2 为剪切面个数；A_0 为试样原横截面积（m²）。

（2）标准差按下式计算：

$$S = \sqrt{\frac{\sum_{i=1}^{n}(\tau_i - \bar{\tau})^2}{n-1}} \quad (8.56)$$

式中：S 为标准差（MPa）；$\bar{\tau}$ 为 n 个试样抗剪强度的算术平均值（MPa）；τ_i 为第 i 个试样抗剪强度测定值（MPa）；n 为试样个数。

（3）精密度以相对标准差表示，按下式计算：

$$C_v = \frac{S}{\bar{\tau}} \times 100\% \quad (8.57)$$

式中：C_v 为相对标准差；S 同式（8.56）；$\bar{\tau}$ 同式（8.56）。

允许 C_v 不大于 10%，否则试验重做。

3. 试验结果的表述

报出每个试样抗剪强度的测定值、n 个试样抗剪强度的算术平均值及其标准差，所得结果应表示至两位小数。

报出结果时应注明试验条件、试样尺寸、密度、成型方式等。

参 考 文 献

[1] 孙业斌, 惠君明, 曹欣茂. 军用混合炸药[M]. 北京：兵器工业出版社, 1995.

[2] Gurney R W. The initial velocities of fragments from bombs shells and grenades[R]. BRL Report 405, 1943.

[3] 沈飞, 王辉, 袁建飞, 等. 炸药格尼系数的一种简易估算法[J]. 火炸药

学报，2013，36（06）：36-38.

[4] Johansson C H, Persson P A. Density and Pressure in the Chapman Jouguet Plane as Functions of Initial Density of Explosives[J]. Nature, 1966, 212(5067): 1230-1231.

[5] Chen H, Li L, Jin S, et al. Effects of additives on ε-HNIW crystal morphology and impact sensitivity[J]. Propellants Explosives Pyrotechnics, 2012, 37(1): 77-82.

[6] Pedreira S M, Pinto J, Campos E A, et al. Methodologies for characterization of aerospace polymers/energetic materials-a short review[J]. Journal of Aerospace Technology & Management, 2016, 8(1): 18-25.

[7] 欧育湘，刘进全. 高能量密度化合物[M]. 北京：国防工业出版社，2005.

[8] 焦清介，欧亚鹏. CL-20 应用中抑制晶变和降低感度问题的思考[J]. 含能材料，2021，29（04）：269-271.

[9] 戴李宗，潘容华. 高聚物在混合炸药中的应用[J]. 材料导报术，1993，(2): 60-64.

[10] Young T. An Essay on the Cohesion of Fluids[J]. Philosophical Transactions of the Royal Society of London, 1805, 95: 65-87.

[11] 李帅. 不同粘结剂对 RDX 降感效果的对比研究[D]. 太原：中北大学，2014.

[12] Clint J H. Adhesion and components of solid surface energies[J]. Current Opinion in Colloid & Interface Science, 2001, 28-33.

[13] Oss C V, Good R J, Chaudhury M K. Additive and nonadditive surface tension components and the interpretation of contact angles[J]. Langmuir, 1988, 4(4): 884-891.

[14] Volpe C D, Siboni S, Morra M. Comments on Some Recent Papers on Interfacial Tension and Contact Angles[J]. Langmuir, 2002, 18(4): 14-17.

[15] Tavana H, Neumann A W. Recent progress in the determination of solid surface tensions from contact angles[J]. Advances in Colloid & Interface Science, 2007, 132(1): 1-32.

[16] Vasconcellos A S, Oliveira J A P, Baumhardt-Neto R. Adhesion of Polypropylene Treated With Nitric And Sulfuric Acid[J]. European Polymer Journal, 1997, 33(10): 1731-1734.

[17] Bhowmik S, Jana P, Chaki T K, et al. Surface modification of PP under different electrodes of DC glow discharge and its physicochemical

characteristics[J]. Surface & Coatings Technology, 2004, 185(1): 81–91.

[18] Oss C V, Chaudhury M K, Good R J. Interfacial Lifshitz–van der Waals and polar interactions in macroscopic systems [J]. Chemical Reviews, 1988, 88(6): 927–941.

[19] Blum F D, Metin B, Vohra R, et al. Surface segmental mobility and adhesion–Effects of filler and molecular mass [J]. Journal of Adhesion, 2006, 82(9): 903–917.

[20] Lampin M, Warocquier–Clérout R, Legris C, et al. Correlation between substratum roughness and wettability, cell adhesion, and cell migration [J]. Journal of Biomedical Materials Research, 1997, 36(1): 99–108.

[21] Zhao Q, Liu Y, Abel E W. Effect of temperature on the surface free energy of amorphous carbon films [J]. Journal of Colloid & Interface Science, 2004, 280(1): 174–183.

[22] Mathieson I, Bradley R H. Improved adhesion to polymers by UV/ozone surface oxidation [J]. International Journal of Adhesion and Adhesives, 1996, 16(1): 29–31.

[23] Kwok D Y, Neumann A W. Contact angle measurement and contact angle interpretation [J]. Advances in Colloid and Interface ence, 1999, 81(3): 167–249.

[24] 唐敖庆, 杨忠志, 李前树. 量子化学[M]. 北京: 科学出版社, 1982.

[25] 徐光宪, 黎乐民. 量子化学: 基本原理和从头计算法[M]. 北京: 科学出版社, 1989.

[26] J. A. 波普尔, D.L. 贝弗里奇. 分子轨道近似方法理论[M]. 江元生, 译. 北京: 科学出版社, 1976.

[27] Sun H, Ren P, Fried J R. The COMPASS force field: parameterization and validation for phosphazenes [J]. Computational & Theoretical Polymer Science, 1998, 8(1–2): 229–246.

[28] Bunte S W, Sun H. Molecular Modeling of Energetic Materials: The Parameterization and Validation of Nitrate Esters in the COMPASS Force Field [J]. Journal of Physical Chemistry B, 2000, 104(11).

第 9 章
HNIW 浇注炸药设计

浇注炸药是一类以高分子黏合剂为连续相，以固体填料（包括单质炸药、氧化剂、金属燃料等）为分散相的复合含能材料，所使用黏合剂是由预聚物与固化剂固化形成的热固性弹性体[1-2]。浇注炸药采用浇注固化成型工艺，制备方法简单，适用于大型异形战斗部装药。第 8 章对 HNIW 混合炸药的能量设计、安全性设计、安定性和相容性设计、防晶变设计等方法进行了详细的介绍，这里不再赘述。本章主要针对 HNIW 浇注炸药黏合剂体系、HNIW 浇注炸药的制备工艺以及几种典型浇注炸药设计等方面进行阐述。

9.1 HNIW浇注炸药黏合剂体系

9.1.1 HNIW浇注炸药设计要求

不同于复合固体推进剂，浇注混合炸药通常需要较高的固相含量以提高弹药体系的毁伤威力。同时，为了满足工艺需求，浇注炸药在固化前要求有一定的流动性，液态的黏合剂通常占炸药体系的9%～12%，固相含量占炸药体系的88%～91%。除了对工艺流动性的要求外，HNIW浇注炸药黏合剂体系应满足以下一般性设计要求：

（1）黏合剂体系黏度较低、力学性能优良、环境适应性及贮存性能好；

（2）对主体炸药表面的润湿性好，与炸药晶体结合力强；

（3）较低的玻璃化温度，高弹性低模量；

（4）较低的渗油性；

（5）黏合剂对HNIW的溶解度低（溶解度不高于4%），且不促进HNIW的晶变；

（6）制备及装药工艺良好，且制备过程、服役环境中HNIW不发生晶变；

（7）其他性能应满足国军标要求。

9.1.2 黏合剂体系的组成

黏合剂体系是浇注混合炸药的重要组成部分，它将炸药其他组分黏接在一起，赋予混合炸药一定的几何形状和良好的力学性能；此外，黏合剂还能参与炸药的化学反应释放部分能量。黏合剂本身的性质对炸药的能量、制备工艺、力学性能、安全性等均有重要影响。根据黏合剂分子中是否存在含能基团，可以将黏合剂分为惰性黏合剂和含能黏合剂两大类。黏合剂的分子内无含能基团的为惰性黏合剂，如端羧基聚丁二烯、端羟基聚丁二烯、聚醚、聚氨酯等；分子内含有叠氮基（—N_3）、硝基（—NO_2）、硝酸酯基（—ONO_2）等爆炸性基团的为含能黏合剂，如聚叠氮缩水甘油醚、3,3-二叠氮甲基氧杂环丁烷等，该类黏合剂既可以作为燃料又可以参与化学反应提供能量[5-6]。目前，适用HNIW浇注炸药的黏合剂体系主要有端羟基聚丁二烯（HTPB）黏合剂体系、端羟基嵌段共聚醚（HTPE）黏合剂体系、聚叠氮缩水甘油醚（GAP）黏合剂体系等。

9.1.2.1 预聚物

预聚物链的柔顺性直接影响混合炸药的物理和化学性能，与预聚物分子链的长短、链节的结构、分子间的作用力相关。预聚物的玻璃化温度是表征其物理力学性能的参量。大分子链越柔顺，预聚物的玻璃化温度越低，力学性能越好，它们的延伸率越大，越能满足混合炸药对它提出的要求。高分子预聚物作为黏合剂体系的主要组分，其分子量和羟值对黏合剂配方的加工工艺、固化反应时间、交联密度和力学性能等存在重要影响。目前，主流的高分子预聚物有丁羟类黏合剂、聚醚类黏合剂、叠氮类黏合剂三种[3]。表9.1汇总了几种黏合剂的基本性能及应用情况。

表9.1 黏合剂性能对比

类型	性能	典型代表	应用情况
丁羟黏合剂	分子链由较长的碳链组成；惰性、耗氧；非极性，与含能增塑剂不相容	端羟基聚丁二烯（HTPB）、端羧基聚丁二烯（CTPB）	常见配方有PBXN-109、DLE-C038、AFX-757等
聚醚黏合剂	主链中含有大量醚键，无侧链基团，分子链柔顺性好；玻璃化转变温度低；极性强，与常见的酯类增塑剂相容	聚乙二醇（PEG）、端羟基无规共聚醚（PET）、端羟基嵌段共聚醚（HTPE）	AGM-119"企鹅"反舰导弹、钝感推进剂[4-6]

续表

类型	性能	典型代表	应用情况
叠氮黏合剂	生成热为正、密度大、氮含量高、与含能材料和硝酸酯增塑剂相容；存在侧基，主链的柔顺性差，工艺性能和力学性能欠佳	聚叠氮缩水甘油醚（GAP）、3,3-二叠氮甲基氧杂环丁烷（BAMO）和3-叠氮甲基氧杂环丁烷（AMMO）的均聚物	浇注HNIW基水下炸药、低特征信号推进剂[7-9]

9.1.2.2 增塑剂

增塑剂的加入，可以减弱聚合物分子间作用力，增大聚合物分子链之间的距离和活动空间，从而降低高聚物的玻璃化温度和脆性，增加其弹塑性，提高高聚物的低温力学性能，增加其柔韧性及断裂伸长率。合理选择增塑剂还可以有效降低浇注体系的黏度，提高浇注体系的固相含量，改善浇注炸药的工艺特性等。在浇注炸药中常用的增塑剂是酯类增塑剂、烃类增塑剂以及含能增塑剂[10]。增塑剂选择应满足以下几个要求：增塑剂的黏度小，对主体炸药的润湿性好，浇注体系的流动性好。增塑剂与HNIW相容性良好，不会影响混合炸药的热稳定性；增塑剂的热稳定性好，100 ℃以上不发生挥发或热分解；对HNIW没有溶解性，降低溶解-结晶过程诱发HNIW的晶变。

9.1.2.3 固化剂

黏合剂体系的固化反应一般为固化剂中的异氰酸酯基于预聚物中的羟基发生固化反应。固化剂是黏合剂体系的关键组分，不同的固化剂之间由于分子结构特点的差异，具有不同的反应活性和抗干扰能力，对界面黏结等性能有着不同程度的影响。异氰酸酯 R—NCO 中与—NCO 基连接的烃基（—R）对—NCO 反应活性的影响主要是电子诱导效应和空间位阻效应。—NCO 基是以亲电中心正碳离子与活泼氢化合物的亲核中心配位，产生极化，促进反应进行。所以当—R 为吸电子基（如芳环）则降低—NCO 基中 C 原子的电子云密度，从而提高—NCO 基的反应活性；若—R 为供电子基（如烷基），则降低—NCO 基的反应活性，—NCO 基的反应活性按图 9.1 中—R 基的排列顺序递减。

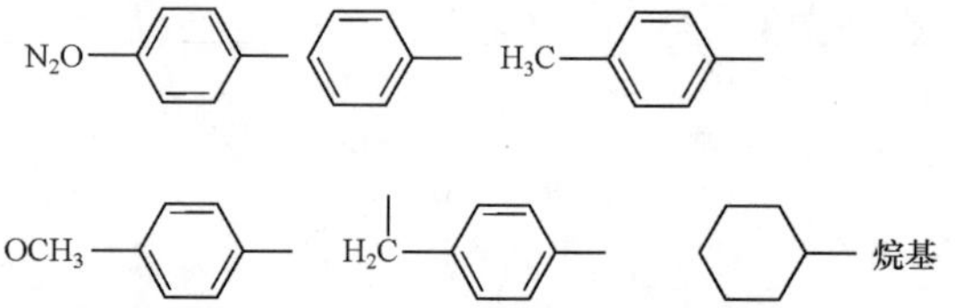

图 9.1 异氰酸酯基的反应活性按 R 基的排列顺序递减

异氰酸酯的芳香性以及取代基的电负性等特点都是影响黏合剂体系反应活性的关键因素，与脂肪族异氰酸酯相比，芳香族异氰酸酯由于其中两个—NCO之间可发生诱导效应，当其中一个—NCO参加反应时，另一个—NCO可看作吸电子取代基，使其反应活性增加，如间苯二异氰酸酯与醇的反应初始速率常数是苯异氰酸酯与醇反应的 5 倍，而随着其中一个—NCO 的消耗，两者间的差距也逐渐缩小。然而，这种诱导效应又受到位阻效应的影响。例如，甲苯二异氰酸酯（TDI）的 2,4-异构体的反应活性高于 2,6-异构体，这是因为后者的位阻效应较大。目前常用的固化剂及结构式如图 9.2 所示。

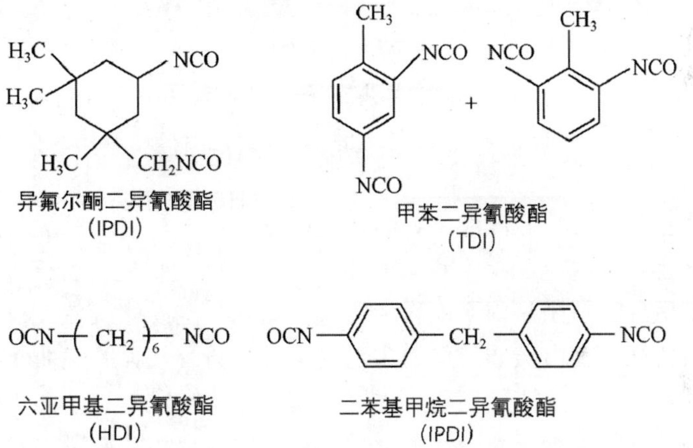

图 9.2 常用固化剂名称及结构式

9.1.2.4 其他助剂

黏合剂体系内中含有少量的其他物质，用以调节混合炸药的物理化学性质（力学强度、高低温适应性、热安定性、感度、化学相容性等），这些物质的含量通常很少却发挥着重要的作用。例如，加快固化速度的催化剂、提高力学强度的交联剂、延缓氧化脆变的防老剂等。

9.1.2.5 浇注炸药固化机理

在浇注混合炸药制备中，工艺过程的确定、固化机理以及主体炸药与黏合剂的黏合机理等，都是浇注炸药配方设计及性能研究的理论基础。有机异氰酸酯化合物含有异氰酸酯基团，该基团具有重叠双键排列的高度不饱和键结构，它能与各种含活泼氢的化合物进行反应，化学性质极其活泼。对于异氰酸酯基所具备的高反应活性能力，电子共振理论认为由于异氰酸酯基的共振作用，使其电荷分布不均，产生亲核中心及亲电中心的正碳原子，其共振结构的电荷分布如图 9.3 所示。

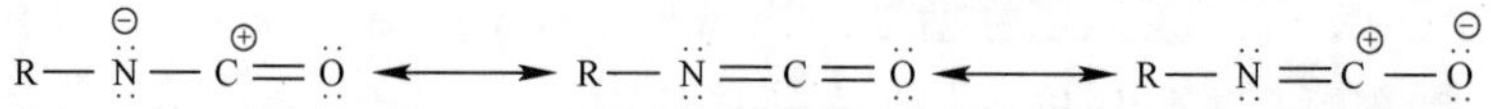

$$R-\overset{\ominus}{N}-\overset{\oplus}{C}=O \longleftrightarrow R-N=C=O \longleftrightarrow R-\overset{\oplus}{N}=C-\overset{\ominus}{O}$$

图 9.3 —NCO 电荷分布及电子共振结构

在该特性基团中，N、C 和 O 三个原子的电负性顺序为 O>N>C。因此，在氮原子和氧原子周围的电子云密度增加，表现出较强的电负性，使它们成为亲核中心，很容易与亲电子试剂进行反应。而对于排列在氧、氮原子中间的碳原子来讲，由于两边强的电负性原子的存在，使得碳原子周围正常的电子云分布偏向氮、氧原子，从而使碳原子呈现出较强的正电性，成为易受亲核试剂攻击的亲电中心，较容易与含活泼氢的化合物，如醇、水等进行亲核反应。

带有端羟基的聚醇（聚酯、聚醚及其他多元醇）与多异氰酸酯反应，生成聚氨酯类聚合物，这是固化过程最基本的反应，固化反应过程示意图如图 9.4 所示。氨基甲酸酯基团是内聚能较大的特性基团，空间体积较大，在聚合物中具有刚链段特征。而由碳碳链作为主链的聚醇，具有较强的挠曲作用，成为聚合物的软链段。聚氨酯实际上就是由刚性基团（刚链段）和软链段构成的嵌段共聚物。显然，使用分子量较大的聚醇，将会使聚合物刚链段比例下降、刚性基团间隔增加。

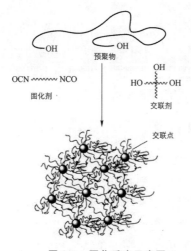

图 9.4 固化反应示意图

9.1.3　HNIW 在黏合剂体系中的溶解

在浇注炸药配方设计过程中，要求固相组分在黏合剂体系中的溶解度不超过 4%。对于像 HNIW 这种具有多种晶型的炸药来说，条件更为苛刻，以防止单质炸药因溶解而导致的"固-液-固"形式的转晶[3,7]。

表 9.2 汇总了几种常见单质炸药（HNIW、HMX、RDX）及氧化剂 AP 在黏合剂各组分在 60 ℃条件下的平衡溶解度。由表可知，HNIW 在 HTPB 预聚体中的溶解度为 0.078 g，而 HNIW 在增塑剂 BuNENA（N-丁基硝氧乙基硝胺）的溶解度高达 4.241 g，意味着浇注炸药制备过程中每 100 g 的 BuNENA 大约会溶解 4.241 g HNIW。因此，HNIW 基浇注炸药应尽量避免使用 BuNENA 作为增塑剂。

表 9.2　炸药及氧化剂在黏合剂各组分中的溶解度

单位：g/100 g 溶剂

炸药	HTPB	GAP	HTPE	DOA	DOS	RH	A3	BuNENA
HNIW	0.078	0.109	0.579	1.317	1.810	0.813	0.286	4.241
HMX	0.052	0.051	0.003	0.859	0.493	0.238	0.063	0.311
RDX	0.080	0.128	0.344	0.595	0.538	0.297	0.673	1.811
AP	0.266	0.436	0.296	0.627	0.701	0.567	0.839	1.117

HNIW 在常用酯类增塑剂（如 DOS，DOA）中会部分溶解，如 DOS 可溶解 HNIW，溶解度大于 2%（25 ℃）；DOA 溶解度大于 2%（24 ℃）；IDP 溶解 HNIW，溶解度分别为 1.5%（24 ℃）和 1.6%（57 ℃）。溶解的发生会促进 HNIW 的晶型转变，使浇注体系变得不稳定。所以浇注体系应选用对 HNIW 的溶解度低的非酯类增塑剂。HNIW 在烷烃类增塑剂中的溶解性如表 9.3 所示。

表 9.3　HNIW 在增塑剂中的溶解性

增塑剂	溶解度	
	25 ℃（7 天）	60 ℃（3 h）
PL-A	0	0
PL-B	>1%	>1%
PL-C	0	0
PL-D	>1%	>1%

续表

增塑剂	溶解度	
	25 ℃（7 天）	60 ℃（3 h）
DOA	>2%	>2%
DOS	>2%	>2%
DOP	>1%	>1%
DBP	>1%	>1%
DEP	>1%	>1%

烷烃类增塑剂 PL-A 和 PL-C 对 HNIW 的溶解度均为 0，不会对 HNIW 的晶变产生影响，可作为 HNIW 基浇注混合炸药黏合剂体系的增塑剂使用。

9.1.4 黏合剂体系防晶变设计

为了防止 HNIW 在混合炸药制备过程中发生晶型转变，需要研究 HNIW 在浇注混合体系中高温长工时条件下的（70 ℃/60 h、100 ℃/60 h）晶型转变行为，为 HNIW 基混合炸药的制备工艺和组分选择提供参考。下面以 HTPB 黏合剂体系为例，介绍黏合剂体系防晶变设计。

1. 70 ℃/60 h 晶变试验

将 ε-HNIW 与黏合剂组分分别混合均匀，于 70 ℃ 温度下持续加热 60 h 后对样品进行 XRD 扫描，获得黏合剂体系中 ε-HNIW 持续加热前后的 XRD 谱图，结果如图 9.5 所示。

从图 9.5 可以看出，恒温处理前后 HNIW 的谱图与 ε-HNIW 标准谱图一致，说明在 70 ℃ 环境下持续加热 60 h 后 ε-HNIW 在黏合剂体系中并未发生晶型转变，仍为 ε 晶型。

2. 100 ℃/60 h 晶变试验

为了能够更准确地研究 ε-HNIW 在持续高温环境下的晶型转变规律，采用在线监测技术测试 HNIW 的晶型转变行为。使用原位 XRD 方法，并将加热温度提高到 100 ℃，探索单质 ε-HNIW 及其在 HTPB 黏合剂体系中的晶型转变规律，每 2 h 扫描一次样品。HNIW 单质 100 ℃ 恒温 60 h 过程中的 XRD 谱图如图 9.6 所示。

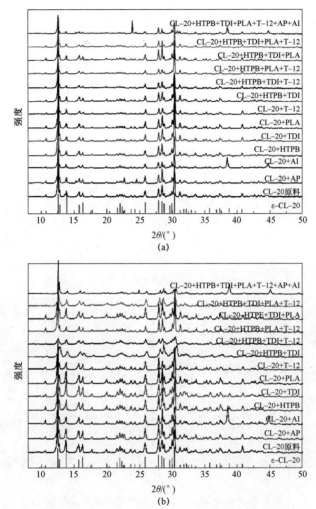

图 9.5 黏合剂体系中 HNIW 70 ℃、60 h 处理前后 XRD 图谱对比
(a) 恒温处理前 XRD 图谱；(b) 恒温处理后 XRD 图谱

恒温前后的晶体形貌如图 9.7 所示，可以看出 HNIW 单质的 XRD 谱图基本不变，峰温值略微向左偏移，这是由于样品受热后膨胀，使样品表面能升高所致。对比加热前后 HNIW 的形貌发现，加热后的 HNIW 晶体未发生开裂，晶体仍具有较好的完整性。与 ε-HNIW 标准谱图对比，可以确定 100 ℃ 加热 60 h 后 HNIW 的晶型未发生转变。

将 HTPB 黏合剂体系与 ε-HNIW 混合均匀，使用原位 XRD 方法，每 2 h 扫描一次样品，得到 HTPB 黏合剂体系中 HNIW 在 100 ℃ 恒温 60 h 过程中的 XRD 谱图，如图 9.8 所示。

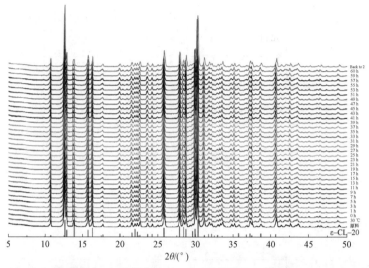

图 9.6　HNIW 单质 100 ℃/60 h 原位 XRD 谱图

图 9.7　HNIW 单质 100 ℃/60 h 恒温前后 SEM 图
（a）100 ℃/60 h 恒温前；（b）100 ℃/60 h 恒温后

从图中可以看出，HTPB 黏合剂体系中 ε-HNIW 的 XRD 谱图基本不变，与标准谱图对比，其晶型仍为 ε 晶型。ε-HNIW 原料及其在黏合剂体系中 100 ℃ 下持续加热 60 h 后，并未发生晶型转变，仍能够维持晶型稳定。

9.1.5　黏合剂体系防迁移设计

在浇注炸药中，增塑剂必须与黏合剂材料具有良好的相溶性才能避免从内部高分子网络中渗出，并赋予黏合剂良好的力学性能，而相近的溶解度参数是增塑剂与黏合剂相溶性的重要条件。根据 Hilderbrand 的溶解度参理论[7]，两种聚合物的溶解度参数差值（$\Delta\delta$）满足 $|\Delta\delta| < (1.3\sim2.1)$ $J^{1/2}/cm^{3/2}$，即可预测两

者相溶。黏合剂体系中的所用增塑剂的溶解度参数应该与预聚物的溶解度参数相近，以减少增塑剂在浇注炸药贮存过程中的迁移及渗油现象的发生。

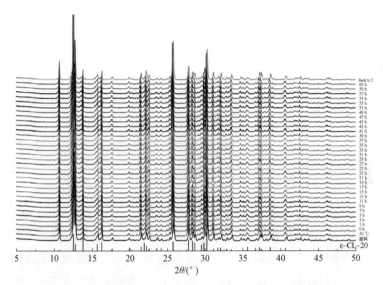

图 9.8　HTPB 黏合剂体系中 HNIW 100 ℃/60 h XRD 谱图

几种常见的黏合剂溶解度参数如表 9.4 所示。各类增塑剂的溶解度参数可以根据基团加和法[11]计算得到。基团加和法认为有机物分子中的每个基团都对该有机物的溶解度参数有贡献，因此只需将分子中所有基团的贡献值相加即可得到该有机物的溶解度参数。基团的贡献值称为吸引常数，表 9.5 给出了几种常见基团的吸引常数。

表 9.4　浇注炸药常用黏合剂的溶解度参数

黏合剂	溶解度参数 δ
HTPB	17.3～18.0（J/cm^3）$^{1/2}$
GAP	约 22.3（J/cm^3）$^{1/2}$
HTPE	约 20.4（J/cm^3）$^{1/2}$

单质增塑剂的溶解度参数计算方法为

$$\delta = \left(\rho \sum F_i\right)/M \tag{9.1}$$

式中：δ 为溶解度参数（J$^{1/2}$/cm$^{3/2}$）；ρ 为增塑剂的密度（g/cm^3）；F_i 为单个基团的吸引常数（（J/cm^3）$^{1/2}$/mol）；M 为增塑剂的分子量（g/mol）。

表 9.5 常见基团的吸引常数

基团	吸引常数/ $[(J/cm^3)^{1/2}/mol]$	基团	吸引常数/ $[(J/cm^3)^{1/2}/mol]$
—CH—	57	—C—	−189
—CH$_2$—	271	CH$_2$=	386
—CH$_3$	436	—CH=	226
—COO—	632	—CF$_2$	307
CH≡C—	580	—CF$_3$	560
—O—	143	CN	834
—ONO$_2$	895	—NO$_2$	895

根据式（9.1）计算得到的几种常见含能增塑剂的溶解度参数如表 9.6 所示。两种物质间的溶解度参数差值越小，物理相溶性越好，而当溶解度参数差值大于 2 J$^{1/2}$/cm$^{3/2}$ 时，高分子黏合剂将很难与增塑剂相溶。单一增塑剂在实际应用中存在一定的迁移渗油问题，尤其是在浇注炸药中，增塑比较高，渗油问题较严重。设计一种溶解度参数与黏合剂接近的复合增塑剂可以从有效解决增塑剂的迁移问题，此外，复合增塑剂熔点低于单一增塑剂，有利于提升浇注炸药的低温性能。复合增塑剂的溶解度参数为各单质的溶解度参数与其体积分数的乘积的加和，即

$$\delta_{\text{mixture}} = \delta_1 \varphi_1 + \delta_2 \varphi_2 \tag{9.2}$$

式中：δ_i 为单质增塑剂的溶解度参数；φ_i 为混合物中该增塑剂的体积分数。

表 9.6 常见增塑剂的溶解度参数

增塑剂	分子结构	相对分子质量	密度/ $(g \cdot cm^{-3})$	溶解度参数/ $[(J \cdot cm^{-3})^{1/2}]$
液体石蜡（PLA）	C_{18}（C_{16}~C_{20}）	/	0.832	16.81
壬酸8-甲基壬酯（IDP）		298.50	0.810	15.71

续表

增塑剂	分子结构	相对分子质量	密度/(g·cm⁻³)	溶解度参数/[(J·cm⁻³)^{1/2}]
己二酸二辛酯（DOA）		370.58	0.927	17.80
癸二酸二辛酯（DOS）		426.66	0.912	17.60
邻苯二甲酸二辛酯（DOP）		390.55	0.985	18.73
硝化甘油 NG		227	1.59	23.00
丁三醇三硝酸酯 BTTN		241	1.52	22.42
硝化三乙二醇 TEGDN		240	1.33	18.93
硝化二乙二醇 DEGDN		196	1.38	20.23
丁基硝氧乙基硝胺 BuNENA		207	1.21	19.08①
2,2-二硝基丙醇缩甲（乙）醛 BDNPF/A		325.96/311.97	1.35/1.41	21.61②

注：① 分子动力学模拟值，参见文献 [13]。
② BDNPA 与 BDNPF 的质量比为 1:1，溶解度参数按照式（9.2）计算。

9.2 典型黏合剂体系

9.2.1 HTPB 黏合剂体系

1. HTPB 的基本性质

HTPB 是一种丁二烯聚合物，循环单元结构包括顺式 1,4 结构、反式 1,4 结构和 1,2 结构，分子链两端各有一个羟基官能团，分子结构通式如图 9.9 所示。一般按照分子量不同分为四类，相关理化性能如表 9.7 所示。为了提高浇注炸药的能量水平，需要尽可能提高炸药的固体填料含量，所以浇注炸药通常选用分子量最小、黏度最低的 IV 型。HTPB 的主要优点之一就是玻璃化温度低，可以使炸药在低温环境中仍保持弹性而不发生碎裂。HTPB 存在的主要问题是分子中仅存在 C、H、O 元素，属于惰性粘结剂，对炸药能量水平的贡献并不理想。

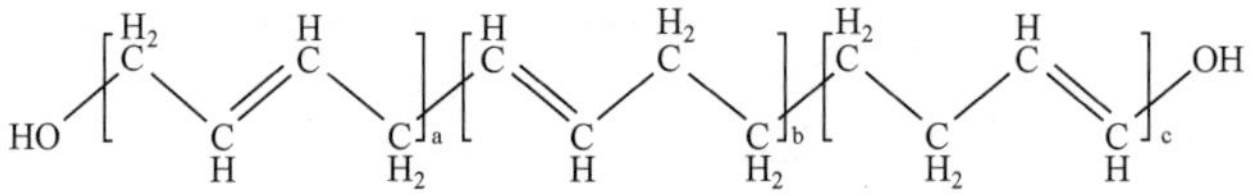

图 9.9 HTPB 分子结构通式

表 9.7 各型 HTPB 的理化性能

项目	指标			
	I 型	II 型	III 型	IV 型
羟值/(mmol·g^{-1})	0.47~0.53	0.54~0.64	0.65~0.70	0.71~0.80
水质量分数/%	≤0.050			
过氧化物质量分数，以 H$_2$O$_2$ 计/%	≤0.040		0.050	
黏度(40 ℃)/(Pa·s)	≤9.5	≤8.5	≤4.0	≤3.5
数均分子量/(×10^3)(VPO)(GPC)	3.80~4.60	3.30~4.10	3.00~3.60	2.70~3.30
挥发物质量分数/%	≤0.5		≤0.65	

HTPB 黏合剂体系常用惰性的烷烃类、酯类增塑剂，如液体石蜡（PLA）、己二酸二辛酯（DOA）、癸二酸二辛酯（DOS）、壬酸8-甲基壬酯（IDP）等，这类增塑剂多由较长的碳链组成，分子链中无含能基团，对混合炸药的能量贡献率很小。

2. HTPB 黏合剂体系的热稳定性

图 9.10 为以 PLA、DOA 及 PLA-DOA 复合物作为增塑剂的黏合剂体系胶片的热分解曲线。HTPB+PLA 体系的 5%失重温度为 179.2 ℃，PLA 的 5%失重温度为 157.0 ℃；HTPB+DOA 体系的 5%失重温度为 198.9 ℃，DOA 的 5%失重温度为 169.9 ℃，表明这两种增塑剂与 HTPB 的相容性均良好，而且 HTPB 预聚体分子还有利于提高整个体系的热稳定性。HTPB 与 PLA-DOA 复合增塑剂混合物的 5%失重温度为 203.8 ℃，高于两种单一增塑剂的温度值，表明复合增塑剂的热稳定性更高。

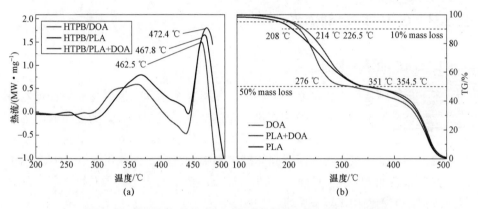

图 9.10　HTPB 与 PLA、DOA 混合物的热分解 DSC-TG 曲线

3. HTPB 黏合剂体系的力学特性

图 9.11 为 PLA、DOA 及 PLA-DOA 增塑 HTPB 胶片的拉伸应力-应变曲线，3 种胶片中，HTPB/DOA 的模量最低，仅为 0.129 MPa，而 HTPB/PLA-DOA 的模量为 0.142 MPa，升高了约 10%。此外，HTPB/PLA-DOA 的断裂伸长率为 345%，较 HTPB/DOA 提高了约 7%，较 HTPB/PLA 提高了约 25%。在两类体系中存在两个共同点，即采用复合增塑剂的胶片断裂伸长率均高于采用相应单一增塑剂；采用复合增塑剂的胶片模量均处于采用相应单一增塑剂的模量的中间水平。对于同系物来说，小分子增塑剂的增塑能力强于大分子，直链结构的分子强于含有支链结构的分子。由于 IDP 分子上支链较少，分子量较小，因此理论上 IDP 的增塑效果要优于 DOA，这也与 HTPB/IDP 的断裂伸长率高于

HTPB/DOA、模量低于 HTPB/DOA 的结果一致。

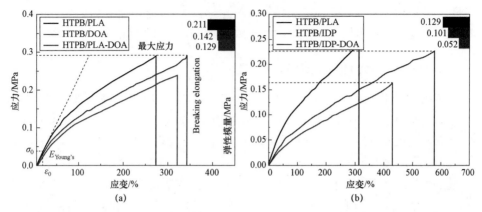

图 9.11 含不同增塑剂 HTPB 胶片的拉伸应力–应变曲线

9.2.2 GAP 黏合剂体系

1. GAP 的基本性质

由于含能黏合剂中含能基团的存在,使得黏合剂体系既保持着弹性体本身的力学特性,又能在化学反应中提供一定的能量,是提高火炸药能量密度的重要技术手段之一。GAP 密度高,生成焓为正,氮含量约达到 42%,且凝固点和玻璃化温度较低,在浇注炸药及固体推进剂中具有广泛的应用前景,GAP 基本理化性质如表 9.8 所示。目前,GAP 在混合炸药中的应用处于开发阶段,部分作为改性添加剂使用。

表 9.8 GAP 基础物性参数

名称	性质	名称	性质
结构式	HO─[CH$_2$─CH(CH$_2$N$_3$)─O]$_n$─H	燃烧热	(20.9±0.063) kJ/g
相对分子质量	500~5 000	活化能	175.7 kJ/mol
密度	1.3 g/cm^3	撞击感度	300 kg·cm
黏度	4.0 Pa·s	分子中承载链质量分数	40%
T_g	−50~−20 ℃(线型) −60 ℃(支化)	初始分解温度	~200℃

续表

名称	性质	名称	性质
官能度	1.5~2.0（线型）	分解产物	氮气、甲烷、乙烷、乙烯、水、二氧化碳、丙烷、吡啶、呋喃、吡咯、氰化氢、乙醛、环氧乙烷、乙腈、甲酰胺、丙酮、乙酰胺、环氧丙烯、丁二烯
	5~7（支化）		
叠氮基链能	578 kJ/mol		
生成热	+113.8 kJ/mol（线型） +175.7 kJ/mol（支化）		

GAP 黏合剂同样也常用含能增塑剂进行增塑，常用的含能增塑剂包括硝化甘油（NG）、丁三醇三硝酸酯（BTTN）、硝化三乙二醇（TEGDN）、丁基硝氧乙基硝胺（BuNENA）、端酯基聚叠氮缩水甘油醚（GAPE）、端叠氮基聚叠氮缩水甘油醚（GAPA）等，其基本性质如表 9.9 所示。其中，GAPA 氮含量高、生成热高，燃气无腐蚀性；GAPE 氮含量较 GAPA 略低，感度低，安定性好；BuNENA、GAPA 和 GAPE 均有正的生成热。

表 9.9 常用含能增塑剂基本性质

名称	相对分子质量/ ($g \cdot mol^{-1}$)	密度/ ($g \cdot mL^{-1}$)	生成热/ ($kJ \cdot kg^{-1}$)
硝化甘油（NG）	227	1.59	-1 633
丁三醇三硝酸酯（BTTN）	241	1.52	-1 688
硝化三乙二醇（TEGDN）	240	1.34	-2 526
丁基硝氧乙基硝胺（BuNENA）	207	1.21	259
端叠氮基聚叠氮缩水甘油醚（GAPA）	约 800	1.28	550
端酯基聚叠氮缩水甘油醚（GAPE）	约 800	1.24~1.29	约 500

2. GAP 黏合剂体系的热分解

升温速率为 5 ℃/min，氩气气氛，气体流量 20 mL/min 下，GAP、GAPE、GAP/GAPE 的 TG-DSC 曲线如图 9.12 所示。三个样品的热分解曲线类似，均可分为两步分解，第一步分解反应速度（质量下降速率）要明显高于第二步分解。第一步分解反应温度范围分别为 219.7~250.0 ℃、209.6~248.0 ℃ 和

216.5~250.0 ℃，失重量分别为 38%、50%和 45%的失重；在第二步分解完成后，残余质量分别为 32%、26%和 28%。混合物的分解温度、失重以及残余组分质量也表明 GAPE 对 GAP 的热分解影响不大，两者的化学相容性较好。

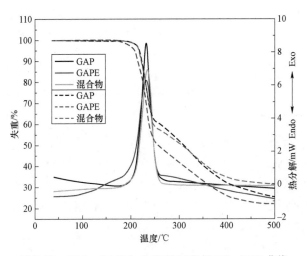

图 9.12　GAP、GAPE、GAP/GAPE 的 TG-DSC 曲线

3. GAP 黏合剂体系的力学特性

以 GAPE、GAPA、BuNENA 为增塑剂研究增塑比对 GAP 黏合剂胶片力学性能的影响，如图 9.13 所示。从图中可以看出，随着增塑比的升高，GAP 弹性体的抗拉强度逐渐下降，增塑比大于 0.85 时，其断裂伸长率也逐渐下降。采用 GAPE、GAPA 和 NENA 增塑的最大拉伸强度分别为 0.81 MPa、0.62 MPa 和 0.56 MPa，最大断裂伸长率分别为 164%、155%和 129%，增塑比大于 1.3 后，断裂伸长率的变化逐渐变小。由于在弹性体熟化过程中 NENA 较其他两种增塑剂增塑的渗油性更大，使用 NENA 增塑的 GAP 弹性体在相同的固化比下其抗拉强度和断裂伸长率较低。

一般来说，增塑剂会使交联网络的柔顺性增加，从而使其断裂伸长率增加，但由于 GAP 上的叠氮基团占位效应明显，占据了分子链较大的质量和体积，导致黏合剂分子主链承载原子数较少，分子链刚性增大，分子链内旋转困难，制备的弹性体在室温下延伸率偏低，力学性能相对较差。增塑剂的加入使黏合剂分子间距增大，单位体积内的交联点变小，体系交联密度降低；同时，增塑剂亦起到溶剂的作用，使 GAP 交联网络更易断裂。

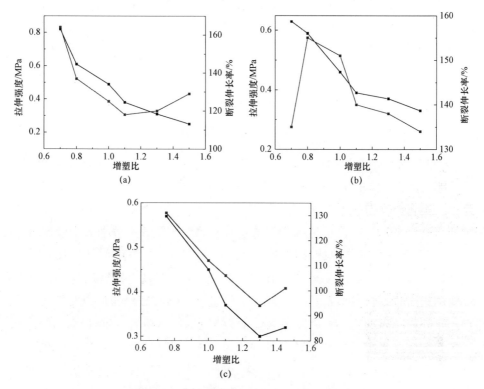

图 9.13 不同增塑比 GAP 弹性体力学性能
(a) GAPE 增塑；(b) GAPA 增塑；(c) BuNENA 增塑

9.2.3 HTPE 黏合剂体系

1. HTPE 的基本性质

端羟基聚醚黏合剂（HTPE）是聚乙二醇和聚四氢呋喃的嵌段共聚物，分子结构式如图 9.14 所示。HTPE 黏合剂具有独特的嵌段结构，分子主链中含有大量醚键，无侧链基团，因此玻璃化温度低，分子链柔顺性好，低温下部分嵌段可以形成微结晶结构，低温力学性能良好，其低温力学性能甚至优于 HTPB。HTPE 黏合剂分子具有较强的极性，因此 HTPE 与目前常见的硝酸酯增塑剂具有良好的相容性。研究表明，HTPE 黏合剂与硝酸酯增塑剂配合使用，可在保持相同能量水平的同时提高配方的固含量，可以进一步提高能量水平[14]。

■ HNIW 混合炸药设计基础

国外还报道了 HTPE 推进剂和 HTPB 推进剂的不敏感测试结果，HTPE 推进剂装填的发动机通过了所有不敏感测试项目，而 HTPB 只通过了快速烤燃测试。无论是热刺激还是机械刺激，HTPE 在钝感性能上的优势都非常明显。

图 9.14　HTPE 分子结构

HTPE 黏合剂常用硝酸酯类含能增塑剂进行增塑，如硝化甘油（NG）、丁三醇三硝酸酯（BTTN）、硝化三乙二醇（TEGDN）、硝化二乙二醇（DEGDN）等，该类含能增塑剂的能量高、密度大、增塑效果较好，但是感度和挥发性较高。近年来，偕二硝基类增塑剂由于具有良好的物理化学性能，受到了学者们的广泛关注，其中最典型的是 A3 增塑剂。A3 增塑剂是由质量比为 1:1 的 2,2-二硝基丙醇缩甲醛（BDNPF）和 2,2-二硝基丙醇缩乙醛（BDNPA）组成的混合物，该增塑剂具有密度大、能量高、饱和蒸汽压低以及钝感等优点。此外，硝酸酯基乙基硝胺类含能增塑剂（NENA）的生成焓高、感度低，同样引起了学者们的广泛关注，其中丁基硝氧乙基硝胺（BuNENA）的熔点较低，适用于浇注混合炸药体系。表 9.10 列举了几种常见增塑剂的性能参数。

表 9.10　几种含能增塑剂的性能参数

增塑剂	密度/($g \cdot cm^{-3}$)	熔点/℃	生成焓/($kJ \cdot mol^{-1}$)	氧平衡	撞击感度 H_{50}/cm (2 kg)	黏度 (20 ℃)/($mPa \cdot s$)
NG*	1.59	13.2	-382.90	3.52%	1	36
TMETN	1.47	-3	-415.1	-34.50%	47	43
BTTN	1.520	-27.0	-407.8	-16.6%	58	59
TEGDN*	1.33	-19.5	-606.7	-66.7%	≈100	46
DEGDN*	1.38	-11.2	-433.3	-40.79%	>100	29
BuNENA	1.21	-27	459.0	-104%	>100	11
BDNPF/A	1.38	-18.0	-624	-61.8%	>100	21

注：*毒性，引起血管扩张、头痛、恶心，甚至中枢神经系统衰弱、昏迷。

在能量方面，NG、TMETN、BTTN、TEGDN、DEGDN、BuNENA 和 A3 增塑剂含硝酸酯（—ONO_2）、硝胺（—NNO_2）或硝基（—NO_2）基团，这些含能增塑剂本身具有较高的能量，其密度及氧平衡均较高，可以提高混合炸药的装药密度和爆轰性能。在感度方面，由于—NNO_2、—NO_2 基团的稳定性优于—ONO_2，BuNENA 和 A3 增塑剂的机械感度较低，满足钝感混合炸药的应用需求。但 BuNENA 增塑剂的饱和蒸汽压较高，具有一定的挥发性，这一点也需要重点考虑[15]。

2. HTPE 黏合剂体系的热分解

HTPE 黏合剂体系胶片（以 IPDI 为固化剂，BuNENA 和 A3 为增塑剂）的热分解测试结果如图 9.15 所示。测试条件：室温升温至 600 ℃，升温速率为 10 ℃/min，样品质量约为 5 mg，空气气氛。HTPE 黏合剂体系的分解过程大致分为四个阶段：150 ℃以下主要为黏合剂体系的物理加热过程，期间有少量的 BuNENA 增塑剂蒸发，TG 曲线略有降低；160～225 ℃主要对应含能增塑剂的热分解，在 DSC 曲线上出现明显的放热峰；225～423 ℃主要对应黏合剂的热分解；423～580 ℃温度范围内主要对应碳残渣的分解。

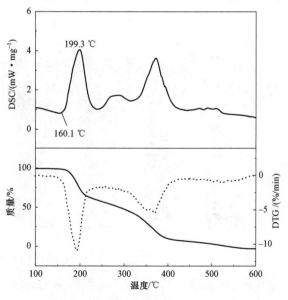

图 9.15　两种黏合剂体系胶片的 DSC – TG/DTG 曲线

3. HTPE 黏合剂体系的力学特性

图 9.16 对比了不同增塑比 HTPE 黏合剂体系胶片的力学性能。随增塑比的增加，胶片的拉伸强度逐渐降低，断裂伸长率逐渐增大，且相同增塑比条件下，加入复合增塑剂的胶片的断裂伸长率最大，而加入单一增塑剂胶片的断裂伸长率较小；采用复合增塑剂的胶片拉伸强度均高于采用相应单一增塑剂的拉伸强度。

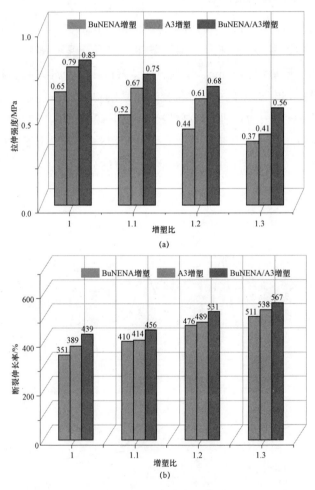

图 9.16 不同增塑比下两种黏合剂体系胶片的力学性能
（a）拉伸强度；（b）断裂伸长率

9.3 HNIW 浇注炸药制备工艺

9.3.1 粒度级配设计

提高混合炸药威力和爆热的有效途径就是提高混合炸药中能量组元的含量,即提高其固相含量。固相填料采用合理的粒度级配可以增加体系的流散性,降低浇注体系的黏度,提高浇注体系的固含量,从而提高混合炸药的密度和能量密度,装药密度的提高可以减小体系的孔隙率,降低混合炸药的机械感度和冲击波感度[7]。

粒度级配理论实际上是一种"钻空隙"理论,假设固相填料颗粒是球形粒子,将尺寸大小不同的固体颗粒,选择适当的比例配合,以达到最紧密排列。其基本原理是在大颗粒堆积空隙中填充粒径比大颗粒小得多的第二级颗粒粒子,在第二级颗粒粒子填充满大颗粒空隙后,总体积没有增加,接着以粒径比第二级颗粒粒子小得多的第三级颗粒粒子充满第二级颗粒粒子堆积空隙,总体积没有增加,依次继续填入更细的粒子……,以此减小颗粒间的空隙率,增加体系的填充率和堆积密度,颗粒级配示意图如图 9.17 所示。

 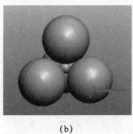 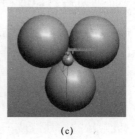

(a) (b) (c)

图 9.17 颗粒级配示意图
(a) 单级颗粒级配;(b) 二级颗粒级配;(c) 三级颗粒级配

药浆黏度与有效流动相体积分数成反比,可用函数关系式为

$$\eta_a = f(\varphi) = f(\varphi_s + \varphi_\delta + \varphi_{ds}) \tag{9.3}$$

式中:η_a 为药浆黏度(Pa·s);φ_s 为固相填料体积分数;φ_δ 为固相颗粒填料表面束缚液层体积分数;φ_{ds} 为动力学粒子空隙体积分数(空隙率)。

1. 二级颗粒级配模型

各级级配最小体积单元称为晶胞。二级级配模型晶胞是由一个正四面体构成的。

若大颗粒粒径为 d_1，正四面体的体积为

$$V_\text{四} = \frac{\sqrt{2}}{12} d_1^3 \tag{9.4}$$

晶胞的体积为

$$V_\text{晶胞} = V_\text{四} = \frac{\sqrt{2}}{12} d_1^3 \tag{9.5}$$

二级级配紧密排列时，晶胞中一、二级颗粒比为 $a:b$。

二级级配时的填充率为

$$\varphi_2 = \frac{aV_1 + bV_2}{V_\text{晶胞}} \tag{9.6}$$

式中：V_1、V_2 分别为晶胞中一、二级颗粒的体积。

利用两级颗粒模型，采用极值有理逼近法对 HNIW 的大、小颗粒（平均粒径分别为 140 μm 和 20 μm）进行粒度级配的优化设计和试验验证，得到大、小颗粒质量比为 2.2:1 时空隙体积分数（空隙率）为 25%，达到最小。

2. 三级颗粒级配模型

三级级配模型虽然较单一颗粒填充排列更紧密，但是体系仍存在较大的空隙，欲进一步减小空隙率，则需采用多级配模型。根据最紧密排列理论，级配数越大，颗粒级配后的堆积密度越大，但是实际应用中颗粒的粒径分布范围是有限的。根据干涉理论，相邻两级颗粒粒径之比大于 6.4 时，小颗粒的填充才不会对大颗粒的排列造成干涉而使堆积密度降低。因此实践中不可能分出那么多粒度等级来，且由于颗粒形状不规则，级配数太大时，干扰作用明显。因而在实际应用中一般采用间断级配方式。对于常用单质炸药颗粒的粒度分布，级配数一般取 3 级。

三级级配模型晶胞是由两个正四面体和一个正八面体构成的。建立正四面体模型和正八面体模型，然后将它们连成一个整体，研究三级级配中各级颗粒粒径之间的关系及三级级配的空隙率。

正四面体的体积如式 9.4 所示，正八面体的体积为

$$V_八 = \frac{\sqrt{2}}{3}d_1^3 \quad (9.7)$$

晶胞的体积为

$$V_{晶胞} = 2V_四 + V_八 = \frac{\sqrt{2}}{2}d_1^3 \quad (9.8)$$

三级级配紧密排列时,晶胞中一、二、三级颗粒比为 $a:b:c$。

三级级配时的填充率为

$$\phi_3 = \frac{aV_1 + bV_2 + cV_3}{V_{晶胞}} \quad (9.9)$$

9.3.2 浇注炸药的制备工艺

浇注混合炸药的制备工艺过程主要包括原材料预处理、黏合剂体系配制、捏合、浇注装药、固化 5 个基本工序,如图 9.18 所示。

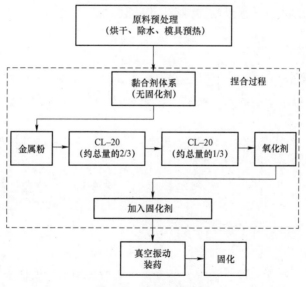

图 9.18 浇注工艺流程

1. 原材料预处理

由于原材料的微量水分子可与异氰酸酯基反应放出二氧化碳,二氧化碳在固化时造成气孔,影响混合炸药的工艺性能、力学性能和安全性能,因此需要对 HTPB、PL–A、HNIW、AP、铝粉等原材料进行烘干，使其水分含量小于 0.05%。

烘干温度：50~90 ℃；烘干时间：不少于 4 h。

2. 黏合剂体系配制

按照混合炸药配方，称量黏合剂、增塑剂、催化剂、防老剂等组分，配制黏合剂体系，并混合均匀。

3. 捏合工艺

由于氧化剂与金属粉直接摩擦容易引起燃爆反应，因此需要铝粉在液态预聚物和增塑剂中预混合，经预混后金属粉外表面上涂上一层液态黏合剂，起润滑作用，使物料混合更安全，然后分步加入主炸药。

浇注炸药浆料是高浓度悬浮体，混制这样的药浆需要在大功率的捏合机中进行混合，为了避免浆料黏度过大混合效果不好，固相物料应分多次加入。为了避免药浆因为固化反应引起黏度升高，固化剂可在捏合工艺的最后一步加入。通过控制捏合时间、转速以及物料温度使药浆混合更均匀。

4. 真空振动装药

浇注的推动力主要取决于真空度的大小，真空条件又是排除药浆内部混入气体的主要手段。由于药浆的黏度大，混入的气体很难靠空气和药浆的密度差自行排出。要想排出药浆中的气体，只有借助真空和振动。

振动可有效降低浇注浆料的内摩擦力，增加药浆流动性，使其化学成分和结构组织趋于均匀，更易于充满弹体。真空振动还可消除浆料内部气泡，减少装药内部气孔和疵病，获得结构均匀、密度高、强度高、无气泡的优质药柱。

当固相含量较高时，浇注体系黏度大，即内聚力和摩擦力大，混合浆料不能很好地充满弹体，内部气泡也很多。振动可使浇注体系中固体颗粒获得加速度和惯性力，颗粒在惯性力和重力的作用下克服内聚力和摩擦力，力图向孔隙位置移动而重新排列，利于浆料充满弹体和补充缩孔。

振动还可使气泡逸出，在振动条件下小气泡互相碰撞形成大气泡，使浮力加大容易逸出。振动作用下，振动能量可以克服颗粒间的摩擦阻力及黏附力而使流动性增加，使得气泡易于上浮而最后逸出液面。如果同时采用真空处理，则气泡更容易逸出。

5. 固化工艺

药柱固化时的主要工艺条件是温度和时间，温度越高固化速度越快，固化时间越短。但是高温固化危险性加大，而且还会因药柱和弹壁的热膨胀系数不同而引起热应力加大。

9.4 几种 HNIW 基浇注炸药设计

为了使战斗部能够发挥最大的威力，不同弹种需要装配不同类型的炸药。如破甲弹、爆炸成型炸弹等炮弹依靠金属射流、破片驱动和 EFP 进行毁伤，需要装填爆速和爆压较高的炸药；迫击炮弹、榴弹等炮弹依靠冲击波和破片对目标进行毁伤，要求炸药具有较强的做功能力，需要装填高爆热、大爆容的炸药；温压弹依靠爆炸时产生持续时间较长的冲击波超压和高温后燃效应进行毁伤，根据作用环境的不同，组分和铝氧比设计也不同，对于密闭环境需要有较大的铝氧比以产生耗氧窒息作用，而空爆温压炸药需要可燃剂充分完全反应，需要在配方中添加较大量的氧化剂或提高可燃剂的活性来实现。

美国从 1987 年 Nielsen 合成单质 HNIW 以来，生产能力已达到 400 kg/釜，成本接近 100 美元/kg。美国已研制成功的基于 HNIW 的炸药有 DLE–C038、LX–19 和 PBXW–16 等，且不断探索性能更优的新配方。

DLE–C038 是美国 ATK 公司最新研制的一种含 HNIW 的高性能浇注型 PBX 炸药，其密度为 1.78 g/cm^3，爆压为 33.0 GPa，实测爆速为 8 730 m/s，在 v/v_0 为 6.5 时，其膨胀能为 8.41 kJ/cm^3，总机械能为 10.24 kJ/cm^3，其能量与 LX–14 相当。与 PBXN–110 相比，DLE–C038 的 C–J 压力增加了 32%，在 v/v_0 为 6.5 时，其膨胀能提高 22%。试验结果表明，DLE–C038 炸药的感度极好，符合不敏感弹药的性能要求；该炸药具有优良的力学性能和加工性能，非常适合高价值、高性能的爆炸/破片杀伤战斗部使用。

LX–19 是美国劳伦斯·利弗莫尔国家实验室研制的一种 HNIW 基塑性黏结炸药配方，由 95.8%（质量分数）ε–HNIW 和 4.2%Estane5703–P 黏合剂组成，密度 1.92 g/cm^3，爆压为 41.5 GPa，爆速为 9 104 m/s。试验结果表明，LX–19 的性能超过 Octol、LX–14 和 A5 炸药。此外，法国 SNPE 公司也成功研制出一组 HNIW 含量高达 91% 的新型高能量浇注 PBX 炸药，其密度 1.82 g/cm³，爆速 9 052 m/s，感度性能良好。

9.4.1 HNIW 基金属加速炸药设计

早期，金属加速炸药主要使用的是能量高、金属加速能力强的炸药，如 A-5、LX-14、Octol 等。为了满足一些大型、异形战斗部的装药条件，发展了一批可浇注的中等能量炸药，如 PBXN-106、PBXN-107、PBX（AF）-108、PBXW-108 和 PBXN-110，前四种以 RDX 为主体炸药，后一种以 HMX 为主体炸药。这些浇注药可以满足部分低易损考核要求，可以通过快速烤燃和破片撞击试验，但是不能通过慢速烤燃试验，其殉爆感度取决于装药尺寸及限制条件。

1. 高爆速炸药设计

黏合剂体系不仅决定了混合炸药的工艺性，而且对混合炸药的力学性能、安全性能均具有重要影响，根据浇注炸药的工艺条件以及药浆的流变性等条件，HTPB 黏合剂体系的含量可定为 9%。

HNIW 是硝胺类炸药中能量最高的单质炸药，其机械感度也比同类硝胺炸药高很多。同时，HNIW 是一种多晶物质，容易发生热晶变，在生产、使用过程中会产生安全隐患。本书第 5 章介绍了几种提高 HNIW 安全性的方法，包括 HNIW 重结晶降感、包覆降感、细化降感等，这些研究均强调保证晶体表面圆滑、无棱角是降低 HNIW 感度的关键。此外，向炸药体系内加入降感剂也是降低炸药感度最有效的方法，常见的降感剂有蜡类降感剂、酯类降感剂、碳族类降感剂等。为了提高能量输出，一些感度较低的炸药（如 TATB、TNT、HMX 等）也常常用在炸药配方中。表 9.11 为 HNIW 高爆速炸药能量及机械感度，由表可知 HMX 的引入可以显著降低 HNIW 高爆速炸药的机械感度，但是同时降低了混合炸药的爆速。

表 9.11 HNIW 高爆速炸药能量及机械感度

序号	HTPB/%	HNIW/%	HMX/%	爆速/(m·s⁻¹)	理论密度/(g·cm⁻³)	撞击感度/%[①]	摩擦感度/%[②]
1	/	100	/	9 500	2.04	100	100
2	9	91	0	8 953	1.811	92	84
3	9	81	10	9 044	1.836	88	78
4	9	76	15	8 940	1.814	82	72

续表

序号	HTPB/%	HNIW/%	HMX/%	爆速/$(m \cdot s^{-1})$	理论密度/$(g \cdot cm^{-3})$	撞击感度/%[①]	摩擦感度/%[②]
5	9	71	20	8 918	1.808	66	64
6	9	66	25	8 896	1.803	56	52
7	9	61	30	8 875	1.798	36	44
8	9	56	35	8 853	1.792	32	36
9	9	51	40	8 832	1.787	24	28
10	9	46	45	8 811	1.782	16	12

注：① 落锤：10 kg，落高：25 cm，药量：50 mg；
② 摆角：90°，压力：3.92 MPa，药量：20 mg。

2. 高格尼能炸药设计

随着现代武器装备的飞速发展，空空导弹战斗部、防空反导战斗部等破片杀伤式战斗部要求炸药具有优良的不敏感特性，以实现武器装备的低易损性能，同时对其破片驱动能力提出了更高要求，以实现战斗部破片毁伤威力的提升。

在炸药配方中加入高热值金属燃料不仅能够提高爆炸冲击波能，还能持续放热以完成破片持续加载，提高破片的初速。在炸药中引入铝粉可在炸药爆轰过程中，特别是战斗部破壳后，铝粉快速反应放出的热量能够使爆轰产物对破片进行持续加速，因此从宏观上表现出破片速度的提升。铝粉含量对破片速度有重要影响，当铝粉含量过低时，炸药的二次后燃效应及装药密度效应无法体现，使炸药呈现出与不含铝高爆速炸药加载破片类似的特点；而随着铝含量的增加，含铝炸药非理想爆轰特征（二次反应特点）更加明显，一方面导致混合炸药爆速显著降低，不利于破片初速的提升，另一方面由于大量铝粉的存在导致其在二次反应中释放热量的速率降低，不能充分用于加载破片，也不利于破片速度的增加。因此，在高爆速炸药中引入适量铝粉，利用铝粉后燃效应的持续加载作用及密度增益效应可提高破片的速度。

在实际应用过程中，铝粉存在沸点高、容易氧化的缺点，内层活性铝需要冲破外层氧化壳才能与外界氧接触发生反应，不利于炸药爆轰过程中的能量释放。近年来金属合金粉体在炸药中的应用研究引起了广泛关注。金属合金粉体可以结合两种金属的优势，利用不同金属间熔沸点及燃烧热的差异，在降低炸药感度的同时提高能量密度及能量释放率。

图 9.19 为 Al-Zn 合金粉体热氧化模型。常温状态下外侧氧化壳组成为无定形 Al_2O_3 和 ZnO，内部为固态 Al 和 Zn。600～650 ℃内部出现熔融物质，并且无定形 Al_2O_3 向 γ-Al_2O_3 转变，650 ℃氧化壳破裂，活性金属与空气反应。700 ℃新生成的氧化物覆盖住裂缝，氧化反应停止，核内部全部为熔融态物质。950 ℃，γ-Al_2O_3 继续向 α-Al_2O_3 转变，壳的约束能力再次变弱，核内开始出现气态锌，壳内外压力差加大，在 1 000 ℃壳体发生破裂，气态锌和液态铝溢出引发剧烈氧化反应。在爆轰高温高压的条件下锌首先气化，Al-Zn 合金内部受力不均匀产生微爆，将铝分散成更均匀的小颗粒，促进合金燃料的燃烧速率及燃烧效率的提升[17-18]。因此，可以选用 Al-Zn 合金作为金属燃料，引入高格尼能炸药体系，提高炸药的金属驱动能力，但是 Al-Zn 合金含量仍需要通过试验确定。表 9.12 为引入不同含量 Al-Zn 合金粉的浇注 HNIW 炸药的能量密度及机械感度，从表中可以看出，Al-Zn 的引入提高了 HNIW 基混合炸药的装药密度，降低了机械感度，同时也降低了炸药的爆速。

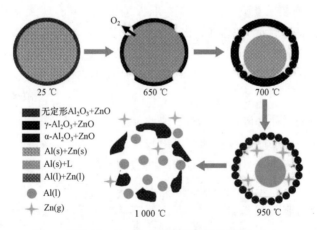

图 9.19 Al-Zn 合金粉体热氧化模型

表 9.12 HNIW 高格尼能炸药能量及机械感度

序号	HTPB/%	HNIW/%	Al-Zn/%	爆速/($m \cdot s^{-1}$)	理论密度/($g \cdot cm^{-3}$)	撞击感度/%①	摩擦感度/%②
1	/	100	/	9 500	2.04	100	100
2	9	91	/	8 953	1.811	92	84
3	9	90	1	8 924	1.814	84	72
4	9	89	2	8 896	1.818	76	56

续表

序号	HTPB/%	HNIW/%	Al-Zn/%	爆速/(m·s^{-1})	理论密度/(g·cm^{-3})	撞击感度/%[①]	摩擦感度/%[②]
5	9	88	3	8 868	1.822	68	40
6	9	87	4	8 839	1.826	40	24
7	9	86	5	8 810	1.831	16	16
8	9	85	6	8 781	1.835	12	8
9	9	84	7	8 752	1.839	8	4

注：① 落锤：10 kg，落高：25 cm，药量：50 mg；
② 摆角：90°，压力：3.92 MPa，药量：20 mg。

9.4.2 HNIW 基通用爆破炸药设计

通用爆破类战斗部作为一种最为广泛使用的毁伤单元。通用爆破类战斗部利用炸药爆炸产生的冲击波及气体膨胀作用将战斗部壳体破碎并加速，利用破片的高速高动能对目标装备等进行毁伤打击，冲击波和膨胀作用在空气中或者水中产生强大的应力波，可对防御工事、桥梁、建筑物、舰船舱室等进行整体破坏。目前，通用爆破类战斗部兼顾超压和金属加速作用的多用途化发展是未来的重要趋势。

应用于通用爆破类战斗部的混合炸药一般称为爆破炸药，或通用杀伤爆破炸药，主要由单质炸药、氧化剂、金属燃料和功能助剂等组成。欧美等国家早期广泛使用的 H-6 炸药（TNT30%、RDX44%~45%、Al20%~21%和钝感剂 5%）是熔铸高能通用爆破类炸药，可兼顾破片和超压毁伤。PBXN-109 是美国海军研发的一种浇注型高聚物黏结炸药，配方组成为 64%RDX、20%Al、16%HTPB 黏合剂体系，具有较好的力学性能、热性能、爆轰性能和安全性能，广泛应用于 MK-80 系列通用炸弹、BLU-109/B 侵彻战斗部、"企鹅"反舰导弹战斗部等；AFX-757 炸药用作 JASSM 的装药，在小型弹药技术项目中替代 Tritonal 炸药，具有较高的爆炸能量。AFX-757 炸药密度为 1.84 g/cm^3，爆速为 6 080 m/s，且具备部分不敏感特性，可用于硬目标侵彻战斗部装药。KS-22A 配方为 67%RDX、15%Al、18%HTPB 体系，用于爆破、破甲战斗部中。KS-33D 以 HMX 代替 KS-22A 中的 RDX，配方为 80%HMX、10%Al、10%HTPB，采用多级级配技术，提高了炸药的固含量，增加了爆破炸药的能量密度。

采用 EXPLO5 软件，分别计算了铝氧比、药氧比、固相含量、黏合剂类型等对混合炸药能量密度的影响。首先,采用 HTPB 黏合剂,固相含量设定为 90%,黏合剂含量为 10%,计算了铝氧比对配方能量的影响,HNIW 含量设定为 20%,通过改变 AP 和铝基金属合金燃料的比例来控制铝氧比。计算结果如图 9.20 所示:随着铝氧比的增加,能量密度 TNT 当量先增加后减少,在铝氧比为 0.7 左右时达到最大。

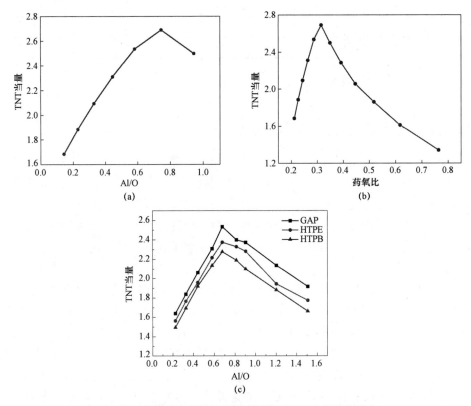

图 9.20　铝氧比、药氧比及黏合剂类型对配方能量的影响

　　计算药氧比影响时,采用 HTPB 黏合剂体系,固相含量设定为 90%,黏合剂含量为 10%,铝氧比设定为 0.7,通过控制 HNIW 含量来控制药氧比。计算结果如图 9.20 所示。随着药氧比的增加,能量密度先增加后减少,在药氧比为 0.315 时达到最大。

　　计算黏合剂类型影响时,固相含量设定为 90%,黏合剂含量为 10%,HNIW 含量设定为 20%,通过改变 AP 和铝基金属合金燃料的比例来控制铝氧比。分别计算了采用 HTPB 黏合剂体系和 GAP 黏合剂体系不同铝氧比下炸药的能量密度,计算结果如图 9.20 所示。GAP 黏合剂体系的能量密度明显高于 HTPB 体系，铝氧比为 0.67 时，GAP 黏合剂体系的能量密度最高。但是浇注炸药的能量同样受到其工艺条件的限制，GAP 的密度较高且所用含能增塑剂的黏度较大，根据现阶段的装药工艺，GAP 黏合剂体系炸药的固相含量一般为 88%左右，而 HTPB 黏合剂体系浇注炸药的固相含量一般为 90%左右。因此，研究低黏度含能增塑剂、探索新型浇注技术同样是提高浇注混合炸药能量密度的关键。

9.4.3　HNIW 基水下炸药设计

随着现代科技发展，我国综合国力提升，敌对势力对我国的监视日益密切，我国海上边境安全形势日益严重，领海周边受到多国舰船潜艇威胁，因此急切需要增强海军武器弹药毁伤性能。提高水下炸药能量释放，根据毁伤需求调控炸药能量释放，是海军强国目标对水下炸药发展提出的必然要求。

9.4.3.1　水下炸药的能量组成

水下炸药爆炸能量 E_T，包括水下爆炸机械能 E 和热能 H。E 包括冲击波能 E_s 和气泡能 E_b。水下爆炸能量测试法是将炸药置于边界基本无约束的水下，记录炸药爆炸水下冲击波的压力-时间曲线，如图 9.21（a）所示。冲击波传到传感器后，压力迅速达到峰值然后迅速衰减，受到池底反射波的作用有轻微扰动，如图 9.21（b）所示。从冲击波 $P-t$ 曲线中，可以获得炸药的冲击波峰值压力 p_m、时间常数 θ 和脉动周期 t_p。根据水下爆炸冲击波压力测试结果和计算式就可以计算出炸药的冲击波能、气泡能等。当气泡再一次脉动时，传感器受气泡

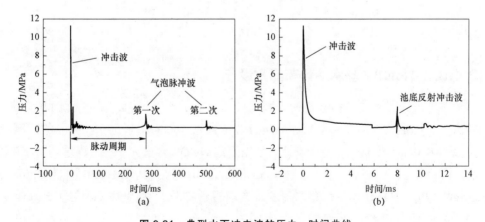

图 9.21　典型水下冲击波的压力-时间曲线
（a）冲击波与气泡脉冲波图；（b）池底反射冲击波图

脉动波作用出现小的峰值。

参照 Cole 公式，结合测试系统的标定，可得到冲击波能 E_s（MJ/kg）、气泡能 E_b（MJ/kg）、水下爆炸机械能 E（MJ/kg）的计算式：

$$E_s = k_1 \cdot \frac{4\pi l^2}{w\rho_0 c_0} \int_{t_a}^{t_a+6.7\theta} P^2(t)\mathrm{d}t \qquad (9.10)$$

$$E_b = \frac{k_2 t_p^3}{w} \qquad (9.11)$$

$$E = E_s + E_b \qquad (9.12)$$

式中：l 为测点到爆心的距离（m）；ρ_0、c_0 分别为水密度（kg/m³）和声速（m/s）；t_a 为冲击波到达时间（μs）；θ 为时间常数（μs），表示冲击波压力从峰值 p_m（MPa）衰减到 p_m/e 所需时间，e 为自然对数的底数；$P(t)$ 为压力时程（Pa）；w 为样品质量（kg）；t_p 为气泡脉动周期（ms）；k_1、k_2 为测试系统的修正系数，由 TNT 装药的计算结果和测试结果的比值标定。

求出冲击波能以及气泡能以后可得到炸药的爆炸能量 E_T，即

$$E_T = K_f(\beta E_s + E_b) \qquad (9.13)$$

式中：K_f 为装药的几何形状系数，球形装药 $K_f = 1$，非球形装药 $K_f \geqslant 1$，柱形装药可取 1.1；β 为冲击波能衰减系数，与炸药爆压 P_s 有关，根据经验方法确定，β 可以由下式确定：

$$\beta = 1 + 1.332\,8 \times 10^{-1} P_s - 6.577\,5 \times 10^{-3} P_s^2 + 1.259\,4 \times 10^{-4} P_s^3 \qquad (9.14)$$

炸药爆炸的能量释放率 η 与 E_T、样品储能 E_C 的关系为

$$\eta = \frac{E_T}{E_C} \qquad (9.15)$$

9.4.3.2　HNIW 基水下炸药配方设计

为了设计得到能量释放及输出满足使用需求的水下炸药，需要对不同炸药含量、不同铝氧比的样品爆轰性能进行理论计算。不同铝氧比 R_{Al} 样品的范围可控制为 0.23~1.31，为简化设计，可先固定 HNIW 含量为 20%，通过调节 AP 和铝的含量改变铝氧比。样品组成为 HNIW/AP/Al/HTPB。为提高 HNIW/AP/Al/HTPB 体系炸药的密度，选取铝粉中位径为 9.79 μm 与 1.5 μm，根据粒度级配理论，两者的质量比例为 3:1 时，使混合体系级配后的理论填充率最高。不同铝氧比炸药样品组成如表 9.13 所示。

表 9.13 不同铝氧比炸药样品组成

样品	组分/%（质量分数）				R_{Al}	密度/
	HNIW	Al	AP	HTPB		($g \cdot cm^{-3}$)
A	20	15	55	10	0.23	1.82
B	20	26	44	10	0.47	1.83
C	20	30	40	10	0.58	1.85
D	20	40	30	10	0.94	1.88
E	20	47	23	10	1.31	1.92

固定铝氧比设计在 0.67，HNIW 含量不同时，通过调节体系中铝粉与 AP 的含量，使样品的 R_E 区间为 0.07～0.47，以 0.08 递增。表 9.14 给出不同药氧比样品组成。

表 9.14 不同药氧比 R_E 样品种类及参数

样品	组分/%（质量分数）				R_{Al}	R_E	ρ/
	HNIW	Al	AP	HTPB			($g \cdot cm^{-3}$)
1	5	35	50	10	0.70	0.07	1.92
2	10	35	45	10	0.72	0.15	1.91
3	15	34.5	40.5	10	0.71	0.23	1.89
4	20	34	36	10	0.71	0.31	1.85
5	25	33.5	31.5	10	0.71	0.39	1.87
6	30	33	27	10	0.70	0.47	1.83

9.4.3.3 水下试验

制备圆柱形浇注炸药样品进行水下能量测试试验，药柱直径约 90 mm，高度约为 98 mm，质量 1.2 kg 左右，为保证药柱充分起爆，采用直径为 80 mm、质量为 200 g 的扩爆药 JH-14（RDX/WAX=95/5）。采用 1 kg TNT 球形装药计算标定系数，装药密度为 1.58 g/cm³，质量为 1 kg，装配药柱和 TNT 如图 9.22 所示。

试验在 5 kg 当量爆炸水池中进行，水池直径为 85.0 m，水深为 13.0 m。药包位于水下 6.0 m，并在同一高度布置 5 个压力传感器，分别距离药包 3.0 m、4.0 m、5.0 m、7.0 m 和 10.0 m。采用 PCB-138A 型电气石水下传感器，采样频率为 2 MHz，误差范围为 1.5%。试验中传感器布放如图 9.23 所示。

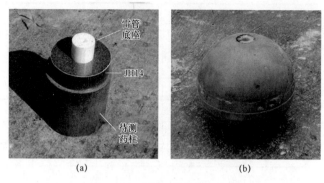

图 9.22　试验所用炸药样品图

（a）药柱装配图；（b）标定用 TNT 炸药

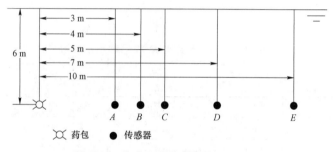

图 9.23　炸药试验传感器布放示意图

9.4.3.4　HNIW 基炸药水下爆炸能量释放试验规律

试验研究了不同铝氧比、HNIW 含量等对炸药水下爆炸能量释放规律。每个样品进行两发试验，不同铝氧比 HNIW 基炸药水下爆炸能量释放试验结果如表 9.15 所示。

表 9.15　不同铝氧比 HNIW 基炸药水下爆炸能量

样品	待测药柱质量/g	爆距/m	峰值压力/MPa	冲击波能/(MJ·kg^{-1})	脉动周期/ms	气泡能/(MJ·kg^{-1})	水下爆炸机械能/(MJ·kg^{-1})	时间常数 θ/μs
TNT-1	944	3	15.11	0.98	199.3	1.99	2.97	—
		4	10.91	0.97	199.3	1.99	2.96	—
		5	8.48	0.96	199.3	1.99	2.95	—
		7	5.80	0.94	199.2	1.99	2.93	—
		10	3.86	0.92	199.2	1.99	2.91	—

续表

样品	待测药柱质量/g	爆距/m	峰值压力/MPa	冲击波能/(MJ·kg^{-1})	脉动周期/ms	气泡能/(MJ·kg^{-1})	水下爆炸机械能/(MJ·kg^{-1})	时间常数 θ/μs
TNT-2	945	3	15.04	0.96	198.9	1.98	2.94	—
		4	10.69	0.95	198.9	1.98	2.93	—
		5	8.36	0.96	198.9	1.98	2.94	—
		7	5.72	0.95	198.9	1.98	2.93	—
		10	3.81	0.94	198.9	1.98	2.91	—
TNT-3	965	3	15.70	0.99	200.0	0.99	2.96	—
		4	11.29	0.96	200.0	0.99	2.93	—
		5	8.74	0.95	199.9	0.99	2.92	—
		7	6.03	0.96	199.9	1.00	2.92	—
		10	3.98	0.93	199.9	0.99	2.90	—
A-1	1 091	3	19.05	1.60	258.4	3.48	5.08	153.50
		4	13.72	1.60	258.4	3.48	5.08	179.00
		5	10.45	1.56	258.4	3.48	5.04	192.50
		7	7.13	1.54	258.3	3.47	5.02	194.00
		10	4.77	1.54	258.3	3.47	5.01	201.00
A-2	1 091	3	19.40	1.59	257.2	3.42	5.02	153.50
		4	13.90	1.60	257.2	3.42	5.03	179.00
		5	10.64	1.55	257.1	3.42	4.97	192.50
		7	7.26	1.54	257.1	3.42	4.95	194.00
		10	4.81	1.51	257.1	3.42	4.93	201.00
B-1	1 307	3	18.47	1.61	296.7	4.61	6.22	210.50
		4	13.22	1.62	296.6	4.60	6.22	212.00
		5	10.14	1.58	296.5	4.60	6.18	225.50
		7	6.87	1.59	296.5	4.60	6.18	241.00
		10	4.63	1.56	296.5	4.59	6.16	242.50
B-2	1 302	3	17.92	1.62	296.9	4.63	6.26	210.50
		4	12.78	1.62	296.9	4.63	6.26	212.00

■ HNIW 混合炸药设计基础

续表

样品	待测药柱质量/g	爆距/m	峰值压力/MPa	冲击波能/(MJ·kg^{-1})	脉动周期/ms	气泡能/(MJ·kg^{-1})	水下爆炸机械能/(MJ·kg^{-1})	时间常数 θ/μs
B-2	1 302	5	9.82	1.59	296.0	4.59	6.18	225.00
		7	6.69	1.58	295.8	4.58	6.16	241.00
		10	4.47	1.57	295.8	4.58	6.15	243.00
C-1	1 079	3	18.79	1.55	280.1	4.62	6.16	153.50
		4	13.15	1.55	280.1	4.62	6.16	181.00
		5	10.09	1.54	280.1	4.61	6.15	192.50
		7	6.82	1.50	280.0	4.61	6.11	193.00
		10	4.57	1.51	280.0	4.61	6.12	200.00
C-2	1 076	3	18.88	1.57	280.0	4.62	6.20	153.50
		4	13.32	1.58	280.1	4.63	6.20	179.00
		5	10.19	1.53	280.0	4.63	6.15	192.50
		7	6.95	1.51	280.0	4.62	6.13	194.00
		10	4.65	1.51	280.0	4.62	6.13	201.00
D-1	1 311	3	18.42	1.23	299.4	4.73	5.96	153.00
		4	12.63	1.24	299.4	4.73	5.97	195.50
		5	9.71	1.23	299.4	4.73	5.96	212.00
		7	6.63	1.23	299.3	4.72	5.95	231.50
		10	4.39	1.20	299.2	4.72	5.92	238.00
D-2	1 335	3	18.48	1.23	300.6	4.71	5.94	153.00
		4	12.59	1.22	300.7	4.71	5.93	195.50
		5	9.66	1.22	300.6	4.71	5.93	214.00
		7	6.64	1.22	300.5	4.70	5.93	231.00
		10	4.41	1.19	300.5	4.70	5.89	237.50
E-1	1 401	3	18.29	1.04	301.6	4.53	5.57	142.00
		4	12.06	1.03	301.6	4.54	5.56	155.00
		5	9.36	1.01	301.6	4.53	5.55	191.00
		7	6.48	1.00	301.5	4.53	5.53	193.00
		10	4.33	1.01	301.5	4.53	5.54	234.50

续表

样品	待测药柱质量/g	爆距/m	峰值压力/MPa	冲击波能/(MJ·kg^{-1})	脉动周期/ms	气泡能/(MJ·kg^{-1})	水下爆炸机械能/(MJ·kg^{-1})	时间常数 θ/μs
E-2	1 396	3	18.40	1.09	300.7	4.49	5.58	143.00
		4	12.40	1.08	301.0	4.52	5.60	155.00
		5	9.32	1.01	301.0	4.52	5.53	193.00
		7	6.35	1.02	300.9	4.52	5.54	193.00
		10	4.22	0.99	300.9	4.52	5.51	232.50

冲击波峰值压力 p_m 与 R_{Al} 的变化关系如图 9.24 所示。在不同距离下 R_{Al} 为 0.23 时样品的 p_m 值最大，随着铝氧比的增加，p_m 逐渐减小。冲击波峰值与爆炸反应强度有关，HNIW 含量固定，微米铝粉在爆轰反应区可认为是惰性的，主要原因为铝粉对爆轰反应起到稀释作用，铝氧比增加，铝粉的稀释作用越明显，冲击波峰值也就越小。

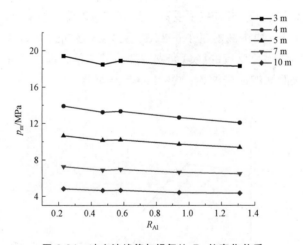

图 9.24 冲击波峰值与铝氧比 R_{Al} 的变化关系

冲击波能随距离的变化如图 9.25 所示，冲击波能在 3 m 和 4 m 处基本不变，随后随距离增加逐渐减少。由于不同距离的冲击波能大小是根据压力的平方对时间常数的积分决定，距离越近，压力 p 较大，时间常数较小，故可能存在某一较合理的距离，p 衰减不多，且时间常数相对较大，使得到的冲击波能较大。由图 9.25 可知，1.2 kg HNIW 基炸药在 3~4 m 处的冲击波能最大，随后随距离增加逐渐减少。

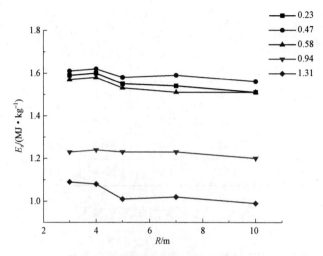

图 9.25 冲击波能与距离的变化关系

取各样品不同距离的能量最大值，分析铝氧比对冲击波能的影响，如图 9.26 所示。当 R_{Al} 在 0.23～1.31 变化时，冲击波能随着 R_{Al} 先增加后减少，在 R_{Al} 为 0.47 时最大。这是由于冲击波主要受高能炸药与 AP 反应影响，R_{Al} 越大，HNIW 与 AP 的含量越少，冲击波能越小；当 R_{Al} 从 0.23 增加到 0.47 时，冲击波峰值衰减不明显，部分铝粉反应的能量会支持冲击波传播，减缓冲击波的衰减，增加时间常数，从而增加冲击波能，故在 0.47 出现最大值。

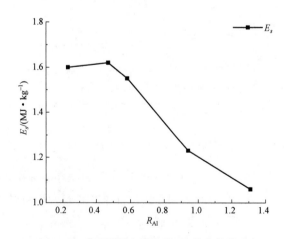

图 9.26 冲击波能与铝氧比 R_{Al} 的变化关系

从试验数据来看，同一样品的气泡能在不同距离下几乎没有变化，这是由于不同距离处的气泡脉动周期相同，根据气泡能计算式，气泡能的变化是由于 k_2 的不同所导致。同时，这也说明气泡能具有稳定性，传播时基本不会发生衰减。

图 9.27 给出了气泡能与铝氧比的变化关系。铝氧比增加，气泡能先增加后减少，气泡能在铝氧比为 0.94 时达到最大。铝粉的燃烧热量是气泡能的主要来源，随着 R_{Al} 增加，铝粉燃烧释放的能量越多，气泡能越大，但铝粉过多会导致含氧产物不足。当 $R_{Al} > 0.94$ 后，样品的含氧爆炸产物不足，铝粉燃烧释放的能量减少，使得气泡能逐渐降低。

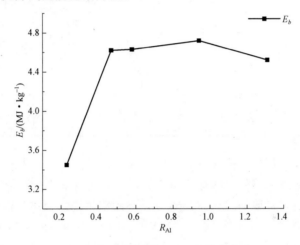

图 9.27　气泡能与铝氧比 R_{Al} 的变化关系

图 9.28 给出了水下爆炸机械能与铝氧比的变化关系。铝氧比增加，水下爆

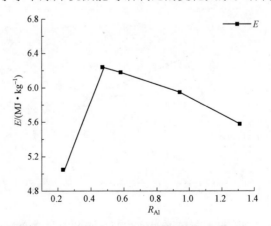

图 9.28　水下爆炸机械能与铝氧比 R_{Al} 的变化关系

炸机械能先增加后减少，机械能在铝氧比为 0.47 时达到最大，且 R_{Al} = 0.58 时水下爆炸机械能为 R_{Al} = 0.47 时的 99%，故可认为水下爆炸机械能在铝氧比为 0.47～0.58 达到最大，并维持平台值。因此，在保证水下爆炸机械能 E 最大的情况下调节铝氧比，可改变炸药的能量输出结构，R_{Al} 增大，冲击波能减少，气泡能所占比重增加，这对不同毁伤形式水下武器弹药中炸药样品设计有重要意义。

表 9.16 给出了爆炸能量 E_T 与能量释放率 η，其变化如图 9.29 所示。

表 9.16　不同铝氧比炸药的能量释放率

样品	R_{Al}	E_s /(MJ·kg^{-1})	E_b /(MJ·kg^{-1})	β	E_T /(MJ·kg^{-1})	E_c /(MJ·kg^{-1})	η
A		1.6	3.45	1.25	6.00	7.03	0.85
B	0.23	1.62	4.62	1.21	7.24	8.38	0.86
C	0.47	1.55	4.63	1.20	7.13	8.78	0.81
D	0.58	1.23	4.72	1.16	6.76	8.43	0.80
E	0.94	1.06	4.52	1.12	6.28	7.40	0.85
	1.31						

分析可知，爆炸能量随着铝氧比先增加后减少，在铝氧比为 0.47 时达到最大，最大爆炸能量为 7.24 MJ/kg，与铝氧比为 0.58 时的数值几乎持平；在铝氧比为 0.47 时能量释放率最大为 86.4%，不同铝氧比水下爆炸能量释放率均在 80%以上。从爆炸能量角度分析，HNIW 基炸药在铝氧比 0.47～0.58 附近出现最大值平台；从能量释放率角度分析，HNIW 基炸药在铝氧比 0.47 时达到最大。爆炸能量和能量释放率与铝氧比的变化如图 9.29 所示。

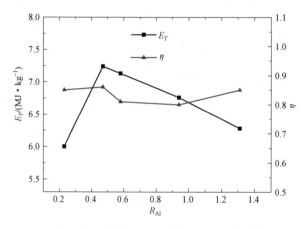

图 9.29　爆炸能量和能量释放率与铝氧比 R_{Al} 的变化曲线

试验研究了不同药氧比 HNIW 基炸药水下爆炸能量释放规律,如表 9.17 所示。

表 9.17 不同药氧比 HNIW 基炸药水下爆炸能量

样品	待测药柱质量/g	扩爆药质量/g	爆距/m	峰值压力/MPa	冲击波能/(MJ·kg^{-1})	脉动周期/ms	气泡能/(MJ·kg^{-1})	水下爆炸机械能/(MJ·kg^{-1})	时间常数 θ/μs
TNT-1	998	50	4	10.97	0.97	204.77	2.00	2.97	—
			5	8.62	0.96	204.77	2.00	2.96	—
			7	5.85	0.93	204.77	2.00	2.93	—
TNT-2	1 024	50	4	11.09	0.97	204.64	1.98	2.95	—
			5	8.45	0.95	204.64	1.98	2.93	—
			7	5.80	0.95	204.64	1.98	2.93	—
1-1	1 176	200	4	7.16	0.62	276.57	3.87	4.49	175
			5	6.17	0.61	276.55	3.87	4.48	194.5
			7	3.93	0.65	276.51	3.87	4.52	190
1-2	1 175	200	4	7.03	0.62	276.54	3.87	4.49	175
			5	5.98	0.62	276.53	3.87	4.49	195
			7	3.91	0.65	276.35	3.86	4.51	188
2-1	1 194	200	4	7.57	0.95	300.29	4.98	5.93	177
			5	6.18	0.93	300.28	4.98	5.91	195
			7	4.23	1.04	300.24	4.98	6.02	190
2-2	1 175	200	4	8.30	0.95	295.15	4.79	5.74	175
			5	6.99	0.93	295.13	4.79	5.72	196
			7	4.48	0.96	295.09	4.79	5.75	188
3-1	1 212	200	4	10.31	1.42	304.23	5.12	6.54	179
			5	8.58	1.44	304.22	5.12	6.56	194.5
			7	5.60	1.38	304.16	5.11	6.49	190
3-2	1 229	200	4	10.43	1.40	304.82	5.15	6.55	181
			5	8.72	1.45	304.81	5.14	6.59	193
			7	5.67	1.39	304.76	5.14	6.53	190

续表

样品	待测药柱质量/g	扩爆药质量/g	爆距/m	峰值压力/MPa	冲击波能/(MJ·kg^{-1})	脉动周期/ms	气泡能/(MJ·kg^{-1})	水下爆炸机械能/(MJ·kg^{-1})	时间常数 θ/μs
4-1	1 191	200	4	11.77	1.60	301.05	5.03	6.63	172
			5	9.70	1.62	301.03	5.03	6.65	194.5
			7	6.26	1.50	300.99	5.03	6.53	190
4-2	1 189	200	4	11.62	1.65	301.08	5.05	6.7	172
			5	9.70	1.62	301.06	5.05	6.67	195
			7	6.20	1.51	301.02	5.05	6.56	193
5-1	1 281	200	4	12.77	1.64	299.65	4.82	6.46	210
			5	10.30	1.63	299.65	4.82	6.45	198
			7	6.86	1.63	299.65	4.82	6.45	190
5-2	1 261	200	4	12.72	1.62	299.55	4.80	6.42	210
			5	10.20	1.62	299.55	4.80	6.42	195
			7	6.80	1.61	299.55	4.80	6.41	188
6-1	1 279	200	4	12.92	1.69	276.14	4.58	6.27	183
			5	10.70	1.67	277.14	4.58	6.25	192
			7	6.89	1.68	276.14	4.58	6.26	185
6-2	1 259	200	4	12.62	1.66	276.04	4.50	6.16	183
			5	10.40	1.64	277.04	4.50	6.14	195
			7	6.66	1.66	276.04	4.50	6.16	185

对两发药的冲击波峰值取平均值（两发误差不超过 5%），得到 p_m 随 R_E 的变化关系，如图 9.30 所示。随着药氧比提高，同一距离下的 p_m 值逐渐增大。分析其原因，这是由于冲击波峰值压力主要由炸药组分的爆轰反应决定，炸药爆炸的初始冲击波压力为炸药爆压，随着 R_E 增加，爆压增大，冲击波峰值也就增大。随着距离增大，冲击波在水下的传播消耗能量，其峰值压力不断下降。但值得注意的是，$R_E=0.15\sim0.23$ 时 p_m 增长最为明显，R_E 超过 0.39 以后，p_m 基本不再增长，此时再增加 R_E 也不会显著提高炸药的峰值压力。

第9章 HNIW 浇注炸药设计

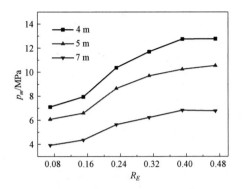

图 9.30　冲击波峰值与药氧比 R_E 的变化关系

分析冲击波能随 R_E 的变化关系，取两发数据平均值，如图 9.31 所示。由图可知，当 R_E 从 0.07 上升到 0.47 时，E_s 一直增加。R_E 不到 0.39 时，E_s 增加明显，R_E 超过 0.39 后，E_s 增加不超过 5%。分析不同位置测得的冲击波能，数值上没有明显区别，差异不超过 8%。这是由于冲击波能主要受炸药反应影响，当 R_{Al} 不变时，炸药越多，前沿冲击波幅值越高，冲击波的衰减越小，冲击波能也就越大。而当 R_E 超过一定值后，冲击波幅值增加较少，使得冲击波能趋于平缓。

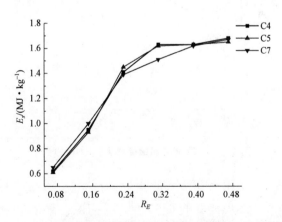

图 9.31　HNIW 基炸药水下爆炸冲击波能与药氧比 R_E 的变化关系

E_b 由气泡脉动周期与药量所决定，而同一发药不同测点得到的脉动周期完全一致，因此不同点得到的气泡能完全一致。气泡能随 R_E 的变化关系，取两发药数据平均值，如图 9.32 所示。

HNIW 混合炸药设计基础

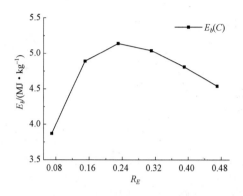

图 9.32 气泡能与药氧比 R_E 关系

由图 9.32 可知,气泡能先增加后减少,在 $R_E = 0.23$ 处达到最大。分析其原因,可能是药氧比过低时,炸药含量增加有助于铝粉燃烧,而药氧比过高后,氧化剂含量不足,使铝粉燃烧活性降低,故药氧比存在一个极值,使得铝粉燃烧处于最佳。

将冲击波能与气泡能相加获得水下爆炸机械能,其变化如图 9.33 所示。

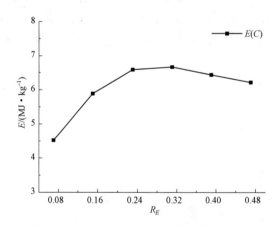

图 9.33 水下爆炸机械能随药氧比 R_E 的变化

由图 9.33 可见,水下爆炸机械能先增加后减少,在 $R_E = 0.31$ 时达到最大,0.23 数值与之持平。气泡能占水下爆炸机械能 70%以上,随着 R_E 增加,气泡能所占比例逐渐减小,这说明在一定铝氧比下,炸药组分增加可提高冲击波能比例,但炸药超过 20%后,水下爆炸机械能会逐渐减少,通过改变药氧比调节炸药的能量输出结构会影响水下爆炸机械能,故从水下爆炸机械能角度来看,$R_E = 0.31$ 为 HNIW/AP/Al/HTPB 体系最佳质量分数。

爆炸能量 E_T 与能量释放率 η 的变化如表 9.18 和图 9.34 所示。

表 9.18 不同药氧比炸药的能量释放率

样品	E_s /(MJ·kg^{-1})	E_b /(MJ·kg^{-1})	β	E_T /(MJ·kg^{-1})	E_c /(MJ·kg^{-1})	η
1	0.65	3.87	1.14	5.07	8.94	0.57
2	1.00	4.89	1.15	6.65	8.94	0.74
3	1.45	5.14	1.17	7.51	8.94	0.84
4	1.63	5.04	1.18	7.66	8.94	0.86
5	1.63	4.81	1.20	7.44	8.96	0.83
6	1.68	4.54	1.21	7.23	8.95	0.81

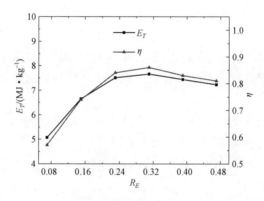

图 9.34 水下爆炸能量和能量释放率与药氧比 R_E 的变化

由图 9.34 可以看出，爆炸能量与能量释放率均先增加后减少，在药氧比为 0.31 时达到最大，水下爆炸能量达到 7.66 MJ/kg，最大能量释放率为 85.7%。其可能的原因同解释气泡能变化相同，炸药能量释放的关键在于铝粉燃烧，能量释放率的大小取决于铝粉二次反应的程度，而铝粉二次反应又受爆轰产物提供的初始燃烧温度与氧化剂 AP 的含量影响。当 R_E 较低时，较低的初始燃烧温度制约了铝粉二次反应进行，导致铝粉燃烧不足；当 R_E 超过 0.23～0.31 后，氧化剂 AP 的减少使得铝燃烧受到影响，使能量释放率下降。故从能量释放率角度来看，R_E = 0.31 是 HNIW/AP/Al/粘结剂体系最佳质量分数。

9.4.4 HNIW 基温压炸药设计

2001 年，美国国防部提出"温压弹"概念，是指利用新型固体燃料发展起来的一种新概念武器，专门用于打击恐怖分子藏身的洞穴和地道。新型炸弹利用空气参与装药的爆炸反应，从而产生高温高压效应杀伤和破坏目标，故取名为"温压弹"。美国空军的研究人员将美国海军 PBXIH–135 炸药装入 BLU–109 钻地弹，命名为 BLU–118/B 温压弹，并于 2001 年 3 月在内华达试验场进行了全尺寸地下测试，成功地摧毁了地下目标。2002 年 3 月，美国空军在阿富汗战场上首次投放使用了 BLU–118/B 温压弹，有效杀伤了阿富汗东部托拉博拉地区山洞中隐藏的恐怖分子。

9.4.4.1 温压炸药的能量释放过程

传统含铝炸药一般以威力最大化为设计原则，即以爆热和爆容，特别是爆热为主要考察指标，炸药性能以爆破威力为主，高能炸药含量较高，主要利用铝粉的二次反应来实现炸药的高威力。而温压炸药的设计以能量最大化为原则，即以爆热和燃烧热为主要考察指标，兼顾炸药的爆炸和燃烧效应，除利用铝粉的二次反应来提高威力外，还希望炸药的能量能够在更长的时间尺度上释放，特别是希望更多地利用空气中的氧参与炸药的后续燃烧反应，提高对软目标的杀伤能力，同时兼顾炸药的高热性能。温压炸药的释能反应可以大致分为以下三个步骤。

（1）最初的无氧爆炸反应，主要是分子化合物炸药内的反应，不需要从周围空气中吸取氧气，持续时间小于 1 μs。

（2）爆炸后的无氧燃烧反应，主要是化学炸药的爆轰产物 CO、CO_2 和 H_2O 在高温高压条件下与铝的二次反应，该阶段尚无外来空气参与反应，持续时间为数十到几百微秒（小于 1 ms）。

（3）爆炸后的有氧燃烧反应，主要是爆炸后炸药中的可燃物质或碎片，如 Al、H、C、CO 等与空气中氧气的快速燃烧反应，持续时间可达数百毫秒级，其中对空气爆炸波有增强作用的为数毫秒至几十毫秒内释放的能量。

温压炸药实质是一种富燃料的非理想炸药，要求装药的爆速和爆压等功率指标适当降低（中等偏下），而反映爆炸潜能的燃烧热应具有较大值，配方各组分的释能过程及反应时间必须与能够增强空气冲击波的最大可利用时间相匹配。一般单质炸药在 10^{-4} ms 内爆炸反应并释放其能量，当在炸药中加入氧化剂或铝燃剂后能够将能量释放时间延长到 100 ms。因此，选择具有较宽反应区的含能材料，如金属粉等，来改变炸药的能量输出结构及输出功率，使没有消耗在爆轰波阵面上的能量应用在更长的时间尺度上，并吸收空气中的氧气参与反应，从而提高温压炸药的空爆威力。

9.4.4.2　HNIW 基温压炸药能量调控设计

根据前面章节分析可知，温压炸药的铝氧比通常要大于 0.7 才能最大限度地发挥炸药的能量优势，同时体系中多余的铝还可以消耗空气中的氧。此外，还需要根据战斗部的用途进行能量设计、安全性设计、防晶变设计等，为避免重复这里不再赘述。本节主要介绍 HNIW 基温压炸药能量调控。

由温压炸药的作用原理可知，该炸药的特征在于金属粉的后续燃烧反应使爆炸场压力波超压升高并持续较长的时间（几十毫秒）。温压炸药初始的爆轰气态产物与其中的金属微粒燃烧反应能否产生连续的增强冲击波，取决于该云雾反应区是否维持在一个高温环境，使更多的金属微粒参与快速点火和燃烧，也就是说使后续的燃烧反应在爆轰反应之后快速建立。这是温压炸药能否产生更加广泛和严重破坏作用的关键。

温压炸药中的金属粉含量比含铝高威力炸药高许多，而高能炸药的含量则较低，大量的金属粉是在后续燃烧反应中释能的，金属粉的潜能能否高效率释放，要通过反应过程的控制来实现。铝粉在空气中的发火点高于 800 ℃，而快速彻底燃烧则需要高达 1 750 ℃ 的点火温度，铝粉从点燃到燃烧完全整个过程中均需要保持高温环境。HNIW 炸药的爆轰温度高达 3 000 ℃ 以上，完全能够满足铝粉点火的需要，但如果炸药中 HNIW 含量较少，或 HNIW 与铝粉不能充分接触，热量就会在膨胀和传递过程中损失。高能炸药的爆轰时间非常短，一般小于 0.1 μs，若铝粉不能在该时间段内被加热到点火温度，则可能导致铝粉点火的失败；即使铝粉在装药内部进行了二次反应，随着炸药的抛撒和空气的卷入，温度迅速下降，也可能由于没有持续高温的支持而无法继续快速反应。

氧化剂 AP 比高能炸药反应稍迟缓，而比铝粉更容易点燃和释能，其爆燃点较低（450 ℃），在 RDX 爆轰的同时，AP 即受热开始分解和反应，该反应不仅能提供铝粉前期反应所需的氧，而且反应产生的高温气体和持续热量能够支持后续铝粉的快速和高效率燃烧。除了选择不同类型的几种组分达到对反应过程的控制外，各组分的颗粒度及其级配、混制工艺等也是实现反应过程控制的重要途径。例如，小尺寸铝粉颗粒在炸药爆轰区内也能够迅速被加热至活化温度而可能参与化学反应，而爆轰产物膨胀初期阶段对铝粉颗粒的热作用明显优于其爆轰区的热作用，较大尺寸的铝粉颗粒将在这一阶段被点燃而参与反应。因此可以利用颗粒级配的方法使不同颗粒尺寸的铝粉在不同阶段参与反应，实现释能反应的分阶段持续进行。

参 考 文 献

[1] Akhavan J.Investigation into the network structure of plasticized rocket propellant [J]. Polymer, 1997, 39 (1): 215–221.
[2] Chan M L, Turner A D. Insensitive high energy booster propellant suitable for high pressure operation [J]. 2007, 6 (4): 501–510.
[3] 张朴. HNIW晶变规律及其在浇注混合炸药中的应用研究 [D]. 北京：北京理工大学, 2015.
[4] Chan M L, Bui T, Turner A D. Insensitive Reduced-Smoke Propellant with Low-Cost Binder [Z]. Advances in Rocket Performance Life and Disposal. Aalborg, Denmark; RTO–MP–091. 2002: 20.
[5] Kubota N, Kuwahara T, Miyazaki S, et al. Combustion wave structures of ammonium perchlorate composite propellants [J]. J.Propul Power, 1986, 2 (4): 296–300.
[6] 张伟. GAP黏合剂HNIW基多元浇注高能混合炸药研究 [D]. 北京：北京理工大学, 2019.
[7] Ma M, Shen Y, Kwon Y, et al. Reactive Energetic Plasticizers for Energetic Polyurethane Binders Prepared via Simultaneous Huisgen Azide-Alkyne Cycloaddition and Polyurethane Reaction [J]. Propellants, Explosives, Pyrotechnics, 2016, 41 (4): 746–756.
[8] Man Li, Rui Hu, Minghui Xu, et al. Burning characteristics of high density foamed GAP/HNIW propellants [J]. Defence Technology, 2022, 18 (10): 1914–1921.
[9] Kanti Sikder A, Reddy S. Review on Energetic Thermoplastic Elastomers (ETPEs) for Military Science [J]. Propellants, Explosives, Pyrotechnics, 2013, 38 (1): 14–28.
[10] Small P A. Some factors affecting the solubility of polymers [J]. Journal of Chemical Technology and Biotechnology, 1953, 3 (2): 71–80.
[11] 马沛生, 赵兴民, 李平, 等. 基团法估算溶度参数 [J]. 石油化工, 1994 (09): 593–597.

［12］ 蔡贾林，郑申声，郑保辉，等. HTPE/增塑剂共混体系相容性的分子动力学模拟［J］. 含能材料，2014，22（05）：588-593.

［13］ Caro R I，Bellerby J M，Kronfli E. Characterization and Thermal Decomposition Studies of a Hydroxy Terminated Polyether（HTPE）Copolymer and Binder for Composite Rocket Propellants［Z］//CARO R I，BELLERBY J M，KRONFLI E. Ins Muni & Energ Mat Tech Symp. 2006

［14］ 马松. GAP 改性 HTPB 推进剂固化与力学性能研究［D］. 北京：北京理工大学，2018.

［15］ 欧亚鹏. 高固含量浇注炸药多元协同黏合剂体系设计与应用［D］. 北京：北京理工大学，2019.

［16］ Chen Shen，Shi Yan，Qingjie Jiao，et al. Combustion behavior of composite solid propellant reinforced with Al-based alloy fuel［J］. Materials Letters，2021（304）：130608.

［17］ Jiao Qingjie，Bi Zhang，Shi Yan，et al. Oxidation and ignition of a heterogeneous Al-Zn alloy powder metallic fuel［J］. Materials Letters，2020，267：127502.

第 10 章

HNIW 熔铸炸药

熔铸炸药是以低熔点炸药为载体，混合高能量固态颗粒，并以熔融状态进行铸装的混合炸药。由于其装药方式不受弹体药室形状限制、成型性能好、自动化水平高、成本较低、综合性能较好，是世界上应用最广泛的炸药。早在 20 世纪初，熔铸炸药就广泛应用于各种大中口径炮弹、航弹以及水中兵器等战斗部装药，目前，熔铸炸药的使用仍能占军用混合炸药使用的 90%左右[1]。

相较于浇注和压装炸药，熔铸炸药惰性组分含量低，有利于能量水平的提高。美、加等军事强国都曾尝试过 HNIW 基熔铸炸药的研发，我国也在该领域进行了初步的探索，但由于 HNIW 的易晶变、高敏感等问题始终没有得到解决，目前世界上还没有成功的 HNIW 基熔铸炸药见诸报道。因此，本章只是针对作者团队现有的研究基础做简要的介绍，例如 HNIW 的预处理方法、适用于 HNIW 的载体炸药等，并对 HNIW 基熔铸炸药的性能进行预测与理论计算。在 HNIW 基压装、浇注炸药章节中，对炸药的能量设计、安全性设计、安定性和相容性设计、防晶变设计等方法进行了详细的介绍，本章只针对熔铸炸药中特别的工艺高温、固相溶解等情况进行叙述。

■ HNIW 混合炸药设计基础

10.1　HNIW 基熔铸炸药载体

随着现代战争对弹药能量水平、安全性等要求的提高，TNT 已经不能满足高能钝感的需求，国内外都在积极寻找可替代 TNT 的低熔点载体炸药。理想的载体炸药应满足以下要求：① 熔点低于 110 ℃，最佳范围为 80～100 ℃，利于熔化过程的工艺操作与安全性；② 熔点与分解温度之间存在显著的差异；③ 高密度与更高的能量水平；④ 低蒸气压与吸入毒性；⑤ 感度低；⑥ 绿色合成等。

21 世纪初，加拿大国防研究与发展公司就开始对 HNIW 基熔铸炸药进行了探索性研究[2]，以 TNT 为熔铸载体、含能热塑性弹性体为功能助剂，期望开发出一型 HNIW 含量为 70%的高爆速炸药。然而，由于 HNIW 在 TNT 中的溶解性（90 ℃工艺条件下，100 g TNT 可溶解 4.2 g HNIW），最终导致 HNIW 的含量仅达到 42%。同时，在凝固的熔铸炸药中检测出大量 β-HNIW，说明溶解的 HNIW 重结晶过程发生了转晶，该研究最终以失败告终，而之后关于 HNIW 基熔铸炸药的研究就罕见报道。近年，中国台湾"国防大学"的研究人员重新评价了 TNT/HNIW 熔铸炸药的基本性能，发现两者以任意比例混合均引起热分解温度降低，其相容性无法通过北约标准 STANAG 4147[3]。由此可见，作为 HNIW 基熔铸炸药的载体炸药，除上述要求外，还应具备对 HNIW 具有较低的溶解性以及良好的相容性，以防止 HNIW 在工艺或贮存过程中发生过多的转晶现象，影响武器弹药的安全性。

下面介绍几种国内外研究较多或具有良好应用前景的载体炸药及其相关性能的研究情况，几种涉及的熔铸载体炸药的基本性能如表 10.1 所示。

表 10.1 几种熔铸载体炸药的基本性能

炸药	TNT	DNAN	DNTF	DNP	MTNP	TNAZ	DFTNAN
熔点/℃	80.9	94.6	≈107	85	91.5	101	≈82
分子式	$C_7H_5N_3O_6$	$C_7H_6N_2O_5$	$C_6N_8O_8$	$C_3H_2N_4O_4$	$C_4H_3N_5O_6$	$C_3H_4N_4O_6$	$C_7H_3N_3O_7F_2$
晶体密度/(g·cm^{-3})	1.654	1.544	1.937	1.791	1.82	1.840	1.835
生成焓/(kJ·kg^{-1})	−50.21	−830.52		762.66	94.57	189.4	≈−306
安定性/100 ℃，48 h	热失重 0.2%		放气量 0.42 mL			放气量 0.42 mL	
爆速/(m·s^{-1})	6 970	5 974	9 250	8 104	8 650	8 730	7 712
爆热/(kJ·kg^{-1})	4 148	1 810	6 054			6 127	5 208
威力/(TNT%)	100	90	168.4				
5 s 爆发点/℃	475	374	308				
撞击感度	8%	117.5 cm (H_{50})	92%	>100 cm (H_{50})	75 cm (H_{50})		18%
摩擦感度	4%	0	12%				0
氧平衡/%	−74	−96.9	−23.3	−30.4	−25.8	−16.66	

10.1.1 DNTF 载体炸药

3,4-二硝基呋咱基氧化呋咱（DNTF）由苏联于 20 世纪 80 年代合成，具有能量高、密度大、安定性好、感度适中等诸多优点，其综合性能优于 HMX。DNTF 在 110 ℃下长时间不分解，仅有微量挥发性，并且在熔化-凝固过程中体积变化率相当小，非常适合作为熔铸载体。然而其熔点已经达到了熔铸炸药上限，且制备工艺存在较大的困难。不过，DNTF 可以与其他化合物形成低熔点共熔物，在此过程中还有可能形成性质更稳定的络合物，可在很大程度上解决其工艺困难的问题。继苏联之后，我国西安近代化学研究所也于 2002 年合成了 DNTF，由于其高能量水平与高密度等诸多优点迅速得到重视，并在高能混合炸药和改性双基推进剂中得到了一定程度的应用。由于 DNTF 的熔点过高，其工艺复杂程度高、安全性低，对其的研究大量集中在 DNTF 基低熔点共熔物的研究上。

目前，国内外研究较多的 DNTF 基低熔点共熔物包括 DNTF/TNT、DNTF/DNAN、DNTF/TNAZ 等。从理论上讲，DNTF 可与多种熔点较低的炸药形成低共熔混合物，如 TNT 及 TNT 的同分异构体 TNB、Tetryl、3 号炸药、PETN、TNAZ 等，所以采用 T-Z 法（温度－组成法）可以测定 DNTF/TNT 的二元相图，从相图可以看出，DNTF/TNT 的最低共熔点为 58 ℃，低共熔物组成为 37.86% DNTF/62.14% TNT，不过该低共熔物熔点过低，能量也不理想。

DNTF/TNT 低共熔物组分与相关参数如表 10.2 所示。

表 10.2　DNTF/TNT 低共熔物组分（质量比）与相关参数

DNTF/%	TNT/%	熔点/℃	密度/(g·cm^{-3})	爆速/(m·s^{-1})
0	100	80.9	1.654	6 970
38	62	57	1.748	7 752
62	38	80	1.819	8 297
79	21	92	1.870	8 709
90	10	100	1.904	8 986
100	0	110	1.937	9 250

在相图中的最低共熔点以上，由液化线方程可求出液化线上任意液化温度所对应的 DNTF/TNT 组成：

$$\ln X = -\Delta H / R(1/T - 1/T_{\text{DNTF}})$$

根据表 10.2 可以选择熔点与性能均较为理想的低共熔物，熔点为 85～100 ℃的各种配方，其密度均大于 1.83 g/cm^3，爆速大于 8 400 m/s，都可作为良好的载体炸药使用，其能量高于单用 TNT 作载体，故而赋予熔铸炸药以高能量，同时使熔铸炸药有较大的调节自由度。选择 DNTF 含量较高即熔点较高的比例可以突出配方高能量的特点。以 DNTF/TNT = 9∶1 为例，其熔点降低至 103～105 ℃；而 DNTF/TNT = 3∶1，其熔点降低至约 90 ℃，爆速也降低至 8 600 m/s。

目前典型的炸药配方为 DNTF/TNT/HMX＝36/4/60，其密度为 1.902 g/cm³，爆速达到 9 085 m/s，爆热为 5 984 kJ/kg。

除 DNTF/TNT 外，目前受到较多关注的低共熔物还包括 DNTF/DNAN。2,4－二硝基苯甲醚（DNAN）于 1849 年首次合成，熔点为 94.6 ℃，在第二次世界大战中首次用于弹药，作为 TNT 产能不足时的替代物。随着对不敏感弹药的需要越来越高，DNAN 逐渐受到重视，因为在众多熔铸载体炸药中，能通过低易损试验考核的仅有 DNAN。DNAN 具备冲击波感度（29.76 mm）低于 TNT（42.50 mm）、毒性低于 TNT、以 DNAN 为载体的熔铸炸药力学性能与安全性均优于 TNT 基熔铸炸药等一系列优点。因此，美国皮卡汀尼兵工厂研发了一系列以 DNAN 为载体的低感度、低成本 PAX 系列熔铸炸药。澳大利亚国防科技局也研发了 DNAN 基熔铸炸药 ARX－4207（60%RDX/39.75%DNAN/0.25%MNA），该配方拥有相当优异的冲击波感度与机械强度等性质。

由于 DNTF 感度高，添加 DNAN 可有效降低冲击波感度，并保持较小的临界直径和良好的拐角传爆能力，在传爆药中具有良好的应用前景。DNTF/DNAN 低共熔物的二元相图如图 10.1 所示，同样可以根据相图求解出其液化线方程。其中 DNTF 含量为 20%时，其综合性能可与 TNT 相当，实际应用中 DNTF 含量约为 50%，熔点约 83 ℃，密度 1.77 g/cm³，爆速 7 810 m/s，撞击感度 36%，摩擦感度 32%。

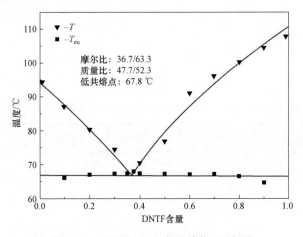

图 10.1　DNTF/DNAN 低共熔物二元相图

DNTF 和 HNIW 均是典型的第三代单质炸药，因其能量水平高等优点引起了广泛的关注，但以 DNTF 为熔铸载体的 HNIW 基熔铸炸药却未见任何公开文献报道，仅有两者的相容性等基础性实验数据可供参考。以差示扫描量热法研究 DNTF 和 HNIW 之间的相互作用，发现 DNTF/HNIW（50/50）体系中 HNIW 的分解温度提前近 30 ℃，分解的活化能也由 199 kJ/g 降低至 189 kJ/g；而 DNTF 自身的分解活化能也由 152 kJ/g 降至 115 kJ/g[4]，在试验条件下 DNTF 与 HNIW 存在较强烈的相互作用，相容性较差，因此难以直接应用。

10.1.2 DNP 载体炸药

3,4-二硝基吡唑（DNP）是目前较为成熟，且最具应用前景的载体炸药之一，其合成路径简单，只需两步反应即可得到目标产物，目前英美等国已具备了其 5 lb/批次的生产规模，是继 DNAN 之后最有可能在熔铸炸药中大规模使用的载体。俄罗斯等多个国家也对其表现出了相当的兴趣，不断改进其合成工艺，但目前仍存在合成产物中异构体杂质较多的问题。由于吡唑类化合物的高热稳定性、高含氮量等优点，国内中北大学于近年也先后合成了 DNP、MTNP，目前 DNP 已具备了初步的生产规模，可供实验室级别的应用研究；而 MTNP 的硝化温度高，其制备还停留在实验室级的合成，生产线仍在建设中。

由于熔铸炸药临界直径小和拐角传爆能力良好，国内曾尝试针对微小传爆序列开发 DNP 基小尺寸熔铸炸药，其组分包含 45% DNP 和 55% HNIW，密度可达到 1.83 g/cm³，相当于理论密度的 94.5%，爆速约为 8 800 m/s。该炸药传爆直径小于 0.7 mm，传爆拐角不小于 30°，并且可以通过传爆药固定落高试验与真空安定性试验，说明 DNP 与 HNIW 的化学相容性可以满足应用要求。但是，事实上 DNP 对几种常见的硝胺炸药都具有较高的溶解性，且经过熔铸工艺后，混合炸药中的硝胺炸药都有较大程度的晶变，因此其安全性依然很难保证（表 10.3）。

表 10.3 几种硝胺炸药在 TNT 与 DNP 中的溶解度（90 ℃）

熔铸载体	溶解度/（g·100 g⁻¹）		
	RDX	HMX	HNIW
TNT	3.35[5]/3.8[6]/3.3[2]	0.24[5]/0.3[6]/0.8[2]	4.99[5]/3.6[6]/4.2[2]
DNP	12.28[5]	2.64[5]	7.03[5]
DNAN	9.39[7]/7[8]		
DNTF		0.27[9]	

当然，以 HMX 等其他高能炸药为主炸药的 DNP 基熔铸炸药的研究是目前国内外的研究热点。DNP 于 20 世纪 70 年代初被首次合成出来，但一直未受到

重视,直到 2009 年英国 BAE System 发现 DNP 具有较低熔点的同时,与 TNT 相比具有更高的能量和更低的感度,可以其取代传统的载体炸药 TNT 应用于熔铸炸药的制备。不过,DNP 基熔铸炸药的研究还处于基础阶段,主要的研究都集中在 DNP 基熔铸炸药的流变性、热稳定性和安定性等,成熟的 DNP 基熔铸炸药配方还未见公开。

10.1.3 含氟熔铸炸药载体

随着含能材料领域理论研究的深入,南京理工大学、中北大学、西安近代化学研究所等先后合成了数种低熔点含氟炸药,通过引入高活性氟元素,提高炸药氧化性的同时提高安全性。2019 年,西安近代化学研究所合成了 2,5 – 二氟 – 2,4,6 – 三硝基甲苯(DFTNT)、α,α,α,3,5 – 五氟 – 2,4 – 二硝基 – 3 – 三氟甲苯(PFDNT)等,几种化合物均表现出了较高的密度和热稳定性,但同样也具有机械感度较高的缺点。中北大学合成了 3,5 – 二氟 – 2,4,6 – 三硝基苯甲醚(DFTNAN),其熔点与 TNT 相近,具有良好的机械感度与能量水平,对其应用性研究已有序开展,虽然目前对该类化合物的了解还不够全面,但氟元素的加入,无疑使其在物理相容性上不同于传统 CHON 体系的载体炸药,可有效降低 HNIW 在其中的溶解度。

从"十三五"后期开始,本团队联合中北大学、重庆红宇精密工业集团有限公司就 DFTNAN 在 HNIW 基熔铸炸药中的应用性开展了研究,对 DFTNAN 的基础理化性能、安全性、安定性能等进行了测试和分析,初步掌握了 DFTNAN 的爆速等能量性能参数。

根据 GJB772A—97 方法 401.1 进行 DFTNAN 晶体密度的测试,经过测试,DFTNAN 原材料密度为 1.635 g/cm^3,一次熔化后的晶体密度为 1.713 g/cm^3,三次熔化后的晶体密度为 1.712 g/cm^3。按照 GJB772A—97 中 502.3 100 ℃加热法测试真空安定性和相容性,测试了 DFTNAN 自身的真空安定性,并分别测试了 DFTNAN 与 HMX、Al、AP、HNIW 的相容性,测试结果表明 DFTNAN 真空安定性合格,DFTNAN 与 HMX、Al、AP、HNIW 的相容性良好。

机械感度是炸药的一种重要性质,也是决定能否安全使用炸药的关键因素。已开展的 DFTNAN 的机械感度测试主要对其撞击感度和摩擦进行了测试。按照 GJB772A—97 方法 601.2 特性落高法进行测试撞击感度,试验条件:锤重为 10.0 kg,药量为 50 mg,落高 25 cm,环境温度 22 ℃,湿度 70%,试验结果表明,DFTNAN 原料撞击爆炸概率为 60%,一次熔化后撞击爆炸概率为 20%,三次熔化后撞击爆炸概率为 15%。按照 GJB772A—97 方法 602.1 爆炸概率法测试摩擦感度，试验条件：摆角为 90°，表压为 3.92 MPa，药量为 30 mg，环境温度 22 ℃，湿度 70%。试验结果表明，DFTNAN 摩擦爆炸概率为 0，一次熔化后摩擦爆炸概率为 0，三次熔化后摩擦爆炸概率为 0。

DFTNAN 的热分解由一个吸热过程、一个放热过程组成。第一阶段主要是物质的熔化吸热，吸热阶段的起始温度为 80.2 ℃，峰顶温度为 83.2 ℃；第二阶段物质出现分解放热峰，起始放热温度为 230 ℃，峰顶温度为 283.7 ℃，表明 DFTNAN 在 230 ℃才开始分解，说明 DFTNAN 具有良好的热稳定性，具有作为熔铸炸药载体的潜能（图 10.2）。

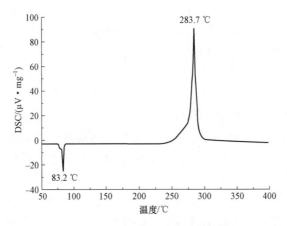

图 10.2　DFTNAN DSC 测试结果

在实验室条件下制备了 DFTNAN 基熔铸炸药药柱，配方组成为 26.73% DFTNAN/41.81% AP/1.46% WAX，装药密度为 1.79 g/cm^3，采用 ϕ25 mm × 16 mm 钝化 RDX 起爆。测试结果 DFTNAN 基熔铸炸药的平均爆速可达到 8 614 m/s（图 10.3）。

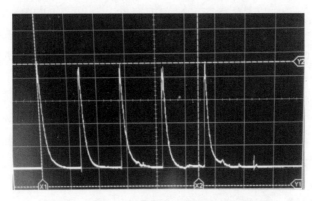

图 10.3　DFTNAN 基熔铸炸药爆速测试波形图

10.1.4 其他新型熔铸炸药载体

低熔点含能化合物是熔铸炸药的基础，因此国内外含能材料领域在新载体的研发方面投入了很多精力。除上述几种化合物外，还包括 1-甲基-3,4,5-三硝基吡唑（MTNP），1,3,3-三硝基氮杂环丁烷（TNAZ）、4,4′-二硝基-3,3′-呋咱（DNBF）、4,4,4-三硝基丁酸-2,2,2-三硝基乙酯（TNETB）等，化合物的种类极多，在此不再一一列举。但是，主要都集中在硝基芳香族化合物、硝基氮杂环化合物，以及少量硝基酯类。然而，这些典型的载体都还存在一些性质上的缺陷或机理上的不明，限制了大规模应用。例如，DNP 的相容性较差、DNTF 熔点过高、TNAZ 合成成本过高，凝固过程存在晶变等问题。因此，对于综合性能优异，且适用于 HNIW 熔铸炸药的载体的研究可以说尚处于起步阶段，国外针对该方面的研究也无详尽报道。下面介绍几种性能较好的新型熔铸载体炸药，可为 HNIW 基熔铸炸药的研发提供选型。

2010 年，法国合成了同为硝基吡唑化合物的 1-甲基-3,4,5-三硝基吡唑（MTNP），该化合物立即引起了俄罗斯、印度和新加坡等国的重视。相比其他载体炸药，MTNP 具有与 RDX 相当的能量水平，同时具有优良的不敏感特性、热稳定性与较低的熔点，是目前高能不敏感熔铸炸药载体的极佳候选物。MTNP 可由 DNP 经历重排、硝化等步骤合成，不过其重排过程需要较高的温度（150～180 ℃），导致其生产过程安全性面临一定的挑战。2015 年起国内外开始对 MTNP 作为新型熔铸载体的可行性开展广泛研究，本团队联合重庆红宇精密工业集团有限公司、中北大学开展了新型熔铸载体 MTNP 的应用性研究，对 MTNP 的基础理化性能、安定性、机械感度等进行了测试和分析，初步掌握了 MTNP 的感度、安定性、安全性等基本性能参数，为后期应用奠定了基础，相关研究工作进展顺利。

热分析数据表明 MTNP 的热分解由一个吸热过程、一个放热过程组成。第一阶段主要是物质的熔化吸热，吸热阶段的起始温度为 81.6 ℃，峰顶温度为 84.7 ℃；第二阶段物质出现分解放热峰，起始放热温度为 273 ℃，峰顶温度为 301.1 ℃，表明 MTNP 在 273 ℃才开始分解，说明 MTNP 具有良好的热稳定性，具有作为熔铸炸药载体的潜能。恒温试验表明，MTNP 在 120 ℃条件下恒温 180 min 无放热现象，表明在该条件下稳定无反应，而熔铸炸药工艺温度一般为 100 ℃左右，表明样品具有良好的工艺安全性。MTNP DSC 测试结果如图 10.4 所示，MTNP 恒温热稳定曲线如图 10.5 所示。

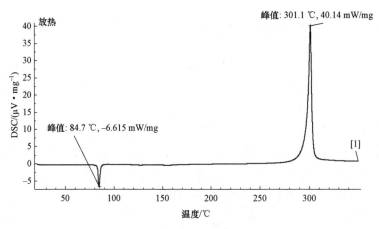

图 10.4　MTNP DSC 测试结果

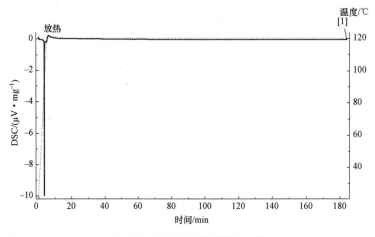

图 10.5　MTNP 恒温热稳定曲线

根据 GJB772A—97 方法 401.1 和方法 411.1 进行 MTNP 晶体密度和熔点的测试，经过测试，MTNP 原材料的密度为 1.713 g/cm³，MTNP 原材料的熔点为 92 ℃。经过溶解性试验，可知 MTNP 不溶于水、二甲苯，微溶于甲醇、乙醇，溶于丙酮、乙酸乙酯、乙腈等。

按照 GJB772A—97 方法 601.2 特性落高法进行测试撞击感度，试验条件：锤重为 10.0 kg，药量为 50 mg，环境温度 22 ℃，湿度 70%。试验结果表明，MTNP 的 H_{50} = 75 cm（RDX 的 H_{50} = 24 cm，HMX 的 H_{50} = 29 cm）。按照 GJB772A—97 方法 602.1 爆炸概率法测试摩擦感度，试验条件：摆角为 90°，表压为 3.92 MPa，药量为 30 mg，环境温度 22 ℃，湿度 70%。试验结果表明，MTNP 摩擦爆炸概率为 0。

按照《军用混合炸药配方评审适用试验方法汇编》方法 203.2《炸药静电感度试验方法》规定的方法进行。试验条件:试验药量 30 mg;室温 24 ℃;相对湿度 50%。经过测试,MTNP 的 50%发火电压 V_{50} = 10.3 kV,50%发火能量 E_{50} = 1.59 J。按照 GJB772A—97 中 502.3 100 ℃加热法测试真空安定性和相容性。测试了 MTNP 自身的真空安定性,测试结果表明 MTNP 在 100 ℃条件下恒温 48 h 的放气量为 0.22 mL/g,真空安定性合格。按照 GJB772A—1997 方法 606.1《5 s 延滞期法》规定的方法,利用伍德合金浴对 MTNP 的 5 s 延滞期爆发点进行测定,MTNP 的 5 s 爆发点为 282 ℃,具备良好的热稳定性。

TNAZ 由美国于 1984 年首次合成,具有低熔点、高密度、高能量、高分解点、相容性良好、液相稳定等优点。由于其熔点较低,可采用蒸汽加热熔化而不分解,同时也可与多种高能组分形成共熔物,因而受到国内外众多研究者的关注。目前,正在研究或已发现的共熔体有 TNAZ/TNT、TNAZ/ADNAZ、TNAZ/CE、TNAZ/TNB 等。国外尝试了以 TNAZ 作为载体的熔铸炸药研究,澳大利亚 DSTO 开发了 TNAZ/RDX:40/60 的 ARX-4007 炸药,实测爆速与爆压分别可以达到 8 660 m/s 和 33.0 GPa。但是,该工作的结论是 TNAZ 由于其合成困难、敏感性以及浇注困难等原因,难以作为 TNT 的替代物[10]。此外,国外还利用计算机编码技术 LOTUS-ES 优化混合炸药配方,预测了 TNAZ/HNIW 和 TNAZ/TATB 配方的性能参数,但该工作还停留在理论研究阶段。

10.2 HNIW 颗粒预处理方法

HNIW 在熔铸载体中的溶解和转晶问题严重阻碍了其应用,同样的情况也发生在 HNIW 基浇注炸药中。HNIW 在酯类增塑剂中的溶解等问题促使研究人员开发了新型的粘结剂体系,从而使 HNIW 在浇注炸药中得到广泛应用。美、欧军事强国针对溶解性制定了相应的标准,经反复试验以及在武器弹药中的应用表明,HNIW 在增塑剂中的溶解度不大于 2.4%的情况下,HNIW 基浇注炸药的性能可满足能量水平、安全性等要求。

除对浇注炸药中增塑剂的溶解能力作出明确的限定之外,同时发展的另一重要方向是采用蜡、氟橡胶、聚合物等对 HNIW 进行表面改性。而 HNIW 基熔铸炸药由于缺乏关键性数据,暂无相关标准,但熔铸炸药工艺过程复杂、载体含量高,因此其标准必定较浇注炸药更为严格,因此,对表面改性的 HNIW 的包覆度、抗溶解性、耐热性提出了更高的要求。

为了解决 HNIW 在熔铸载体中的溶解和转晶问题，采用蜡、氟橡胶、聚合物等对 HNIW 进行表面改性是目前保证 HNIW 在熔铸炸药中得到应用的唯一切实可行的方案。尤其是采用原位聚合的多巴胺类仿生材料，除了可以有效提高 HNIW 的抗溶解性、热稳定性等重要指标外，还在一定程度上降低了 HNIW 的机械感度、增强了颗粒的力学强度，对提高 HNIW 基熔铸炸药的安全性、结构完整性具有积极的作用。本节详细叙述本团队在多巴胺类物质对 HNIW 的包覆及其对晶变影响的相关研究。

10.2.1 多巴胺原位包覆及其对 ε-HNIW 晶变抑制作用

本团队研究了四种多巴胺类物质，包括多巴胺、左旋多巴、1-（3,4-二羟苯基）-2-氨基乙醇和 6-羟基多巴胺，原位包覆对 ε-HNIW 固-固晶变的抑制作用。

原位自聚合包覆 ε-HNIW 的具体制备过程包括：① 称量适量的多巴胺，溶解在 Tris-HCl 缓冲液（10 mM，pH=8.5）中并搅拌 10 min，使多巴胺充分溶解在 Tris-HCl 缓冲液中；② 称量适量的原料 ε-HNIW，加入配制的溶液中，在室温（25 ℃）条件下搅拌 24 h；③ 观察到悬浮液的颜色由透明变为深棕色，自聚合包覆完成；④ 采用抽滤装置将悬浮液过滤，获得包覆颗粒，并用无水乙醇洗涤若干次，然后在 50 ℃ 条件下的烘箱里干燥 6 h；⑤ 获得 ε-HNIW-PDA 包覆晶体颗粒（图 10.6）。

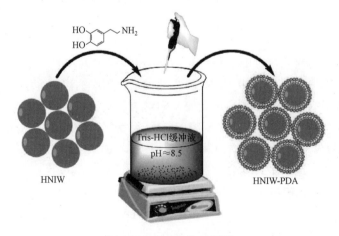

图 10.6 制备方法示意图

1. 表面包覆 HNIW 的表观形貌

通过对原料 ε-HNIW 和包覆后的 ε-HNIW 晶体进行扫描电子显微镜（SEM）测试，定性研究包覆 ε-HNIW 晶体的包覆效果，原料 ε-HNIW 及包覆后的 ε-HNIW 复合材料的测试结果如图 10.7 所示。

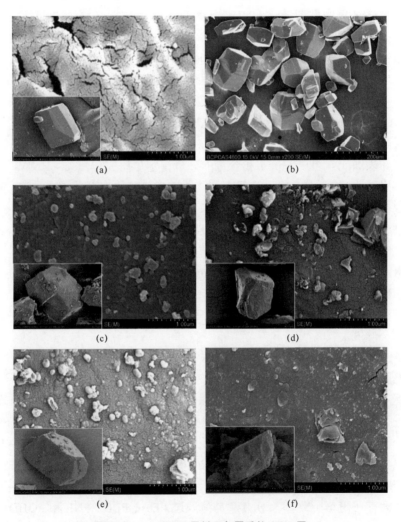

图 10.7　ε-HNIW 原料及包覆后的 SEM 图
（a）、(b) ε-HNIW；(c) ε-HNIW-PDA；(d) ε-HNIW-PLD；
(e) ε-HNIW-PNE；(f) ε-HNIW-POHDA

■ HNIW 混合炸药设计基础

原料 ε–HNIW 晶体表面光滑，晶体形状规则。为了清晰地分析 PDA、PLD、PNE、POHDA 四种聚合物在 ε–HNIW 晶体表面的包覆效果，对选中的晶体颗粒进行局部放大观察，经过 12 h 的包覆后，PDA、PLD、PNE、POHDA 四种聚合物在 ε–HNIW 晶体表面均生成了一层致密的包覆层，形成稳定的 ε–HNIW 聚合物壳核结构。ε–HNIW 晶体在包覆前后的晶体形状没有发现明显变化，ε–HNIW 晶体的颜色随聚合时间的增加由浅棕色逐渐变为深棕色。此外，在测试过程中发现，ε–HNIW 晶体对电子束的抵抗能力有明显提高，由图 10.7（b）可知，原料 ε–HNIW 晶体［图 10.7（a）］对电子束比较敏感，当扫描电镜的放大倍数不小于 50 000 倍时，ε–HNIW 晶体表面就会发生裂纹和起皱。然而，ε–HNIW 晶体用多巴胺类聚合物包覆后［图 10.7（c）～（f）］，放大率等于 100 000 倍时，晶体面仍然稳定，表明在聚合物包覆层的保护下，ε–HNIW 晶体对电子束的抵抗性明显增强。

通过对原料 ε–HNIW 和包覆后的 ε–HNIW 晶体进行 XPS 测试,分析包覆前后晶体表面元素组成、价态和含量的分析，定量研究包覆 ε–HNIW 晶体的包覆效果，原料 ε–HNIW 和包覆后的 ε–HNIW 晶体表面的 C1s、O1s 和 N1s 光谱数据如图 10.8 所示。

原料 ε–HNIW 晶体：C1s 峰谱中出现了两个峰值，对应的结合能为 284.6 eV 和 287.8 eV，主要是因为 HNIW 分子结构中的 N–C–N、C–C 两种不同化学态的碳原子；N1s 峰谱中在结合能为 401.9 eV 和 406.3 eV 处拟合出两个峰，归因于 HNIW 分子结构中 $-NO_2$ 和 C–N– 两种化学态的氮原子；由于 HNIW 分子中只存在 $-NO_2$ 上一种化学态的氧原子，在 O1s 元素峰谱中结合能为 532.9 eV 出现一个峰值。

多巴胺聚合物包覆 ε–HNIW 晶体颗粒表面的元素组成和化学态分布基本与多巴胺聚合物表面一致，只是峰值的强度有所差异，为了定量分析多巴胺原位包覆对 ε–HNIW 晶体的包覆效果，采用 Thermo Avantage 软件对每个峰值的强度进行拟合计算，测试结果如表 10.4 所示，根据杨志剑等人的相关研究[11]，通过分析晶体颗粒表面 N/C 元素比，可以定量分析多巴胺聚合物包覆 ε–HNIW 晶体颗粒表面包覆效果。PDA 表面的 N/C 元素比为 0.11，接近于多巴胺的理论值 0.125。ε–HNIW 晶体表面 N/C 原子比为 1.06 相对较高，这是由于 ε–HNIW 晶体表面存在硝基所致。ε–HNIW 晶体通过 PDA、PLD、PNE 和 POHDA 自聚合包覆后，晶体颗粒表面的 N/C 原子比从 1.06 依次降至 0.51、0.70、0.63 和 0.55，这表明多巴胺系列物质在 ε–HNIW 晶体表面进行了比较成功的包覆，包覆效果依次为 PDA＞POHDA＞PNE＞PLD。

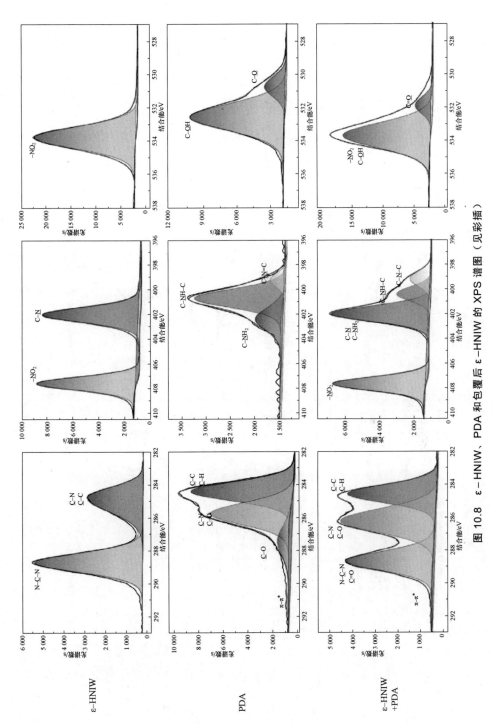

图 10.8　ε-HNIW、PDA 和包覆后 ε-HNIW 的 XPS 谱图（见彩插）

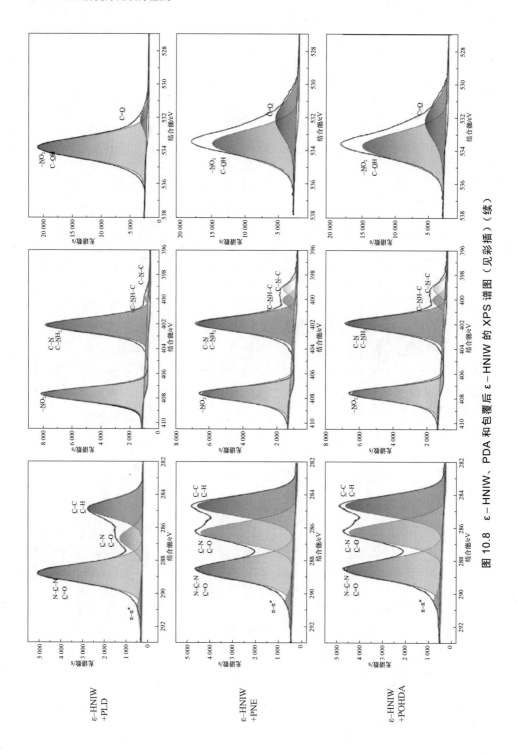

图 10.8 ε-HNIW、PDA 和包覆后 ε-HNIW 的 XPS 谱图（见彩插）（续）

表 10.4　ε－HNIW 包覆前后样品表面元素组成

样品名称	C1s/%（质量分数）	N1s/%（质量分数）	O1s/%（质量分数）	N/C
ε－HNIW	32.76	34.68	32.56	1.06
ε－HNIW－PDA	46.33	23.83	29.84	0.51
ε－HNIW－PLD	39.8	27.78	32.42	0.70
ε－HNIW－PNE	41.58	26.29	32.13	0.63
ε－HNIW－POHDA	44.89	24.66	30.45	0.55

2. 表面包覆 HNIW 的热稳定性

采用 DSC 表征多巴胺原位包覆 ε－HNIW 晶体在热刺激作用下的热稳定性，初步研究不同多巴胺聚合物对 ε 晶体晶型转变的影响。图 10.9 所示为不同多巴胺聚合物包覆后 ε－HNIW 晶体的 DSC 曲线，DSC 设定的测定程序为：升温速率 5 K/min、温度范围 25～350 ℃，待测样品质量为 100 mg。从图 10.9 中分析可得，ε－HNIW 晶体和多巴胺聚合物包覆后 ε－HNIW 晶体在 150～200 ℃ 出现吸热峰（ε－HNIW 转变为 γ－HNIW 的晶型转变峰），在 220～260 ℃ 出现明显的 ε－HNIW 热分解放热峰，发现多巴胺聚合物包覆对 ε－HNIW 的热分解基本没有影响。

ε－HNIW 包覆前后的热分析数据如表 10.5 所示。

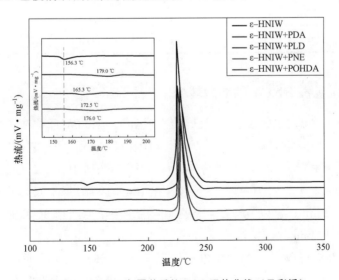

图 10.9　ε－HNIW 包覆前后的 DSC 吸热曲线（见彩插）

多巴胺聚合物包覆的 ε-HNIW 晶体的晶型转变温度有不同程度的延后，其中 ε-HNIW-PDA、ε-HNIW-PLD、ε-HNIW-PNE 和 ε-HNIW-POHDA 晶体的晶型转变峰值温度从原料 ε-HNIW 的 156.3 ℃依次提升至 179.0 ℃、165.3 ℃、172.5 ℃和 176.0 ℃。由表 10.5 可见，多巴胺聚合物包覆的 ε-HNIW 晶体晶型转变吸热曲线的起始温度（T_0）从侧面更加清晰地体现出 ε-HNIW 晶体晶型转变温度变化。ε-HNIW-PDA、ε-HNIW-PLD、ε-HNIW-PNE 和 ε-HNIW-POHDA 晶体的晶型转变吸热峰起始温度（T_0）从原料 ε-HNIW 的 144.5 ℃依次提升至 172.3 ℃、157.6 ℃、164.8 ℃和 173.4 ℃。说明多巴胺聚合物包覆的 ε-HNIW 晶体的晶变温度得到明显提升，多巴胺聚合物有效地抑制了 ε-HNIW 晶体的晶型转变，极大提高了 ε-HNIW 晶型稳定性。其抑制效果依次为：PDA＞POHDA＞PNE＞PLD。

表 10.5　ε-HNIW 包覆前后的热分析数据

样品名称	吸热峰		
	T_o/℃	T_p/℃	T_e/℃
ε-HNIW	144.5	156.3	171.4
ε-HNIW-PDA	172.3	179	187.1
ε-HNIW-PLD	157.6	165.3	174.7
ε-HNIW-PNE	164.8	172.5	184.5
ε-HNIW-POHDA	173.4	176	185.2

3. 表面包覆 HNIW 的晶型转变

采用原位变温 XRD 表征多巴胺聚合物包覆 ε-HNIW 晶体在热刺激作用下的热稳定性，研究不同多巴胺聚合物对 ε-HNIW 晶体晶型转变的抑制作用。测试条件：以 0.1 ℃/s 的升温速率将样品从 30 ℃加热到 190 ℃，分别在 30 ℃、50 ℃、70 ℃、90 ℃、110 ℃扫描一次，在 120~190 ℃每 5 ℃扫描一次，每次扫描前保温 2 min；再以 0.5 ℃/s 的速率降温，在温度降到 30 ℃时扫描一次，扫描前保温 10 min。

图 10.10 为包覆后 ε-HNIW 在不同温度下的 XRD 图谱。通过与 HNIW 标准谱图对比，温度在 30 ℃时，包覆后 ε-HNIW 晶体的晶型未发生变化，说明

室温多巴胺聚合物不会对 ε-HNIW 晶体的晶型产生影响。随着样品温度的升高，ε-HNIW 的特征峰强度逐渐减弱，而 γ-HNIW 的特征峰出现并逐渐增强，表明更多的 ε-HNIW 转变为 γ-HNIW。当温度从 190 ℃降低到 30 ℃时，XRD 图谱没有变化，这表明包覆后 ε-HNIW 晶体在热刺激作用下的晶型转变是不可逆的过程。

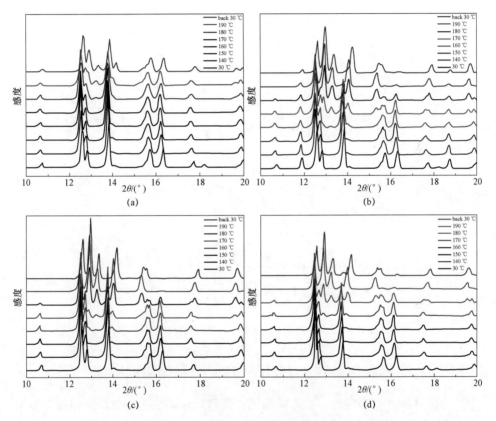

图 10.10　包覆后 ε-HNIW 在不同温度下的 XRD 图谱（见彩插）
（a）ε-HNIW-PDA；（b）ε-HNIW-PLD；（c）ε-HNIW-PNE；（d）ε-HNIW-POHDA

HNIW 晶体中 ε 和 γ 晶相的含量是通过 Topas Academic 程序中的 Rietveld 精修方法计算的，计算拟合出的结果如图 10.11 所示。经 PDA、PLD、PNE 和 POHDA 包覆后的 ε-HNIW 晶体的晶型转变起始温度分别为 175 ℃、160 ℃、160 ℃和 170 ℃。与原料 ε-HNIW（晶变温度约为 140 ℃）相比，包覆后 ε-HNIW 晶体的起始晶变温度均有明显提高。随着温度升高到 190 ℃，原料 ε-HNIW 经 PLD 和 PNE 包覆后的 HNIW 的 ε 型全部转化为 γ 型。然而，经 PDA 和

POHDA 包覆的 ε-HNIW 晶体，即使温度升高至 190 ℃时，γ-HNIW 含量分别为 37.9%和 73.3%，仍有 62.1%和 26.7%的晶体保持 ε 型。表明 PDA、PLD、PNE 和 POHDA 四种聚合物均能抑制 ε-HNIW 在热刺激作用下的晶型转变，其中 PDA 和 POHDA 两种聚合物的抑制效果显著，ε-HNIW 晶体的晶型转变起始温度提高为 30~35 ℃。四种聚合物综合抑制效果依次为：PDA＞POHDA＞PNE＞PLD。

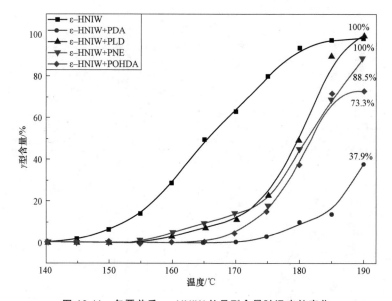

图 10.11 包覆前后 ε-HNIW 的晶型含量随温度的变化

10.2.2 多巴胺含量对 ε-HNIW 晶变抑制作用的影响

为保证高能炸药能量不被严重降低，需尽可能减少包覆物质的用量，相应工作还包括研究了 0.5%（质量分数）、1.0%（质量分数）、1.5%（质量分数）和 2.0%（质量分数）四种聚合多巴胺含量对 ε-HNIW 晶变抑制作用的影响，摸索聚合多巴胺包覆 HNIW 过程中的最小量，对提高 HNIW 混合炸药的能量有积极的意义。

通过对原料 ε-HNIW 和包覆后的 ε-HNIW 晶体进行 XPS 测试，分析包覆前后晶体表面元素组成、价态和含量的分析，定量研究 PDA 含量对 ε-HNIW 晶体的包覆效果的影响，原料 ε-HNIW 和不同含量 PDA 包覆后的 ε-HNIW 晶体表面的 C1s、O1s 和 N1s 光谱数据如图 10.12 所示。

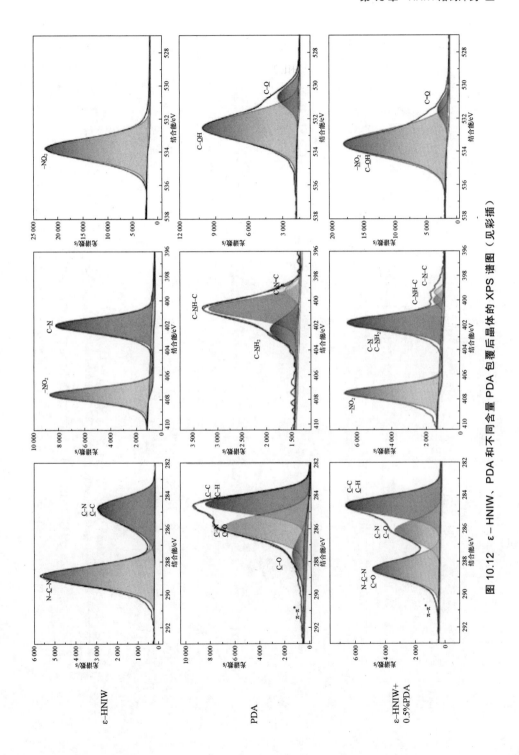

图 10.12 ε-HNIW、PDA 和不同含量 PDA 包覆后晶体的 XPS 谱图（见彩插）

■ HNIW 混合炸药设计基础

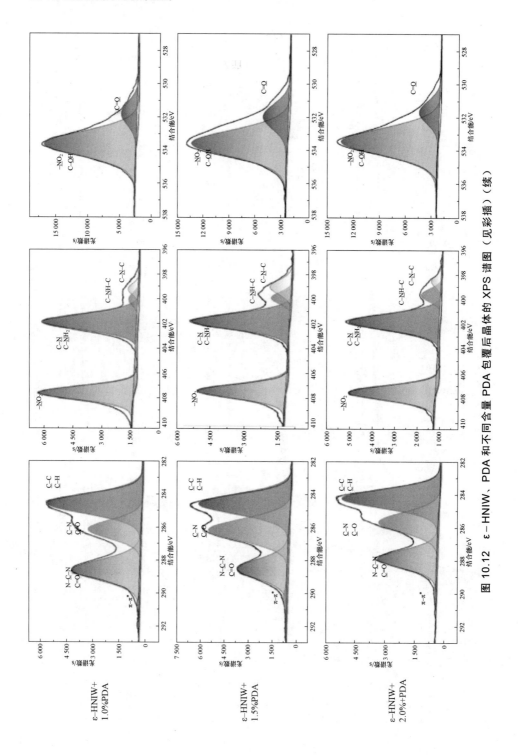

图 10.12 ε-HNIW、PDA 和不同含量 PDA 包覆后晶体的 XPS 谱图（见彩插）（续）

由图 10.12 可知，不同含量 PDA 包覆 ε-HNIW 晶体后表面 C1s、O1s 和 N1s 元素的谱峰位置与包覆物 PDA 的表面基本一致，包覆后 ε-HNIW 晶体颗粒表面在 C1s 元素谱图和 O1s 元素谱图中 C=O 的特征峰和 N1s 元素谱图 C—NH—C 官能团特征峰的出现，证明多巴胺在 ε-HNIW 晶体表面发生稳定的自聚合氧化反应。当 PDA 含量为 0.5%时，ε-HNIW 晶体颗粒表面 C=O 和 C—NH—C 对应的特征峰的强度比较弱，PDA 含量大于 0.5%时，C=O 和 C—NH—C 对应的特征峰的强度明显增强。为定量分析不同含量多巴胺对 ε-HNIW 晶体的包覆效果，采用 Thermo Avantage 软件对每个峰值的强度进行拟合计算，测试结果如表 10.6 所示，ε-HNIW 晶体通过不同含量多巴胺自聚合包覆后，晶体颗粒表面的 N/C 原子比明显下降，表明不同含量多巴胺在 ε-HNIW 晶体表面形成了一层比较稳定的包覆层。其中，多巴胺含量大于 0.5%时，晶体颗粒表面的 N/C 原子比稳定集中在 0.52 左右，表明当多巴胺含量大于 0.5%时，ε-HNIW 晶体的包覆效果处于稳定的状态，不随多巴胺含量增加而变化；当多巴胺含量为 0.5%时，晶体颗粒表面的 N/C 原子比为 0.79，ε-HNIW 晶体表面包覆效果不太理想，可以得出，在保证理想包覆效果的前提下，多巴胺的最小含量应大于 0.5%。

表 10.6　不同含量 PDA 包覆 ε-HNIW 前后样品表面元素组成

样品名称	C1s/%（质量分数）	N1s/%（质量分数）	O1s/%（质量分数）	N/C
ε-HNIW	32.76	34.68	32.56	1.06
ε-HNIW/0.5%PDA	38.07	30.07	31.86	0.79
ε-HNIW/1.0% PDA	45.30	24.01	30.69	0.53
ε-HNIW/1.5% PDA	45.38	23.15	31.47	0.51
ε-HNIW/2.0% PDA	44.22	23.00	32.78	0.52

ε-HNIW 晶体和不同含量 PDA 包覆后 ε-HNIW 晶体在 150～200 ℃出现吸热峰（ε-HNIW 转变为 γ-HNIW 的晶型转变峰），在 220～260 ℃出现明显的 ε-HNIW 热分解放热峰，表明多巴胺聚合物包覆对 ε-HNIW 的热分解基本没有影响，如图 10.13 所示。

随着 PDA 含量的增加，包覆后 ε-HNIW 晶体的晶变峰温有不同程度的延后。包覆后 ε-HNIW 晶体的晶型转变峰值温度从原料 ε-HNIW 的 156.3 ℃依次提升至 171.1 ℃、175.8 ℃、182.6 ℃和 186.0 ℃。包覆后 ε-HNIW 晶体晶型转变吸热曲线的起始温度（T_0）从侧面更加清晰地体现出 ε-HNIW 晶体晶型转变温度变化。不同含量 PDA 包覆 ε-HNIW 晶体的晶型转变吸热峰起始温度（T_0）从原料 ε-HNIW 的 144.5 ℃依次提升至 156.8 ℃、168.9 ℃、170.6 ℃和 177.5 ℃。说明随着多巴胺含量大于 0.5%时，PDA 包覆后的 ε-HNIW 晶体晶型转变温度集中在 170~175 ℃，趋于稳定。

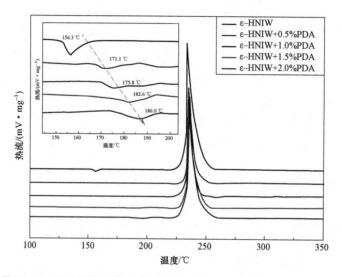

图 10.13　不同含量 PDA 包覆 ε-HNIW 的 DSC 吸热曲线（见彩插）

10.2.3　多巴胺聚合物对 HNIW 晶变抑制机理

1. 抑制作用下晶变动力学

采用原位 XRD 技术研究了多巴胺原位包覆对 ε/β/α 三种晶型 HNIW 晶变动力学的影响，进行特定温度条件下 ε/β/α 三种 HNIW 复合体系的晶型转变实验，设定实验程序分别测试多巴胺聚合物包覆后 ε/β/α 三种 HNIW 晶体依次在 165 ℃、170 ℃、175 ℃和 180 ℃恒温条件下晶型转变参数，研究多巴胺聚合物包覆后 ε/β/α 三种晶型 HNIW 的等温晶变动力学。根据 Avrami 和 Arrhenius 方程计算得到复合体系下 ε/β/α 三种晶型 HNIW 晶变动力学参数，结果如表 10.7 所示。

ε/β/α 三种晶型 HNIW 晶体在 PDA、PLD、PNE、POHDA 四种聚合物包覆抑制作用下晶型转变过程中表观活化能和三种单质 HNIW 相比显著提高；与三种橡胶粘结剂包覆后 HNIW 晶型转变过程中表观活化能相比均有不同程度提高，表明四种多巴胺聚合物包覆后 HNIW 晶型转变的能垒增大，对三种 HNIW 晶型转变起到了显著的抑制作用。

表 10.7　抑制作用下 ε/β/α 三种 HNIW 表观活化能

复合体系	表观活化能 E_a /（kJ·mol^{-1}）	指前因子 ln$A$
ε–HNIW–PDA	325.46	46.34
ε–HNIW–PLD	287.19	49.65
ε–HNIW–PNE	308.57	48.39
ε–HNIW–POHDA	320.87	47.62
β–HNIW–PDA	279.51	63.52
β–HNIW–PLD	256.68	61.29
β–HNIW–PNE	265.33	63.97
β–HNIW–POHDA	263.28	64.22
α–HNIW–PDA		
α–HNIW–PLD	288.37	52.68
α–HNIW–PNE	301.55	49.75
α–HNIW–POHDA	293.61	51.43

2. 多巴胺原位包覆对 ε-HNIW 固–固晶变抑制机理

ε-HNIW 固–固晶变只能在固态母相中进行成核和晶体生长，需要克服更高的晶变活化能垒，因此固–固相晶变一般需要在较高温度或压力下进行。PDA、PLD、PNE、POHDA 四种聚合物包覆 ε-HNIW 晶体后显著延迟了其晶型转变温度，有效地提高了 ε-HNIW 晶型转变过程的反应能垒。本节从 ε-HNIW 晶体与多巴胺聚合物分子间的相互作用方面初步揭示多巴胺聚合物对 ε-HNIW 固–固晶变抑制机理，分别计算了 ε-HNIW（110）和（11-1）晶面与 PDA、NR 组成的界面体系在不同温度下（25～200 ℃）的界面相互作用。

图 10.14 为不同温度条件下 ε-HNIW 复合体系界面结合能随温度的变化情况，与 NR 相比，ε-HNIW（110）和（11-1）晶面包覆 PDA 后结合能提高约 30%，表明 ε-HNIW 与 PDA 的界面相互作用，就结合能而言，显著提升。随着温度的提高，ε-HNIW 与 PDA 的结合能呈现逐渐下降的趋势，但结合能下降幅度不明显，下降程度在 5% 以内，可能是 PDA 自聚合形成的致密且稳定的聚合物包覆层为网状结构，使得 ε-HNIW/PDA 体系的结合能随着温度的升高，依然能够保持稳定的界面相互作用。ε-HNIW/NR 体系在温度为 25～75 ℃ 区间，随着温度的升高，结合能呈现上升趋势，在温度为 75～200 ℃ 区间，结合能呈现下降趋势，可以得出最佳的 ε-HNIW/NR 包覆温度在 75 ℃ 左右。

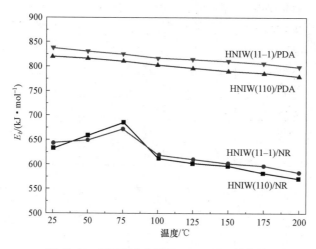

图 10.14 不同温度条件下 HNIW 界面结合能

图 10.15 为不同温度条件下 ε-HNIW 复合体系界面内聚能密度随温度的变化情况，ε-HNIW/PDA 和 ε-HNIW/NR 体系的内聚能密度，随着温度的升高，均是呈现为逐渐降低的趋势。ε-HNIW/PDA 体系 CED 降低程度小于 ε-HNIW/NR 体系，ε-HNIW 复合体系的内聚能密度主要来源于 ε-HNIW 复合体系的静电力和范德华力分量，ε-HNIW 复合体系 CED 随着温度的降低主要归因于静电力随温度的变化[12]。相比 ε-HNIW/NR 体系，ε-HNIW/PDA 体系在较高温度条件下保持较好的界面作用，有利于抑制 ε-HNIW 晶型转变作用。

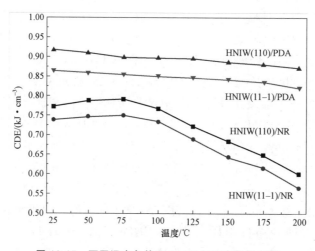

图 10.15 不同温度条件下 HNIW 界面内聚能密度

图10.16为不同温度条件下 ε-HNIW 复合体系界面 N-N 键作用随温度的变化情况，ε-HNIW/PDA 和 ε-HNIW/NR 体系的 N-N 键作用，随着温度的升高，同样是呈现为逐渐降低的趋势。相比 ε-HNIW/NR 体系，ε-HNIW/PDA 体系在较高温度条件下 N-N 键作用更为稳定，特别是在温度高于 100 ℃时，ε-HNIW/PDA 体系在（110）和（11-1）晶面的 N-N 键作用基本稳定在一定范围，反观 ε-HNIW/NR 体系在温度高于 100 ℃时，N-N 键作用逐渐减弱。

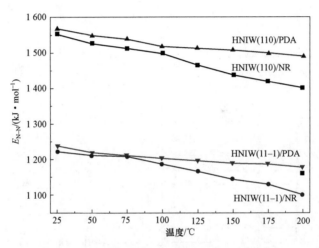

图 10.16　不同温度条件下 HNIW 界面 N-N 键作用

3. PDA 对 ε-HNIW 溶解诱导晶变的抑制机理

本书前面章节初步阐述了 ε-HNIW 溶解诱导晶变机理：部分溶解的 HNIW 在热刺激作用下，首先析出的 β-HNIW 迅速转变为少量 γ-HNIW，该 γ-HNIW 晶体可作为晶种，继续诱导其余 HNIW 的晶型转变，从而促使 HNIW 的晶型转变。该晶型转变过程可视为固→液→固晶变，溶解后的 ε-HNIW 进行晶型转变所需越过的能垒远远低于直接固→固晶变。为研究 PDA 对 ε-HNIW 溶解诱导晶变抑制作用，本小节从 PDA 包覆后 ε-HNIW 在增塑剂中晶变试验、溶解度测试和 100 ℃/6 h 条件下晶变试验三方面进行 PDA 对 ε-HNIW 溶解诱导晶变抑制机理进行研究。

采用原位变温 XRD 表征 PDA 包覆 ε-HNIW 晶体后在增塑剂中的热晶变规律，研究 PDA 对 ε-HNIW 溶解诱导晶变抑制作用。图 10.17 为 PDA 包覆后 ε-HNIW 在 4 种增塑剂中的 XRD 图谱。随着测试程序温度的升高，PDA 包

覆后 ε-HNIW 晶体在 4 种增塑剂作用下,出现不同程度的 ε-HNIW 转变为 γ-HNIW。

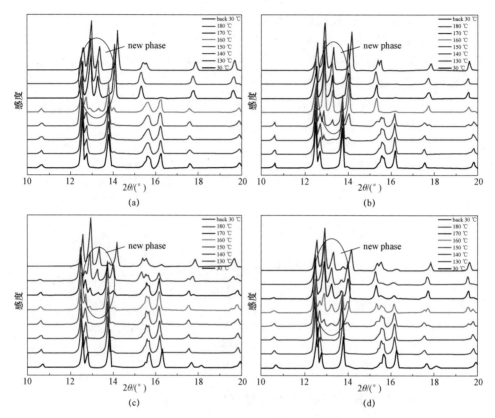

图 10.17　PDA 包覆后 ε-HNIW 在不同增塑剂中的 XRD 图谱（见彩插）
(a) ε-HNIW-PDA/DOA；(b) ε-HNIW-PDA/DOS；
(c) ε-HNIW-PDA/RH；(d) ε-HNIW-PDA/IDP

采用 Rietveld 精修方法计算结果如图 10.18 所示,PDA 包覆后 ε-HNIW 在添加 DOA、DOS、RH 和 IDP 增塑剂后的晶型转变起始温度依次为 160 ℃、155 ℃、165 ℃和 160 ℃。温度升高至 190 ℃时,DOA、DOS、RH 和 IDP 增塑剂对应的 ε-HNIW 晶体中,γ 型 HNIW 含量依次为 68.7%、85.6%、48.6%和 89.6%。与未包覆 PDA 的 ε-HNIW 相比,4 种复合体系对 ε-HNIW 溶解诱导晶变具有显著的抑制作用。

采用静态法对 PDA 包覆后 ε-HNIW 在常用增塑剂中进行溶解度测试,分别测试了 25 ℃/72 h 和 60 ℃/6 h 两种条件下 PDA 包覆后 ε-HNIW 晶体在 4 种增塑剂中的溶解度。测试结果如表 10.8 所示。

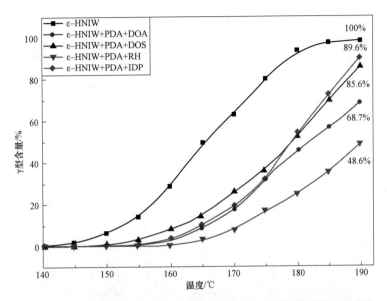

图 10.18　PDA 包覆后 ε–HNIW 晶体在增塑剂中的晶型含量随温度的变化

表 10.8　PDA 包覆后 ε–HNIW 在 100 g 增塑剂中溶解度

增塑剂种类	溶解度/g	
	25 ℃/72 h	60 ℃/6 h
DOA	1.3±0.05	1.3±0.05
DOS	1.5±0.05	1.6±0.05
IDP	2.1±0.05	2.2±0.05
RH		

　　DOA、DOS 和 IDP 三种增塑剂对 PDA 包覆后 ε–HNIW 晶体有不同程度的溶解，与未包覆 PDA 的 ε–HNIW 晶体相比，溶解度明显下降。其中 PDA 包覆后 ε–HNIW 晶体在 RH 没有测出溶解度数据，可能是由于试验误差所致。溶解度测试结果与 PDA 包覆 ε–HNIW 晶体后在增塑剂中的热晶变规律一致，推测 PDA 对 ε–HNIW 溶解诱导晶变抑制作用是通过降低 ε–HNIW 在增塑剂中的溶解度实现的。

为进一步验证 PDA 包覆对 ε-HNIW 溶解诱导晶变的抑制作用,将 PDA 包覆后的 ε-HNIW 晶体进行 100 ℃/6 h 条件下高温长工时晶变试验,将质量为 1 g 的 PDA 包覆后 ε-HNIW 晶体分别加入盛有 5 mL 增塑剂的培养皿中,在 100 ℃ 条件下保温 6 h 后,依次对 4 组 ε-HNIW 晶体进行 XRD 测试,测试结果如图 10.19 所示。PDA 包覆后 ε-HNIW 晶体经过 100 ℃/6 h 后晶体几乎没有发生晶型转变,表明 PDA 包覆对 ε-HNIW 溶解诱导晶变具有显著的抑制作用。

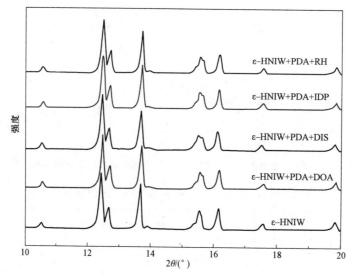

图 10.19 PDA 包覆后 ε-HNIW 在不同增塑剂中 100 ℃/6 h 后的 XRD 谱图

10.3 HNIW 基熔铸炸药性能预测与理论计算

典型浇注炸药中含有 10%～16% 的高分子黏合剂,压装炸药中的粘结剂含量也在 5% 以上,尽管世界各国都在积极地研发含能黏合剂体系,但黏合剂体系与功能助剂造成的能量下降始终是无法避免的。熔铸炸药由于其独特的成型工艺,载体自身是一种高能炸药,虽然熔铸炸药为了提高工艺性、结构完整性等也需要少量添加剂,但总体而言,熔铸炸药高能组分的含量高,因此在能量方面更有优势，以典型的 B 炸药为例，其添加剂一般不超过 2%，因此尽管以 RDX 为主炸药，其爆速也可以达到 8 000 m/s 以上（30TNT/70RDX）。

本节以前面所介绍的部分新型熔铸载体为基，以 HNIW 为主炸药，结合本课题组多年来关于混合炸药配方设计方面的一些方法与思路，分别设计了高爆速、高爆热两类 11 型 HNIW 基熔铸炸药配方，并通过理论计算分析了相关性能。

10.3.1 HNIW 基高爆速熔铸炸药设计与性能计算

目前，最典型、应用最广泛的高爆速熔铸炸药是奥克托儿（Octol），它是以 TNT 为载体，HMX 为主炸药的熔铸炸药，是目前得到应用的爆速最高的熔铸炸药，比 B 炸药具有更大的威力。25TNT/75HMX 组成的 Octol 炸药装药密度大于 1.80 g/cm^3，爆速可达 8 480 m/s，比 B 炸药高 600 m/s（典型装药密度下），聚能装药破甲能力比 B 炸药高 18.5%。

除主炸药外，载体性能对熔铸炸药的性能影响非常大，因此设计高爆速熔铸炸药应选择爆速与密度较高的载体，以保证熔铸炸药的爆速与威力。表 10.1 中列出了现有的几种具有应用潜力的新型熔铸载体，其中爆速大于 8 500 m/s 的包括 DNTF、TNAZ 和 MTNP 三种。本节以上述炸药为载体，设计并计算了 HNIW 基高爆速熔铸炸药的基础配方及相关性能。

DNTF 的理论密度为 1.937 g/cm^3，理论爆速达到 9 250 m/s，是一种非常合适的高爆速熔铸载体。如上所述，其熔点较高，需要与 TNT 形成低共熔物才能满足工艺要求。本节以 DNTF/TNT = 9:1 为载体，其熔点降低至 100 ℃左右，该比例的混合物也是目前研究最多的低共熔物。在以 HMX 为主炸药的熔铸炸药研究中，通常取固含量为 60%可以保证熔铸过程的工艺性，而根据前期的研究，HMX 在熔铸载体中的溶解度通常是硝胺炸药中较低的，因此可以预判以 DNTF 为载体的 HNIW 基熔铸炸药固含量也不会高于 60%。

采用 Urizar 方法计算 36DNTF/4TNT/60HNIW 组成的熔铸炸药理论密度为 1.983 g/cm^3，装药密度预计可达到 1.94 g/cm^3（98%TMD），在此密度下的计算爆速为 9 315 m/s。采用 EXPLO5 程序对该配方的爆轰性能进行了计算，其 C-J 面参数与 JWL 状态方程参数如图 10.20 所示。

TNAZ 自身的熔点约为 101 ℃，可以勉强满足熔铸工艺的要求，但 TNAZ

■ HNIW混合炸药设计基础

蒸汽压非常大，工艺过程安全性等较低，因此现有的研究也多集中在将 TNAZ 与其他低熔点含能化合物形成低共熔物。美国航空海事研究实验室研发了代号为 ARX-4007 的 TNAZ 基熔铸炸药，基础配方为 40TNAZ/60RDX，证实了 TNAZ 具有单独作为熔铸载体的潜力，因此本节仍以 TNAZ 作为载体，设计高爆速熔铸炸药。

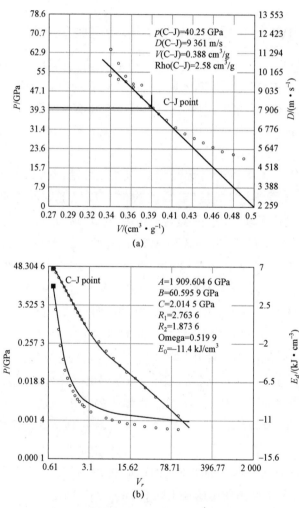

图 10.20　36DNTF/4TNT/60HNIW 熔铸炸药
C-J 面参数与 JWL 状态方程参数

采用 Urizar 方法计算 40TNAZ/60HNIW 组成的熔铸炸药理论密度为 1.955 g/cm³，装药密度预计可达到 1.91 g/cm³（98%TMD），在此密度下的计算爆速为 9 200 m/s。采用 EXPLO5 程序对该配方的爆轰性能进行了计算，其 C–J 面参数与 JWL 状态方程参数如图 10.21 所示。

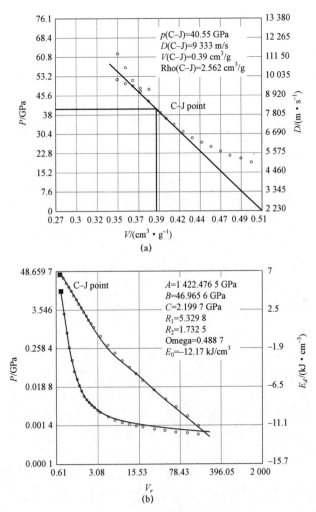

图 10.21　40TNAZ/60HNIW 熔铸炸药
C–J 面参数与 JWL 状态方程参数

MTNP 熔点约为 91 ℃，是一种极具潜力的熔铸载体，其能量水平和感度均与 RDX 相当。目前尚没有公开报道过以 MTNP 为基的熔铸炸药配方，为了便于比较，本节中 MTNP 基高爆速熔铸炸药的固含量也取 60%。

采用 Urizar 方法计算 40MTNP/60HNIW 组成的熔铸炸药理论密度为 1.946 g/cm³，装药密度预计可达到 1.90 g/cm³（98%TMD），在此密度下的计算爆速为 9 165 m/s。采用 EXPLO5 程序对该配方的爆轰性能进行了计算，其 C-J 面参数与 JWL 状态方程参数如图 10.22 所示。

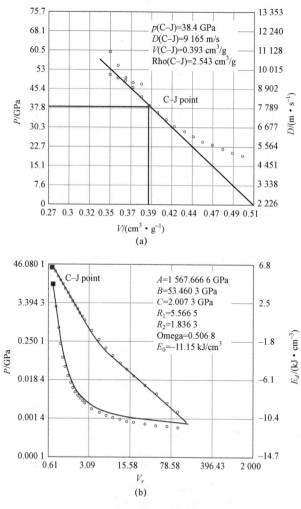

图 10.22　40MTNP/60HNIW 熔铸炸药
C-J 面参数与 JWL 状态方程参数

以上述三种低熔点含能化合物为载体设计的熔铸炸药爆速均达到 9 200 m/s 左右，性能与美军 LX-19 接近。因此，发展高爆速熔铸炸药是我国在高爆速炸药领域的一个重要方向，有望使聚能装药、金属驱动装药等在威力方面得到进一步的提升。

10.3.2 HNIW 基高爆热熔铸炸药设计与性能计算

在 B 炸药中添加铝粉作为金属燃料形成的梯黑铝是最早期的高爆热熔铸炸药之一，其性能优良，至今仍有大量装备，是水雷、鱼雷等大口径弹药的备选装药。本节以表 10.1 中的部分低熔点炸药为载体，设计并计算了 HNIW 基高爆热熔铸炸药的基础配方及相关性能，根据本课题组在混合炸药配方设计方面的相关理论与经验，在设计时同时提供了含氧化剂与不含氧化剂的两种方案，两种方案的铝氧比均控制在 0.66 左右，以使金属燃料的能量可以得到充分的释放。

以 DNTF/TNT = 9:1 为载体，固含量为 60%，设计了两型 DNTF/TNT 载体 HNIW 基高爆热熔铸炸药基础配方，其基本组成如表 10.9 所示，采用 EXPLO5 程序对该配方的爆轰性能进行了计算，其 C-J 面参数与 JWL 状态方程参数如图 10.23 与图 10.24 所示。

表 10.9 DNTF/TNT 载体 HNIW 基高爆热熔铸炸药基础配方与相关性能

炸药组分	组分含量		备注	基本性能	参数	
	配方一	配方二			配方一	配方二
DNTF/TNT（9:1）	40	40	熔铸载体	理论密度/(g·cm^{-3})	2.135	2.131
HNIW	30	19	主炸药	爆速/(m·s^{-1})	7 227	7 071
Al	30	31	金属燃料	爆热/(kJ·kg^{-1})	9 449	9 538
AP	/	10	氧化剂	爆压/GPa	23.984	22.998
				铝氧比	0.65	0.66

以 TNAZ 为载体，固含量为 60%，设计了两型 TNAZ 载体 HNIW 基高爆热熔铸炸药基础配方，其基本组成如表 10.10 所示，采用 EXPLO5 程序对该配方的爆轰性能进行了计算，其 C-J 面参数与 JWL 状态方程参数如图 10.25 与图 10.26 所示。

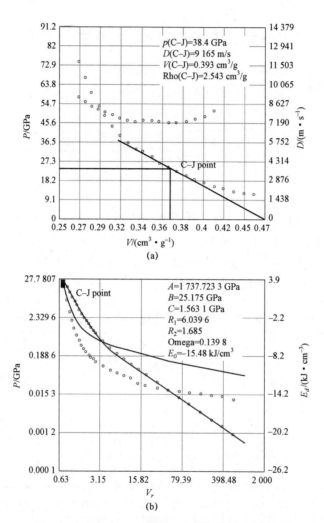

图 10.23　DNTF/TNT 载体 HNIW 基高爆热熔铸炸药
C‒J 面参数与 JWL 状态方程参数（配方一）

第10章 HNIW熔铸炸药

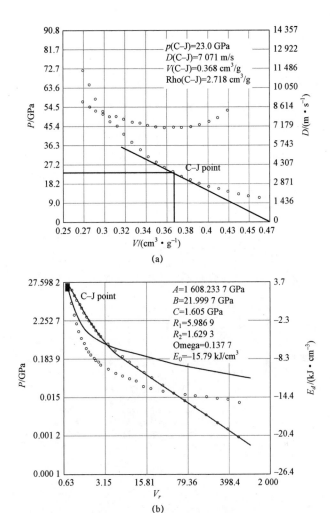

图 10.24 DNTF/TNT 载体 HNIW 基高爆热熔铸炸药
C-J 面参数与 JWL 状态方程参数（配方二）

表 10.10 TNAZ 载体 HNIW 基高爆热熔铸炸药基础配方与相关性能

炸药组分	组分含量		备注	基本性能	参数	
	配方一	配方二			配方一	配方二
TNAZ	40	40	熔铸载体	理论密度/(g·cm^{-3})	2.125	2.117
HNIW	25	10	主炸药	爆速/(m·s^{-1})	7 065	6 952
Al	35	36	金属燃料	爆热/(kJ·kg^{-1})	9 958	10 172
AP	/	14	氧化剂	爆压/GPa	23.214	22.525
				铝氧比	0.66	0.66

HNIW 混合炸药设计基础

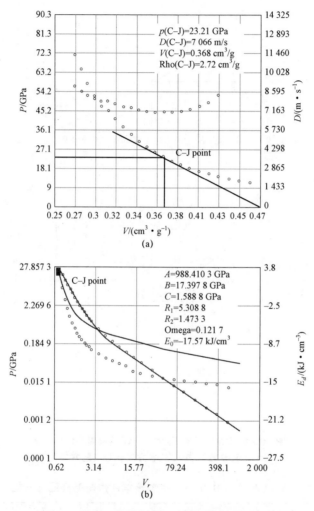

(a)

(b)

图 10.25　TNAZ 载体 HNIW 基高爆热熔铸炸药
C-J 面参数与 JWL 状态方程参数（配方一）

以 MTNP 为载体，固含量为 60%，设计了两型 MTNP 载体 HNIW 基高爆热熔铸炸药基础配方，其基本组成如表 10.11 所示，采用 EXPLO5 程序对该配方的爆轰性能进行了计算，其 C-J 面参数与 JWL 状态方程参数如图 10.27 与图 10.28 所示。

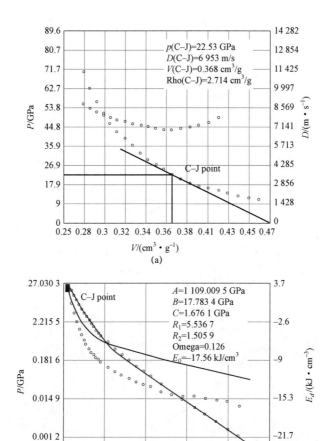

(a)

(b)

图 10.26　TNAZ 载体 HNIW 基高爆热熔铸炸药
C–J 面参数与 JWL 状态方程参数（配方二）

表 10.11　MTNP 载体 HNIW 基高爆热熔铸炸药基础配方与相关性能

炸药组分	组分含量		备注	基本性能	参数	
	配方一	配方二			配方一	配方二
MTNP	40	40	熔铸载体	理论密度/($g \cdot cm^{-3}$)	2.107	2.103
HNIW	27	16	主炸药	爆速/($m \cdot s^{-1}$)	7 037	6 777
Al	33	34	金属燃料	爆热/($kJ \cdot kg^{-1}$)	9 521	9 520
AP	/	10	氧化剂	爆压/GPa	22.564	20.927
				铝氧比	0.66	0.66

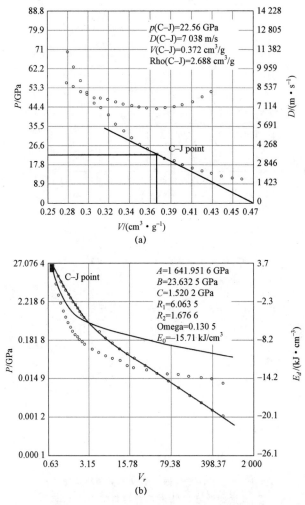

图 10.27 MTNP 载体 HNIW 基高爆热熔铸炸药
C–J 面参数与 JWL 状态方程参数（配方一）

根据本课题组对 DFTNAN 的初步研究，证实其在固含量为 75% 时药浆仍具有较好的流变性，因此本节以 DFTNAN 为载体，固含量为 75%，设计了两型 DFTNAN 载体 HNIW 基高爆热熔铸炸药基础配方，其基本组成如表 10.12 所示，采用 EXPLO5 程序对该配方的爆轰性能进行了计算，其 C–J 面参数与 JWL 状态方程参数如图 10.29 与图 10.30 所示。

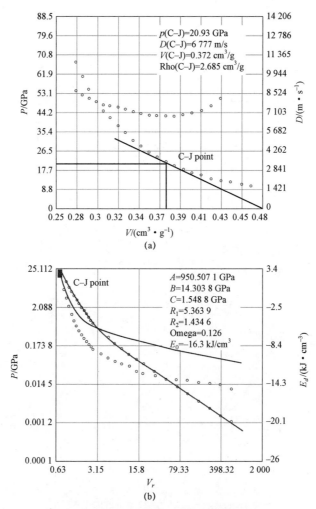

图 10.28　MTNP 载体 HNIW 基高爆热熔铸炸药
C-J 面参数与 JWL 状态方程参数（配方二）

表 10.12　DFTNAN 载体 HNIW 基高爆热熔铸炸药基础配方与相关性能

炸药组分	组分含量		备注	基本性能	参数	
	配方一	配方二			配方一	配方二
DFTNAN	25	25	熔铸载体	理论密度/$(g \cdot cm^{-3})$	2.131	2.126
HNIW	43	31	主炸药	爆速/$(m \cdot s^{-1})$	6 889	6 797
Al	32	33	金属燃料	爆热/$(kJ \cdot kg^{-1})$	9 677	9 799
AP	/	11	氧化剂	爆压/GPa	22.357	21.366
				铝氧比	0.65	0.65

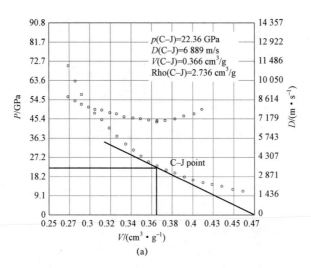

(a)

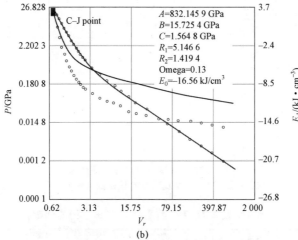

(b)

图 10.29 DFTNAN 载体 HNIW 基高爆热熔铸炸药 C−J 面参数与 JWL 状态方程参数（配方一）

第10章　HNIW 熔铸炸药

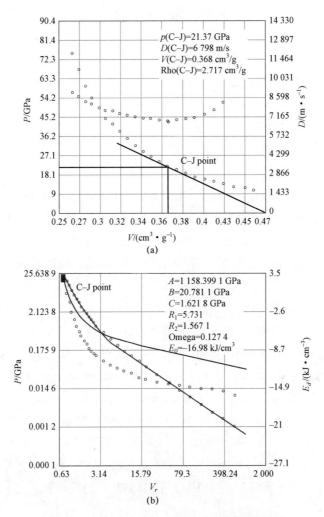

图 10.30　DFTNAN 载体 HNIW 基高爆热熔铸炸药
C-J 面参数与 JWL 状态方程参数（配方二）

以上述高爆热炸药中能量密度最低的 36DNTF/4TNT/40HNIW/30Al 为例，其爆热可接近 9 450 kJ/kg，理论密度为 2.135g/cm^3，其能量密度也可达到 3 倍 TNT 体积当量以上，可见 HNIW 基高爆热熔铸炸药具有高能量密度的特征，是我国混合炸药领域的重要发展方向之一。

参 考 文 献

[1] 陈方, 刘玉存, 王毅, 等. 熔铸载体炸药的研究进展[J]. 含能材料, 2020, 28(11): 12.

[2] Thiboutot S, Brousseau P, Ampleman G, et al. Potential Use of HNIW in TNT/ETPE-Based Melt Cast Formulations [J]. Propellants Explosives Pyrotechnics, 2010, 33(2): 103-108.

[3] Jin-Shuh Li, Jian-Jing Chen, Chyi-Ching Hwang, et al. Study on Thermal Characteristics of TNT Based Melt-Cast Explosives [J]. Propellants, Explosives, Pyrotechnics, 2019.44: 1270-1281.

[4] 任晓宁, 陆洪林, 张林军, 等. DNTF 与 HNIW 的相互作用研究[C]// 第十六届全国化学热力学和热分析学术会议, 2012.

[5] 姚如意, 苟瑞君, 张树海, 等. 几种硝胺炸药在熔态 TNT 和 DNP 中的溶解性及其结晶晶型[J]. 火炸药学报, 2019, 42(1): 89-93.

[6] Mrinal Ghosh, Shaibal Banerjee, Md Abdul Shafeeuulla Khan, et al. Understanding metastable phase transformation during crystallization of RDX, HMX and HNIW: experimental and DFT studies [J]. Physical Chemistry Chemical Physics, 2016, 18(34): 23554-23571.

[7] 罗观, 黄辉, 张帅, 等. RDX 在 2,4-二硝基苯甲醚(DNAN)低共熔体系中的溶解度[J]. 含能材料, 2012, (4): 437-440.

[8] 王玮, 罗一鸣, 王红星, 等. HMX 在 DNTF 中的溶解度研究[J]. 火工品, 2017(4): 3.

[9] Gong F Y, Zhang, J H, Ding L, et al. Mussel-inspired coating of energetic crystals: A compact core-shell structure with highly enhanced thermal stability [J]. Chemical Engineering Journal, 2017, 309: 140-150.

[10] 孙婷. HNIW 共晶及其复合材料结构与性能 MD 模拟研究[D]. 南京: 南京理工大学, 2015.

索 引

0～9（数字）

30 kg/批次 HNIW 重结晶　70、71
　　工艺关键操作参数（表）　70
　　样品光学显微照片（图）　71
40MTNP/60HNIW 熔铸炸药 C－J 面参数
　　与 JWL 状态方程参数（图）　410
40TNAZ/60HNIW 熔铸炸药 C－J 面参数
　　与 JWL 状态方程参数（图）　409
70 ℃/60 h 晶变试验　332
100 ℃/60 h 晶变试验　332

A～Z（英文）

Al－Zn 合金粉体热氧化模型（图）　354
C10 在不同时刻的压力－时间曲线（图）
　　273、274
CL－20　14
CO 规则　30、34
CO_2 规则　26、28、30
　　爆轰参数计算结果（表）　34
　　几种炸药的爆轰产物（表）　28
DFTNAN 基熔铸炸药爆速测试波形（图）
　　384
DFTNAN 载体 HNIW 基高爆热熔铸炸药
　　419
　　C－J 面参数与 JWL 状态方程参数
　　（图）　418、419
　　基础配方与相关性能（表）　417
DNP 载体炸药　382
DNTF/DNAN 低共熔物二元相图（图）
　　381
DNTF/TNT　381、411～413
　　低共熔物组分与相关参数（表）　380
　　载体 HNIW 基高爆热熔铸炸药 C－J
　　面参数与 JWL 状态方程参数（图）
　　412、413
　　载体 HNIW 基高爆热熔铸炸药基础
　　配方与相关性能（表）　411

DNTF 载体炸药　379
DSC 表征不同复合体系 ε–HNIW 的晶变行为　113
Fowkes 理论　306
GAP、GAPE、GAP/GAPE 的 TG-DSC 曲线（图）　342
GAP　340
　　基本性质　340
　　基础物性参数（表）　340
GAP 黏合剂体系　340～342
　　力学特性　342
　　热分解　341
HMX 基含铝炸药样品种类及参数（表）　246
HMX 基实验样品　246
HNIW　14
HNIW 安全性　6
HNIW 包覆降感研究　149
HNIW 爆轰　37、198
　　参数建议值（表）　37
　　临界性（表）　196
　　临界直径（图）　195
HNIW 参数（表）　16
HNIW 重结晶　58、59
　　工艺路线（图）　59
　　过程　58
HNIW 单质 100 ℃/60 h　334
　　恒温前后 SEM 图（图）　334
　　原位 XRD 谱图（图）　334
HNIW 的 DSC–TG 曲线（图）　20
HNIW 的 SEM 图（图）　101
HNIW 的 TGA 及 DTG 曲线（图）　22
HNIW 的机械感度（表）　18
HNIW 的晶型参数（表）　292

HNIW 的优势与问题　7
HNIW 多晶型溶解度　42、45
　　测量　45
　　分析　42
HNIW 分解生成 NO_2、N_2O、CO_2 和 HCN 的 EGA 曲线（图）　23
HNIW 复合体系晶变规律　108
HNIW 复合炸药　8～10
　　爆轰与能量释放　9
　　发展趋势　8
　　能量释放构效关系　10
HNIW 高爆速炸药能量及机械感度（表）　352
HNIW 高格尼能炸药能量及机械感度（表）　354
HNIW/高聚物粘结剂分子动力学模拟　308
HNIW 各晶型基本性能与 HMX 的对比（表）　8
HNIW 共晶　144、148
　　降感研究　144
　　性能（表）　148
HNIW 固–固 γ 晶变抑制及机理　115
HNIW 含铝炸药　231、232、249、264
　　空中爆炸能量输出　264
　　密闭空间爆炸能量输出　249
　　能量输出　231
　　水中爆炸能量输出　232
HNIW 和造型粉的 DSC–TG 曲线（图）　161
HNIW 混合体系的 XRD　76、98～99
　　校准实验（图）　76
　　拟合计算结果（图）　99
　　全谱拟合晶型定量计算结果（表）　99

图谱（图）　75、76、98
HNIW 混合炸药爆炸能量释放　167
HNIW 基本爆轰参数（表）　34
HNIW 基本理化性能（表）　17
HNIW 基本性能　13
HNIW 基高爆热熔铸炸药设计与性能计
　　算　411
HNIW 基高爆速熔铸炸药设计与性能计
　　算　407
HNIW 基含铝炸药　238、243、258
　　密闭空间爆炸能量输出特性数值计
　算　258
　　水下爆炸冲击波能与药氧比的变化
　关系（图）　243
　　相似律系数（表）　238
HNIW 基含铝炸药冲击波（表）　276
　　冲量（表）　276
　　峰值压力（表）　276
　　正压作用时间（表）　276
HNIW 基浇注炸药设计　351
HNIW 基金属加速炸药设计　352
HNIW 基熔铸炸药性能预测与理论计算
　　406
HNIW 基熔铸炸药载体　378
HNIW 基水下炸药　357、358
　　配方设计　358
　　设计　357
HNIW 基通用爆破炸药设计　355
HNIW 基温压炸药　371、373
　　能量调控设计　373
　　设计　371
HNIW 基压装炸药　285、286、313、317
　　成型特性分析　317
　　典型制备工艺　313

　　设计内容及要求　286
HNIW 基炸药水下爆炸冲击波能与药氧
　　比 R_E 的变化关系（图）　369
HNIW 基炸药水下爆炸能量　360、367
　　（表）
　　释放试验规律　360、367
HNIW 浇注炸药　325、326、347
　　黏合剂体系　326
　　设计　325
　　设计要求　326
　　制备工艺　347
HNIW 结构（图）　14
HNIW 结晶　42、50、61、71
　　过程分析　50
　　母液回收装置（图）　71
　　热力学　42
　　效果（图）　61
HNIW 结晶动力学　50、51
　　实验平台（图）　51
HNIW 晶变　6、93、94
　　机理　93
　　现象　94
　　抑制　6
HNIW 晶体　6、54
　　生长的粒度相关性　54
　　形状（图）　6
HNIW 晶体学参数（表）　16
HNIW 晶型　4、96
　　定量表征方法　96
　　控制手段　4
HNIW 晶型转变　19、108
　　表观活化能（表）　108
　　速率常数（表）　108
HNIW 颗粒预处理方法　387

HNIW 两种晶型 44、45
　　FT-IR 谱图（图） 44
　　XRD 谱图（图） 44
　　光学显微镜照片（图） 45
HNIW 笼型结构 7
HNIW 球形超细化降感研究 139
HNIW 热分解 23、24
　　FTIR/EGA（图） 23
　　动力学参数（表） 24
　　自动化催化加速 23
HNIW 熔铸炸药 377
HNIW 四种晶型的结构式（图） 42
HNIW 四种空间构型（图） 15
HNIW 添加剂降感 124、129
　　研究 129
HNIW 与 HMX 基含铝炸药爆炸能量输出特性对比研究 245
HNIW 与常用粘结剂的相容性（表） 156
HNIW 与钝感含能材料共结晶 147
HNIW 与非含能材料共结晶 147
HNIW 与几种典型单质炸药的生成焓数据（表） 25
HNIW 在不同复合体系中晶变的动力学参数（表） 115
HNIW 在不同时间晶型转变程度（图） 107
HNIW 在黏合剂体系中的溶解 331
HNIW 在应用中的问题与解决方法 10
HNIW 在增塑剂中的溶解性（表） 331
HNIW 炸药 2、119
　　发展历史 2
　　降感技术 119
HNIW 炸药的 C-J 参数及 JWL 状态方程参数（表） 37

HNIW 折光匹配液效果（图） 80
HNIW 专用结晶釜 69
　　设计与结晶工艺 69
　　外观与内部情况（图） 69
HNIW 转晶问题 3
HNIW 撞击感度 18
HNIW 自晶变及机理 100
HNIW/PIB 造型粉局部端面（图） 159
HTPB 分子结构通式（图） 338
HTPB 基本性质 338
HTPB 胶片的拉伸应力-应变曲线（图） 340
HTPB 黏合剂体系 338、339
　　力学特性 339
　　热稳定性 339
HTPB 与 PLA、DOA 混合物的热分解 DSC-TG 曲线（图） 339
HTPE 分子结构（图） 344
HTPE 基本性质 343
HTPE 黏合剂体系 343、345
　　力学特性 346
　　热分解 345
JWL 状态方程 35
Kamlet 公式 29
MTNP 恒温热稳定曲线（图） 386
MTNP 载体 HNIW 基高爆热熔铸炸药 415～417
　　C-J 面参数与 JWL 状态方程参数（图） 416、417
　　基础配方与相关性能（表） 415
NCO 电荷分布及电子共振结构（图） 330
PDA 包覆后 ε-HNIW 404～406、404、406

在 100 g 增塑剂中溶解度（表） 405
在不同增塑剂中 100 ℃/6 h 后的 XRD 谱图（图） 406
在不同增塑剂中的 XRD 图谱（图） 404
在增塑剂中的晶型含量随温度的变化（图） 405

PDA 对 ε–HNIW 溶解诱导晶变的抑制机理 403

RDX 在不同折光匹配液中的显微镜照片（图） 79

TNAZ 载体 HNIW 基高爆热熔铸炸药 413～415
 C–J 面参数与 JWL 状态方程参数（图） 414
 参数与 JWL 状态方程参数（图） 415
 基础配方与相关性能（表） 413

TNT 不同位置的压力–时间曲线（图） 272
TNT 超压模拟值与经验值（表） 272
TNT 的 JWL 状态方程参数（表） 259
TNT 空中爆炸冲击波超压仿真计算结果（图） 281
TNT 炸药的 JWL 状态方程参数（表） 268

Topas 软件计算 HNIW 样品中 ε 晶型相对含量计算（图） 78

Wu 调和平均数理论 307

X 射线粉末衍射法 72
X 射线粉末衍射仪（图） 105

β–HNIW 成核、生长动力学 55
β–HNIW 成核生长实验过程 55、56
 平均粒径变化曲线（图） 56
 溶液浓度变化曲线（图） 55
 总颗粒数变化曲线（图） 55
β–HNIW 溶解动力学 56
β–HNIW 溶解实验过程 56
 浓度变化曲线（图） 56
 平均粒径变化曲线（图） 56
β–HNIW 在二元混合溶剂中溶解度实验值与拟合曲线（图） 49

γ 律方程 32

ε–HNIW、PDA 和包覆后 ε-HNIW 的 XPS 谱图（图） 391、392
ε–HNIW、PDA 和不同含量 PDA 包覆后晶体的 XPS 谱图（图） 397
ε–HNIW、PDA 和不同含量 PDA 包覆后晶体的图 XPS 谱图（图） 398
ε–HNIW/551 胶造型粉（图） 161
ε–HNIW/高分子聚合物界面体系模拟计算结果（表） 313
ε–HNIW 包覆前后 393、394
 DSC 吸热曲线（图） 393
 热分析数据（表） 394
ε–HNIW 包覆前后样品表面元素组成（表） 393
ε–HNIW 成核、生长动力学 57
ε–HNIW 成核生长实验过程 57
 溶液浓度变化曲线（图） 57
 总颗粒数变化曲线（图） 57
ε–HNIW 重结晶前后的密度及纯度（表） 80
ε–HNIW 电镜图（图） 16
ε–HNIW 感度（表） 18
ε–HNIW 高品质大颗粒重结晶 41
ε–HNIW 机械感度（图） 142
ε–HNIW 晶变前后的形貌（图） 293
ε–HNIW 晶体 16、72、95、310

结构（图）　16
　　特性和晶面示意（图）　310
　　性能指标　72
　　转变为 γ–HNIW 的形貌变化（图）
　　　95
ε–HNIW 溶解实验过程中平均粒径变化
　　曲线（图）　58
ε–HNIW 原料及包覆后的 SEM（图）
　　389
ε–HNIW 在纯溶剂中 Apelblat 方程回归
　　参数（表）　47
ε–HNIW 在纯溶剂中 Van't Hoff 方程回
　　归参数（表）　46
ε–HNIW 在纯溶剂中溶解度曲线（图）
　　46
ε–HNIW 在二元混合溶剂中溶解度实验
　　值与拟合值（图）　48、401、402
ε–HNIW 在乙酸乙酯中溶解度的实验值
　　及计算值对比（图）　47、401
ε–HNIW 主要晶面统计（表）　310
ε/β/α 三种晶型　100～106
　　HNIW 基本性能　100
　　HNIW 晶变动力学研究　106
　　HNIW 晶体 XRD 谱图（图）　102
　　HNIW 晶体的标准谱图（图）　102
　　HNIW 热稳定性　104
　　HNIW 自晶变规律　105

A～B

安定性和相容性设计　291
安全性设计　290
包覆材料　150、155
　　研究　150
　　优选　155

包覆工艺研究　157
包覆后 ε–HNIW 在不同温度下的 XRD 图
　　谱（图）　395
包覆降感　7
包覆前后 ε–HNIW 的晶型含量随温度的
　　变化（图）　396
保压时间　317
爆轰参数　24、28、31
　　计算　28、31
　　理论计算　24
爆轰产物的标准摩尔生成焓（表）　26
爆轰热　24、26、34
　　构成　24
　　计算　26、34
爆轰热计算其他爆轰参数　26、31
爆热　288
爆容　33、290
　　计算　33
爆速　29、34、287
　　计算　29、34
爆温　34、289
　　计算　34
爆压　32、34、289
　　计算　32、34
爆炸冲击波　264、274
　　特点　274
　　压力–时间曲线（图）　264
爆炸能量和能量释放率与铝氧比的变化
　　（图）　242、367
　　变化曲线（图）　367
边界条件设置　268
标准密度浮子的密度–高度关系曲线
　　（图）　101
表观形貌　100

表面包覆 HNIW　389、393、394
　　表观形貌　389
　　晶型转变　394
　　热稳定性　393
不同 HNIW 共晶性能（表）　148
不同比例钝感剂包覆　135、137
　　大颗粒 ε-HNIW 的机械感度（表）　137
　　细颗粒 ε-HNIW 的机械感度结果（表）　135
不同重结晶工艺得到的 HNIW 晶体形状（图）　6
不同复合体系中 ε-HNIW　113、114
　　DSC 曲线（图）　113
　　热性能数据（表）　114
不同含量 PDA 包覆 ε-HNIW　400
　　DSC 吸热曲线（图）　400
　　前后样品表面元素组成（表）　399
不同含铝炸药质量与容器体积的比值（表）　263
不同晶型 HNIW　21
　　热分解性能（表）　21
不同晶型 HNIW 混合体系的 XRD　75、76、98～100
　　校准实验（图）　76
　　拟合计算结果（图）　99、100
　　全谱拟合晶型定量计算结果（表）　99
　　图谱（图）　75、76、98
不同晶种重结晶后样品长宽比（表）　65
不同距离处冲击波　277、278
　　冲量（图）　278
　　峰值压力（图）　277
　　正压作用时间（图）　277
不同类型的炸药特征参量及应用方向（表）　295
不同粒度 ε-HNIW 的机械感度（图）　144
不同铝氧比 HNIW 基炸药水下爆炸能量　360、360（表）
　　释放试验规律　360
不同铝氧比 HNIW 基含铝炸药　237、254
　　密闭空间爆炸能量输出特性　254
　　水下爆炸能量输出特性　237
不同铝氧比含铝炸药　235、260、273、359
　　能量释放率（表）　366
　　样品组成（表）　359
　　样品组成（表）　235、273、359
　　准静态压力计算结果　260
不同铝氧比样品　252～255、259
　　JWL 状态方程参数（表）　259
　　比例（表）　252
　　压力测试曲线（图）　254、255
不同铝氧比样品准静态压力　255（表）、261（表）、261（图）
　　变化曲线（图）　261
　　实验与数值模拟结果（表）　261
不同铝氧比炸药　234、275
　　不同位置处的压力-时间曲线（图）　275
　　实验传感器布放示意（图）　234
不同铝氧比准静态压力变化（图）　255
不同温度条件下 HNIW 界面　402、403
　　N-N 键作用（图）　403
　　结合能（图）　402
　　内聚能密度（图）　402
不同温度下 HNIW 结晶效果（图）　61
不同温度下 ε-HNIW 在纯溶剂中溶解度

曲线（图） 46
不同药氧比 HNIW 基炸药水下爆炸能量 367、367（表）
　　释放试验规律 367
不同药氧比 HNIW 基含铝炸药 242、256
　　密闭空间爆炸能量输出特性 256
　　水下爆炸能量释放实验规律 242
不同药氧比炸药的能量释放率（表） 371
不同药氧比含铝炸药 245、257、261
　　能量释放率（表） 245
　　准静态压力（表） 257
　　准静态压力计算结果 261
不同药氧比样品 236、252、256~260、359
　　JWL 状态方程参数（表） 260
　　比例（表） 252
　　压力测试曲线（图） 256、257
　　种类及参数（表） 236、359
不同药氧比样品准静态压力 258（图）、262、262（表）
　　变化曲线（图） 262
　　实验与数值模拟结果（表） 262
不同药氧比炸药实验传感器布放示意（图） 234
不同增塑比弹性体力学性能（图） 343
不同增塑比下两种黏合剂体系胶片的力学性能（图） 346
部分高聚物粘结剂的溶度参数(表) 302
部分溶剂、粘合剂和炸药的表面张力(表) 158

C

材料参数设置 267
参考文献 38、87、117、164、228、282、322、374、420
常见基团的吸引常数（表） 336
常见增塑剂的溶解度参数（表） 336
常用高折射率折光匹配液配方（表） 79
常用固化剂名称及结构式（图） 329
常用含能增塑剂基本性质（表） 341
常用溶剂的溶度参数（表） 300
超细 HNIW 4
冲击波 269、281
　　当量计算结果（表） 281
　　反射情况（图） 269
冲击波超压 279、280
　　拟合参数（表） 280
　　与 $m^{1/3}/r$ 之间的多项式拟合曲线（图） 279
冲击波冲量 279、280
　　拟合参数（表） 280
　　与 $m^{1/3}/r$ 之间的多项式拟合曲线（图） 279
冲击波峰值 237、238、242、246、363、369
　　压力 242、246、368
　　压力与对比距离的变化关系（图） 238
　　与铝氧比 R_{Al} 的变化关系（图） 363
　　与铝氧比的变化关系（图） 237
　　与药氧比 R_E 的变化关系（图） 369
　　与药氧比的变化关系（图） 242、246
冲击波能 239、240、243、247、363、364、369
　　与距离的变化关系（图） 239、364
　　与铝氧比 R_{Al} 的变化关系（图） 364
　　与铝氧比的变化关系（图） 240

与药氧比的变化关系（图） 247
重结晶工艺 58、67
　　放大与稳定 67
　　路线 58
重结晶前后 HNIW 74、86
　　高效液相色谱图（图） 74
　　晶体品质对比（表） 86
重结晶前后 ε-HNIW 机械感度对比（表） 81
重结晶前后晶体形貌统计（表） 85
重结晶制备的四种纯晶型 HNIW 的 XRD 谱图（图） 15、97
纯度不同及粒度不同的 ε-HNIW 转变为 γ-HNIW 的相变温度（图） 21
纯溶剂中溶解度及模型关联 45
从乙酸乙酯饱和液迅速析出 HNIW 及其 XRD 谱图（图） 154

D

大颗粒 ε-HNIW 及钝感剂包覆 ε-HNIW 的热分解峰温（表） 133
单向压机双向压药设计 319
等温 TGA 24
典型 HNIW 复合炸药配方及其性能 9
典型黏合剂体系 338
典型水下冲击波的压力-时间曲线（图） 357
典型形状的长宽比与圆度值（图） 82
动力学实验研究 51
钝感剂包覆大颗粒 ε-HNIW 134~137
　　DSC 曲线（图） 134
　　机械感度（表） 137
　　机械感度结果（表） 135
钝感剂的比热容与温度的关系（图） 130

钝感剂对 ε-HNIW 133、134
　　机械感度的影响 134
　　热安定性的影响 133
　　热行为的影响 133
钝感剂对大颗粒 ε-HNIW 机械感度的影响 136
钝感剂对细颗粒 ε-HNIW 机械感度的影响 134
钝感剂性能 128、129
　　参数（表） 129
　　研究 128
钝感剂与 ε-HNIW 的相容性试验结果（表） 133
多巴胺含量对 ε-HNIW 晶变抑制作用的影响 396
多巴胺聚合物对 HNIW 晶变抑制机理 400
多巴胺原位包覆对 ε-HNIW 388、401
　　固-固晶变抑制机理 401
　　晶变抑制作用 388

E~F

二级颗粒级配模型 358
二硫化钼 126、127
　　摩擦系数与负荷及滑动速度的关系（图） 127
　　扫描电镜图（图） 127
二硫化钨 128
　　扫描电镜图（图） 128
二元混合溶剂中溶解度及拟合方程 47
法国 SNPE 公司 HNIW 数据（表） 18
防晶变设计 292

仿真模型建立 258
非理想装药壳体受压侧向膨胀示意（图） 182
非溶剂 61、62、67
  不同滴加速率对形貌影响 62
  添加方式影响 61
  外注所导致的黏壁（图） 67
分子结构 14
氟化石墨烯 128、129
  扫描电镜图（图） 129
复合体系中 ε–HNIW 109、114
  晶变动力学 114
  热晶变规律 109
复合体系组成和制备 109
复合炸药的能量释放率（表） 371
附加物的影响 123

G

盖斯三角形（图） 24
感度性能 18
高爆速炸药设计 352
高分子包覆 5
高分子聚合物的建模结构（图） 311
高格尼能炸药设计 353
高聚物粘结剂溶度参数（表） 302
高聚物粘结剂 297～299、303
  分类及选择条件 298
  粘结机理 303
  溶解 299
  选择与设计要求 297
  作用及要求 297
高品质大颗粒 ε–HNIW 58、72

重结晶工艺 58
  晶体表征 72
高聚物降感机理 124
高折射率折光匹配液配方（表） 79
格尼系数 288
各型 HTPB 的理化性能（表） 338
工业级 HNIW 83、86
  长宽比与圆度值（图） 83
  与两种重结晶工艺制备样品粒度分布对比（图） 86
工艺放大所面临的问题 67
共晶炸药 145
  形成原理 145
  制备 145
固–固 γ 晶变 115、117
  机理分析 117
  抑制及机理 115
固化反应示意（图） 330
固化工艺 351
固化剂 328、329
  名称及结构式（图） 329
光滑度设计 318
光学显微镜法 77、79
  关键技术 79
国内 HNIW 的研究进展 5
国外 HNIW 炸药合成与研究进展 2

H

含不同增塑剂 HTPB 胶片的拉伸应力–应变曲线（图） 340
含氟高聚物 153、298
含氟熔铸炸药载体 383
含铝炸药 258、260、263、282

空中爆炸能量输出规律（图）　282
　　密闭空间爆炸二维结构模型（图）　258
　　密闭空间爆炸压力云图（图）　260
　　质量与容器体积的比值（表）　263
含能增塑剂　341、344
　　基本性质（表）　341
　　性能参数（表）　344
化学纯度测试方法　73
化学平衡　36
混合体系相容性评价标准（表）　292
混合炸药V形设计与研究程序（图）　296
活性高聚物　299

J

几种含能增塑剂的性能参数（表）　344
基础理化性能　14
基团吸引常数（表）　336
基于接触角的理论和测试方法　306
机械感度　81、103
　　测试仪器（图）　81
机械互锁理论　305
机械研磨法　139、141
　　制备超细含能材料的基本理论　139
　　制备球形超细ε-HNIW的工艺流程（图）　141
几何平均数理论　306
计算结果分析　312
计算模型建立和验证　271
计算炸药配方及参数　272
加晶种重结晶工艺　64、84
　　HNIW长宽比与圆度值（图）　84
加晶种重结晶正交实验因素指标（图）　65
加晶种工艺正交实验（表）　64
建立模型　309

降低炸药的坚固性　123
降低炸药的熔点　123
浇注工艺流程（图）　349
浇注炸药　329、335、349
　　常用黏合剂的溶解度参数（表）　335
　　固化机理　329
　　制备工艺　349
搅拌速率　62、63
　　对晶体形貌影响（图）　63
　　影响　62
结构强度表征　319
结果与分析　45、54、276
结晶工艺　69
结晶过程中某时刻两种晶型HNIW粒数密度分布（图）　54
结晶粒度偏小（图）　68
结晶溶剂体系优化　48
结晶温度影响　61
晶变动力学　400
晶体　73、77、82、93
　　纯度　73
　　感度　77
　　密度　77、101
　　形貌与粒度分布　82
晶型　73、74、102
　　表征　102
　　纯度测试方法　73
　　转变前后晶体形貌变化（图）　74
晶种长宽比为1.23的重结晶（图）　66
晶种长宽比为1.55的重结晶（图）　66
晶种长宽比为1.94的重结晶（图）　66
晶种重结晶后样品长宽比（表）　65
晶种形貌对重结晶影响　65
精修时Topas软件部分参数设置（表）　75

K

抗剪强度　321

抗拉强度　320

抗压强度　319

颗粒级配示意（图）　347

空气状态方程参数（表）　259、267

空中爆炸冲击波参数相似关系研究　278

空中爆炸仿真计算方法　266

空中爆炸能量输出　264、272、280

　　表征参量　264

　　特性　272、280

快加非溶剂体积对晶体形貌影响（图）　61

扩散理论　305

L

蜡类物质的降感机理　124

冷却结晶法　146

理论基础和力场选择　308

力学性能设计　293

粒度分布不均（图）　68

粒级配设计　347

两种工艺试制批次稳定性评价（表）　70

两种晶型的谱图特征　43

两种粒度的原料 HNIW　131、132

　　FTIR 谱图（图）　131

　　XRD 谱图（图）　132

　　粒度分布（图）　131

两种黏合剂体系胶片的 DSC–TG/DTG 曲线（图）　345

两种炸药的爆轰反应区参数（表）　175

两种炸药能量释放率与药氧比关系（图）　248

两种炸药气泡能与药氧比关系（图）　247

两种炸药水下爆炸机械能与药氧比关系（图）　248

六硝基六氮杂异伍兹烷　2、14

铝氧比 HNIW 基炸药水下爆炸能量　360、360（表）

　　释放试验规律　360

铝氧比炸药　359、366

　　能量释放率（图）　366

　　样品组成（表）　359

铝氧比含铝炸药　235、241、260、283

　　能量释放率（表）　241

　　样品组成（表）　235、273

　　准静态压力计算结果　260

铝氧比样品　252~255、259

　　JWL 状态方程参数（表）　259

　　比例（表）　252

　　压力测试曲线（图）　254、255

铝氧比样品准静态压力　255（表）、261

　　变化曲线（图）　261

　　实验与数值模拟结果（表）　261

铝氧比/药氧比　287

铝氧比、药氧比及黏合剂类型对配方能量影响（图）　356

铝氧比炸药　234

　　实验传感器布放示意（图）　234

铝氧比准静态压力变化（图）　255

M

美国 ε–HNIW 及 β–HNIW 为基的 PBX 的组成（表）　149

密闭爆炸实验典型压力–时间曲线（图）　250

密闭空间爆炸　249~250、254

测试方法　250
　　能量输出表征参量　249
　　能量输出特性　254
　　实验装置　250
　　原理及方法　250
密度　80、101、267
　　梯度管法　80
　　梯度管示意（图）　101
　　梯度管装置（图）　80
模具设计　318
模拟研究　309
母液回收　70

N

能量设计　286
能量释放率　241、244、248、366、371
黏合剂体系　327、332～334、346、350
　　HNIW 70 ℃、60 h 处理前后 XRD 图谱对比（图）　333
　　防晶变设计　332
　　防迁移设计　334
　　胶片力学性能（图）　346
　　配制　350
　　组成　327
黏合剂性能对比（表）　327
捏合工艺　350
凝聚炸药主要爆轰产物的等熵指数（表）　32

P～Q

排气性设计　318
配方组成确定原则　294
喷雾干燥法　145
　　计算爆轰参数（表）　34

其他新型熔铸炸药载体　385
其他助剂　329
气泡能　239～244、247、365、370
　　与铝氧比的变化关系（图）　240、365
　　与药氧比关系（图）　244、370
球形超细 ε-HNIW　140～143
　　晶型　142
　　热稳定性　143
　　团聚结块的原因及防团聚措施　141
　　性能　142
　　制备工艺　140

R

热分解特性　19
热分析仪器（图）　104
热固性高聚物　298
热力学实验研究　43
热塑性高聚物　150、298
热效应的盖斯三角形（图）　24
溶剂-非溶剂法　146
溶剂介导转晶过程　50（图）、52
　　典型溶液浓度曲线（图）　52
溶剂溶度参数（表）　300
溶剂、粘结剂和炸药的表面张力（表）　158
溶剂蒸发法　145
溶液-悬浮沉淀法　316
熔铸载体炸药基本性能（表）　379
乳液聚合包覆　160
润湿理论　304

S

三级颗粒级配模型　348
三种 HNIW 晶型转变　108
　　表观活化能（表）　108

速率常数（表） 108
三种不同边界条件 269、270
  冲击波的反射情况（图） 269
  两个高斯点的压力 – 时间曲线（图） 270
三种晶体表观密度检测结果（表） 102
三种晶型HNIW 18、101～107
  SEM 图（图） 101
  机械感度（表） 18
  晶体机械感度（表） 103
  热分析曲线（图） 104
  在不同时间晶型转变程度（图） 107
  自晶变参数及晶变程度（图） 106
三种粒度HNIW的扫描电镜（图） 160
设计流程自上而下 294
升温过程复合体系中 ε→γ 晶变率（图） 111、112
生长阶段非溶剂慢加速率 62
生长速率与过饱和度之间关系（图） 59
实验过程设计 51
实验所用炸药样品（图） 236、360
实验研究流程 296
实验样品 235、251
实验装置 51
  原理 51
石墨的降感机理 125
试验程序 319～321
试验结果表述 320～322
试验数据处理 319、320、322
数据处理 236、252
  方法 252
数据预处理 53
数值模拟影响因素分析 266
双棱锥形晶体（图） 68

双向压药 318
水下爆炸冲击波典型压力变化特性（图） 233
水下爆炸机械能 240～244、248、365、366、370
  随药氧比的变化（图） 244、370
  与铝氧比的变化关系（图） 241、365
水下爆炸能量和能量释放率与药氧比的变化（图） 245、371
水下冲击波的压力 – 时间曲线（图） 357
水下实验 359
水下炸药能量组成 357
水悬浮包覆 157
水悬浮法制备工艺 315
水中爆炸测试 233、234
  方法 233
  实验场地 234
  原理 233
水中爆炸能量输出表征参量 232
水中爆炸能量输出特性 237
四种晶型HNIW 94、95、292
  分子构象（图） 94
  晶胞结构（图） 94
  晶型参数（表） 95、292
酸碱理论 305、307
  配位理论 305

T～W

添加剂 63、109、124～126
  对晶体影响（图） 63
  降感机理 124
  选择及性能研究 126
  选择原则 125
  影响 63

团聚结块　141、142
　　防止措施　142
　　原因　141
温压炸药的能量释放过程　372
无晶种重结晶工艺　58
无晶种工艺正交实验（表）　60
无晶种重结晶　60、83、84
　　工艺 HNIW 长宽比与圆度值（图）83、84
　　正交实验因素指标（图）　60

X～Y

弦长矩量　53
相对过饱和度　53
橡胶和弹性体　152、298
硝胺炸药在 TNT 与 DNP 中的溶解度（表）　382
新型熔铸炸药载体　385
绪论　1
悬浮液密度　53
压力－时间曲线　254、273
　　处理结果及对比（图）　254
　　计算　273
压力控制　317
压药工艺　317
压药速率　317
压药温度　318
样品药柱装配示意（图）　252
样品制备　109
药氧比 HNIW 基含铝炸药　242、256
　　密闭空间爆炸能量输出特性　256
　　水下爆炸能量释放实验规律　242
药氧比含铝炸药　245、257、261
　　能量释放率（表）　245

准静态压力（表）　257
准静态压力计算结果　261
药氧比样品　236、252、256～263
　　JWL 状态方程参数（表）　260
　　比例（表）　252
　　压力测试曲线（图）　256、257
　　在不同 m/V 下的准静态压力（图）　263
　　种类及参数（表）　236、359
药氧比样品准静态压力　258（图）、262
　　变化曲线（图）　262
　　实验与数值模拟结果（表）　262
药氧比炸药实验传感器布放示意（图）　234
液体在固体表面的润湿（图）　305
异氰酸酯基的反应活性按 R 基的排列顺序递减（图）　328
抑制作用下 $\varepsilon/\beta/\alpha$ 三种 HNIW 表观活化能（表）　401
抑制作用下晶变动力学　400
硬脂酸/硬脂酸钙的降感机理　125
预聚物　327
原材料预处理　349
原料 HNIW 和细化后 HNIW　143
　　DSC 曲线（图）　143
　　XRD 谱图（图）　143
原料 ε－HNIW　132、144
　　SEM 图（图）　132
　　球形超细 ε－HNIW 的机械感度　144
原位 XRD　110、116
　　测试前后 ε－HNIW 形貌（图）　116
　　谱图（图）　110
原位 XRD 表征　20、111
　　HNIW 原料转晶温度（表）　20

复合体系 ε-HNIW 的晶型转变温度
（表） 111
原位升温过程中 HNIW 原料的 XRD 谱图
（图） 19
原子团影响 120
圆柱接球形密闭爆炸装置示意（图） 251

Z

增塑比弹性体力学性能（图） 343
增塑剂 328、336
  溶解度参数（表） 336
炸药 C-J 参数及 JWL 状态方程参数（表）
 37
炸药爆轰 31、167、171、175、199
  反应区分解率（表） 199
  反应区参数（表） 175
  临界性 167
炸药爆热 27、31、121
  对感度的影响 121
炸药的 JWL 状态方程参数（表） 273
炸药的降感 123
炸药感度 120
  影响因素 120
炸药挥发性对感度的影响 122
炸药活化能对感度的影响 121
炸药及氧化剂在黏合剂各组分中的溶解
 度（表） 331
炸药结构和物理化学性质对感度的影响 120
炸药结晶形状的影响 122

炸药晶型 73
炸药颗粒度的影响 122
炸药模型网络（图） 271
炸药比热容和热导率对感度的影响 121
炸药生成热对感度的影响 121
炸药试验传感器布放示意（图） 360
炸药水下爆炸气泡脉动过程高速摄像
 （图） 233
炸药特征参量及应用方向（表） 295
炸药温度的影响 122
炸药物理状态 122
  和装药条件对感度的影响 122
  影响 122
真空振动装药 350
蒸发回收的 γ-HNIW 晶体（图） 72
正交实验 59、64
直接法 162、163、314
  包覆 162
  制备 HNIW 基混合炸药（图） 163
  制备工艺 314
制备方法示意（图） 388
质量体积比对含铝炸药准静态压力的影响
 262
装药反应区厚度 173
装药的爆轰反应时间及宽度（表） 173
装药密度的影响 123
撞击感度和摩擦感度测试仪（图） 103
状态方程 35，307
自由场空爆模型的网格划分 268

附录（彩图）

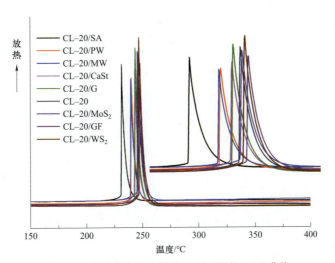

图 5.10 钝感剂包覆大颗粒 ε–HNIW 的 DSC 曲线

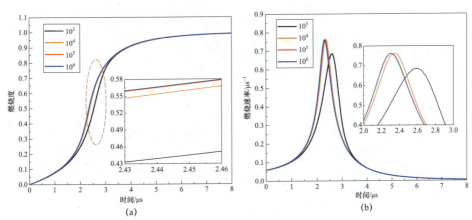

图 6.37 不同代次数对铝粉燃烧过程计算精度的影响
（a）燃烧度；（b）燃烧速率

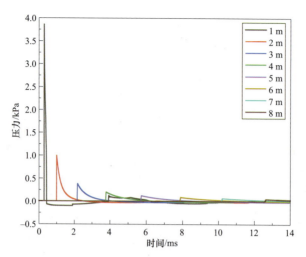

图 7.41 TNT 不同位置的压力 – 时间曲线

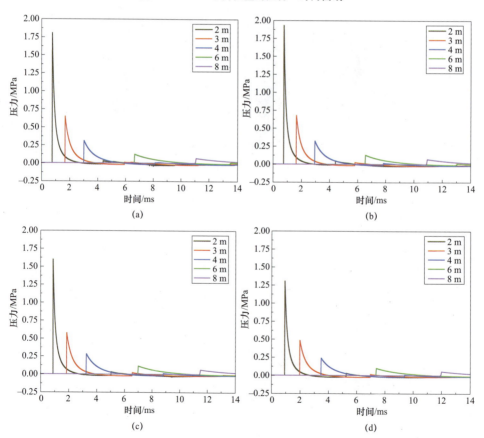

图 7.43 不同铝氧比炸药不同位置处的压力 – 时间曲线
(a) C10；(b) C20；(c) C30；(d) C40

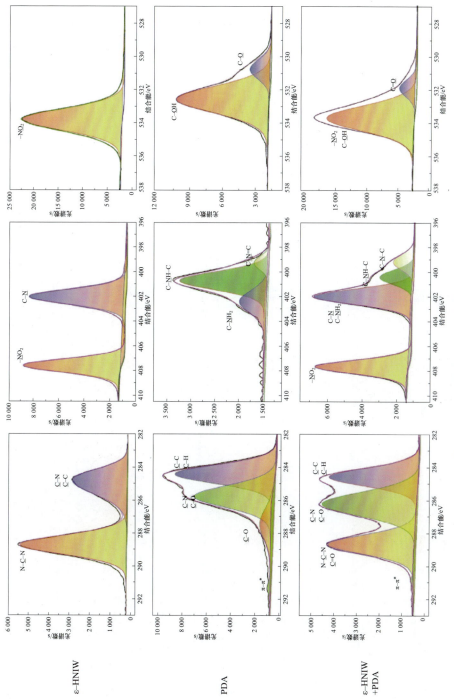

图 10.8 ε-HNIW、PDA 和包覆后 ε-HNIW 的 XPS 谱图

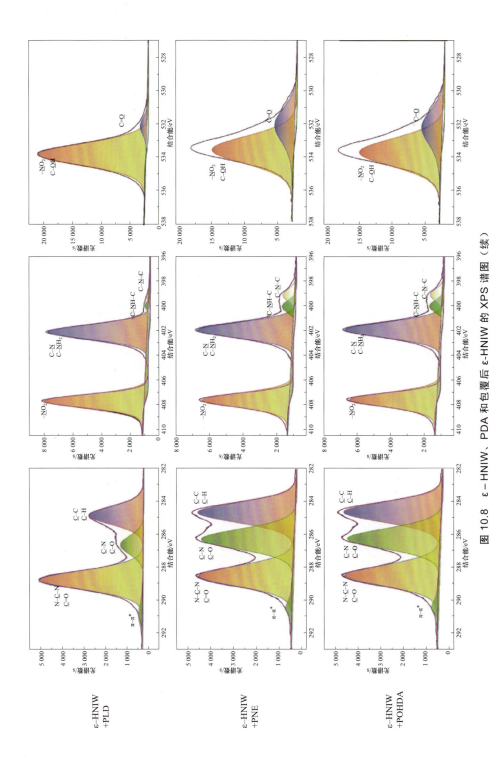

图 10.8 ε-HNIW、PDA 和包覆后 ε-HNIW 的 XPS 谱图（续）

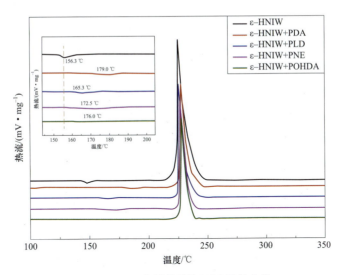

图 10.9 ε-HNIW 包覆前后的 DSC 吸热曲线

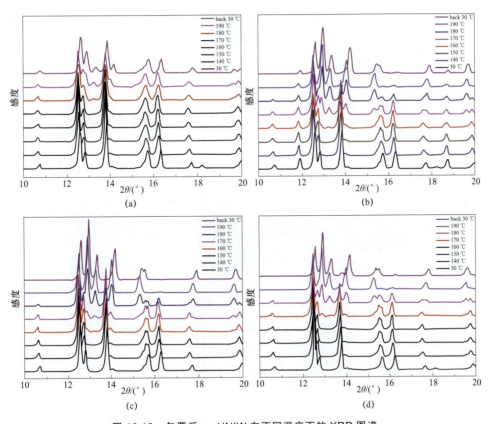

图 10.10 包覆后 ε-HNIW 在不同温度下的 XRD 图谱
（a）ε-HNIW-PDA；（b）ε-HNIW-PLD；（c）ε-HNIW-PNE；（d）ε-HNIW-POHDA

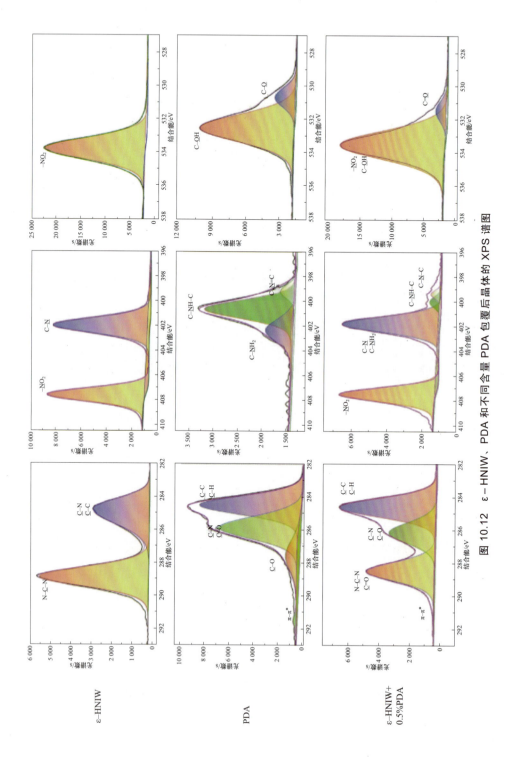

图 10.12 ε-HNIW、PDA 和不同含量 PDA 包覆后晶体的 XPS 谱图

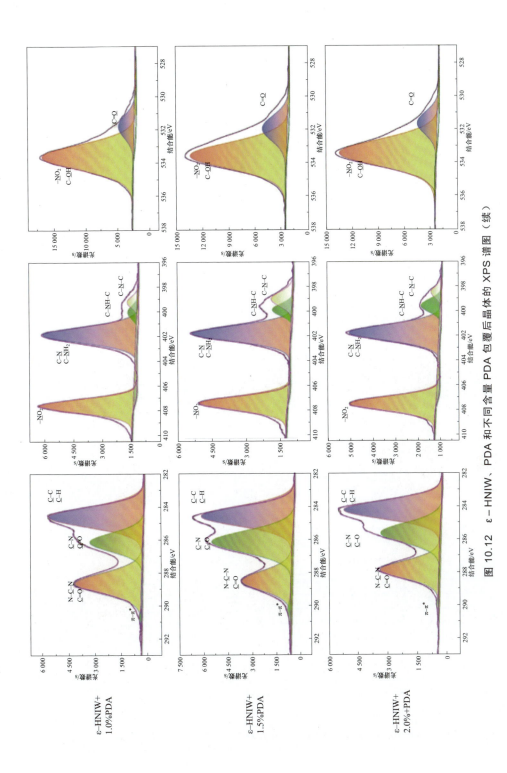

图 10.12 ε-HNIW、PDA 和不同含量 PDA 包覆后晶体的 XPS 谱图（续）

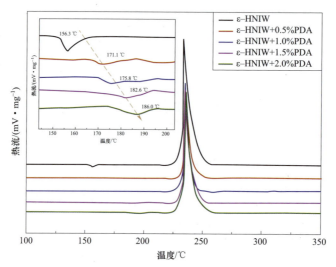

图 10.13 不同含量 PDA 包覆 ε-HNIW 的 DSC 吸热曲线

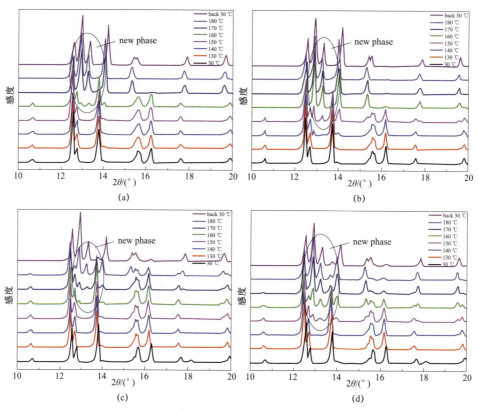

图 10.17 PDA 包覆后 ε-HNIW 在不同增塑剂中的 XRD 图谱
(a) ε-HNIW-PDA/DOA；(b) ε-HNIW-PDA/DOS；
(c) ε-HNIW-PDA/RH；(d) ε-HNIW-PDA/IDP